Was ist Leben?

Zur Leopoldina-Jahresversammlung „Was ist Leben?“ begrüßt Akademie-Präsident Jörg HACKER Bundeskanzlerin Angela MERKEL und den Ministerpräsidenten des Landes Sachsen-Anhalt Reiner HASELOFF vor dem Tagungsgebäude DORMERO Kongress- und Kulturzentrum in Halle (Saale).

NOVA ACTA LEOPOLDINA

Abhandlungen der Deutschen Akademie der Naturforscher Leopoldina

Herausgegeben von Jörg HACKER, Präsident der Akademie

NEUE FOLGE | NUMMER 394 | BAND 116

Was ist Leben?

Vorträge anlässlich der Jahresversammlung
vom 23. bis 25. September 2011 zu Halle (Saale)

Herausgegeben von:

Jörg HACKER (Halle/Saale, Berlin)
Präsident der Leopoldina

Michael HECKER (Greifswald)
Senator der Leopoldina

Mit 115 Abbildungen und 3 Tabellen

Deutsche Akademie der Naturforscher Leopoldina –
Nationale Akademie der Wissenschaften, Halle (Saale) 2012
Wissenschaftliche Verlagsgesellschaft Stuttgart

Redaktion: Dr. Michael KAASCH und Dr. Joachim KAASCH
Fotos von der Jahresversammlung „Was ist Leben?“: David AUSSERHOFER (S. 2), Thomas MEINICKE (S. 99, 119, 133, 147, 161, 185, 201) und Markus SCHOLZ (S. 11, 41, 69, 219, 241, 255, 269)

Die Schriftenreihe Nova Acta Leopoldina erscheint bei der Wissenschaftlichen Verlagsgesellschaft Stuttgart, Birkenwaldstraße 44, 70191 Stuttgart, Bundesrepublik Deutschland.
Jedes Heft ist einzeln käuflich!

Die Schriftenreihe wird gefördert durch das Bundesministerium für Bildung und Forschung sowie das Ministerium für Wissenschaft und Wirtschaft des Landes Sachsen-Anhalt.

Wir danken der Alfried Krupp von Bohlen und Halbach-Stiftung für die finanzielle Unterstützung der Veranstaltung.

Bibliografische Information der Deutschen Nationalbibliothek
Die Deutsche Nationalbibliothek verzeichnet diese Publikation in der Deutschen Nationalbibliografie; detaillierte bibliografische Daten sind im Internet über http//dnb.ddb.de abrufbar.

Die Abkürzung ML hinter dem Namen der Autoren steht für Mitglied der Deutschen Akademie der Naturforscher Leopoldina – Nationale Akademie der Wissenschaften.

Postadresse: Jägerberg 1, 06108 Halle (Saale), Postfachadresse: 110543, 06019 Halle (Saale)
Hausadresse der Redaktion: Emil-Abderhalden-Straße 37, 06108 Halle (Saale)
Tel.: +49 345 47239134, Fax: +49 345 47239139,
Herausgeber: Prof. Dr. Dr. h. c. mult. Jörg HACKER, Präsident der Deutschen Akademie der Naturforscher Leopoldina – Nationale Akademie der Wissenschaften
Printed in Germany 2012
Gesamtherstellung: Elbedruckerei Wittenberg
ISBN: 978-3-8047-3060-1
ISSN: 0369-5034
Gedruckt auf chlorfrei gebleichtem Papier.

Inhalt

Nova Acta Leopoldina NF *116*, Nr. 394, 7–8 (2012)

Vorwort

Es gibt nur wenige Fragen, welche die Menschheit seit Beginn ihrer geistigen Auseinandersetzung mit sich selbst und der sie umgebenden Welt unaufhörlich begleitet haben. „Was ist Leben?“ zählt zu diesen Grundfragen des menschlichen Daseins. Gerade in jüngerer Zeit erfährt die Frage nach dem Leben sowohl unter Wissenschaftlern als auch in der breiten Öffentlichkeit eine stetig steigende Aufmerksamkeit. Dies ist gewiss den teilweise aufsehenerregenden Ergebnissen zu verdanken, die die Erforschung des Lebendigen immer wieder an den Tag bringt.

Doch es gibt einen noch tieferen Grund für das gegenwärtig so große Interesse an der Frage nach dem Leben: Angesichts der beeindruckenden Erfolge der empirischen Forschung an Lebewesen wird die Schwierigkeit immer offenkundiger, eine allgemein überzeugende Antwort auf die Frage nach den grundlegenden Eigenschaften derjenigen Systeme zu geben, die wir „lebendig“ nennen. Diese Rätselhaftigkeit fasziniert Natur-, Geistes- und Kulturwissenschaftler und bringt sie dazu, gemeinsam das Wesen des Lebens zu erkunden.

Es steht zu erwarten, dass sich dies auch in absehbarer Zeit nicht ändern wird. Experimente im Grenzbereich von organischer Chemie, Molekularbiologie, Nanobiotechnologie, Ingenieurwissenschaften und Informationstechnik, die häufig der neuen Disziplin „Synthetische Biologie“ zugerechnet werden, haben bereits intensive Diskussionen ausgelöst, denn es ist das hochgesteckte Ziel vieler Wissenschaftler, komplexe biologische Systeme und Organismen mit neuen Eigenschaften herzustellen und zu studieren. Solche Forschungen versprechen einerseits, wichtige Erkenntnisse in der Grundlagenforschung und begrüßenswerte Entwicklungen in Medizin und Biotechnologie hervorzubringen. Andererseits können Befürchtungen geweckt werden, dass Wissenschaftler hierdurch Ziele verfolgen, die in weiten Kreisen der Bevölkerung auf Skepsis, wenn nicht sogar Ablehnung stoßen. Für die Suche nach einer Antwort auf die Frage nach dem Leben sind also aus der Forschung weiterhin starke Impulse zu erwarten.

Umso wichtiger war es, dass sich die Jahresversammlung 2011 der Deutschen Akademie der Naturforscher Leopoldina – Nationale Akademie der Wissenschaften mit dem Thema „Was ist Leben?“ auseinandergesetzt hat. Vom 23. bis 25. September 2011 behandelten in Halle (Saale) hervorragende Vertreter der unterschiedlichsten Disziplinen den noch nicht zufriedenstellend geklärten Ursprung des Lebens, das neue, umfassende Verständnis der molekularen Grundlagen von Lebensprozessen aus der Sicht der Genomforschung, die Möglichkeiten, Leben in Analogie zu Maschinen zu modellieren, die ungeheure Vielfalt des Lebens, die Beeinflussbarkeit des Lebens durch menschliche Eingriffe und die Grenzen des Lebens aus biologischer, psychologischer und philosophischer Sicht. Dabei wurde immer wieder überaus deutlich, wie hartnäckig sich die Frage nach dem Leben durch die Wissenschaftsgeschichte, ja durch die ganze Geistesgeschichte zieht und welche Brisanz sie angesichts aktueller Forschungsergebnisse erhalten hat. Der vorliegende Tagungsband enthält ausführliche schriftliche Versionen fast aller auf der Jahresversammlung gehaltenen Vorträge.

Wir möchten allen an diesem Tagungsband beteiligten Personen unseren Dank aussprechen. Dies gilt vor allem den Rednern, die uns freundlicherweise schriftliche Fassungen ihrer Vorträge zur Verfügung gestellt haben. Darüber hinaus danken wir den Mitarbeitern der Geschäftsstelle der Leopoldina, die an diesem Tagungsband mitgearbeitet haben, sowie den Mitgliedern der Kommission, die die Jahresversammlung vorbereitet hat, insbesondere Bärbel FRIEDRICH für ihre konzeptionelle Mitarbeit. Besonders erwähnen möchten wir auch Joachim und Michael KAASCH, die die Erstellung des Tagungsbandes redaktionell betreut haben.

Prof. Dr. Dr. h. c. mult. Jörg HACKER
Präsident der
Deutschen Akademie der Naturforscher Leopoldina
– Nationale Akademie der Wissenschaften –

Prof. Dr. Michael HECKER
Direktor des Instituts für Mikrobiologie der
Ernst-Moritz-Arndt-Universität Greifswald
Senator der
Deutschen Akademie der Naturforscher Leopoldina
– Nationale Akademie der Wissenschaften –

Festvortrag

Nova Acta Leopoldina NF *116*, Nr. 394, 11–37 (2012)

Leben aus der Sicht der molekularen Biologie

Bärbel Friedrich ML (Berlin)
Vizepräsidentin der Akademie

Mit 16 Abbildungen und 2 Tabellen

Zusammenfassung

Drei Attribute bilden die Grundlage für das Leben einer Zelle: eine eigenständige Vermehrung, ein autonomer Stoffwechsel und die Teilhabe an der Evolution. Diese Eigenschaften hat vermutlich bereits die Urzelle besessen, von der sich vor mehr als 3,5 Milliarden Jahren die jetzigen Lebewesen entwickelt haben. In dieser langen Zeitspanne der Evolution passten sich die Organismen an die unterschiedlichsten Habitate an und brachten die vielfältigsten Formen und Stoffwechselleistungen hervor. Einblicke in die molekulare Struktur und Funktion einer lebenden Zelle wurden durch die Weiterentwicklung der Mikroskopie im Verbund mit hochauflösenden spektroskopischen Verfahren und detaillierten biochemischen Analysen gewonnen. Damit konnten die elementaren Bestandteile einer Zelle wie semipermeable Membranen, Nukleinsäuren und Proteine identifiziert und die Prozesse der Vererbung und der Entzifferung von in Desoxyribonukleinsäure enthaltenen Informationen aufgeklärt werden. Diese molekularbiologischen Erkenntnisse bildeten die Basis für die Systembiologie, eine aufstrebende interdisziplinäre Forschungsdomäne, die komplexe Lebensvorgänge innerhalb und zwischen Organismen aus einer ganzheitlichen holistischen Perspektive angeht. Dieses integrative Konzept erfordert Techniken, die es gestatten eine Fülle von genetischen und biochemischen Daten in komplexen Transkriptom-, Proteom- und Metabolom-Netzwerken zusammenzufügen. Diese Netzwerke bilden die Blaupause einer lebenden Zelle und spiegeln geringste Veränderungen in Abhängigkeit von äußeren Bedingungen wider. Vor diesem Hintergrund hat sich eine neue Forschungsrichtung, die „Synthetische Biologie", entwickelt mit dem Ziel, neuartige Lebensformen mit Methoden der synthetischen Chemie und des „Genetic Engineering" zu konstruieren. Ob es jemals gelingen wird, eine Zelle herzustellen, die den oben genannten Kriterien des Lebens entspricht, bleibt fraglich und ist Gegenstand laufender Diskussionen.

Abstract

Three major features are attributed to a living cell: an autonomous replication, an independent metabolism and participation in the evolution. The "last universal common ancestor" of whom the present population of organisms descended more than 3.5 billion years ago likely shared the three characteristics. During the long period of evolution the organisms adapted to a great diversity of habitats and developed a wide variety of metabolic capabilities. Insights into the molecular structure and function of a living cell were achieved by advancements in microscopy in addition to using a variety of high-resolution spectroscopic techniques and detailed biochemical analyses. These strategies led to the identification of basic cellular components such as semipermeable membranes, nucleic acids and proteins and subsequently to the elucidation of the entire replication process and the decipherment of the information encoded by the deoxyribonucleic acid and its transfer to functional units. The vast amount of knowledge provided the basis for "systems biology", an emerging biology-based inter-disciplinary research domain that focuses on complex interactions within or between organisms using a more holistic view. This integrative concept involves techniques that allow us to assemble numerous genetic and biochemical data piece by piece within transcriptomic, proteomic and metabolomic networks. These networks constitute the blue print of life and reflect subtle changes in response to environmental conditions. Behind this background a new research area the so-called "synthetic biology" emerged, which combines synthetic chemistry and genetic engineering for the design of novel life forms. If it will ever be possible to construct a living cell that fulfills the above-mentioned criteria of life still remains questionable and subject of on-going discussion.

1. Einleitung

„Was ist Leben?“ Diese Frage hat die Menschheit seit Jahrhunderten bewegt. Ich habe die Ehre und zugleich die schwierige Aufgabe, ein komplexes und vielschichtiges Thema aus der Sicht der Molekularbiologie zu beleuchten. Gestatten Sie mir, dass ich als Mikrobiologin meinen Blick vornehmlich auf die Kleinstlebewesen, die Mikroorganismen, richten werde. Im Zentrum meiner Ausführungen über die Molekularbiologie des Lebens steht die mikrobielle Zelle. Mikroorganismen sind im Verhältnis zu den höheren Lebewesen zwar einfacher strukturiert, bilden jedoch eine unermessliche Artenvielfalt von der nur weniger als 1 % bekannt ist. Es wird angenommen, dass etwa 5×10^{30} Mikroorganismen auf unserem Planeten vorkommen, während die Artenvielfalt der Tiere auf 10 bis 30 Millionen und die der Pflanzen auf 300 000 geschätzt wird. Der Genetiker MULLER 1922 interpretierte Variation in einem Anfang des 20. Jahrhunderts verfassten Aufsatz als Folge einer Veränderung in einem Gen. Diese mit Mutationen in Zusammenhang gebrachte Beobachtung bildete die Grundlage zu dem 1944 von Erwin SCHRÖDINGER veröffentlichten Konzept „What is Life?“. Darin wurde postuliert, dass die genetische Information in einem komplex strukturierten Molekül gespeichert sein muss.

Aus jetziger Sicht können der lebenden Zelle – gleich ob sie von einer Mikrobe oder einem höheren Organismus stammt – drei Attribute zugeordnet werden:

- die Befähigung zur Vermehrung,
- ein eigenständiger Stoffwechsel,
- die Teilhabe an der Evolution.

Bevor ich den Blick auf die molekularen Zusammenhänge dieser elementaren Lebensprozesse richte und die Möglichkeiten diskutiere, inwieweit synthetisches Leben geschaffen werden kann, das diese Kriterien erfüllt, möchte ich die Grenzen des Lebens kurz aufzeigen.

2. Grenzen des Lebens

Legt man die oben genannten Merkmale der Definition von Leben zugrunde, existieren lebensnahe sogenannte Grenzformen des Lebens, zu denen Viren und auch Endosymbionten sowie Parasiten zählen. Ihnen ist gemeinsam, dass sie sich durch Replikation vermehren und genetische Austauschprozesse durchlaufen, aber keinen vollständigen eigenständigen Stoffwechsel besitzen, der ihnen ein individuelles, vom Wirt unabhängiges Leben gestattet. Dass Viren einen erheblichen Teil zur Evolution beitragen, auch zu der des Menschen, wird von dem britischen Arzt und Wissenschaftler Frank RYAN (2009) in seinem jüngsten Buch *Virolution* detailliert beschrieben. Die darin enthaltenen Postulate sind Anlass lebhafter Diskussionen.

Eine andere Grenze des Lebens ist durch Alterungsprozesse und letztlich durch den Tod gesetzt. Die durchschnittliche Lebenserwartung eines neugeborenen Jungen betrug 2010 in Deutschland 77 Jahre und 4 Monate, die entsprechende Lebenserwartung eines Mädchens 82 Jahre und 6 Monate (*Statistisches Bundesamt Wiesbaden*). Seit 1910 hat sich die Alterspyramide in Deutschland signifikant verändert, von wenig Alten und viel Jungen hin zu einem ständig wachsenden Anteil einer alternden Bevölkerung. An Tiermodellen wird ersichtlich, dass die Lebensspanne, die beim Menschen bei 120 bis 130 Jahren liegt, eine von Generation zu Generation weitervererbte Eigenschaft ist. Eine Maus bringt immer wieder Nachkommen mit einer maximalen Lebensspanne von vier Jahren zur Welt. Die maximale Lebensspanne von Schildkröten liegt dagegen bei 250 Jahren, die des Grönlandwals bei 210 und die des Riesenmammutbaums bei 2560 Jahren. Aus 2000 Jahre alten Samen einer Dattelpalme gelang es israelischen Forschern einen Ableger heranzuziehen (Sallon et al. 2008). Nahezu „unsterblich" scheinen bakterielle Endosporen zu sein, die einen Zustand des Lebens reflektieren, der als „latentes Leben" bezeichnet wird. Stark dehydratisiert und durch besondere Zellhüllen geschützt, überdauern sie widrige Umweltbedingungen, und es gibt zahlreiche Veröffentlichungen, in denen nachweislich uralte Sporen wieder in einen vegetativen Zustand versetzt werden. Besonders beeindruckend ist die Wiedererweckung von Sporen aus einem in Bernstein eingeschlossenen Insekt, denen ein Alter von 25 bis 40 Millionen Jahren zugeschrieben wird (Cano und Borucki 1995).

An einfachen Alternsmodellen, wie dem Fadenwurm *Caenorhabditis elegans*, der Fruchtfliege *Drosophila melanogaster* oder dem filamentösen Pilz *Podospora anserina*, wurden Erkenntnisse gewonnen, die konservierte Merkmale aufzeigen, die den Alterungsprozess, vermutlich auch den des Menschen, wesentlich bestimmen. Dazu gehört ein Netzwerk von molekularen Reaktionen, in denen die Mitochondrien, die Kraftwerke der Zelle, eine zentrale Bedeutung haben, beeinflusst die Lebensspanne von Organismen (Osiewacz 2007). Die Grenzen dieser Lebenspanne sind offenbar genetisch programmiert und auch von den jeweiligen Lebensbedingungen abhängig.

Die äußeren Lebensbedingungen, z. B. weite Temperaturbereiche, vielfältige Nährstoffquellen, hohe Salzkonzentrationen, Intensität von Licht, Druck, Strahlung und Sauerstoff, bilden treibende Kräfte für die Selektion speziell angepasster Organismen. Dabei werden durch Mutationen genetische Veränderungen angesammelt, die einen Selektionsvorteil bieten und den Organismen einen weiten Lebensraum auf unserm Planeten erschließen. Dieser reicht einerseits bis zu 12 km in die Tiefe des Meeres und andererseits bis in eine Höhe von 9 km in die Atmosphäre. Die Masse aller Lebewesen wird auf 1850 Milliarden Tonnen geschätzt, davon ist ein Drittel unterirdisch angesiedelt (Inagaki et al. 2006, Womack et al. 2010).

An diesem Punkt möchte ich die immer wieder gestellte Frage nach außerirdischem Leben streifen. Die theoretische Möglichkeit, dass Leben auch außerhalb der Erdatmosphäre existieren könnte, wird seit Jahrhunderten diskutiert. Die Hypothese der Panspermie, nach der Lebewesen über große Distanzen durch das Universum auf die Erde getragen werden, steht beispielhaft hierfür. Aus der Sicht der Molekularbiologie sind Funde organischer Moleküle wie Aminosäuren oder Nukleinsäuren in Meteoriten interessante Beobachtungen, die zumindest die Existenz einer extraterrestrischen organischen Welt nicht gänzlich ausschließen (Callahana et al. 2011).

3. Ursprung des Lebens

Wenden wir uns wieder unserem Planeten Erde zu, dessen Alter auf etwa 4,6 Milliarden Jahre geschätzt wird und über den wir in nachfolgenden Vorträgen mehr hören werden. Es wird postuliert, dass zelluläres Leben vor mehr als 3,5 Milliarden Jahren entstanden sein könnte, in einer dunklen, weitgehend Sauerstoff freien, reduzierten Eisen-Schwefelwelt (Abb. 1). Das Sonnenlicht wurde erstmals von den sogenannten anoxygenen oder anaeroben phototrophen

Bakterien als Energiequelle genutzt, bevor die oxygenen phototrophen Bakterien – wahrscheinlich die Cyanobakterien – einen Quantensprung in der Evolution vollzogen, indem sie Licht getrieben Wasser als Quelle der Reduktionskraft für Biosynthesen nutzten (Woese 1987). Bei der Photolyse des Wassers wird Sauerstoff in erheblichen Konzentrationen freigesetzt. Dies hatte zur Folge, dass der Sauerstoffgehalt der Erdatmosphäre langsam anstieg und damit die Lebensbedingungen für die „modernen“, mit Sauerstoff atmenden Lebewesen geschaffen wurden (Schildlowski et al. 1974). Zu diesen zählt auch die Gattung *Homo*, die sich vor etwa zwei Millionen Jahren in Afrika entwickelt hat.

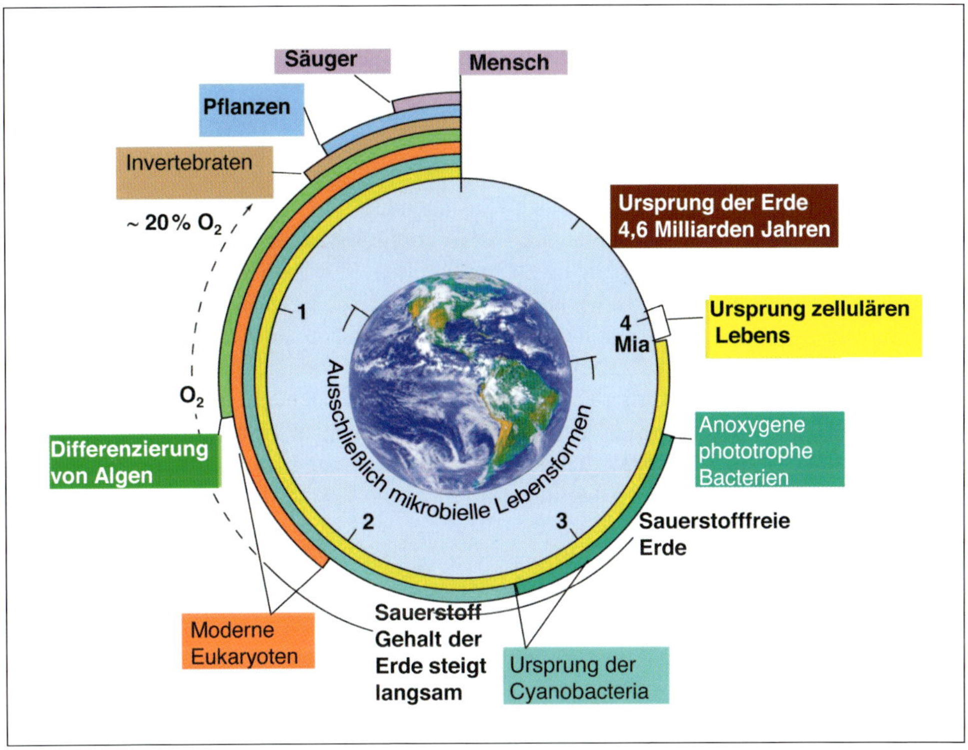

Abb. 1 Erdgeschichtliche Stadien der Entwicklung zellulären Lebens und der Ausprägung von Lebensformen. Der Ursprung der Erde wird auf etwa 4,6 Milliarden Jahre geschätzt. Es wird postuliert, dass zelluläres Leben vor etwas mehr als 3,5 Milliarden Jahren entstanden sein könnte, in einer dunklen, weitgehend sauerstofffreien, d. h. reduzierten Eisen-Schwefelwelt. Das Sonnenlicht wurde erstmals von den anoxygenen phototrophen Bakterien als Energiequelle genutzt, bevor die Cyanobakterien das Wasser als Elektronenquelle für Biosynthesen erschlossen und zunehmend Sauerstoff freigesetzt haben. Dies hatte zur Folge, dass der Sauerstoffgehalt der Erdatmosphäre langsam stieg und damit die Lebensbedingungen für die „modernen“ atmenden Lebewesen geschaffen wurden, zu denen auch seit mehr als 200000 Jahren der Mensch zählt. (Modifiziert nach Brock 2012, S. 34.)

Worauf basiert die Datierung der ältesten Lebewesen? Schon Anfang der 1990er Jahre erregte ein Fund in Australien Aufsehen. Der amerikanische Paläontologe William Schopf deutete Milliarden Jahre altes Gestein als fossile Bakterien (Schopf 2000). Sein damaliger ärgster Kritiker, der Oxforder Paläontologe Martin Brasier, der die Strukturen für chemische Reaktionsprodukte hielt, veröffentlichte im Juli dieses Jahres einen Bericht, in dem er mit mehreren experimentellen Techniken darlegt, dass unweit der ursprünglichen Fundstätte 3,4 Milliarden Jahre alte Schwefelbakterien in Quarzformationen erhalten blieben (WACEY et al. 2011), was letztlich die ursprüngliche These stützt.

Die Suche nach LUCA, dem „Last Universal Common Anchestor" unserer jetzigen Lebewesen, ist mit dem Fund der Mikrofossilien noch nicht abgeschlossen. Von der postulierten Urzelle zweigt nach einem molekularbiologischen Konzept, das Carl WOESE zusammen mit Otto KANDLER und Mark WHEELIS vorgeschlagen hat, ein phylogenetischer Stammbaum ab, der die Lebewesen in drei Domänen gliedert: die *Bacteria*, die *Archaea* und die *Eukarya*, wobei die beiden letztgenannten Domänen einen frühen Entwicklungsweg teilen (WOESE et al. 1990). Die *Bacteria* und *Archaea* bilden die Prokaryoten, die im Gegensatz zu den Eukaryoten keinen Zellkern besitzen. Bei aller Kritik an diesem Stammbaum, bietet er doch eine praktikable Arbeitsgrundlage gegenüber der klassischen Taxonomie, die sich an vergleichenden phänotypischen Merkmalen orientiert. Die Molekularbiologie hat wesentlich zur Konzeption des phylogenetischen Stammbaums beigetragen, der auf der Verwandtschaft ribosomaler Ribonukleinsäuren beruht, einem hoch konservierten Merkmal einer lebenden Zelle, das bei der Proteinbiosynthese eine herausragende Rolle spielt.

Wie stellt man sich die Entstehung von LUCA vor? Ich möchte diese Frage nur kurz behandeln, um nicht nachfolgenden Vorträgen vorzugreifen. Es wird postuliert, dass in der präbiologischen Evolution organische Moleküle entstanden sind, die in einem zweiten Schritt zu Makromolekülen verknüpft wurden. Darunter befinden sich Peptide wie auch Nukleinsäuren. Nach der Theorie von Manfred EIGEN (1971) erzeugt die Kopplung von Ribonukleinsäuren und Peptiden Informationen für sich selbst organisierende Systeme. Dieser Prozess findet in membranumhüllten Tröpfchen statt, die gegenüber der Außenwelt einen chemischen Zustand höheren Ordnungsgrades aufrechterhalten. In einem derartigen Milieu entstehen sich selbst replizierende Einheiten, die über Mutation und genetische Rekombination weiter evolvieren.

4. Einblicke in molekulare Strukturen der Zelle

Wenn also eine zelluläre Entität mit den Fähigkeiten zur Vermehrung, zum autonomen Stoffwechsel und zur Evolution als die einfachste Form des Lebens betrachtet wird, möchte ich im Folgenden den Blick auf die molekularen Strukturen richten, die einer solchen Zelle diese Fähigkeiten verleihen.

4.1 Erkennung von Zellstrukturen

Lange Zeit blieb die Einzelzelle aufgrund ihrer geringen Größe, die in der Dimension von Mikrometern (Eintausendstelmillimeter) liegt, unsichtbar. Der Delfter Tuchmacher Antoni VAN LEEUWENHOEK betrieb als Hobby die Kunst des Linsenschleifens und entdeckte mit einem einfachen Lichtmikroskop erstmals Bakterien, die er als Bazillen, Kokken und Spirillen ansprach. Nach anfänglicher Skepsis wurden seine Beobachtungen 1673 von der *Royal Society*, zu deren Mitglied er 1680 ernannt wurde, veröffentlicht (LEEWENHOECK und DE GRAAF 1673). Es dauerte mehr als 250 Jahre, bis das Elektronenmikroskop verfügbar war, das sich anstelle des Lichts der Elektronen zur Auflösung zellulärer Strukturen bedient. Mit dieser Technik können Details von Einzelstrukturen der Zelle im Nanometermaßstab (Eintausendstelmikrometer) sichtbar gemacht werden. Diese bahnbrechende Entwicklung ist das Verdienst von Ernst Ruska und Max Knoll (1931), wofür Ruska erst 1986 mit dem Nobelpreis für Physik ausgezeichnet wurde.

Durch Weiterentwicklung der Mikroskopie können inzwischen Oberflächenstrukturen von Einzelzellen und Zellverbänden differenziert dargestellt werden, wie dies in Abbildung 2 veranschaulicht ist. Eine geradezu revolutionäre neue Entwicklung der Lichtmikroskopie, die es gestattet, zelluläre Substrukturen wie Proteinkomplexe im Nanometerbereich in einer lebenden Zelle zu identifizieren, gelang der Arbeitsgruppe von Stefan W. Hell (Egner und Hell 2005). Im Vergleich zur herkömmlichen Lichtmikroskopie bringt hier ein Laserstrahl fluoreszenzmarkierte Inhaltsstoffe einer Zelle zum Leuchten, und ein zweiter Laserstrahl – der sogenannte STED-Strahl (*Stimulated Emission Depletion*) – fokussiert das Objekt auf einen kleinen Lichtpunkt und erzielt damit eine phantastische Auflösung.

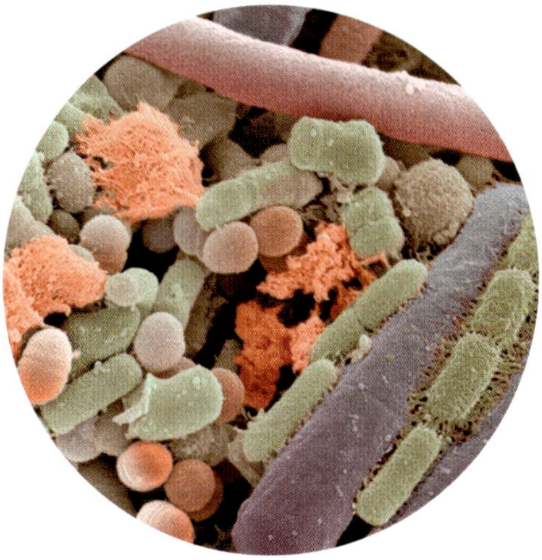

Abb. 2 Elektronenmikroskopische Aufnahme intakter Zellen, die mit Metall bedampft und gefärbt sind. In diesem Bild ist eine natürliche mikrobielle Lebensgemeinschaft dargestellt, die aus einem Zellabstrich der Mundhöhle eines Menschen stammt. (Modifiziert nach Brock 2012, S. 37.)

Isolierte zelluläre Makromoleküle, selbst große komplexe Entitäten, bestehend aus einem Gemisch von Einzelkomponenten, lassen sich durch Röntgen-Absorptionsspektroskopie oder bei kleineren Molekülen durch Nukleare Magnetische Resonanzanalyse dreidimensional bis in den Ångström-Bereich (0,1 nm) auflösen. Dieser Überblick verdeutlicht, dass inzwischen experimentelle Instrumentarien verfügbar sind, die es der Molekularbiologie erlauben, in die Nanowelt einer lebenden Zelle vorzustoßen und damit wichtige Erkenntnisse über deren strukturbasierte Funktionen zu erschließen.

Der Vergleich eines Bakteriums mit einer einfachen eukaryotischen Zelle zeigt neben einer etwa 10-fachen Größendifferenz (Abb. 3) membranumhüllte Strukturen im Innern der eukaryotischen Zelle (Abb. 4), sogenannte Organelle, zu denen der Kern, die Mitochondrien und die Chloroplasten zählen, die bei der prokaryotischen Zelle fehlen. Der Zellkern beherbergt die Erbinformation, die Desoxyribonukleinsäure (DNA). An den Ribosomen findet die Proteinbiosynthese statt; im Falle der Eukaryoten an dem Membransystem des endoplasmatischen

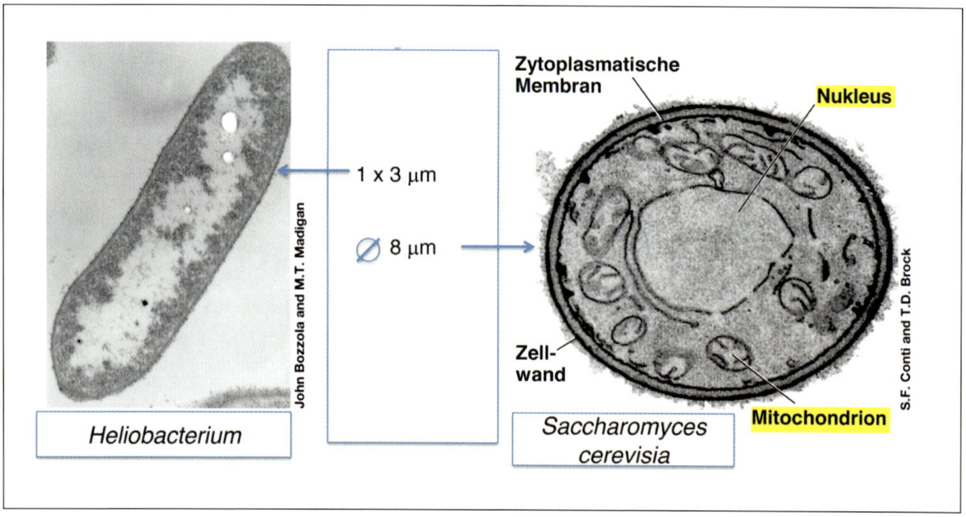

Abb. 3 Struktur der Prokaryoten- und Eukaryoten-Zelle: Der Vergleich eines phototrophen Bakteriums (*links*) mit einer einfachen eukaryotischen Hefezelle (*rechts*) in einer elektronenmikroskopischen Aufnahme. Die eukaryotische Zelle ist stärker kompartimentiert und erheblich größer als die prokaryotische Zelle. (Modifiziert nach Brock 2012, S. 60.)

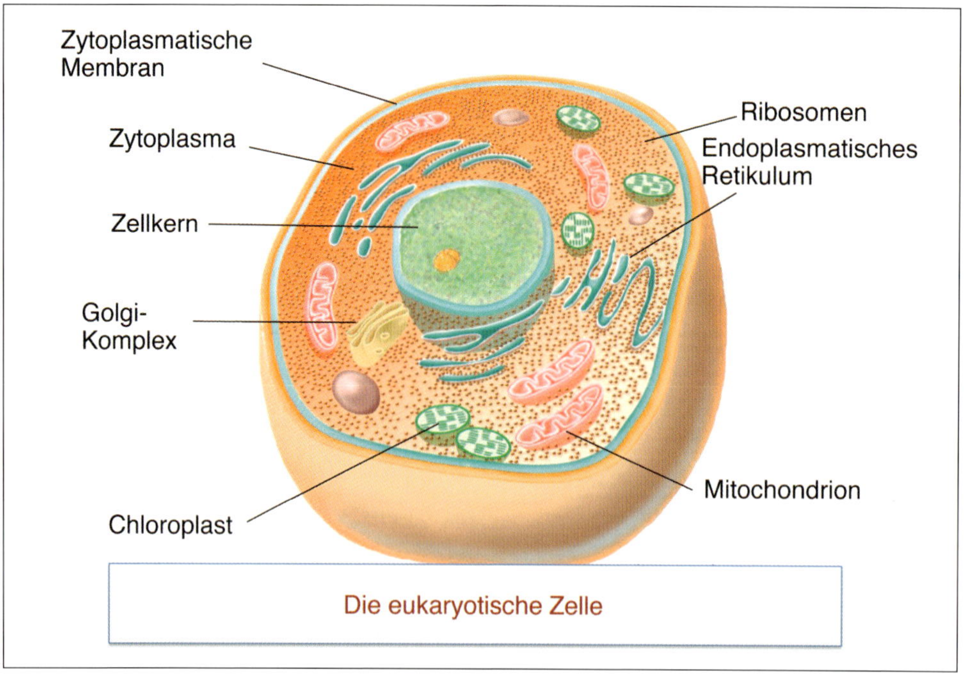

Abb. 4 Die schematische Struktur der eukaryotischen Zelle zeigt die Zytoplasmamembran, die das Zytosol mit den Zellinhaltsstoffen umschließt. Der Zellkern beherbergt die Erbinformation, die DNA. Am endoplasmatischen Retikulum findet die Proteinsynthese statt, an der die Ribosomen mitwirken. Der Golgiapparat sortiert und modifiziert Proteine und Membrankomponenten. Die Mitochondrien bilden die „Kraftwerke", die die Zelle mit Energie versorgen, während in den Chloroplasten die Photosynthese abläuft. (Modifiziert nach Brock 2012, S. 60.)

Retikulums. Der Golgiapparat übernimmt in diesen Zellen u. a. die Sortierung und Modifizierung von Proteinen und Membrankomponenten. Die Mitochondrien dienen den Eukaryoten als Ort der Energiegewinnung, während in den Chloroplasten die Photosynthese abläuft (MADIGAN et al. 2010). Dem Endosymbiontenkonzept folgend, stammen die Mitochondrien der „modernen" Eukaryoten von aeroben, respiratorischen Bakterien ab, während den Chloroplasten ein cyanobakterieller Ursprung zugeordnet wird. Diese Theorie wurde erstmals im 19. Jahrhundert veröffentlicht (SCHIMPER 1883).

4.2 Die DNA als Träger der Erbinformation

1944 identifizierte Oswald AVERY die Desoxyribonukleinsäure (DNA) als Träger der Erbinformation (AVERY et al. 1944). Diese Erkenntnis basierte auf Versuchen, die Frederick GRIFFITH 1928 an Pneumokokken durchgeführt hatte. Das Wissen um die Struktur und die Vervielfältigung der DNA blieben noch knapp ein Jahrzehnt verborgen. Unter Zuhilfenahme der Röntgenstrukturaufnahmen von Rosalind FRANKLIN (FRANKLIN und GOSLING 1953) und Maurice WILKINS (WILKINS et al. 1953) am *King's College* in London entwickelten James WATSON und

Abb. 5 Am 5. April 1953 publizierten James WATSON ([*B*] rechts) und Francis CRICK ([*B*] links) ihr Modell von der DNA als Doppelhelix in der Zeitschrift *Nature* (WATSON und CRICK 1953). Sie arbeiteten in dieser Zeit im *Cavendish*-Labor in Cambridge (*D*) und hielten die Pressekonferenz im „Eagle", einem nahegelegenen Pub ab (*A*). (*B*) und (*C*) zeigen Francis CRICK ([*B*] links und [*C*] rechts) und James WATSON ([*B*] rechts und [*C*] links) 1953. *Cold Spring Harbor Laboratory* Archives. Die Aufnahmen der „Wiege der Molekularbiologie" entstanden während eines privaten Aufenthaltes in Cambridge 2010.

Francis CRICK das Modell der Doppelhelix, das am 5. April 1953 publiziert wurde (WATSON und CRICK 1953). Dem Modell lag die wichtige von CHARGAFF und Mitarbeitern gemachte Beobachtung zugrunde, dass die Purin- und Pyramidinbasen in der DNA in einem gleichen Verhältnis vorkommen und dabei der Gehalt an Guanin dem von Cytosin und der von Adenin dem von Thymin gleicht. Die Pressemitteilung der folgenreichen Erkenntnis über die Doppelhelix fand offenbar im „Eagle" statt, einem Pub in unmittelbarer Nähe zu dem *Cavendish*-Labor in Cambridge. Ich hatte das Vergnügen, diese „Wiege" der Molekularbiologie im Sommer während einer dortigen Tagung kennenzulernen (Abb. 5).

Inzwischen sind die Bausteine der Erbinformation allseits bekannt. Strukturmerkmal der DNA ist die Doppelhelix, in der die Desoxyribosephosphat-Moleküle das Gerüst bilden, an dem nach innen weisend die Pyrimidin- und Purinbasen angeordnet sind, in denen die genetische Information chiffriert ist (Abb. 6). Durch Wasserstoffbrückenbindungen kommt es zu den festgelegten Basenpaarungen, und in der Ribonukleinsäure (RNA) tritt anstelle von Thymin die Base Uracil, und die Desoxyribose wird durch die Ribose (ein Zucker mit 5 Kohlenstoffatomen, der im Gegensatz zur Desoxyribose am C2-Atom eine Hydroxylgruppe trägt) ersetzt. Für ihre Entdeckungen zur „Molekularstruktur der Nukleinsäuren und ihre Bedeutung für die Informationsübertragung in lebender Substanz" erhielten WATSON, CRICK und WILKINSON 1963 den Nobelpreis für Medizin.

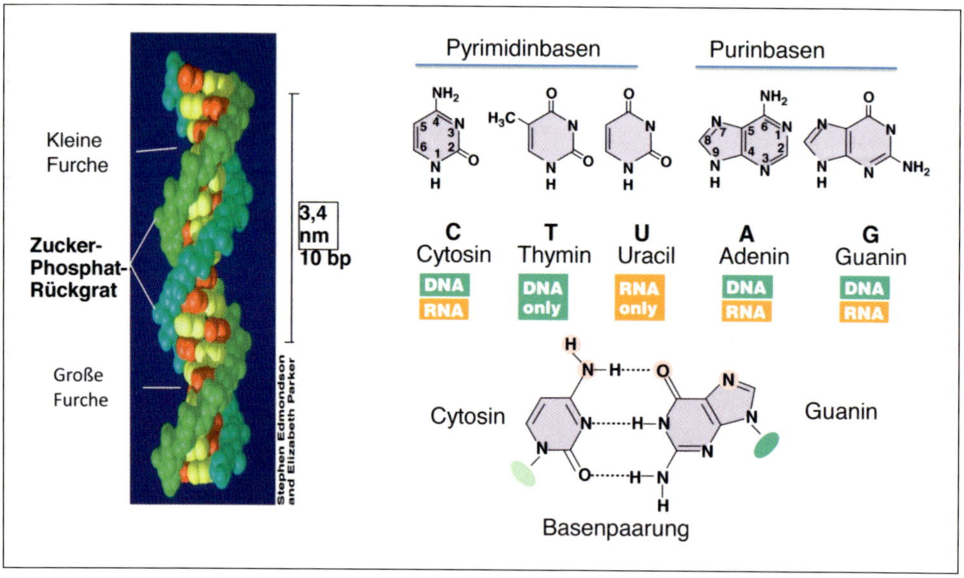

Abb. 6 Struktur und Aufbau der Desoxyribonukleinsäure (DNA). Desoxyribosephosphatmoleküle bilden das Rückgrat der Doppelhelix (linker Teil). Nach innen weisen die Pyrimidin- und Purinbasen, die über Wasserstoffbrücken in gesetzmäßigen Paarungsmustern Cytosin/Guanin und Adenin/Thymin verbunden sind. Dabei tritt in der Ribonukleinsäure anstelle von Thymin die Base Uracil.

Der Mechanismus der Vererbung (Replikation) von in der DNA gespeicherter Information ist weitestgehend aufgeklärt. Hierbei hat hauptsächlich das Enterobakterium *Escherichia coli* als Modell gedient, wobei anzumerken ist, dass die Grundzüge der Replikation bei Bakterien und höheren Organismen im Wesentlichen ähnlich sind. Die Replikation wird katalysiert durch eine komplexe zelluläre Maschine, das Replisom, dessen Einzelkomponenten in Abbildung 7 skizziert sind. Um den Ablauf dieses mit enormer Geschwindigkeit und Präzision ablaufenden Prozesses zu verdeutlichen, wurde an dieser Stelle ein Videofilm gezeigt, der als Lehrmaterial verfügbar ist (*Pearson Education, Inc.* 2009).

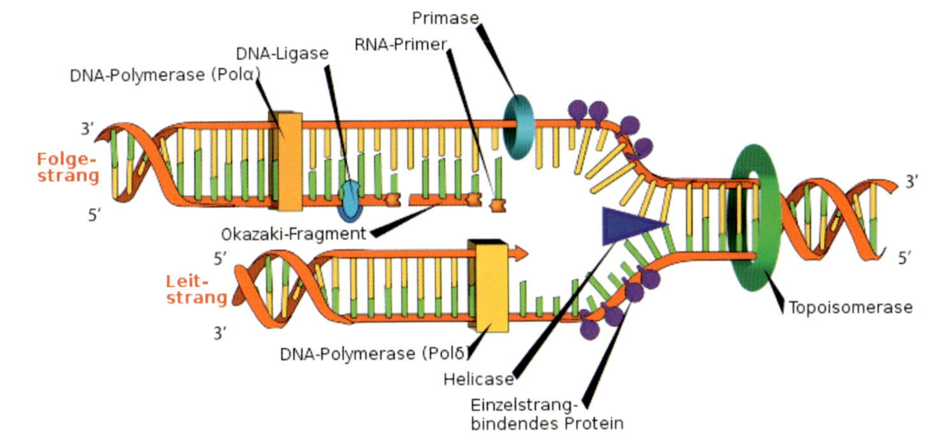

Abb. 7 Das Grundprinzip der Replikation, der Vervielfältigung des Informationsträgers DNA. Die Replikation der DNA wird katalysiert durch eine komplexe molekulare Maschine, das Replisom, dessen Einzelkomponenten bestimmte Funktionen des Prozesses ausführen, deren Ablauf sich in drei Phasen unterteilen lässt: (1) In der Initiationsphase startet die Replikation durch das Enzym Helicase, die das durch Topoisomerase teilweise entwundene DNA-Doppelhelix-Molekül an einer bestimmten Stelle öffnet. Dieser Ort wird durch ein weiteres Enzym, die Primase, markiert und anschließend durch Polymerase beladen. Die Einzelstrangbereiche werden vorübergehend vor dem Abbau durch Einzelstrang-bindende Proteine vor dem Abbau geschützt. (2) In der Elongationsphase geht die eigentliche Vervielfältigung der DNA vonstatten. Sie erfolgt „bidirektional", von einer bestimmten Startsequenz ausgehend in beide Richtungen, wobei die beiden Stränge zeitgleich durch Polymerase komplementär synthetisiert werden. An dem sogenannten Leitstrang kann nach einmaligem „Priming" durch ein RNA-Molekül bis zur Symmetrieachse der Replikationsgabel in Leserichtung des Polymerasekomplexes repliziert werden. Am gegenüberliegenden Folgestrang ist eine kontinuierliche Replikation hingegen nicht möglich, da er entgegen der Laufrichtung der Polymerase verläuft. In diesem Fall ist ein der Helicase folgendes wiederholtes Priming erforderlich, damit die Polymerase erneut ansetzen kann. In diesem diskontinuierlichen Prozess entstehen DNA-Einzelfragmente, die als Okazaki-Fragmente bezeichnet werden. (3) In der Terminationsphase wird durch Blockierung der Helicase die Replikation beendet. Dies geschieht an bestimmten Terminationsstellen, die Bindeorte für ein Kontrollprotein (Tus, *Terminus utilizing substance*) darstellen, das für eine genaue Verteilung der Replikate bei der Zellteilung sorgt. (de.wikipedia.org/wiki/Replikation)

4.3 Informationsübertragung in der Zelle

Das genetische Programm einer Zelle beinhaltet neben der DNA die Ribonukleinsäure (RNA) und Proteine. Die Umschreibung der DNA in RNA erfolgt in dem Prozess der Transkription. In wenigen Fällen ist dieser Vorgang reversibel, wie bei der Integration von viraler RNA in die DNA, katalysiert durch die Reverse Transkriptase. Die Übersetzung von RNA in Proteine ist als Translation beschrieben. In Bakterien läuft diese kolinear ab, d. h. gleichzeitig mit der Transkription, während in Eukaryoten die Transkription im Kern stattfindet und die Translation räumlich davon getrennt im Zytoplasma abläuft. Jedes Codewort, bestehend aus einem Triplett der vier Basen, codiert für eine der insgesamt 21 Aminosäuren im Protein. Die Transkription wird katalysiert durch die RNA-Polymerase, die eine bestimmte Startsignatur in der DNA – den Promotor – erkennt und daran bindet. Ausgehend vom Promotor wird der komplementäre RNA-Strang, die Messenger-RNA (mRNA), synthetisiert. Das Transkript kann in Bakterien mehrere Gene umfassen (Abb. 8*A*). In diesem Fall liegt eine polycistronische mRNA vor, die relativ kurzlebig ist und schnell an die Ribosomen bindet, an denen die Proteinbiosynthese stattfindet (Knippers 2006) (Abb. 8*B*).

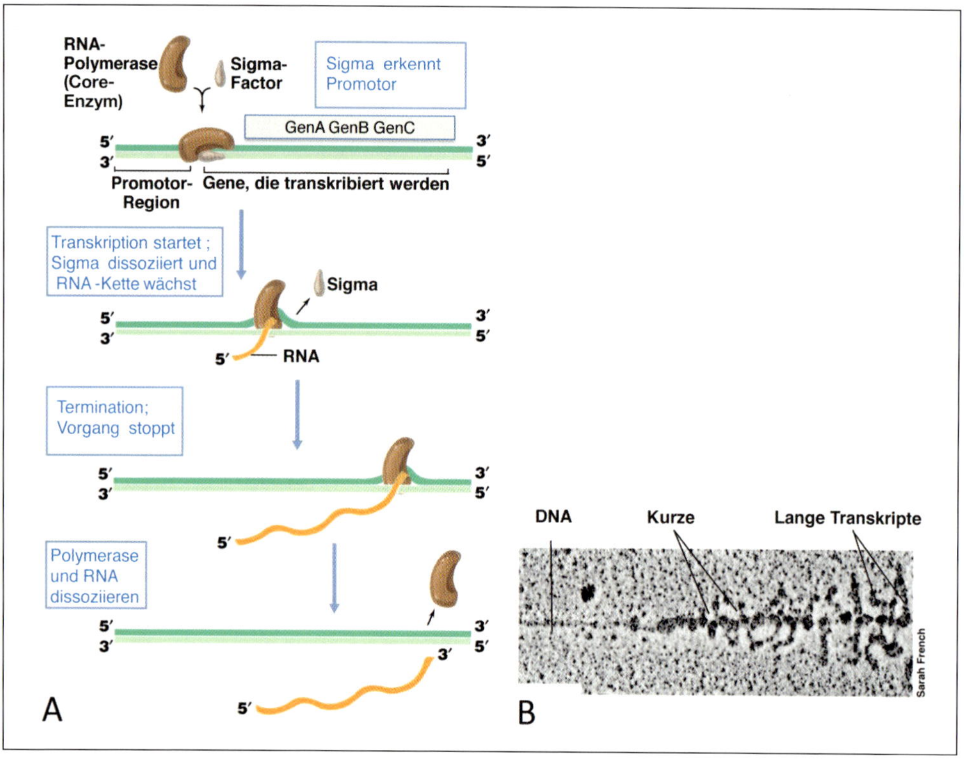

Abb. 8 Übersetzung der in der DNA enthaltenen Erbinformation in ein RNA-Transkript. (*A*) Diese Skizze beschreibt den Ablauf der Transkription in Bakterien. Die RNA-Polymerase mit der Untereinheit Sigma erkennt eine bestimmte Startsignatur in der DNA, den Promotor, von dem aus sie den komplementären Messenger-RNA (mRNA)-Strang synthetisiert, der mehrere Gene umfassen kann. Die mRNA assoziiert mit den Ribosomen, und die Proteinbiosynthese schreitet voran. Bestimmte Signaturen auf der DNA markieren die Termination der Transkription, an dieser Stelle wird die Bindung von Polymerase und Transkript aufgelöst. Bei Bakterien erfolgt die Transkription im Zytoplasma der Zelle. (*B*) Elektronenmikroskopische Aufnahme des Transkriptionsprozesses (Foto: Sarah French) (Modifiziert nach Brock 2012, S. 199.)

Analog erfolgt die Übertragung der genetischen Information in Eukaryoten im Vergleich zu den Prokaryoten schrittweise. Das im Kern gebildete primäre mRNA-Transkript wird zunächst prozessiert, indem die nicht-codierenden Bereiche eines Gens, die sogenannten Introns, ausgeschnitten und die codierenden Bereiche, die Exons, zur maturen RNA zusammengefügt werden. Das so gereifte Molekül wird an den Enden modifiziert, um es vor dem enzymatischen Abbau durch zelluläre Nucleasen zu schützen (Abb. 9). Bei der Maturation der RNA wirken katalytische RNA-Moleküle, sogenannte Ribozyme, mit. Das fertige Produkt wird durch die Kernmembran transportiert, anschließend findet im Zytoplasma die Translation in das entsprechende Protein statt (Knippers 2006).

In dem neuen Forschungsgebiet der „Synthetischen Biologie", angesiedelt im Grenzbereich von Molekularbiologie, Chemie, Ingenieurwissenschaften und Informationstechnik, wird z. B. der Proteinbiosynthese-Apparat einer lebenden Zelle bereits erfolgreich genutzt, um synthetisch gefertigte Aminosäuren maßgeschneidert in ein Protein einzuschleusen und somit ein Produkt zu erzeugen, das in dieser Form in der Natur nicht vorkommt (Neumann et al. 2010). Derartige Strategien werden in nachfolgenden Beiträgen der Versammlung vertiefend behandelt.

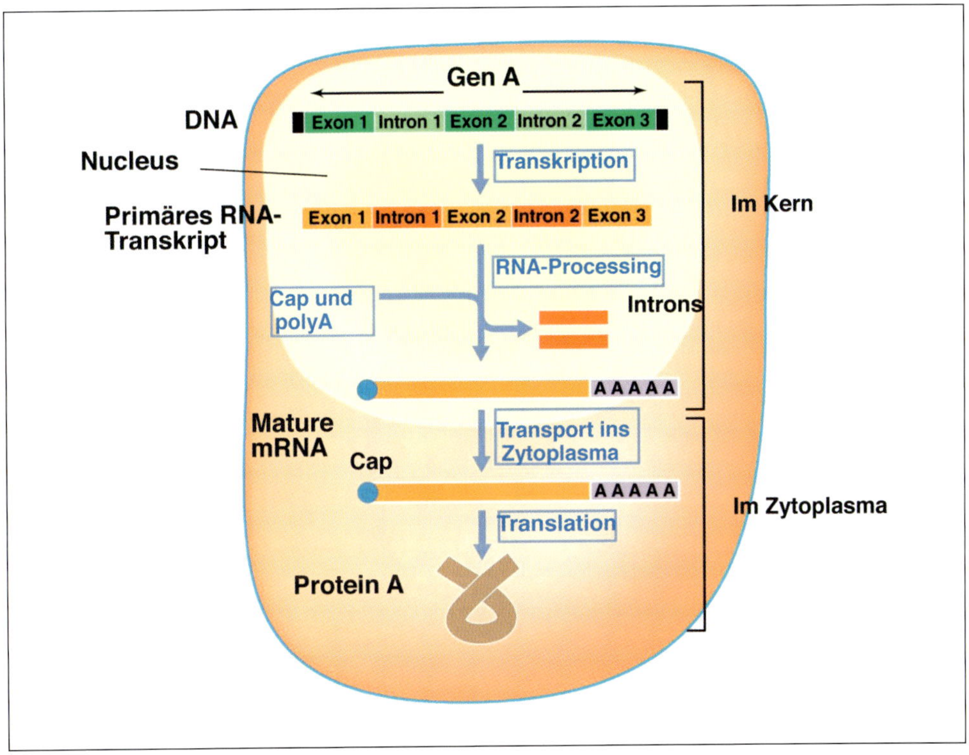

Abb. 9 Der Weg von der DNA zum Protein in Eukaryoten. Die Übertragung der genetischen Information in Eukaryoten erfolgt in mehreren Schritten. Das im Kern gebildete primäre mRNA-Transkript wird zunächst prozessiert, wobei die nichtcodierenden Bereiche eines Gens (Introns) ausgeschnitten werden und die codierenden Bereiche (Exons) zur maturen RNA fusionieren. Dieser Vorgang wird als „Splicen" bezeichnet. Anschließend wird das Molekül an den Enden durch Verknüpfung mit Biomolekülen (Cap und polyA) modifiziert und so vor dem Abbau geschützt. Nach dem Transport des maturen RNA-Transkriptes durch die Kernmembran erfolgt im Zytosol die Translation in Proteine. (Modifiziert nach Brock 2012, S. 255.)

Die Bedeutung der Ribonukleinsäure ist nicht nur auf die Proteinbiosynthese beschränkt. Die RNA-Welt ist weitaus vielfältiger als ursprünglich vermutet, wie jüngere Forschungsergebnisse zeigen. Altbekannt sind die RNA-Spezies-mRNA, die Aminosäuren transportierenden tRNAs sowie die ribosomale (r)RNA, die zusammen mit Proteinen die Ribosomen bildet. Dies trifft ebenso für die „splicenden“ RNAs sowie die an der Reifung der rRNA mitwirkenden kleinen nicht-codierenden RNA-Moleküle zu. Relativ neu ist dagegen die Erkenntnis, dass Ribonukleinsäuren in beträchtlichem Umfang auch regulatorische Funktionen ausüben. So wirken z. B. MikroRNAs als Hemmstoff der Translation, oder die interferierenden RNAs zerstören gezielt mRNA-Moleküle. Es gibt Hinweise, dass auch längere RNA-Moleküle regulatorische Funktionen besitzen; sie verbergen sich hinter intronischen Bereichen der DNA, die lange Zeit als bedeutungsloser Ballast klassifiziert wurden, offensichtlich aber eine wichtige biologische Rolle in der Zelle spielen und auch die Evolution maßgeblich beeinflussen (Mattick 2004).

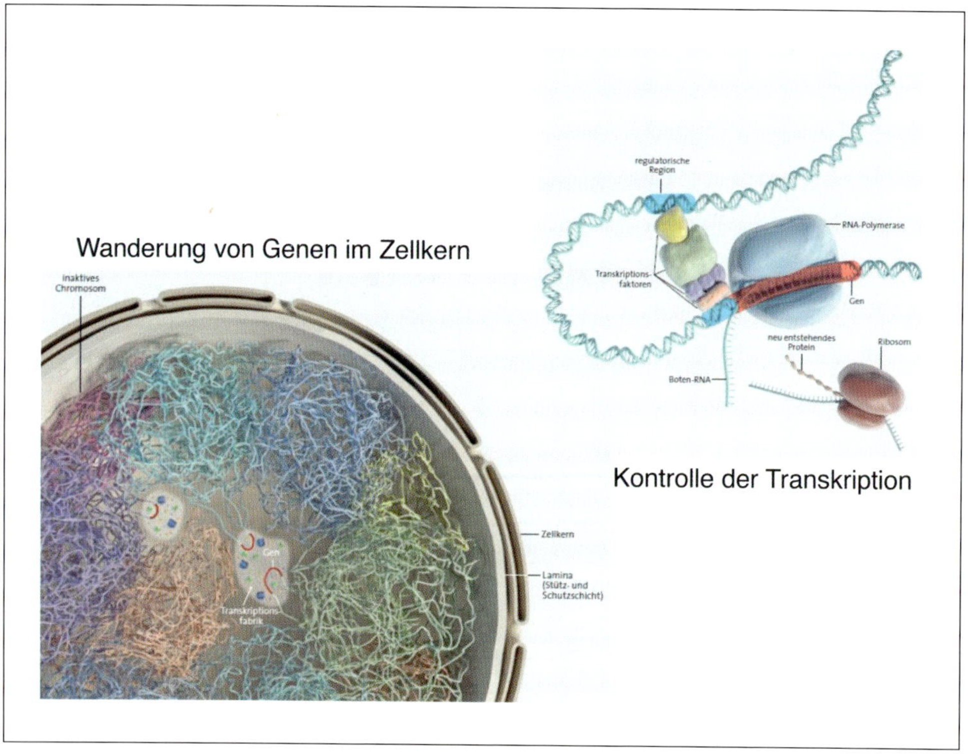

Abb. 10 Mechanismen der Regulation der Genaktivität. Die Genaktivität wird maßgeblich auf dem Niveau der Transkription reguliert, in dem regulatorische Proteine die RNA-Polymerase am Promotor entweder blockieren oder ihre Funktion aktivieren, wie dies im rechten Teil der Abbildung skizziert ist. Bei Eukaryoten spielt auch die sekundäre Struktur des Genoms, erzeugt durch Assoziation der DNA mit Proteinen eine wichtige Rolle bei der Regulation der Genaktivität. Im Zellkern besetzt jedes Chromosom einen klar definierten Ort (Territorium). Je weiter ein Chromosom an der Peripherie des Zellkerns liegt, desto weniger aktiv sind die dort verankerten Gene. Das „chromosome painting“ erlaubt es, jedes Chromosom zur besseren Unterscheidung mit einer anderen Farbe zu markieren. (Modifiziert nach Mistelli 2011, S. 29.)

Die Genaktivität wird hauptsächlich auf der Ebene der Transkription reguliert. Regulatorische Proteine können die RNA-Polymerase am Promotor entweder blockieren oder ihre Wirkung beschleunigen, wie dies im rechten Teil der Abbildung 10 skizziert ist. Jüngsten Entdeckungen zufolge ist die Architektur des Genoms – zumindest bei Eukaryoten – ein wichtiges Kriterium für die Regulation der Genaktivität. Im Zellkern besetzt jedes Chromosom einen klar definierten Ort, ein „Territorium". Je weiter ein Chromosom an der Peripherie des Zellkerns positioniert ist, desto weniger aktiv sind die dort verankerten Gene. Positionsänderungen sind möglich, was Auswirkungen auf Entwicklungsprozesse, aber auch auf die Ausprägung von Krankheiten haben könnte (MISTELLI 2011). Diese Positionseffekte und dadurch bewirkte Veränderungen in der Genexpression zählen zu den epigenetischen Merkmalen. Dies sind genetische Veränderungen, die nicht auf Veränderungen der DNA-Sequenz beruhen.

5. Der Stoffwechsel determiniert Aktivität und Diversität lebender Zellen

Ein eigenständiger Stoffwechsel bildet eine der Voraussetzungen zum Leben. Dies bedeutet, dass die Inhaltsstoffe einer Zelle gegenüber dem äußeren Milieu durch amphipathische Moleküle wie Phospholipide eingegrenzt werden. Eine solche osmotische Schranke bildet die

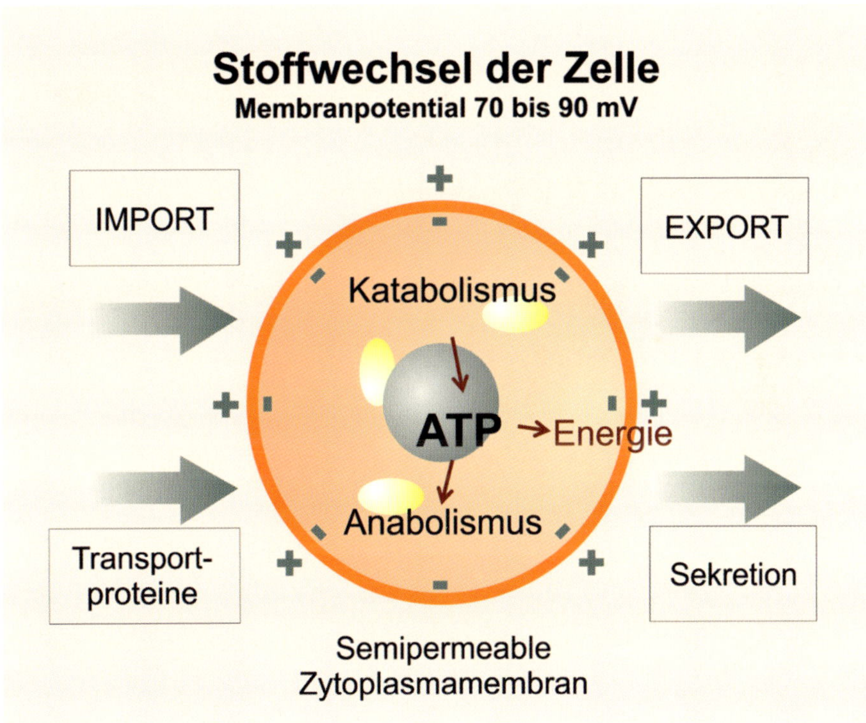

Abb. 11 Grundlagen eines eigenständigen Stoffwechsels einer Zelle. Die Zelle ist gegenüber ihrem äußeren Milieu durch eine Zytoplasmamembran abgegrenzt. Sie kontrolliert die Aufnahme und die Abgabe von Substanzen und besitzt eine elektrische Spannung, ein Membranpotential, das außen positiv und innen negativ geladen ist. Diese Potentialdifferenz kann für Transportvorgänge oder andere energieabhängige Prozesse genutzt werden. Import und Export von Stoffen erfolgen durch Transportproteine bzw. durch sekretorische Proteine. Aus molekularen Bausteinen werden im Zuge der Biosynthese (Anabolismus) makromolekulare Zellbestandteile wie Proteine, Phospholipide, Nukleinsäuren und Zellwand aufgebaut. Hierzu benötigt die Zelle Energie, z. B. den universellen Energieträger Adenosintriphosphat (ATP), sowie Nährstoffe, deren Abbau (Katabolismus) oder Umwandlung die Vorstufen für Biosynthesen liefert.

Zytoplasmamembran, die für einige wenige Komponenten wie Wasser selektiv durchlässig ist, ansonsten intrazelluläre Stoffe, sogenannte Metabolite, zurückhält. Dieses hat zur Folge, dass im Zytoplasma befindliche Biomoleküle, wie Zucker, Fettsäuren, Aminosäuren und Nukleinsäuren, sowie anorganische Komponenten entgegen einem Konzentrationsgradienten akkumulieren. So kann die Synthese von polymeren Bestandteilen, die für das Wachstum und die Vermehrung einer Zelle unerlässlich sind, mit relativ hoher Umsatzrate ablaufen. Die metabolischen Reaktionen werden darüber hinaus durch eine Vielzahl von Enzymen katalysiert. Diese sind verantwortlich für die aktive Aufnahme von Nährstoffen in die Zelle, den Abbau dieser Substrate zu Intermediaten, deren Umwandlung in einzelne Zellbausteine, die Synthese neuer Moleküle und die Sekretion von Stoffen aus dem Innern der Zelle in das äußere Milieu (Abb. 11).

Der Stoffwechsel funktioniert nur, wenn der Zelle genügend Energie zugeführt wird. Als Energiequellen nutzen Organismen entweder chemische Substanzen oder Licht. Nahrungsquellen können organischen oder anorganischen Ursprungs sein, man spricht von chemoorganotropher bzw. chemolithotropher Lebensweise. Letztere ist häufig bei prokaryotischen Mikroorganismen anzutreffen, deren Stoffwechsel sich wahrscheinlich unter unwirtlichen Bedingungen in der frühen Entwicklungsphase der Erde herausgebildet hat. Chemolithotrophe Organismen verwerten im Vergleich zum menschlichen Stoffwechsel recht ungewöhnliche Substrate wie reduzierte Schwefel- und Metallverbindungen, auch gasförmige Verbindungen wie Wasserstoff und Kohlenmonoxid. Aus der Oxidation dieser Stoffe beziehen sie biologisch verwertbare Energie. Bei der chemoorganotrophen Lebensweise, die auch dem Menschen eigen ist, werden dagegen organische Nährstoffe wie Zucker und Stärke in der Regel mit Sauerstoff oxidiert. Dieser Prozess liefert sowohl Zellbausteine als auch Energie. Zahlreiche Mikroorganismen vermögen auch in Abwesenheit von Sauerstoff mit alternativen Elektronenakzeptoren wie Carbonat, Nitrat oder Sulfat organische Nährstoffe zu oxidieren. Diese Form des Stoffwechsels bezeichnet man als „anaerobe Atmung“. Ein weiterer unter Ausschluss von Sauerstoff ablaufender Metabolismus, der biochemisch verwertbare Energie bereitstellt, ist die Vergärung organischer Nährstoffe, beispielhaft in Hefezellen zu beobachten. In diesem Prozess werden Produkte freigesetzt, die biotechnologisch von Bedeutung sind, z. B. Alkohol und organische Säuren.

Dient Licht im Zuge der Photosynthese als Energiequelle oder werden anorganische Verbindungen als Energieträger metabolisch verwertet, so synthetisiert die betreffende Zelle in der Regel die Vorstufen zu den Zellbausteinen aus Kohlendioxid (CO_2). Für diese „autotrophe“ Lebensweise haben die Mikroorganismen vielfältige Stoffwechselwege entwickelt. Der bekannteste und energieaufwendigste ist der Calvin-Benson-Bassham-Zyklus, den auch die Pflanzen und Algen nutzen und der in diesem Fall durch Lichtenergie getrieben wird (Madigan et al. 2010). Diesen Stoffwechselreaktionen verdanken wir die Entstehung von Biomasse als Nahrungsquelle für die Tiere und den Menschen.

Dieser kurze Überblick zeigt, dass Organismen im Verlauf der Evolution eine Vielzahl von Stoffwechselwegen entwickelt haben, die ihnen ein weites Repertoire an Nahrungsquellen erschlossen und das Leben in unterschiedlichsten Habitaten ermöglichten. Aus den zentralen Reaktionen im Energiestoffwechsel von lebenden Zellen möchte ich beispielhaft die Atmung und die damit gekoppelte Synthese von Adenosintriphosphat (ATP) näher beleuchten. Diese Reaktionen laufen nahezu universell ab, bei den Eukaryoten in den Mitochondrien und bei den Prokaryoten an der Zytoplasmamembran. Die Abfolge dieses komplexen Prozesses wurde detailliert in einem Videofilm gezeigt (Micro Flix™- Metabolism, *Pearson Education, Inc.* 2009).

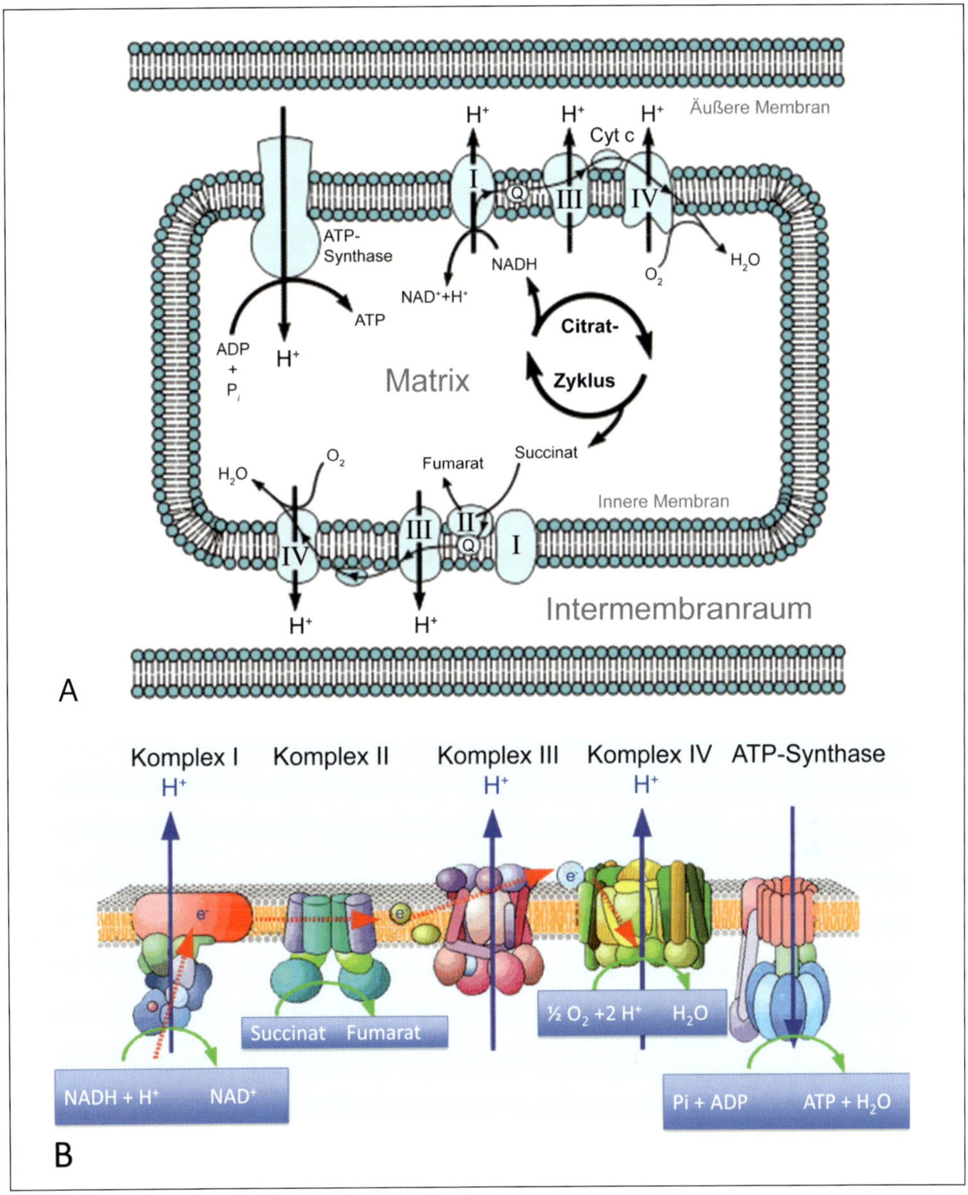

Abb. 12 (*A*) Die Atmungskette ist ein zentraler Teil des Energiestoffwechsels der Mehrzahl aller Lebewesen. Sie besteht aus einer Kette redoxabhängiger Reaktionen, die durch membranständige Proteinkomplexe katalysiert werden. Durch den Abbau von Nährstoffen, z. B. über die Glycolyse oder die Fettsäureoxidation, die schließlich im Citrat-Zyklus weiter oxidiert werden, gelangen die anfallenden Reduktionsäquivalente auf Mediatoren (NADH, $FMNH_2$, $FADH_2$). (*B*) Diese werden durch Proteinkomplexe in der Membran, die im unteren Teil der Abbildung näher ausgeführt sind, in Einzelschritten reoxidiert, und die Elektronen wandern über eine Endoxidase (Komplex IV) bis zu einem terminalen Elektronenakzeptor, in der Regel Sauerstoff. Bei diesem der Knallgasreaktion analogen Prozess entsteht Wasser und die freiwerdende Energie wird im Zuge der oxidativen Phosphorylierung dazu genutzt, aus Adenosindiphosphat und Phosphat den universellen biochemischen Energieträger Adenosintriphosphat (ATP) zu synthetisieren. Das dafür zuständige Enzym ist die transmembrane ATPase. (Modifiziert nach de.wikipedia.org/wiki/Atmungskette)

An dieser Stelle beschränke ich mich auf die Skizzierung der Atmungskette (Abb. 12) und kommentiere die Synthese von ATP. Es ist bemerkenswert, dass die Forschungen zum Energiestoffwechsel in den Mitochondrien in jüngster Zeit große Aufmerksamkeit gefunden haben, werden Störungen im Mitochondrienenergiestoffwechsel doch zunehmend als Ursache zahlreicher, teilweise genetisch bedingter, Erkrankungen identifiziert (SCHARFEN et al. 2009).

6. Adenosintriphosphat, ein universeller biologischer Energieträger

Adenosintriphosphat (ATP) wurde 1929 von Karl LOHMANN entdeckt. Er war später Professor für Physiologische Chemie an der Humboldt-Universität und von 1953 bis 1964 am Institut für Medizin und Biologie der Deutschen Akademie der Wissenschaften (DAW) in Berlin-Buch tätig. Von der Leopoldina wurde er für diese Entdeckung mit der Cothenius-Medaille ausgezeichnet. Die Spaltung der Phosphoanhydridbindungen im ATP ist stark exergon und setzt Energie frei (Abb. 12). Dass diese Energie den Stoffwechsel treiben kann, war die Erkenntnis von Fritz LIPMANN (1971). In Königsberg geboren, in New York gestorben, entdeckte LIPMANN auch Acetyl-CoA, ein weiteres energiereiches Biomolekül, und wurde dafür zusammen mit Hans KREBS 1947 mit dem Nobelpreis für Medizin ausgezeichnet. 1969 wurde er zum Ehrenmitglied der Leopoldina ernannt.

Inzwischen sind Wirkungsweise und Synthese von ATP weitestgehend erforscht. ATP wird durch die ATPase synthetisiert, eine membranständige hoch komplexe Zellmaschine (Abb. 12), die aus ADP und Phosphat das ATP aufbaut und dazu unter physiologischen Bedingungen pro Mol ca. 45 kJ benötigt. Die ATPase setzt sich je nach Herkunft aus 8 bis 20 Proteinuntereinheiten zusammen, einem wasserlöslichen Komplex, der in den Mitochondrien und an der Zytoplasmamembran von Bakterien nach innen weist und an dem die ATP-Bildung abläuft. Der wasserunlösliche, in der Membran verankerte Teil des Proteins rotiert und transportiert dabei Protonen oder andere Ionen über die Membran, wobei diese sogenannte protonenmotorische Kraft in chemische Energie umgewandelt wird. Damit nutzt die ATPase den Protonengradienten, der durch die Atmungsenzyme NADH-Dehydrogenase, den Cytochrom-*bc1*-Komplex und die Endoxidase aufgebaut wird, zur Bereitstellung biochemisch verwertbarer Energie (Abb. 12). Die dem Prozess zugrundeliegende chemioosmotische Theorie, die erstmals von Peter MITCHELL (1961) vorgeschlagen wurde, hat wesentlich zum Verständnis des Energiestoffwechsels einer lebenden Zelle beigetragen. Der Entdecker erhielt für diese Leistung 1978 den Nobelpreis. Mit einem weiteren Nobelpreis wurden 1997 Paul D. BOYER, John E. WALKER und Jens C. SKOU geehrt, die durch Struktur- und Funktionsstudien maßgeblich den molekularen Wirkungsmechanismen des ATPase-Komplexes entschlüsselt haben (BOYER 1997).

7. Das Gesamtsystem einer Zelle

Nach diesem kurzen Einblick in die Energiefabrik der Zelle möchte ich im letzten Teil des Vortrages die zuvor beschriebenen molekularen Einzelkomponenten, die das Leben prägen, ganzheitlich zusammenfügen und auf ihr funktionelles Zusammenspiel innerhalb der Zelle oder auch im Zellverbund eingehen. Eine als „Systembiologie“ bezeichnete Forschungsrichtung beruht auf einer neu dimensionierten experimentellen Herangehensweise. Im Konzert von natur-, lebens- und ingenieurwissenschaftlichen Disziplinen, in dem die Molekularbiologie fest verankert ist, wird die Zelle in ihrer Gesamtheit betrachtet. „Vom Genom zum Leben" lautet in Abbildung 13 etwas plakativ die Überschrift für die Systembiologie. Die Systembiologie strebt an, ein integriertes Gesamtbild von Organismen zu erstellen und Zellstrukturen sowie Reaktionsabläufe nicht nur separat zu analysieren. Dieses sehr dynamische Konzept kann nur in einem gemeinsamen Vorgehen von unterschiedlichsten Fachdisziplinen bewältigt werden. Zur Erfassung des Gesamtsystems sind großdimensionierte maschinelle Hochdurchsatzverfahren erforderlich, die der Biologie bisher fremd waren, darunter eine umfassende Bioinformatik zur Datenanalyse und Datenspeicherung, die computergestützte Modellierung, schnelle DNA-Sequenzierungstechniken, Synthesen von Nukleinsäuren aus chemischen Bausteinen und die sogenannten „omics"-Techniken. Letztere schließen umfassende Transkriptanalysen, sogenannte „Transkriptomics", die Erfassung des gesamten Proteinprofils, bezeichnet als „Proteomics", sowie die Katalogisierung der zellulären Inhaltsstoffe zu einem bestimmten Zeitpunkt und unter bestimmten Bedingungen, charakterisiert als „Metabolomics", ein.

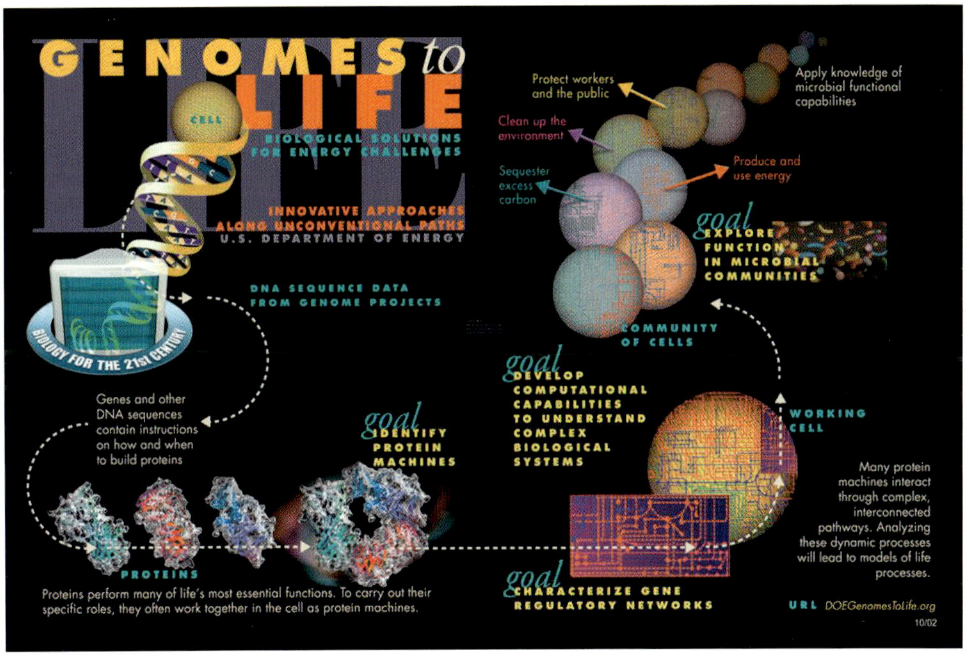

Abb. 13 „Vom Genom zum Leben", so lautet das Thema eines Forschungsförderungsprogramms des *US-Department of Energy*, das sich zum Ziel gesetzt hat, ausgehend von sequenzierten Genomen drei bekannter Bakterienspecies ein ganzheitliches Bild über deren Stoffwechselleistungen, die Proteinprofile und Interaktionen mit der Umwelt zu erarbeiten. Dieser systembiologische Ansatz erfordert ein hohes Maß an Datenverarbeitung und Hochdurchsatzverfahren mit entsprechender maschineller Ausstattung.

Wie viel genetische Information benötigt eine Zelle zum Leben?

Bevor ich beispielhaft die Proteomforschung vertiefend diskutiere, möchte ich eine immer wiederkehrende Frage kommentieren: Wie viel genetische Information benötigt eine Zelle zum Leben?

Tab. 1 Beispiele für total sequenzierte Genome

Organismus	Genomgröße[1]	Gene	Gendichte[2]
Blattfloh-Endosymbiont *Carsonella ruddii*	$1{,}6 \times 10^5$	182	1138
Mycoplasma genitalium	$5{,}8 \times 10^5$	476	
Haemophilus influenzae (1995)	$1{,}8 \times 10^6$	1709	
Darmbakterium *Escherichia coli*	$4{,}6 \times 10^6$	4500	900
Bäckerhefe *Saccharomyces cerevisiae*	$2{,}0 \times 10^7$	6000	300
Fadenwurm *Caenorhabditis elegans*	$8{,}0 \times 10^7$	19000	200
Acker-Schmalwand *Arabidopsis thaliana*	$1{,}0 \times 10^8$	25500	255
Taufliege *Drosophila melanogaster*	$2{,}0 \times 10^8$	13500	70
Kugelfisch *Fugu rubripe*	$3{,}65 \times 10^8$		
Kohl *Brassica oleracea*	$5{,}99–8{,}68 \times 10^8$	100000	599–868
Mensch *Homo sapiens* (2003)	$3{,}27 \times 10^9$	20000–25000	10
Teichmolch *Triturus vulgaris*	$2{,}5 \times 10^{10}$		

[1] In Basenpaaren, [2] Anzahl der Gene pro Millionen Basenpaare

Wie aus Tabelle 1 ersichtlich, besitzt das endosymbiontische Bakterium *Carsonella ruddii*, das seinen Wirt mit Aminosäuren versorgt, ein winziges Genom von 160000 Basenpaaren. Der Endosymbiont ist nicht in der Lage, unabhängig von seinem Wirt frei zu leben, stellt nach der oben gegebenen Definition also einen Grenzfall des Lebens dar. *Mycoplasma genitalium* hat dagegen eine ausreichende Genausstattung, um ein wirtsunabhängiges Leben führen zu können. Daraus folgt, dass für das elementare Leben einer prokaryotischen Zelle etwa 500 Gene erforderlich sind. Von dem Genom des wohl wichtigsten Modellbakteriums der Molekularbiologie, *Escherichia coli*, wurde experimentell durch Entfernen einzelner DNA-Abschnitte die Information von etwa 1000 Genen eliminiert und damit ein sogenanntes Minimalgenom geschaffen, das um etwa 25% gegenüber dem Genom der Ausgangszelle verkleinert ist (Tab. 1). Die so veränderten *E. coli*-Zellen sind unter bestimmten Kulturbedingungen gut lebensfähig, haben aber ihre Anpassungsfähigkeit an Stresssituationen oder wechselnde Nährstoffangebote weitestgehend eingebüßt (Arigoni et al. 1998, Pósfai et al. 2006).

Die Genome von Eukaryoten sind im Vergleich zu denen der Prokaryoten größer (Tab. 1). Durch den Besitz nicht-codierender DNA-Anteile weisen diese Genome eine geringere Gendichte auf. Dies trifft besonders für das Genom des Menschen zu. Inzwischen wächst die Erkenntnis, dass zunächst als überflüssig betrachtete DNA-Abschnitte vermutlich wichtige regulatorische Funktionen tragen. Darüber hinaus ist die Anzahl der Gene nicht direkt proportional zur Komplexität eines Organismus. So besitzt der Mensch nicht wesentlich mehr Gene als das Pflänzchen *Arabidopsis thaliana*, darüber hinaus gibt es zahlreiche Organismen, deren Genomgröße die des Menschen sogar übersteigt, zu ihnen gehört auch der Teichmolch (Gregory 2006).

Aus dem Wissen, dass der Besitz einer überschaubaren Anzahl von Genen einer einfachen prokaryotischen Zelle offensichtlich zum Leben genügt, resultiert sogleich eine weitere Frage: Kann diese Erbinformation nicht chemisch synthetisiert und damit artifizielles Leben geschaffen werden? Derartige Ansätze, die ethische Diskussionen auslösen und Fragen der biologischen Sicherheit berühren, werden im Rahmen des neuen Forschungsgebietes der Synthetischen Biologie berührt, das sich noch weitgehend auf der Ebene der Grundlagenforschung bewegt. Die Konstruktion einer künstlichen Zelle – einer sogenannten Protozelle – kann eher als ein visionäres Ziel betrachtet werden (*Acatech, DFG, Leopoldina* 2009).

Auf dem Weg zu einer Protozelle hat es allerdings in den letzten 10 Jahren bemerkenswerte Fortschritte gegeben. Es ist inzwischen gelungen, vollständige Genome aus chemischen Bausteinen zu synthetisieren. Die Liste reicht vom Poliovirus-Genom über komplexe DNA-Module – bezeichnet als „Biobricks“ – bis hin zu dem bakteriellen Genom von *Mycoplasma genitalium* (Tab. 2). Aufsehen erregte im Jahr 2010 eine Publikation der Arbeitsgruppe von Craig Venter, die das synthetisch erzeugte Genom von *Mycoplasma mycoides* in eine DNA-freie Zelle des verwandten Bakteriums *Mycoplasma capricolum* transplantierte mit dem Ergebnis, dass die neu gewonnenen Zellen die Eigenschaft des DNA-Spenders, *M. mycoides*, aufwiesen (Gibson et al. 2010). Damit war es gelungen, eine authentische Kopie, aber noch kein artifizielles Leben zu schaffen, das den eingangs erwähnten Kriterien entspricht.

Tab. 2 Chemische Synthese von komplexen Nukleinsäuremolekülen

Objekt	Größe	Referenz
Poliovirus	7500 bp	Cello et al. 2002
BioBricks	variabel	Knight 2003
Influenza-Virus	3500 bp	Couzin 2002
M. genitalium-Genom	582 970 bp	Gibson et al. 2008
M. mycoides-Genom transplantiert in *M. capricolum*	1 100 000 bp	Gibson et al. 2010

8. Das Leben im Spiegel des Proteoms

Durch die Techniken der Transkriptom-, Proteom- und Metabolom-Forschung verfügt die Molekularbiologie über ein Instrumentarium, mit dem erstmals die Dynamik von Lebensprozessen erfasst werden kann. Am Beispiel der Proteom-Analyse lässt sich anschaulich nachvollziehen, welche der möglichen Proteine einer Zelle zu einem bestimmten Zeitpunkt in einer bestimmten Konzentration und in einem konkreten Zellkompartiment vorhanden und wahrscheinlich aktiv sind. In diesem Abbild spiegeln sich die elementaren molekularen Lebensvorgänge am deutlichsten wider.

Der experimentelle Weg dahin wurde vor mehr als 20 Jahren mit der zweidimensionalen Auftrennung von Proteinextrakten nach Ladung und Größe in einer Gelmatrix (O'Farrell 1975) geebnet. Jeder gefärbte Punkt (Spot) in diesem Gel (Abb. 14) entspricht bestimmten Einzelproteinen oder Proteinagglomeraten, deren Konzentration abhängig ist von äußeren Lebensbedingungen wie z. B. dem Nährstoffangebot, der Temperatur, der Gegenwart von Sauerstoff oder Licht. In dem dokumentierten Experiment ist der Wechsel des Proteininventars von der heterotrophen Lebensweise eines Bakteriums (rot markierte Proteinspots) zum autotrophen Stoffwechsel mit Wasserstoff als Energiequelle (grün markierte Proteinspots) dargestellt (Abb. 14). Stets vorhandene, das bedeutet konstitutiv exprimierte Proteine, sind gelb markiert. Mit dieser Technik konnten die Genprodukte auch bestimmten genomischen Substrukturen, hier den bakteriellen Chromosomen und einem großen Plasmid, zugeordnet werden (Schwartz et al. 2009). Durch die Weiterentwicklung der Massenspektrometrie ist die Proteomanalyse inzwischen so ausgefeilt und sensitiv, dass etwa 80% der gebildeten Proteine, darunter zytosolische, membranständige und extrazelluläre Proteine erfasst werden können. Dies ist in der Arbeitsgruppe von Michael Hecker (Universität Greifswald) beeindruckend bei dem Krankheitserreger *Staphylococcus aureus* gezeigt worden. Darüber gibt Abbildung 15 Aufschluss (Becher et al. 2009).

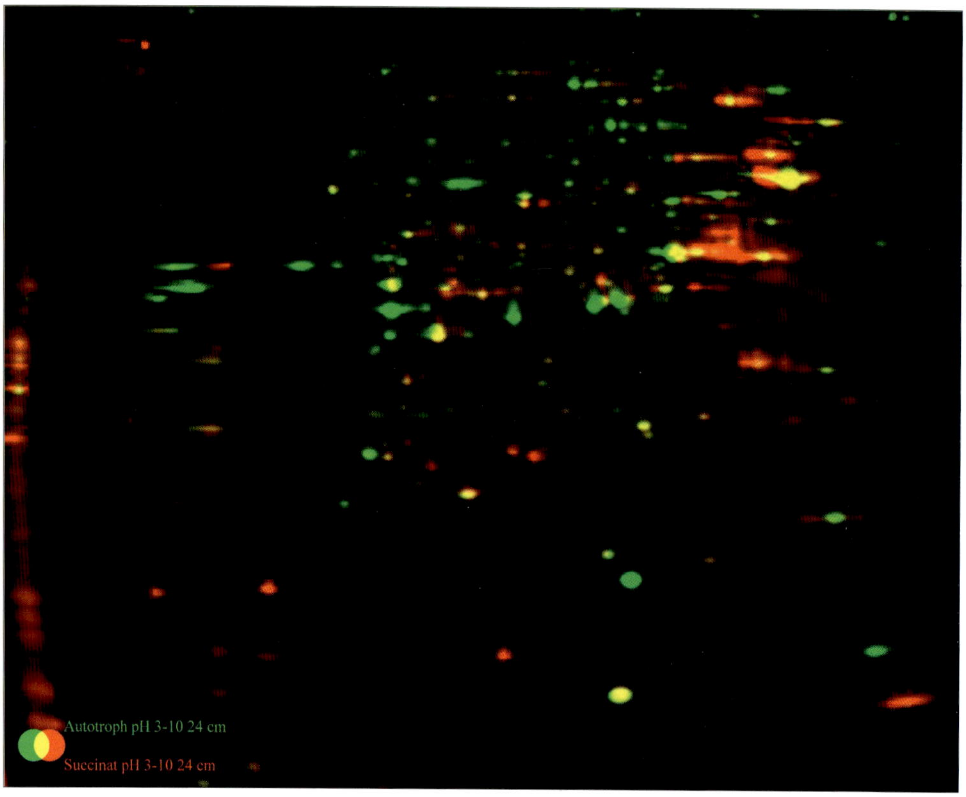

Abb. 14 Proteinprofile aus dem löslichen Extrakt des Knallgasbakteriums *Ralstonia eutrophe*. Der Extrakt wurde aus Zellen präpariert, die zwei grundsätzlich verschiedene Ernährungsweisen, autotroph ($H_2 + O_2 + CO_2$) und heterotroph (mit Succinat als Kohlenstoffquelle), reflektieren. Durch farbige Markierung der Proteine entsteht eine Karte, die autotroph hoch regulierte Proteine als grüne Flecken ausweist, heterotroph exprimierte Proteine rot markiert darstellt und Proteine, die unter beiden Bedingungen identifizierbar sind, als gelbe Flecken in Erscheinung treten lässt. In der betreffenden Proteomstudie konnten die Proteine zusätzlich ihrem genetischen Ursprung, den beiden Chromosomen bzw. dem Megaplasmid zugeordnet werden (Schwartz et al. 2009).

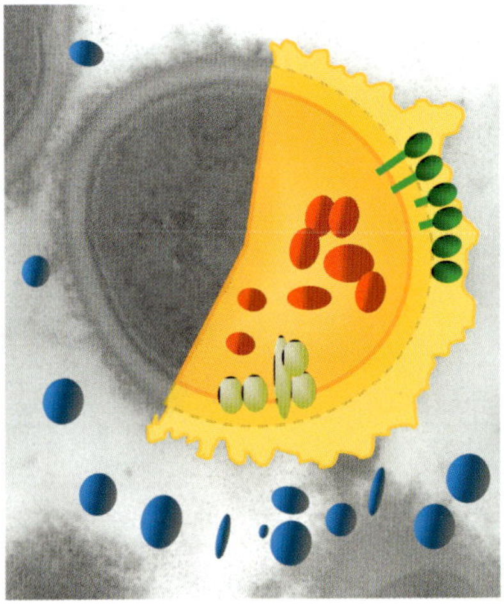

Lokalisation	Anzahl der vorausgesagten Proteine	Identifizierte Proteine Total	%
Cytosolische Proteine	1796	1210	67
Membranproteine	579	323	56
Lipoproteine	66	55	83
Sortase Substrate	20	9	45
Zellwand assoziiert	35	32	91
Extrazelluläre Proteine	122	74	61
Gesamtprotein	2618	1703	65

Abb. 15 Summe aller identifizierten Proteine aus *Staphylococcus aureus*. Aus vier Fraktionen (Zytoplasma, Membran, Zelloberfläche und extrazellulärem Überstand) wurden Proteine identifiziert, um ein Gesamtproteom-Profil zu erstellen. Mit insgesamt 1700 Proteinen (davon 1450 quantifiziert) wurden 75 % der in dem Organismus exprimierten Proteine erfasst. Mit diesem Durchbruch ist ein Weg zum Verständnis der Pathogenität dieses Krankheitserregers eröffnet (Becher et al. 2009).

Die Genomstudien generieren eine Fülle von Daten, die es gilt nach rationalen Kriterien leicht nachvollziehbar und anschaulich zusammenzufügen, um daraus schließlich Aussagen über das Gesamtsystem einer Zelle ableiten zu können. Nach einem neuen computergestützten Konzept (*TreeMap*) werden die Proteine in ein netzartiges Schema gefügt, wie dies am Beispiel des Gram-positiven Sporen-bildenden Modellbakteriums *Bacillus subtilis* veranschaulicht ist (Abb. 16). Durch unterschiedliche Farbgebungen können somit Stoffwechselbereiche und dazugehörige Proteinfunktionen voneinander abgegrenzt werden. Diese Auftrennung gestaltet sich immer filigraner, stellt schließlich individuelle Reaktionskreisläufe dar, z. B. die Glykolyse, den Stofftransport oder die Replikation. Schließlich kann jedes Segment einem individuellen Protein zugeordnet werden (Otto et al. 2010). Wie sich dieses Netzwerk dynamisch ändert, ist in einer abschließenden Animation dargestellt, die mir freundlicherweise von der Arbeitsgruppe von Michael Hecker, Ernst-Moritz-Arndt-Universität Greifswald, zur Verfügung gestellt wurde. Sie zeigt den Weg vom genetischen Bauplan bis hin zur Proteinausstattung einer Zelle und verdeutlicht das Zusammenspiel großer Proteinkonvolute. Diese Interaktionen sind von dem Kollegen Hecker treffend als „Tanz der Proteine" bezeichnet worden.[1] In diesem Bild offenbaren sich eindrucksvoll die molekularen Ereignisse in der Zelle, auf denen Leben basiert.

Ob es je gelingen wird und ob es erstrebenswert ist, dieses Leben künstlich zu reproduzieren, bleibt eine offene Frage. Ob wir das, was Leben ausmacht, in Gänze verstehen werden, ist ebenso zweifelhaft. Ich möchte schließen mit einem Zitat von Alexander von Humboldt (1769–1859)

1 120313_ZEIT_Wwgi_Greifswald_1-2_quer.pdf>.

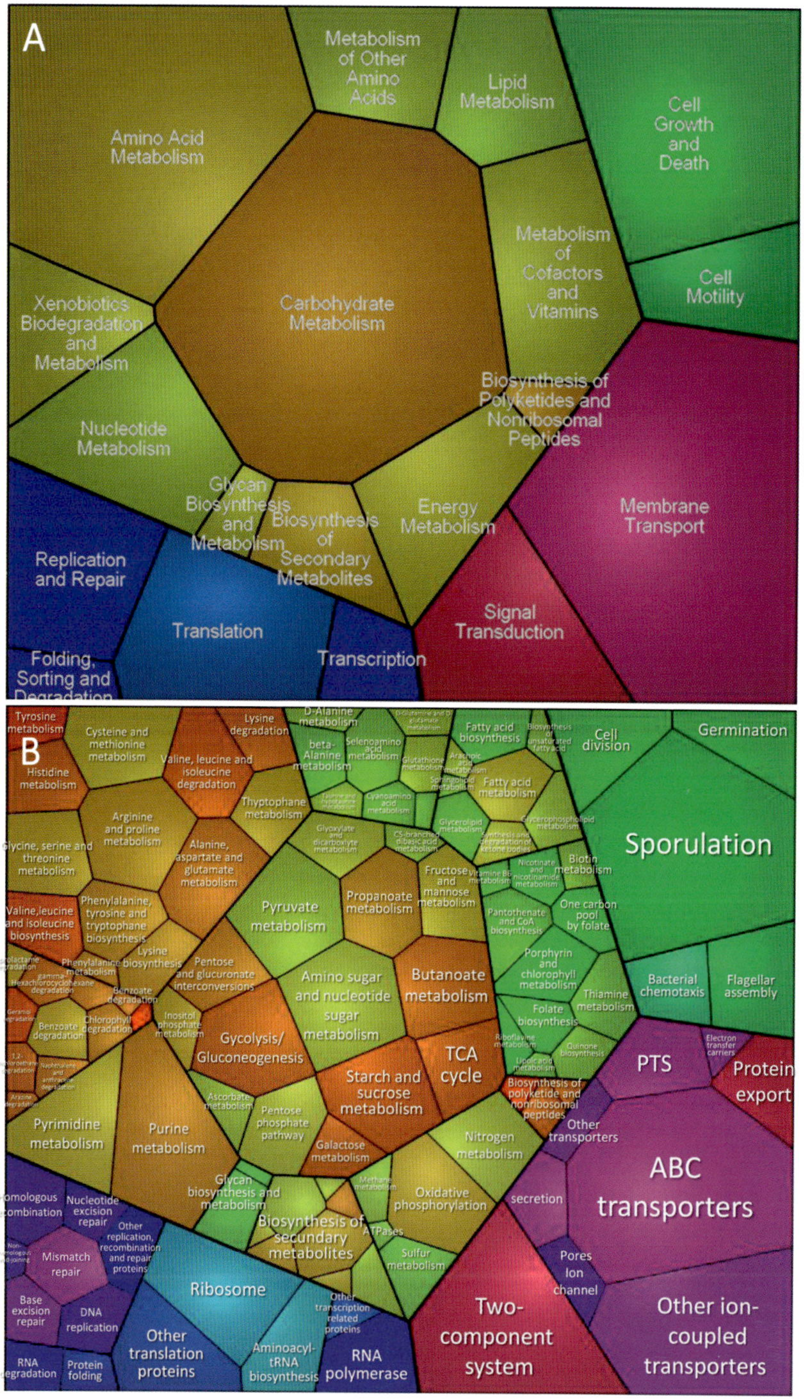
A
Metabolism of Other Amino Acids
Lipid Metabolism
Cell Growth and Death
Amino Acid Metabolism
Carbohydrate Metabolism
Metabolism of Cofactors and Vitamins
Cell Motility
Xenobiotics Biodegradation and Metabolism
Biosynthesis of Polyketides and Nonribosomal Peptides
Nucleotide Metabolism
Glycan Biosynthesis and Metabolism
Biosynthesis of Secondary Metabolites
Energy Metabolism
Membrane Transport
Replication and Repair
Translation
Transcription
Signal Transduction
Folding, Sorting and Degradation
B
Tyrosine metabolism
Cysteine and methionine metabolism
Lysine degradation
D-Alanine metabolism
Fatty acid biosynthesis
Cell division
Germination
Histidine metabolism
Valine, leucine and isoleucine degradation
beta-Alanine metabolism
Selenoamino acid metabolism
Fatty acid metabolism
Arginine and proline metabolism
Tryptophane metabolism
Cyanoamino acid metabolism
Glycerophospholipid metabolism
Sporulation
Glycine, serine and threonine metabolism
Alanine, aspartate and glutamate metabolism
Glyoxylate and dicarboxylate metabolism
Glycerolipid metabolism
Synthesis and degradation of ketone bodies
Biotin metabolism
Fructose and mannose metabolism
Valine, leucine and isoleucine biosynthesis
Phenylalanine, tyrosine and tryptophane biosynthesis
Pyruvate metabolism
Propanoate metabolism
Pantothenate and CoA biosynthesis
One carbon pool by folate
Lysine biosynthesis
Phenylalanine metabolism
Pentose and glucuronate interconversions
Amino sugar and nucleotide sugar metabolism
Butanoate metabolism
Porphyrin and chlorophyll metabolism
Bacterial chemotaxis
Flagellar assembly
Thiamine metabolism
Benzoate degradation
Inositol phosphate metabolism
Chlorophyll degradation
Folate biosynthesis
Gycolysis/ Gluconeogenesis
TCA cycle
PTS
Protein export
Starch and sucrose metabolism
Biosynthesis of polyketide and nonribosomal peptides
Ascorbate metabolism
Pentose phosphate pathway
Pyrimidine metabolism
Purine metabolism
Galactose metabolism
Nitrogen metabolism
Other transporters
ABC transporters
Glycan biosynthesis and metabolism
Oxidative phosphorylation
secretion
Homologous recombination
Nucleotide excision repair
Other replication, recombination and repair proteins
Biosynthesis of secundary metabolites
ATPases
Mismatch repair
Sulfur metabolism
Pores Ion channel
Ribosome
Base excision repair
DNA replication
Other transcription related proteins
Two-component system
Other ion-coupled transporters
Other translation proteins
Aminoacyl-tRNA biosynthesis
RNA polymerase
RNA degradation
Protein folding

„Jedes Naturgesetz, das sich dem Beobachter offenbart, lässt auf ein höheres, noch unbekanntes schliessen, denn die Natur ist, wie Carus[2] so trefflich bemerkt ‚das ewig Wachsende, ewig im Bilden und Entfalten Begriffene'."[3]

Dank

Ich danke Thomas EITINGER für die Unterstützung bei der Auswahl der Videopräsentationen, Michael HECKER und Mitarbeitern für inhaltliche Diskussionen und die Überlassung von Abbildungen sowie Lars RIENOW für die Hilfe bei der Zusammenfügung der Power-Point-Präsentation.

Literatur

Acatech, DFG, Leopoldina: Synthetische Biologie. Synthetic Biology. Stellungnahme/Statement. Standpunkte/Positions. Weinheim: WILEY-VCH 2009

ARIGONI, F., TALABOT, F., PEITSCH, M., EDGERTON, M. D., MELDRUM, E., ALLET, E., FISH, R., JAMOTTE, T., CURCHOD, M.-L., and LOFERER, H.: A genome-based approach for the identification of essential bacterial genes. Nature Biotech. *16*, 851–856 (1998)

Atlas zu Alexander v. Humboldt's Kosmos in zweiundvierzig Tafeln mit erläuterndem Text. Hrsg. von T. BROMME. Stuttgart: Krais & Hoffmann 1851

AVERY, O. T., MACLEOD, C. M., and MCCARTHY, M.: Studies on the chemical nature of the substance inducing transformation of pneumococcal types: Induction of transformation by a desoxyribonucleic acid fraction isolated from Pneumococcus type III. J. Exp. Med. *79*, 137–158 (1944)

BECHER, D., HEMPEL, K., SIEVERS, S., ZÜHLKE, D., PANÉ-FARRÉ, J., OTTO, A., FUCHS, S., ALBRECHT, D., BERNHARDT, J., ENGELMANN, S., VÖLKER, U., VAN DIJL, J. M., and HECKER, M.: A proteomic view of an important human pathogen – towards the quantification of the entire Staphylococcus aureus proteome. PLoS ONE *4*, e8176 (2009)

BOYER, P. D.: The ATPsynthase – a splendid molecular machine. Annu. Rev. Biochem. *66*, 717–749 (1997)

BROCK, T. D.: Brock Biology of Microorganisms. Boston u. a.: Pearson 2012

CALLAHANA, M. C., SMITH, K. E., CLEAVES II, H. J., RUZICKA, J., STERN, J. C., GLAVIN, D. P., HOUSE, C. H., and DWORKIN, J. P.: Carbonaceous meteorites contain a wide range of extraterrestrial nucleobases. Proc. Natl. Akad. Sci. USA *108*/34, 13995–13998 (2012)

CANO, R. J., and BORUCKI, M. K.: Revival and identification of bacterial spores in 25- to 40 million-year-old Dominican amber. Science *19*, 1060–1064 (1995)

CELLO, J., PAUL, A. V., and WIMMER, E.: Chemical synthesis of poliovirus cDNA: generation of infectious virus in the absence of natural template. Science *297*, 1016–1018 (2002)

2 HUMBOLDT bezieht sich hier auf Carl Gustav CARUS (Präsident der Leopoldina von 1862 bis 1869) und sein Werk *Von den Urtheilen des Knochen- und Schalengerüstes*.

3 Das Zitat findet sich in der Einleitung zum *Atlas zu Alexander v. Humboldt's Kosmos* (1851), S. 3.

Abb. 16 Mit dem Gram-positiven Sporen bildenden Modellorganismus *Bacillus subtilis* wurden durch funktionelle Genomikanalysen Einblicke in die Gesamtphysiologie des Organismus gewonnen, der einem Nährstoffmangel ausgesetzt worden war. Die temporären Veränderungen im Transkript-, Protein- und Metabolitmuster wurden in sogenannte *TreeMaps* übertragen. Ungefähr 52% der vorausgesagten Proteine konnten identifiziert werden. Jedes Segment in der graphischen Reproduktion zeigt auf unterschiedlichen Hierarchieebenen funktionelle Gruppen von Proteinen. Der obere Teil der Abbildung (*A*) gibt umfassende Kategorien wieder, zum Beispiel Kohlenstoff-Metabolismus, der im unteren Teil (*B*) weiter aufgeschlüsselt wird, zum Beispiel in Glykolyse und Gluconeogenese. Durch unterschiedliche Farbcodierungen können die Veränderungen im Proteom sichtbar gemacht werden (nach OTTO et al. 2010).

Chargaff, E., Vischer, E., Doniger, R., Green, C., and Misani, F.: The composition of the desoxypentose nucleic acids of thymus and spleen. J. Biol. Chem. *177*, 405–416 (1949)

Couzin, J.: Active poliovirus baked from scratch. Science *297*/5579, 174–175 (2002)

Egner, A., and Hell, S. W.: Fluorescence microscopy with super-resolved optical sections. Trends Cell Biol. *15*, 207–215 (2005)

Eigen, M.: Molekulare Selbstorganisation und Evolution (self organization of matter and the evolution of biological macro molecules). Naturwissenschaften *58*, 465–523 (1971)

Franklin, R., and Gosling, R.: Molecular configuration in sodium thymonucleate. Nature *171*, 740–741 (1953)

Gibson, D. G., Benders, G. A., Andrews-Pfannkoch, C., Denisova, E. A., Baden-Tillson, H., Zaveri, J., Stockwell, T. B., Brownley, A., Thomas, D. W., Algire, M. A., Merryman, C., Young, L., Noskov, V. N., Glass, J. I., Venter, J. C., Hutchison, C. A. 3rd, and Smith, H. O.: Complete chemical synthesis, assembly, and cloning of a Mycoplasma genitalium genome. Science *319*, 1215–1220 (2008)

Gibson, D. G., Glass, J. I., Lartigue, C., Noskov, V. N., Chuang, R.-Y., Algire, M. A., Benders, G. A., Montague, M. G., Ma, L., Moodie, M. M., Merryman, C., Vashee, S., Krishnakumar, R., Assad-Garcia, N., Andrews-Pfannkoch, C., Denisova, E. A., Young, L., Qi, Z.-Q., Segall-Shapiro, T. H., Calvey, C. H., Parmar, P. P., Hutchison, C. A. 3rd, Smith, H. O., and Venter, J. C.: Creation of a bacterial cell controlled by chemically synthesized genome. Science *329*, 52–56 (2010)

Gregory, T. R.: Animal genome size database. http://www.genomesize.com. (2006)

Griffith, F.: The significance of pneumococcal types. Journal of Hygiene *27*, 113–159 (1928)

Inagaki, F., Nunoura, T., Nakagawa, S., Teske, A., Lever, M., Lauer, A., Suzuki, M., Takai, K., Delwiche, M., Colwell, F. S., Nealson, K. H., Horikoshi, K., D'Hondt, S., and Jørgensen, B. B.: Biogeographical distribution and diversity of microbes in methane hydrate-bearing deep marine sediments on the pacific ocean margin. Proc. Natl. Akad. Sci. USA *103*/8, 2815–2820 (2006)

Knight, T.: Idempotent Vector Design for Standard Assembly of Biobricks. MIT Synthetic Biology Working Group (2003)

Knippers, R.: Molekulare Genetik. 9. Aufl. Stuttgart u. a.: Thieme 2006

Leewenhoeck [van Leeuwenhoek], A., and Graaf, R. de: A specimen of some observations made by a microscope, contrived by M. Leewenhoeck in Holland, lately communicated by Dr. Regnerus de Graaf. Phil. Trans. *8*, 6037–6038 (1673)

Lipmann, F.: Wanderings of a Biochemist. New York: Wiley-Interscience 1971

Madigan, M. T., Martinko, J. M., and Parker, J.: Brock Biology of Microorganisms. 13th edition. San Francisco: Benjamin / Cummings Pub. Co 2010

Mattick, J. S.: RNA regulation: a new genetics? Nature Rev. Genet. *5*, 316–323 (2004)

Mitchell, P.: Coupling of phosphorylation to electron and hydrogen transfer by a chemi-osmotic type of mechanism. Nature *191*, 144–148 (1961)

Mistelli, T.: Das Innenleben des Genoms. Spektrum der Wissenschaften *7*, 28–35 (2011)

Muller, H. J.: Variation due to change in the individual gene. The American Naturalist *56*, 32–50 (1922)

Neumann, H., Wang, K., Davis, L., Garcia-Alai, M., and Chin, J. W.: Encoding multiple unnatural amino acids via evolution of a quadruplet-decoding ribosome. Nature *464*, 441–444 (2010)

O'Farrell, P. H.: High resolution two-dimensional electrophoresis of proteins. J. Biol. Chem. *250*, 4007–4021 (1975)

Otto, A., Bernhardt, J., Meyer, H., Schaffer, M., Herbst, F.-A., Siebourg, J., Mäder, U., Lalk, M., Hecker, M., and Becher, D.: Systems-wide temporal proteomic profiling in glucose-starved Bacillus subtilis. Nature Commun. *1*:137 doi: 10.1038/ncomms1137 (2010)

Osiewacz, H.: Was ein Pilz über das Altern verrät: *Podospora anserina* – ein altes Modell mit neuen Perspektiven. Biologie in unserer Zeit *37*, 164–172 (2007)

Pósfai, G., Plunkett, G. 3rd, Fehér, T., Frisch, D., Keil, G. M., Umenhoffer, K., Kolisnychenko, V., Stahl, B., Sharma, S. S., Arruda, M. de, Burland, V., Harcum, S. W., and Blattner, F. R.: Emergent properties of reduced-genome *Escherichia coli*. Science *312*, 1044 (2006)

Ruska, E., und Knoll, M.: Die magnetische Sammelspule für schnelle Elektronenstrahlen. Z. techn. Physik *12*, 389–400 (1931).

Ryan, F.: Virolution. London: Collins 2009

Sallon, S., Soloweg, E., Cohen, Y., Korchinsky, R., Egli, M., Woodhatch, I., Simchoni, O., and Kistev, M.: Germination, genetics, and growth of an ancient seed. Science *320*, 1464 (2008)

Scharfen, C., Lu, H. H., Neuenburg, J. K., Allen, E. A., Li, G.-C., Klopstock, T., Cowan, T. M., Enns, M., and Davis, R. W.: Mapping gene associations in human mitochondria using clinical disease phenotypes. PLoS Comput. Biol. *5*, PMC2668170 (2009)

SCHIDLOWSKI, M., EICHMANN, R., und JUNGE, C. E.: Evolution des irdischen Sauerstoff-Budgets und Entwicklung der Erdatmosphäre. Umschau *74*, 703–707 (1974)

SCHIMPER, A. F. W.: Über die Entwicklung der Chlorophyllkörner und Farbkörper. Botanische Zeitung *41*, 105–120, 126–131 und 137–160 (1883)

SCHOPF, J. W.: Solution to Darwin's dilemma: Discovery of the missing Precambrian record of life. Proc. Natl. Akad. Sci. USA *97*/13, 6947–6953 (2000)

SCHRÖDINGER, E.: What is Life? Cambridge, London, New York, Melbourne: Cambridge University Press 1944

SCHWARTZ, E., VOIGT, B., ZÜHLKE, D., POHLMANN, A., LENZ, O., ALBRECHT, D., SCHWARZE, A., KOHLMANN, Y., KRAUSE, C., HECKER, M., and FRIEDRICH, B.: A proteomic view of the facultatively chemolithoautotrophic lifestyle of Ralstonia eutropha H16. Proteomics *9*, 5132–5142 (2009)

Statistisches Bundesamt Wiesbaden 2010 (https://www.destatis.de/DE/ZahlenFakten/.../Sterblichkeit.html)

WACEY, D., KILBURN, M. R., SAUNDERS, M., CLIFF, J., and BRASIER, M. O.: Microfossils of sulphur-metabolizing cells in 3.4-billion-year-old rocks of Western Australia. Nature Geoscience *4*, 698–702 (2011)

WATSON, J. D., and CRICK, F. H. C.: Molecular structure of nucleic acids. A structure for deoxyribose nucleic acid. Nature *171*/4356, 737–738 (1953)

WILKINS, M. H., SEEDS, W. E., STOKES, A. R., and WILSON, H. R.: Helical structure of crystalline deoxypentose nucleic acid. Nature *172*/4382, 759–762 (1953)

WOESE, C. R.: Bacterial evolution. Microbiol. Rev. *51*, 221–271 (1987)

WOESE, C. R., KANDLER, O., and WHEELIS, M. L.: Towards a natural system of organisms: Proposal for the domains Archaea, Bacteria, and Eucarya. Proc. Natl. Acad. Sci. USA *87*, 4576–4579 (1990)

WOMACK, A. M., BOHANNAN, B. J. M., and GREEN, J. L.: Biodiversity and biogeography of the atmosphere. Phil. Trans. R. Soc. Biol. Sci. *365*, 3645–3653 (2010)

Prof. Dr. Bärbel FRIEDRICH
Institut für Biologie
Humboldt-Universität zu Berlin
Chausseestraße 117
10115 Berlin
Bundesrepublik Deutschland
Tel.: +49 30 20938100
Fax: +49 30 20938102
E-Mail: baerbel.Friedrich@cms.hu-berlin.de

Wissenschaftliche Vorträge

Herkunft des Lebens

Nova Acta Leopoldina NF *116*, Nr. 394, 41–68 (2012)

Die Entwicklung des Kosmos: Vom Urknall zum komplexen Universum

Gerhard BÖRNER (Garching)

Mit 14 Abbildungen

Gerhard Börner

Zusammenfassung

In den letzten zwei Jahrzehnten haben die Astronomen aus präzisen Beobachtungen und theoretischen Überlegungen eine gut begründete Vorstellung gewonnen, wie der Kosmos sich zum heutigen Zustand entwickelt hat. Dieses kosmologische Modell stützt sich auf die fundamentalen Beobachtungen einer gleichmäßigen Expansion des Systems der Galaxien und einer ebenfalls sehr gleichmäßigen kosmischen Hintergrundstrahlung im Mikrowellenbereich, die einer thermischen Strahlung mit einer Temperatur von etwa 3 K entspricht.

Neuere, sehr exakte Messungen erlauben die Bestimmung aller kosmischen Parameter. Demnach leben wir in einer Welt, in der die räumliche Geometrie euklidisch ist, die sich immer weiter ausdehnt und abkühlt. Der Anfangszustand der Welt vor 13,7 Milliarden Jahren war ein heißes und dichtes Gas, das sich ausdehnte und rasch abkühlte. In dieser Urmaterie entstanden durch die Wirkung der Schwerkraft aus kleinen Schwankungen der Materiedichte Kondensate, die sich allmählich zu Galaxien, Sternen und Planeten zusammenballten.

Diese kosmische Evolution bietet für eine begrenzte Zeitspanne Bedingungen, die Leben von unserer Art ermöglichen. Es ist vor allem die bemerkenswerte Abstimmung der in den physikalischen Elementarprozessen wirksamen Kräfte, die den Kosmos lebensfreundlich macht. Kleine Änderungen der Werte der Naturkonstanten würden bereits die Entstehung von Leben verhindern. Eine überzeugende Erklärung für diese Feinabstimmung der Elementarkräfte gibt es bisher nicht.

Abstract

During the last two decades astronomers have used precise observations and theoretical considerations to arrive at a well-determined scenario of the evolution of the cosmos to its present state. This cosmological model is supported by the fundamental observations of a uniform expansion of the system of galaxies, and of a very isotropic cosmic background radiation in the microwave range with a temperature of about 3 K.

Fairly recent, very precise measurements have allowed to determine all cosmic parameters. The final outcome is that we live in a world with Euclidean space geometry which expands and cools down apparently forever. The initial state of the world, some 13.7 billion years ago, was a hot and dense gas which expanded and cooled rapidly. Small fluctuations in this primeval matter have grown in time by the action of gravity to condensates which gradually formed galaxies, stars, and planets.

This cosmic evolution provides for a limited time span conditions which allow life of our kind to evolve. Especially the remarkable fine-tuning of the forces active in elementary physics processes is responsible for making the cosmos a hospitable place for life. Small changes of the values of the constants of nature would prevent the existence of life. A convincing explanation of this fine-tuning of the elementary forces is not yet known.

1. Einleitung

Das Leben auf der Erde ist scheinbar völlig bestimmt durch die Verhältnisse auf diesem kleinen Planeten am Rande der Milchstraße. Das restliche Universum mit seinen Milliarden von Galaxien hat offenbar mit der Entstehung und dem Verlauf des Lebens nichts zu tun. Doch dies scheint nur auf den ersten Blick so. Tatsächlich kann man einige signifikante Verbindungen zwischen dem Leben auf der Erde und der Entwicklung des Kosmos aufzeigen, schon alleine auf Grund der Entstehungsgeschichte der Erde. Darüber hinaus bestimmen die Art der Materie im Kosmos und die überall geltenden physikalischen Gesetze das Geschehen.

Die Geschichte der Sonne, der Erde und aller anderen Planeten ist nur eine kleine Randnotiz in der Geschichte des Kosmos, eine für uns natürlich sehr bedeutsame. Unser Sonnensystem, etwas außerhalb vom Zentrum der Milchstraße in einem Spiralarm gelegen, ist winzig im Vergleich zu den Abmessungen der Milchstraße: Das Licht braucht 100 000 Jahre, um dieses riesige Sternsystem aus 100 Milliarden Sonnen zu durchqueren, dagegen nur 8 min, um von der Sonne zur Erde zu gelangen (Abb. 1).

Abb. 1 Dieses Schaubild zeigt die Sonne und von innen nach außen die Planeten Merkur, Venus, Erde, Mars, Jupiter, Saturn, Uranus, Neptun und Pluto etwa im richtigen Größenverhältnis (Quelle: *IAU:Astronomy Picture of the Day*, 2006-08-28).

Von außen betrachtet wäre die Milchstraße wohl sehr ähnlich zur Andromeda-Galaxie, der am nächsten gelegenen großen „Spiralgalaxie", von der das Licht etwa 2 Millionen Jahre bis zur Erde braucht (Abb. 2 und 3). Dieses Sternsystem gehört zu unserer kosmischen Nachbarschaft. Zusammen mit einigen kleineren Sternsystemen bilden die Milchstraße und die Andromeda-Galaxie die sogenannte „Lokale Gruppe", deren Mitglieder durch die Schwerkraft aneinander gebunden sind. In größeren Entfernungen finden die Astronomen weitere Galaxien in vielfacher Form und Farbe (Abb. 4 und 5). Einen tiefen Blick ins All bietet Abbildung 6, in der ein kleiner Bereich am Himmel dargestellt ist, wie er aus einer 10 Tage währenden Beobachtung durch das Weltraumteleskop Hubble erschlossen wurde. Sowohl nahe wie auch weit entfernte Galaxien sind unter diesen etwa 2500 Galaxien. Umgerechnet auf die komplette Himmelskugel erhält man daraus eine Gesamtzahl von etwa 10 Milliarden Galaxien. Genügend Stoff für Astronomen, denn jedes Einzelobjekt ist an sich interessant und bemerkenswert. Von besonderer Bedeutung sind aber zwei Eigenschaften, die dieses System der Galaxien als Ganzes charakterisieren.

Abb. 2 Die Andromeda-Galaxie in 2 Millionen Lichtjahren Entfernung ist die zur Milchstraße nächstgelegene große Spiralgalaxie. Von außen betrachtet sähe unsere Milchstraße wohl ganz ähnlich aus (mit freundlicher Genehmigung des *STScI-Space Telescope Science Institute*).

Das Spektrum jeder dieser Galaxien ist, bis auf wenige Ausnahmen zum roten, langwelligen Bereich hin verschoben. Diese „Rotverschiebung“ kann als Maß für die Entfernung dienen, wie der amerikanische Astronom Edwin P. HUBBLE in den 1920er Jahren herausfand. Je weiter die Galaxie von uns entfernt ist, desto größer auch die Rotverschiebung. HUBBLE stellte fest, dass Rotverschiebung (z) und Entfernung (d) einer Galaxie zueinander proportional sind. Diese einfache Beziehung gilt für kleine Werte von z und nicht zu große Entfernungen, und man kann diese Eigenschaft der Galaxien als einfachen Dopplereffekt verstehen: Die Galaxien bewegen sich von uns weg, und deshalb zeigt das von ihnen ausgesandte Licht eine Doppler-

Abb. 3 Ein etwas ungewöhnliches Bild der Andromeda-Galaxie, das sie im infraroten Licht zeigt. Die Daten des NASA-Satelliten WISE (*Wide Field Infrared Survey Explorer*) wurden in unterschiedlicher Farbe kodiert (von kurzen Wellenlängen 4000 nm in blau bis zu 22 000 nm in rot). Normale Sterne, die Wasserstofffusion betreiben, sieht man in blau, gelbe und rote Farben zeigen Regionen an, in denen Staub durch neu entstandene, massereiche Sterne aufgeheizt wird (mit freundlicher Genehmigung der NASA).

verschiebung, die Rotverschiebung. cz (c steht für die Lichtgeschwindigkeit) wäre dann die Fluchtgeschwindigkeit der betreffenden Galaxie, und HUBBLE fand die Beziehung $cz = H_0\, d$. H_0 wird heute als „Hubble-Konstante" bezeichnet. Diese Entdeckung bedeutete eine Revolution des damaligen Weltbildes. Die Vorstellung eines statischen Raumes, der bis in unendliche Tiefen gleichmäßig mit Sternen angefüllt ist – ein Bild, dem zunächst sogar Albert EINSTEIN vertraut hatte – musste aufgegeben werden. An seine Stelle trat das Bild eines expandierenden Universums, in dem sich die Galaxien voneinander entfernen.

Abb. 4 Die Spiralgalaxie NGC4622 rotiert im Uhrzeigersinn – wohl im Gegensatz zur Vermutung der meisten Betrachter (mit freundlicher Genehmigung des *STScI-Space Telescope Science Institute*).

Ein zweiter, interessanter Gesichtspunkt hängt mit der Endlichkeit der Lichtgeschwindigkeit zusammen. Wir können diese fernen Galaxien nicht in ihrer jetzigen Gestalt beobachten, denn das Licht, das sie aussenden, braucht Millionen oder Milliarden Jahre bis zu uns. Schon die Sonne können wir nur so betrachten, wie sie vor 8 min aussah, aber das spielt natürlich kaum eine Rolle, denn dramatische Veränderungen sind in dieser kurzen Zeitspanne nicht zu erwarten. Unsere Nachbargalaxie Andromeda sehen wir so, wie sie vor 2 Millionen Lichtjahren

Abb. 5 Der auf diesem Bild gezeigte Galaxienhaufen, genannt „bullet cluster“, ist aus der Kollision zweier Sternsysteme entstanden. Beobachtungen mit dem Röntgensatellit Chandra zeigen die Verteilung eines heißen Gases (in pink kodiert) zwischen den Galaxien (gelb und orange). Die keilförmige Struktur erinnert an einen Machschen Kegel und weist auf Reibungskräfte bei der Durchströmung der beiden Gaskomponenten hin. Die Hauptmasse des *bullet clusters* befindet sich in den blau markierten Bereichen. Diese Massenzentren haben sich bei der Kollision offenbar gegenseitig durchdrungen, ohne große Veränderungen zu erfahren. Sie erscheinen jetzt deutlich getrennt vom heißen Gas. Die Masse wurde mit Hilfe des Gravitationslinseneffekts bestimmt. In den blauen Bereichen befindet sich nichtleuchtende, dunkle Materie, die hier erstmals deutlich verschieden von der normalen Materie (in Form von Galaxien und heißem Gas) direkt zu erkennen ist. (Quelle: NASA [Markevitch et al. 2005]; NASA, ESO und MAGELLAN [Clowe et al. 2006])

war, und bei weiter entfernten Sternsystemen reicht der Blick noch tiefer in die Vergangenheit. Die Astronomen auf der Erde finden sich also in der Situation, dass sie das Universum, so wie es jetzt ist, gar nicht beobachten können. Sie gewinnen vielmehr an ihren Messungen eine Art historischen Querschnitt, in dem weit entfernte Objekte auch sehr weit in der Vergangenheit liegen. Diese Einschränkung mag man bedauern, aber andererseits bietet sie die großartige Möglichkeit, die Geschichte des Universums direkt zu beobachten.

Wie weit zurück reicht denn der Blick der Astronomen? Wenn wir das System der auseinanderfliegenden Galaxien in der Zeit zurückverfolgen, so finden wir aus den Messungen der Expansionsbewegung, dass vor etwa 14 Milliarden Jahren alles sehr dicht beisammen war. Zu diesem Zeitpunkt begann wohl die allgemeine Ausdehnung des Weltalls.

Tatsächlich besitzen wir sogar einige Informationen über diese Phase, wenn wir eine zweite, sehr wichtige kosmologische Entdeckung berücksichtigen: Im Jahre 1964 fanden Arno

Abb. 6 Diese Himmelsaufnahme, das sogenannte „Hubble Deep Field", ist der tiefste Blick ins Universum im optischen Licht, der bislang erreicht wurde. Sie gehört nicht nur zu den Schätzen der Astronomie, sondern auch zu den Schätzen der Menschheit. Dieses im Winkelmaß auf eine Bogenminute mal eine Bogenminute begrenzte Feld im Sternbild des Großen Bären (Ursa Major) enthält etwa 2500 Galaxien aller Art – scheibenförmig elliptische Spiralgalaxien und irreguläre. Das HST wurde für insgesamt 10 Tage auf diese Position ausgerichtet (mit freundlicher Genehmigung des *STScI-Space Telescope Science Institute*).

Penzias und Robert Wilson Signale eines kosmischen Strahlungsfeldes im Mikrowellenbereich. Diese kosmische Mikrowellenstrahlung (siehe Abb. 7) (abgekürzt CMB von englisch „Cosmic Microwave Background") hat sich durch die kosmische Expansion bis heute auf eine Temperatur von 2,73 K [Kelvin] abgekühlt (etwa –270 °C). Doch zu früheren Zeiten muss diese Strahlung wesentlich heißer gewesen sein. Wenn wir uns in Gedanken in die Vergangenheit zurückversetzen, finden wir also die Galaxien immer dichter zusammengepackt und

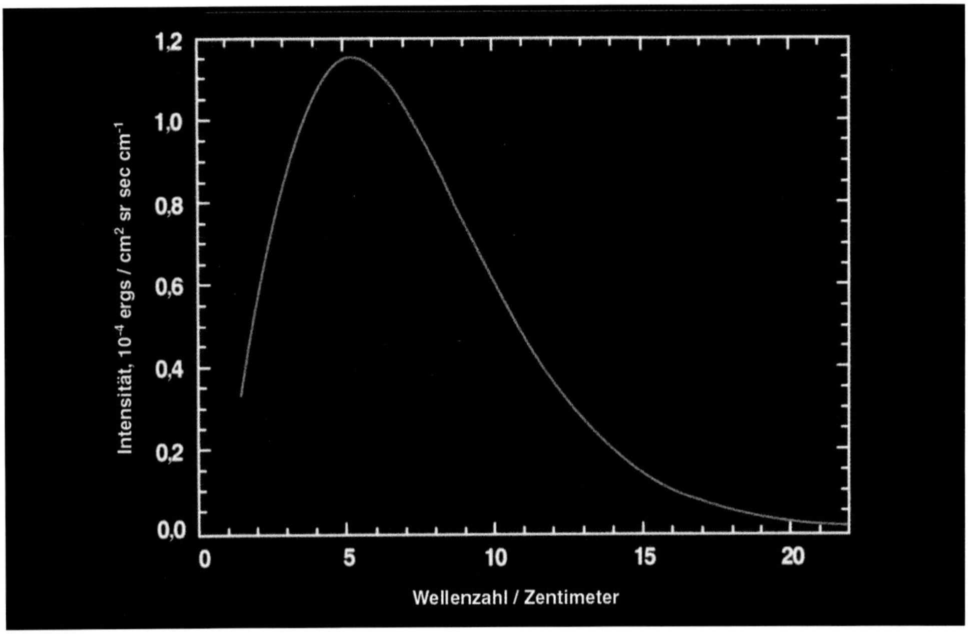

Abb. 7 Das Spektrum der kosmischen Mikrowellenstrahlung (CMB), wie es vom Satelliten COBE registriert wurde, folgt sehr präzise dem Gesetz für die Wärmestrahlung mit einer Temperatur von 2,728 K, d. h. etwa 2,7 grd über dem absoluten Nullpunkt der Temperatur. Messungenauigkeiten sind äußerst gering, weniger als 2 mK (± 0,002 K). Im Kontext des „heißen Urknallmodells" findet diese Strahlung eine überzeugende Erklärung als durch die kosmische Expansion abgekühlte Reststrahlung einer frühen Phase, die bei hoher Temperatur im Wärmegleichgewicht nahezu gleichförmig war (mit freundlicher Genehmigung der *COBE Kollaboration*) (Mather et al. 1994, Fixsen et al. 1996).

die Strahlung mit immer höherer Temperatur. Daraus folgt fast zwangsläufig, dass es einen extrem heißen und dichten Frühzustand des Universums gegeben haben muss. Darin waren, so sagen es einem die Gesetze der Physik, alle Objekte des Weltalls, die wir beobachten, alle Galaxien und Sterne, aufgelöst in einem fast strukturlosen heißen und dichten Gemisch aus Strahlung und Materie. Der CMB, die kosmische Mikrowellenstrahlung, bringt uns Kunde von diesem frühen Zeitpunkt, nämlich genau von dem Zeitpunkt, zu dem diese kosmische Ursuppe durchsichtig wurde. So könnte es gewesen sein. Aber wirklich schlüssig sind derartige, wohl ganz plausible Überlegungen nur im Rahmen eines theoretischen kosmologischen Modells.

Einige Grundzüge der gegenwärtig akzeptierten kosmologischen Modelle sollen im Folgenden skizziert werden (Gesamtdarstellungen der Kosmologie, siehe Börner 2006 und 2011, Greene 2006, Weinberg 2001).

2. Die Kosmologischen Modelle

Will man das auseinanderfliegende System der Galaxien mit einem einfachen Modell beschreiben, so wird man versuchen, das gleichförmige Auseinanderstreben dieser Objekte darzustellen. Es scheint auch vernünftig, diese Bewegung nicht so aufzufassen, als stünde die

Erde, bzw. unsere Milchstraße im Mittelpunkt des Universums, und alle Galaxien strebten von uns weg. Dafür gibt es keinen Grund, und deshalb ist es wohl eine bessere Beschreibung anzunehmen, dass die kosmische Expansion, von jeder beliebigen anderen Galaxie aus betrachtet, genauso aussähe, wie terrestrische Astronomen sie beobachten.

Glücklicherweise lässt sich dieses gleichförmige Auseinanderstreben der Himmelsobjekte in einfachen Lösungen der Einsteinschen Gravitationstheorie modellieren. Allerdings wird in den Modellen die Verteilung der Materie nur näherungsweise erfasst, in Form einer mittleren Materiedichte, und nicht exakt als großes System aus Galaxien und Sternen. Wir sehen also von den Strukturen zunächst einmal ab und betrachten die gesamte Masse in einem bestimmten Raumbereich, etwa in einer riesigen Kugel, die viele Galaxien umschließt, wie ein fein verteiltes Gas. Tatsächlich spielt die detaillierte Struktur keine Rolle für die kosmische Expansion. Allein die mittlere Dichte, das heißt die mittlere Masse pro Volumeneinheit, zählt. Das kosmische „Gas" ist von so geringer Dichte, dass es fast ein ideales Vakuum darstellt, denn nur etwa ein Atom befindet sich in einem Kubikmeter. Mit einer derart geringen Dichte rechnen die Kosmologen, wenn sie die Masse aufaddieren, die sie in den Galaxien messen. Darüber hinaus gibt es, wie wir später sehen werden, deutliche Hinweise auf die Existenz von nicht leuchtender, sogenannter „dunkler" Materie, und auf eine Komponente ganz anderer Art, die als „dunkle Energie" bezeichnet wird. Alle diese unterschiedlichen Arten von Materie und Energie bilden ein „kosmisches Substrat", das in den kosmologischen Modellen nur als gleichförmige Dichte vorkommt, d. h. als Materie oder Energie gemittelt über große Volumina. Das ist eine Näherung, aber, wie sich in vielen Rechnungen gezeigt hat, eine sehr gute. Als technische Vereinfachung, die allgemein üblich ist, charakterisiert man die unterschiedlichen Dichtekomponenten durch Zahlen, indem man jeweils ein Verhältnis zu einer Referenzdichte angibt, die man aus der Gravitationskonstante (G) und der Hubble-Konstante (H_0) konstruiert. Beide Größen lassen sich nämlich so kombinieren, dass ein Ausdruck mit der Dimension einer Massendichte erhalten wird:

$$3\,H_0^2 \,/\, 8\,\pi\,G \;[\text{in g/cm}^3] \qquad [1]$$

Diese Referenzdichte wird als „kritische Dichte" bezeichnet. Mit den gemessenen Werten von H_0 (siehe unten) entspricht diese Dichte einem Masseninhalt von etwa 10 Wasserstoffatomen in einem Kubikmeter.

Wir verwenden also, diesen Näherungen entsprechend, einfache kosmologische Modelle, die sogenannten Friedmann-Lemaître-Modelle (kurz: FL-Modelle, benannt nach Alexander Friedmann und Jean Lemaître, die 1922 und 1927 als erste diese Lösungen aus Einsteins Gravitationstheorie abgeleitet haben): Die Expansion wird als das Auseinanderfließen einer idealisierten, gleichmäßig verteilten Materie dargestellt, vergleichbar einer Flüssigkeit mit homogener Dichte $\rho(t)$ und Druck p(t), die sich mit der Zeit (t) verändern. Die Flüssigkeitsteilchen, die man sich in diesem Bild als repräsentativ für die Galaxien denken kann, schwimmen in der sich ausdehnenden kosmischen Materie. Ihr Abstand vergrößert sich mit der Zeit, proportional zu einer Funktion der Zeit, dem sogenannten Expansionsfaktor R(t). Diese Expansion kann entweder ohne Ende immer weiter gehen, oder sie erreicht ein Maximum und kehrt sich danach um in eine Kontraktion (vgl. Abb. 8).

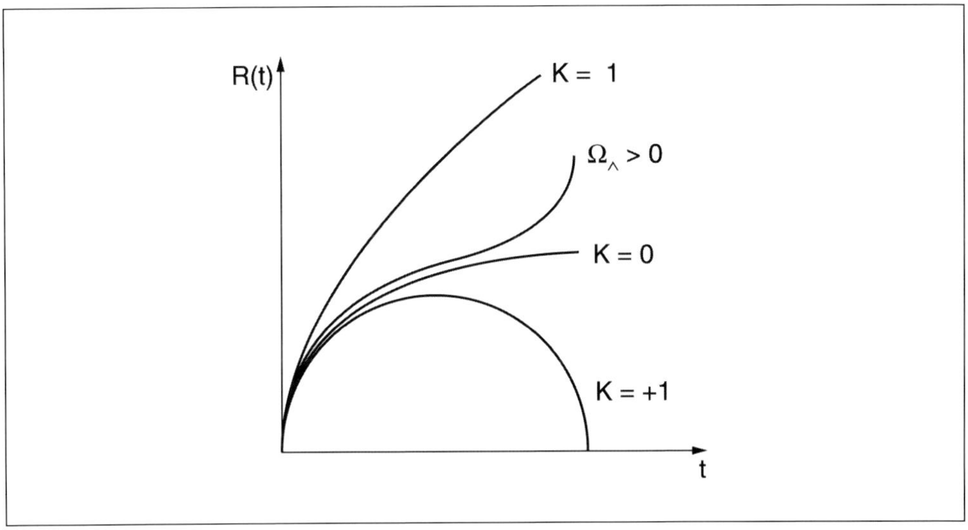

Abb. 8 In den einfachen FL-Modellen ändert sich der Abstand je zweier Teilchen des kosmischen Mediums mit der Zeit in der hier schematisch gezeichneten Weise. Die Zahl K charakterisiert die Krümmung des Raumes (K = +1: sphärisch; K = 0: euklidisch; K = –1: hyperbolisch). Die Kurve mit $\Omega_\Lambda > 0$ beschreibt ein Modell mit positiver kosmologischer Konstante, das den Beobachtungen am besten entspricht. Alle Modelle haben einen Nullpunkt der Zeit, in dem alle Abstände Null, Dichte und Temperatur unendlich groß sind. Dieser singuläre Zeitpunkt liegt außerhalb der Gültigkeit dieser Modellbeschreibung.

Das unterschiedliche Verhalten wird verursacht durch die im Kosmos vorhandene Menge an Materie, Strahlung und weiterer eventuell vorhandener Energieformen. Jede einzelne Komponente kann als Bruchteil Ω der kritischen Dichte angegeben werden. Wir wissen, dass neben der normalen, baryonischen Materie – aus der die chemischen Elemente, wir selbst, die Planeten und Sterne entstehen – mit der Dichte Ω_B eine beträchtliche nichtbaryonische Komponente vorhanden sein muss.

Dazu gehört zunächst die „dunkle Materie" der Dichte: Ω_{CDM}: CDM steht für „Cold Dark Matter", wobei „Cold" andeutet, dass die Elementarteilchen, aus denen diese Materie besteht, sich mit nichtrelativistischen Geschwindigkeiten bewegen. Während sich die dunkle Materie durch ihre Gravitationswirkung bemerkbar macht, ist offenbar auch noch eine „energieartige" Komponente vorhanden, die nur durch ihren Einfluss auf das Verhalten der Expansion erkennbar wird. Diese gegenwärtig als konstant erscheinende Energiedichte nennen wir Ω_Λ – in Anlehnung an den (bald wieder aufgegebenen) Versuch EINSTEINS ein statisches Weltmodell mit Hilfe einer kosmologischen Konstanten Λ zu konstruieren.

3. Der Anfang

Aus den FL-Modellen lässt sich entnehmen (siehe Abb. 8), dass R(t) vor einer endlichen Zeit t_0 gleich Null war. Bei Annäherung an diesen Zeitpunkt, bei der Rückkehr in die Vergangenheit, wachsen Dichte, Temperatur und Ausdehnungsrate über alle Grenzen. Man gerät in diesen einfachen Modellen an eine Grenze, an der die Begriffe und Gesetze der Theorie ihren Sinn verlieren. Diese „Anfangssingularität" kennzeichnet den Anfang der Welt – alles, was wir jetzt beobachten, ist vor 14 Milliarden Jahren in einer Urexplosion entstanden, die von unendlicher Dichte, Temperatur und unendlich großem Anfangsschwung war.

Es gibt viele Versuche, diesen Zusammenbruch des Modells durch den Einbau anderer Anfangskonfigurationen zu verhindern, doch bis jetzt überzeugt keine der Spekulationen. Es fehlt eben immer noch die fundamentale Theorie, die Quantentheorie und Gravitation erfasst.

Ab einem Zeitpunkt kurz nach dem Urknall aber versuchen die Astrophysiker die Welt mit der uns bekannten Physik zu beschreiben und die zeitliche Abfolge verschiedener physikalisch unterschiedlicher Phasen darzustellen.

Für einen Zeitpunkt, als die Temperatur der Urmaterie knapp unter 100 Millionen Grad lag, also etwa 10^{-4} s nach dem Urknall, können wir noch gesicherte kernphysikalische Kenntnisse verwenden. Zu dieser Zeit hatten sich Protonen und Neutronen gebildet. Ungefähr 10 s später war die Temperatur so weit gefallen, dass auch Elektronen als stabile Teilchen existieren konnten. Anschließend wurden für einige Minuten verschiedene leichte Atomkerne gebildet, jedoch durch die Strahlung sofort wieder zerstört. Erst nach weiterer Abkühlung konnten die Elemente Deuterium und Helium überdauern. Neben Wasserstoff entstanden die Kerne von Deuterium, Helium und Lithium. Helium und Wasserstoffkerne bildeten sich etwa im Verhältnis 1:16. Das ist die beobachtete Verteilung dieser Elemente. Alle schweren Atomkerne können in ausreichendem Maße in Sternen produziert werden, nur die leichten Elemente Deuterium und Helium nicht. Es ist sehr ermutigend, dass die einfachen FL-Modelle das quantitativ richtige Ergebnis liefern. Dies deutet darauf hin, dass die Verhältnisse einige Sekunden nach dem Urknall durch diese Modelle mit $R(t) \alpha t^{1/2}$ richtig beschrieben werden. Die erzeugten Häufigkeiten von Helium würden auf Änderungen des R(t)-Verlaufs sehr empfindlich reagieren. Diese schöne Übereinstimmung von Theorie und Beobachtung ist erfreulich, kann aber noch nicht das letzte Wort sein, denn wegen der räumlichen Homogenität werden in den FL-Modellen nur zeitliche Veränderungen erfasst. Diese Approximation muss modifiziert werden, wenn man die Bildung von Strukturen wie den Galaxien erklären will (siehe etwa BÖRNER 2001, 2004).

4. Präzise Messung der Ausdehnung des Kosmos

Die Hubble-Konstante H_0 ist schwierig zu messen, da ein zuverlässiger Entfernungsmaßstab für weit entfernte Objekte benötigt wird. In Entfernungen, die man mit klassischen Methoden, wie den Cepheiden (pulsierenden Sternen), ausmessen kann, folgen die Galaxien zwar auch der gleichmäßigen Expansion, doch überlagern sich der kosmischen Expansion lokal bestimmte, irreguläre Bewegungen von vergleichbarer Größe. Es scheint, als seien nun mit den Supernovae vom Typ Ia (SNIa; siehe etwa RIESS et al. 2004, PERLMUTTER und SCHMIDT 2003, WOOD-VASEY et al. 2007) geeignete Standardkerzen gefunden, d. h. Objekte, deren Leuchtkraft man sehr genau kennt. Aus der auf der Erde gemessenen Helligkeit ergibt sich dann ihre Entfernung.

Im Spektrum dieser explodierenden Sterne findet man keine Hinweise auf Wasserstoff, nur die Spektrallinien höherer Elemente wie Helium und Kohlenstoff. Vermutlich handelt es sich um Weiße Zwerge – kompakte Sterne mit dem Radius der Erde und der Masse der Sonne, die schon eine lange Entwicklungszeit hinter sich haben. An sich sind Weiße Zwerge stabile Endstadien von Sternen, doch ein explosiver Schlussakkord ist durchaus vorstellbar, wenn etwa der Weiße Zwerg durch das Aufsammeln von Masse in einem Doppelsternsystem die sogenannte Chandrasekhar-Grenze von 1,4 Sonnenmassen überschreitet. Dann treten Instabilitäten auf, die den Stern zerreißen. Supernovae vom Typ Ia sind sehr hell und darum noch in weit entfernten Galaxien sichtbar. Sie leuchten innerhalb einiger Stunden oder Tage hell auf und verblassen dann binnen einiger Wochen.

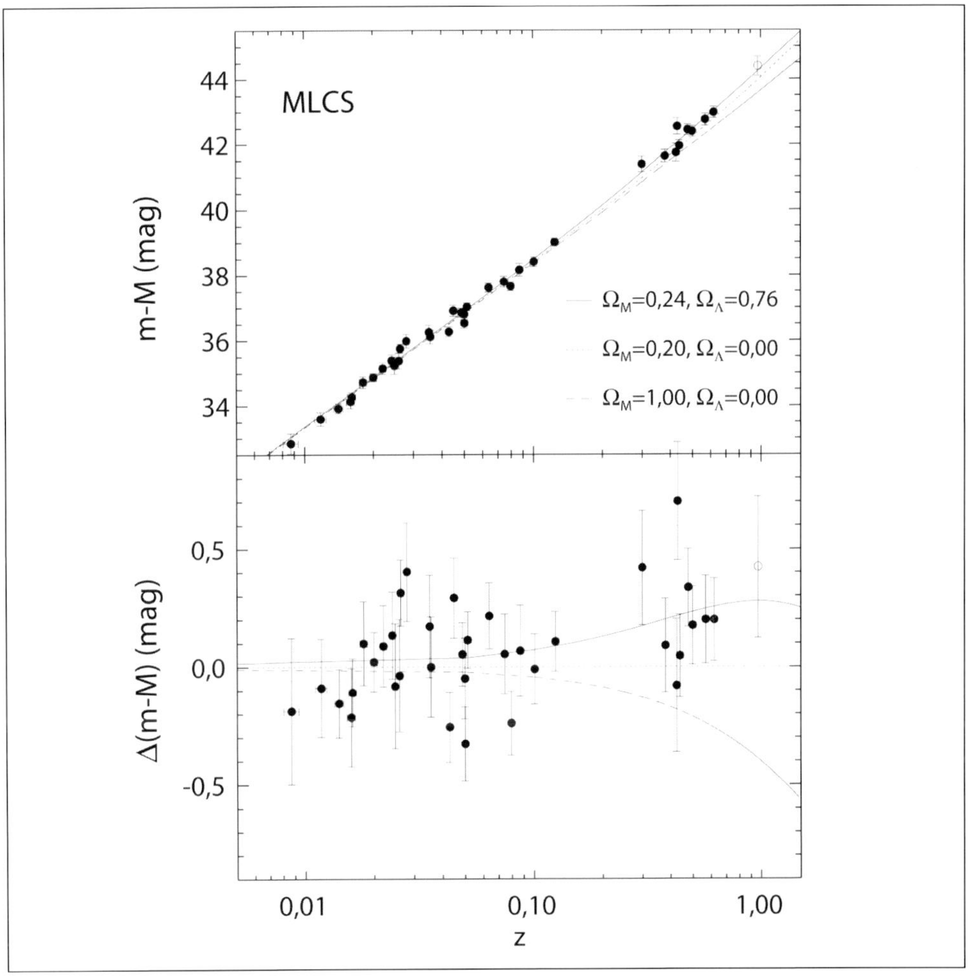

Abb. 9 Das Hubble-Diagramm für Supernovae Ia zeigt die Messpunkte abhängig von Entfernung und Rotverschiebung z. Entlang der vertikalen Achse sind die Entfernungen in einem von den Astronomen geschätzten logarithmischen Maßstab, dem „Entfernungsmodul", angezeigt. Im oberen Teil des Bildes kann man sehen, wie gut die Hubblesche Beziehung für Typ-Ia-Supernovae im Bereich kleiner Rotverschiebungen (z kleiner als 0,1) erfüllt ist, während für große z Abweichungen auftreten. Die Supernovae mit z ~ 1 weichen deutlich von der linearen Hubble-Beziehung ab. Sie befinden sich in größeren Entfernungen, als nach ihrer Rotverschiebung zu erwarten wäre. Die Astronomen betrachten dies als Hinweis auf eine beschleunigte kosmische Expansion. In kosmologischen Modellen mit einer positiven kosmologischen Konstanten gibt es diesen Effekt. Die Kurven für drei verschiedene Modelle im oberen Teil des Bildes weisen Unterschiede für große z auf. Im unteren Teil der Abbildung sind diese Differenzen bezogen auf das Referenzmodell ohne kosmologische Konstante. Die Anpassung an die Daten bei hoher Rotverschiebung wird besser für ein Modell mit kosmologischer Konstante (nach RIESS et al. 1998).

Die Astronomen haben eine empirische Relation gefunden, mit der sie aus der Form der Lichtkurve auf die Leuchtkraft der Supernova im Maximum schließen können. Supernovae, deren Helligkeit rasch abfällt, leuchten schwächer, und langsam abfallende sind im Allgemeinen heller im Maximum. Zur quantitativen Festlegung der Relation benötigen die Beobachter noch zwei Dinge: eine möglichst gute Eichung mit Supernovae, deren Entfernung bekannt ist, und möglichst viele Supernovae, die mit einem großen Teleskop nahe beim Maximum erfasst werden. Beides ist im Lauf der letzten Jahre immer besser gelungen, so dass kosmische Entfernungen heute bis auf einige Prozent genau gemessen werden. In den Abbildungen 9 und 10 sind Ergebnisse der Supernova-Messungen aufgetragen und mit kosmologischen Modellen verglichen worden. Das Hubble-Diagramm in Abbildung 9 zeigt die extrem gute Übereinstimmung der Daten für Supernovae mit einer Rotverschiebung kleiner als 0,1 mit der linearen Hubble-Beziehung. Man kann daraus die Hubble-Konstante H_0 mit einer Genauigkeit von etwa 10 % bestimmen zu $H_0 = 70$, angegeben in Einheiten von Kilometern pro Sekunde pro Megaparsec; 1 Megaparsec entspricht rund 3,3 Milliarden Lichtjahren. (Die neuesten Daten ergeben Werte von 73,8 ± 2,5 in diesen Einheiten – Riess et al. [2011].)

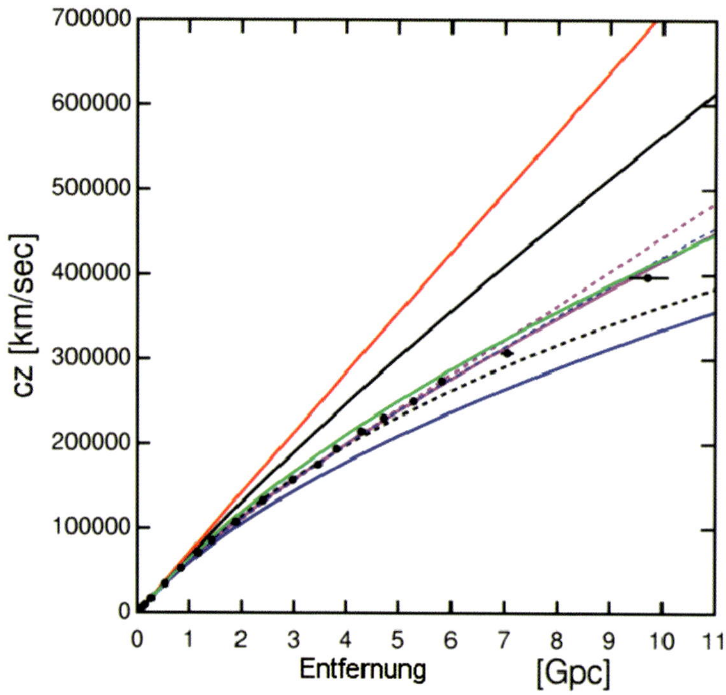

Abb. 10 Die Supernovadaten (Conley et al. 2011) im Vergleich zu mitbewegten Quellen zeigen, dass nur Modelle mit einer kosmologischen Konstanten und einem Anteil von dunkler Materie (purpur und blau gestrichelte Kurven) gut zu den Messungen passen. Modelle mit überkritischer (rot), kritischer (schwarz) Dichte oder das stationäre *Steady-state*-Modell (blau) sind ausgeschlossen. Aufgetragen ist hier die Entfernung (aus der Leuchtkraft bestimmt) gegen die Rotverschiebung z, hier mit der Lichtgeschwindigkeit c multipliziert (nach N. Wright: www.astro.ucla.edu/~wright/sne_cosmology.html).

Für die Ausdehnung des Weltalls bedeutet dies, dass sich eine Galaxie in 100 Megaparsec Entfernung mit der Geschwindigkeit von 7000 km/s von uns entfernt.

Mit den astronomischen Einheiten, in denen die Hubble-Konstante angegeben wird, entspricht der Kehrwert $1/H_0$ einer Zeit, einer charakteristischen Expansionszeit, die sich zu 14 Milliarden Jahren mit einer Unsicherheit von etwa 10 % ergibt. Vor dieser Zeit von ca. 14 Milliarden Jahren begann die heute beobachtete Expansion, vorausgesetzt die Galaxien haben sich mit konstanter Geschwindigkeit bewegt. In den kosmologischen Modellen ist die Zeitspanne t_0 bis zum „Urknall" nahezu gleich der Expansionszeit. Der Zusammenhang wird nur geringfügig modifiziert durch die mittleren Energien und Dichten im Universum.

Das „Weltalter" t_0 kann man eingrenzen durch die Beobachtung und theoretische Analyse der ältesten Sterne. Diese Sterne findet man in Kugelsternhaufen, und vor einigen Jahren schien es, als gäbe es Sterne, die älter als das Universum seien. Mittlerweile haben verbesserte Sternmodelle und genauere Beobachtungen diese Diskrepanz beseitigt. Die ältesten Sterne existieren seit etwa 12 Milliarden Jahren, wobei auch eine Unsicherheit von etwa 10 % eingerechnet werden muss. Die Übereinstimmung der Expansionszeit mit dem Sternalter ist sehr bemerkenswert, denn die Ausdehnung des Kosmos wird durch die Rotverschiebungsmessungen entfernter Galaxien bestimmt, während das Sternalter auf einem ganz anderen Weg einer Kombination von kernphysikalischen Überlagerungen und Beobachtungen erschlossen wird. Niemand würde sich wundern, wenn diese beiden Messungen um Größenordnungen auseinanderklaffen würden. Die Tatsache, dass beide Zeiten von gleicher Größenordnung sind, gibt uns die Gewissheit, dass wir hier eine wichtige kosmologische Erkenntnis gewonnen haben: Das Universum – oder genauer gesagt, der Kosmos, den wir beobachten können – begann vor 14 Milliarden Jahren!

Überraschenderweise stellte sich heraus, dass die fernsten Supernovae noch etwas weiter entfernt sind, als man nach dem Hubbleschen Gesetz vermutet hätte. Sie mussten eine Beschleunigung erfahren haben – obwohl eigentlich zu erwarten wäre, dass die gegenseitige Schwerkraft das Auseinanderfliegen der Galaxien allmählich abbremst. In den aus der Einsteinschen Gravitationstheorie abgeleiteten Modellen kann diese Beschleunigung durch eine positive kosmologische Konstante verursacht werden, die im kosmischen Maßstab wie eine Art Antischwerkraft wirkt. In Abbildung 10 sind die neuesten Daten mit kosmologischen Modellen verglichen. Die sehr präzisen Messungen der Ia-Supernovae passen sehr gut zu Modellen, in denen die Materie rund 26 % des kosmischen Substrats ausmacht und die kosmologische Konstante – oder eine nahezu konstante Feldenergie – etwa 74 %. Dieses spektakuläre Ergebnis astronomischer Messungen wird durch Analysen des kosmischen Strahlungshintergrunds bestätigt.

5. Der kosmische Mikrowellenhintergrund (CMB)

Die kosmische Mikrowellenstrahlung trifft aus allen Richtungen in fast gleicher Stärke mit Wellenlängen zwischen 0,5 mm und 10 cm ein. Sie stammt aus der heißen Frühphase des Kosmos, als Materie und Strahlung sich im thermischen Gleichgewicht befanden. Solange die Temperatur der Strahlung etwas über 3000 K lag, bestand die Materie aus einem ziemlich gleichförmigen Plasma.

Erst bei fortschreitender Abkühlung als Folge der Expansion bildeten sich Atome und banden Elektronen, so dass die Strahlung von der Materie entkoppelte und von da an das Universum ungehindert durchdringen konnte. Diese frühe Phase in der Geschichte des Kosmos – die

Entkoppelungszeit, etwa 380 000 Jahre nach dem Urknall – beobachten die Astronomen, wenn sie den CMB vermessen. Durch die weitere Expansion seit der Entkoppelung hat sich seine Temperatur inzwischen auf den Wert von 2,7 K verringert.

Schon 1992 lieferten die COBE-Messungen Himmelskarten des Strahlungshintergrunds, auf denen Temperaturschwankungen um tausendstel Prozente in Form kalter und weniger kalter Flecken erschienen. Der Satellit war allerdings zu „kurzsichtig", um kleine Strukturen zu erkennen. Die Winkelausdehnung musste mehrere Grad betragen, damit ein Bereich als Messpunkt identifiziert werden konnte; beim Blick auf die Erde wäre ganz Bayern für COBE nur ein Punkt. Die Intensitätsschwankungen, die man als Keime für die Entstehung der Galaxienhaufen erwartet, zeigen sich jedoch erst bei einer Auflösung von deutlich unter einem Grad.

Dies leistet nun der Satellit WMAP (*Wilkinson Microwave Anisotrophy Probe*). Er beobachtete den CMB-Himmel mit einer Auflösung von etwa zwölf Bogenminuten. Die Himmelskarte der WMAP-Daten zeigt die erwarteten feinen Muster von heißen und kalten Flecken (Abb. 11; Jarosik et al. 2011).

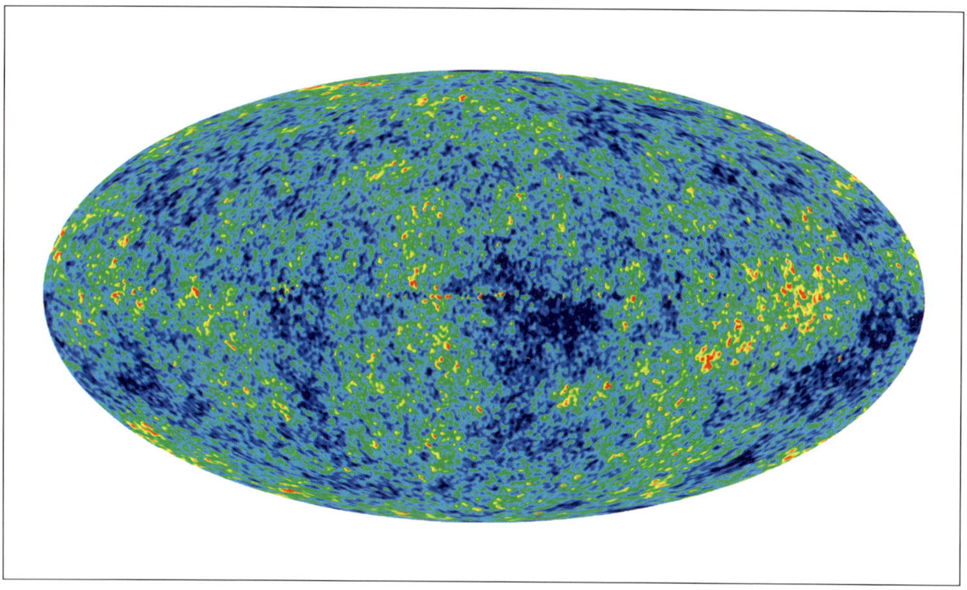

Abb. 11 Die Himmelskarte, die aus 7 Jahren Beobachtung der Temperaturschwankungen des CMB mit dem Satelliten WMAP gewonnen wurde, zeigt das Bild des Kosmos etwa 380 000 Jahre nach dem Urknall. Die Farbskala „blau" nach „rot" entspricht dem Intervall von etwa 400 Millionstel K (Larson et al. 2011, Jarosik et al. 2011).

Die winzigen Variationen der Temperatur des CMB lassen sich durch eine sogenannte Multipolentwicklung charakterisieren; dieses mathematische Werkzeug wurde ursprünglich entwickelt, um komplizierte Felder als Ergebnis einer Reihe von Ladungen – Monopolen, Dipolen, Quadrupolen usw. – darzustellen, die durch den Multipolindex l charakterisiert werden. Je höher der Index l, desto kleinere Skalen werden erfasst. Im Multipolspektrum der WMAP-Daten erkennt man nun eine Abfolge von klar ausgeprägten Maxima (Abb. 12; Larson et al. 2011). Was ist die physikalische Ursache dieser Kurve?

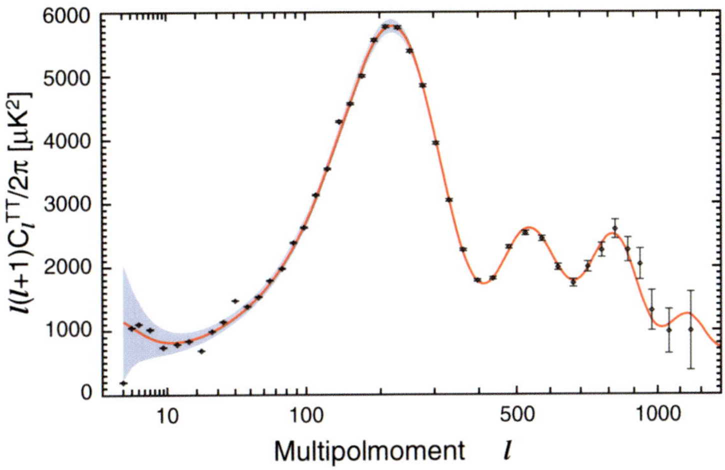

Abb. 12 Die Kurve in dieser Abbildung ist das Ergebnis einer statistischen Analyse der Temperaturschwankungen im kosmischen Mikrowellenhintergrund, wie sie nach 7-jähriger Beobachtungszeit an den Messdaten des WMAP Satelliten ermittelt wurden. Aus dem Verlauf der Kurve in Abhängigkeit von einer Größe l, dem sogenannten „Multipolindex", den man mit der Winkelausdehnung (200/L ~ Winkel in Grad) am Himmel in etwa in Beziehung setzen kann, lassen sich viele kosmologische Größen genau bestimmen. Die regelmäßige Folge von Maxima weist darauf hin, dass die theoretischen Modelle der Strukturentstehung aus kleinen Anfangsschwankungen zutreffen, und die Lage des ersten Maximums bei der Winkelausdehnung von 1° deutet darauf hin, dass die mittlere Dichte im Kosmos den kritischen Wert erreicht, dass der Raum euklidisch ist. (Komatsu et al. 2011, Larson et al. 2011)

Die Antwort hängt eng mit der Strukturbildung im Kosmos zusammen. Vor der Entkopplungszeit hatten sich in der dunklen Materie schon erste, schwach ausgeprägte Massenkonzentrationen gebildet. Das Plasma aus Photonen und Baryonen folgte diesen Kondensationen, doch dem Wunsch der Baryonen nach Zusammenballung stand der Druck der Photonen entgegen, der diese Plasmawolken wieder auseinander trieb. Im Widerstreit der Kräfte begannen sie zu schwingen – ganz analog zu Schallwellen. Die größte schwingende Plasmawolke war gerade bis zur Entkopplungszeit einmal von einer Schallwelle durchlaufen worden. Noch größere Wolken konnten noch keinen Gegendruck aufbauen, sondern folgten einfach der Schwerkraft und zogen sich langsam zusammen. Kleinere Wolken oszillierten mit höherer Frequenz. Alle Schwingungen waren in Phase, perfekt synchronisiert durch den Urknall. Bei der Kontraktion und Verdichtung wurde das Photonengas heißer, bei Verdünnung, beim Auseinanderlaufen, kühlte es sich ab. Zur Enkoppelungszeit verließen die Photonen die Plasmawolken, und sie finden sich heute mit leicht unterschiedlichen Temperaturen in den Detektoren der Astronomen wieder: Die Temperaturschwankungen zeigen sich als heißere und kühlere Bereiche im CMB.

Beim Multipolindex l = 220 zeigt sich ein ausgeprägtes Maximum der gemittelten Temperaturschwankungen. Dies entspricht der größten akustischen Schwingung – der Strecke, die eine Schallwelle vom Urknall bis zur Entkoppelungszeit zurücklegen konnte. Diese Länge erscheint am CMB-Himmel als Signal unter einem Winkel von etwa einem Grad. Der Winkel, unter dem man eine bestimmte Strecke sieht, wird durch die Krümmung des Raumes bestimmt. Bei positiver Krümmung nimmt dieselbe Strecke einen größeren Winkel ein als bei Krümmung 0, bei negativer Krümmung einen kleineren. Der gemessene Wert passt zur Krümmung 0. Das heißt, das Universum gehorcht der euklidischen Geometrie. Verschwindende Krümmung heißt auch, dass die gesamte Masse und Energiedichte Ω_{tot} den kritischen Wert 1 erreicht. Die genaue Analyse ergibt $\Omega_{tot} = 1{,}02 \pm 0{,}02$. Nur noch eine kleine positive oder negative Krümmung ist im Rahmen der Messgenauigkeit zugelassen.

In der akustischen Schwingung folgt auf die Verdichtung eine Verdünnung, die im Multipoldiagramm – welches das Quadrat der Schwankungen zeigt – als zweites Maximum erscheint. Je mehr baryonische Materie vorhanden ist, desto stärker ist die Verdichtung beim Einfall in die Gravitationspotentiale der dunklen Materie ausgeprägt. Das Verhältnis der Amplituden erlaubt es, für die baryonische Materie $\Omega_B = 0{,}0441 \pm 0{,}0030$ und für die dunkle Materie $\Omega_{DM} = 0{,}214 \pm 0{,}027$ abzuleiten (Komatsu et al. 2011). Diese Wertebereiche sind in Einklang mit anderen astronomischen Messungen.

6. Die Dunkle Energie

Doch baryonische und dunkle Materie zusammen erreichen bei weitem nicht den Wert $\Omega_{tot}= 1$. Es muss eine weitere Komponente des Universums geben, die für dieses Defizit gerade steht. Sie muss sehr gleichmäßig verteilt sein, darf keine Klumpung auf der Skala von Galaxienhaufen oder darunter aufweisen – also eine konstante oder nahezu konstante kosmische Energiedichte Ω_Λ, mit $\Omega_\Lambda=0{,}742 \pm 0{,}0030$.

Das erstaunliche Ergebnis der WMAP-Messungen, dass die Gesamtdichte den kritischen Wert $\Omega_{tot} = 1$ hat, führt somit auf folgende Zusammensetzung des Kosmos: Nur etwa 5 % beträgt der Anteil der uns bekannten Materie, 21 % sind die unbekannten Teilchen der dunklen Materie, und 74 % kommen von einer rätselhaften dunklen Energie. Diese Energie bestimmt gegenwärtig und in Zukunft die Expansion des Universums (Abb. 13).

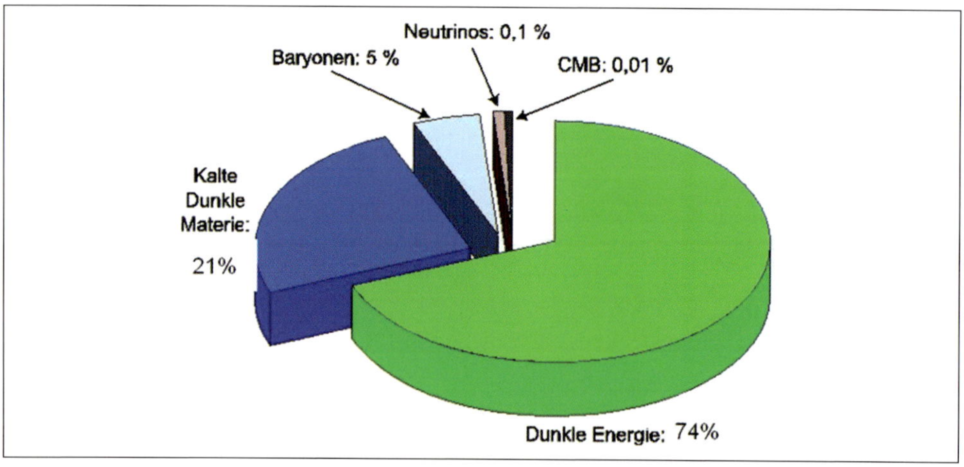

Abb. 13 Die bemerkenswerte Zusammensetzung des kosmischen Substrats wird in diesem Diagramm deutlich. Nur etwa 5 % der kosmischen Materie- und Energiedichte sind uns bekannt: Das mit „Baryonen" beschriftete Segment bezeichnet den Anteil der uns bekannten Materie, der Elemente des Periodischen Systems. Bekannt sind auch die geringen Anteile der kosmischen Mikrowellenstrahlung (als „CMB" markiert) und der Neutrinos. Unbekannt dagegen sind dunkle Materie (21 %) und dunkle Energie (74 %).

In Modellen kann die kosmische Beschleunigung ganz einfach durch eine positive kosmologische Konstante oder durch eine nahezu konstante Feldenergie verursacht werden. Doch die dunkle Energie bereitet den Theoretikern Kopfschmerzen, denn in moderner Interpretation beruht diese Konstante auf der Energiedichte des leeren Raumes. In der Quantentheorie ist das Vakuum nicht wirklich leer, sondern ein komplexes, von fluktuierenden Energiefeldern erfülltes Gebilde. Im Rahmen der heutigen Physik ist es noch nicht gelungen, diese Vakuumenergie zu berechnen. Alle Schätzungen ergeben allerdings Werte, die riesig sind im Vergleich zu den astronomischen Messwerten – ein eklatanter Widerspruch zwischen Theorie und Experiment, wie es ihn in der Physik noch nie gegeben hat. Übrigens bestünde dieses Problem auch, wenn die kosmologische Konstante 0 wäre: Dann müsste man erklären, wieso die theoretisch berechneten großen Werte offenbar keinerlei Wirkung im realen Kosmos entfalten, obwohl sie doch in EINSTEINS allgemeiner Relativitätstheorie als bedeutsame Gravitationsquelle erscheinen sollten.

Die gravitative Wirkungslosigkeit der Vakuumenergie wird auch durch die Supernova-Messungen bestätigt. Der geringe astronomisch bestimmte Effekt erfordert, dass die Beiträge der Vakuumenergie mit phantastischer Genauigkeit – bis auf 108 Stellen nach dem Komma – ausbalanciert sein müssen. Wie das zugehen soll, weiß im Augenblick niemand. Hier stoßen die Physiker auf das fundamentale Problem, eine Theorie zu finden, die Gravitations- und Elementarteilchentheorie in einheitlicher Weise umfasst. Eine derartige Theorie ist bis jetzt nicht in Sicht.

Es gibt aber auch Vorschläge, die dunkle Energie als Energie eines noch unbekannten Feldes namens Quintessenz zu verstehen. Da diese Feldenergie sich mit der Zeit ändern würde, könnte auch die kosmische Entwicklung damit neue, unerwartete Wendungen nehmen. Die Spekulation über eine zusätzliche Energieform würde an Gewicht gewinnen, wenn es gelänge, sie mit kosmologischen Beobachtungen zu untermauern. Eine präzise Messung der Abweichungen vom Hubbleschen Expansionsgesetz könnte, wenn die Astronomen Glück haben, einen Unterschied zur kosmologischen Konstante, die einer konstanten Energiedichte entspricht, aufzeigen – wenn sie Pech haben, allerdings lediglich die Konstanz der dunklen Energie im Rahmen der Messgenauigkeit bestätigen. Bisher grenzen die Messungen mit zunehmender Genauigkeit den konstanten Fall ein.

Als Fazit können wir festhalten, dass die Kosmologen eigentlich sehr zufrieden sein können, denn offensichtlich bietet das einfache Urknallmodell einen passenden Rahmen für die kosmologisch relevanten Beobachtungen. Alle Bestimmungsgrößen dieses Modells sind genau vermessen worden – sogar auf zwei verschiedene Weisen: einmal klassisch astronomisch durch die Beobachtung von Galaxien und Sternen, zum anderen durch die Analyse des CMB. Die Messungen stimmen überein, und damit ist ein kosmologisches Standardmodell etabliert, in dem die Bildung der Elemente, die Ausformung der Strukturen im Kosmos als kosmischer Evolutionsprozess verstanden werden kann.

Allerdings bleibt ein großer Wermutstropfen, denn 95 % des kosmischen Substrats sind uns nicht bekannt. Was ist die dunkle Materie? Was ist die dunkle Energie? Diese Fragen sind noch nicht beantwortet. Wir selbst, die Dinge um uns, die Planeten und Sterne, sind nur eine Randerscheinung, ein Fünfprozent-Effekt. Warum ist das so? Ebenfalls völlig rätselhaft bleibt natürlich auch die Entstehung des Universums im Urknall. Als Kosmologen sind wir selbstverständlich nicht unglücklich darüber, dass es noch offene Fragen gibt, denn so bleibt noch einiges zu tun.

Im Folgenden möchte ich einige Bemerkungen zum Zusammenhang von kosmischer Entwicklung und Evolution des Lebens machen.

7. Ein Zeitrafferbild

Drängen wir die Geschichte des Universums auf ein Jahr zusammen. 14 Milliarden Jahre entsprechen in diesem Bild zwölf Monaten. Stellen wir uns vor, mit dem Glockenschlag zum neuen Jahr entstehe auch unsere Welt im Urknall. Der Urstoff, eine Strahlung, die den ganzen Raum gleichmäßig und mit ungeheurer Dichte und Temperatur erfüllte, besaß noch keine Struktur, aber durch den Schwung der geheimnisvollen Urexplosion dehnte er sich überall gegen seine eigene Schwerkraft aus und kühlte sich dabei ab. Schon in einem Bruchteil der ersten Sekunde des ersten Januar entstand die Materie: die Elementarteilchen und gleich darauf die einfachsten Atomkerne, Wasserstoff und Helium. Noch vor Ende Januar trennten sich Strahlung und Materie, und die Galaxien bildeten sich. Die ersten Sterne in den Galaxien erzeugten in ihrem Inneren die höheren chemischen Elemente und schleuderten sie, zum Teil in Staubform, in das umgebende Gas. Kohlenstoff entstand besonders häufig; auf Staubkörnern in der Nähe von Sternen bildeten sich komplexe organische Moleküle.

Mitte August formte sich aus einer zusammenstürzenden Wolke von Gas und Staub unser Sonnensystem. Schon nach einem Tag befand sich die Sonne in ihrem heutigen Zustand und versorgte ihre Planeten mit einem ziemlich gleichmäßigen Strahlungsstrom. Da der übrige Himmel dunkel und kalt war, konnte die Erde die zugestrahlte Energie bei viel tieferer Temperatur wieder abstrahlen. Diese Verhältnisse auf der Erde ermöglichen zuerst komplexe chemische, dann biologische Strukturen. Von Mitte September stammen die ältesten Gesteine der Erdoberfläche, und in ihnen finden sich offenbar schon die ersten Spuren von Leben: fossile Einzeller. Bereits Anfang Oktober entwickelten sich fossile Algen, und im Laufe von zwei Monaten entstand, zunächst in den Gewässern, eine ungeheure Vielfalt von Pflanzen und Tierarten. Die ersten Wirbeltierfossilien datieren wir auf den 16. Dezember. Am 19. Dezember besiedelten die Pflanzen die Kontinente. Am 20. Dezember waren die Landmassen mit Wald bedeckt, das Leben schuf sich selbst eine sauerstoffreiche Atmosphäre, die das ultraviolette Licht reflektierte und somit noch komplexere und empfindlichere Formen des Lebens ermöglichte. Schließlich entstanden am 22. und 23. Dezember aus Fischen amphibische Vierfüßler und eroberten feuchtes Land. Aus ihnen entwickelten sich am 24. Dezember die Reptilien, die auch das trockene Land besiedelten. Am 25. Dezember erschienen die ersten Säugetiere. In der Nacht zum 30. Dezember begann die Auffaltung der Alpen. In der Nacht zum 31. Dezember entsprang der Menschenzweig dem Ast von dem ein weiterer Zweig zu den heutigen Menschenaffen führt. Mit etwa 20 Generationen pro Sekunde begann nun der Mensch seine Entwicklung. Fünf Minuten vor zwölf lebten die Neandertaler, 15 Sekunden vor zwölf wurde Jesus Christus geboren, eine halbe Sekunde vor zwölf begann das technische Zeitalter. Schon sind wir im neuen Jahr.

Wie wird es weitergehen? Einige Bemerkungen dazu wird es im Schlussteil geben. In diesem Zeitrafferbild ist schon klar geworden, dass ein wesentlicher Schritt in der Entwicklung zum Leben hin durch die Entstehung und Entwicklung der Sterne erfolgt. In den nächsten Abschnitten möchte ich auf diese Prozesse etwas näher eingehen.

8. Die Entstehung der Strukturen im Universum

Etwa 400 000 Jahre nach dem Urknall war die Temperatur der Strahlung so weit abgesunken, dass Strahlung und Materie entkoppelten, die ersten Atome entstanden, und die Materie sich, der Schwerkraft folgend, zu dichteren Objekten zusammenklumpen konnte. Auf diese Weise entstanden aus anfänglich kleinen Schwankungen der Massenverteilung schließlich Galaxien und Sterne. Dieser Idee folgend versucht man, die Galaxienbildung theoretisch zu modellieren.

Ein Grundproblem besteht darin, dass die ursprünglichen Irregularitäten sehr klein sind. Das Strahlungsfeld weist Abweichungen von der Gleichförmigkeit von etwa einem Hunderttausendstel auf. Schwankungen der Materiedichte von gleicher Größenordnung zur Zeit der Entkopplung genügen aber nicht, um zu den jetzt beobachteten Strukturen zu führen. Modelle, in denen das Universum erfüllt ist von dunkler Materie und dunkler Energie, die bei weitem überwiegen und die Entwicklung der Strukturen bestimmen, können wohl diese Schwierigkeiten beheben. Die dunkle Materie steht mit der Strahlung nur über die Schwerkraft in Wechselwirkung. Kleine Schwankungen können deshalb früher und mit größerer Anfangsamplitude anwachsen. Die Zusammenballungen der dunklen Materie gaben die Schwerkraftzentren vor, in denen sich dann die normale baryonische Materie ansammeln konnte. Abkühlung und weitere Kondensation führten schließlich zur Entstehung der Sterne in den Halos aus dunkler Materie.

9. Die Entstehung des Sonnensystems

Im Standardmodell des heißen Urknalls ist die Synthese der Atomkerne etwa 3 min nach dem Anfang abgeschlossen. Die bekannten Kernreaktionen der Fusion von Protonen und Neutronen führen zu einer genau berechenbaren Häufigkeitsverteilung der leichten Elemente in Abhängigkeit von der Gesamtdichte an baryonischer Materie: etwa 7 % Helium- sowie 93 % Wasserstoffkerne, dazu eine kleine Beimischung von Deuterium (einige Hunderttausendstel der Wasserstoffkerne) und Lithium (etwa zehn Billionstel). Atomkerne mit größerer Masse entstehen zunächst nicht, weil Kerne, die aus fünf und acht Nukleonen bestehen, instabil sind. Elemente wie Kohlenstoff (bestehend aus 12 Nukleonen) oder Sauerstoff (16 Nukleonen) können deshalb nicht durch stufenweise Fusion erzeugt werden, sondern nur durch die simultane Fusion von 3 bis 4 Heliumkernen. Wegen der kosmischen Expansion ist aber die Materie im frühen Universum schon zu sehr ausgedünnt, um solche Reaktionen noch zu ermöglichen. Deshalb muss man davon ausgehen, dass alle schweren Elemente, außer Helium und Deuterium, im Inneren von Sternen entstanden sind. Dies geschah in den ersten Vorstufen von Galaxien, die sich formten, als das Universum etwa ein Siebtel seiner heutigen Größe aufwies und 300-mal dichter war als heute. Nach den Vorstellungen der Astronomen entstehen die Sterne als Kondensation in einer Gaswolke, die sich unter der eigenen Schwerkraft immer weiter zusammenzieht, bis der zentrale Bereich heiß und dicht genug wird, um die Fusion von Wasserstoff zu Helium in Gang zu bringen.

Die ersten Sterne begannen ihre Entwicklung als Gebilde aus Wasserstoff und Helium. Nachdem aber der Wasserstoff im Inneren allmählich abgebaut war, setzten weitere Kernreaktionen ein, und über die Fusion von Helium zu Kohlenstoff, Sauerstoff, Silizium und Eisen bildeten sich die schweren Elemente und wurden bei der Explosion des Sterns in den interstellaren Raum geschleudert. Eine Reihe von aufeinanderfolgenden Sterngenerationen reicherte die schweren Elemente im interstellaren Raum immer weiter an, bis sie schließlich bei der Entstehung des Sonnensystems auf der Erde endeten. Wir bestehen buchstäblich aus Sternenstaub. Sterne einer zweiten Generation, bei deren Entstehung schon die schweren Elemente zur Verfügung standen, und die nachfolgende Bildung von Planetensystemen sind also eine Folge von Entwicklungsprozessen, die im frühen Universum begonnen haben.

Die Entstehungsgeschichte des Sonnensystems wird erschlossen aus den Messungen an radioaktiven Isotopen und ihren Zerfallsprodukten. Das „Alter“ von Meteoriten, von Gesteinsproben vom Mond und von Mineralien auf der Erde wird durch den Zeitpunkt bestimmt, zu dem ein System von Mutter- und Tochterelementen durch physikalische Abtrennung von der Umwelt isoliert wird und sich nur noch durch das Gesetz des radioaktiven Zerfalls verändert. Als Beispiel können wir den Zerfall von Uran in Blei betrachten. Durch die spontane Aussendung von Heliumkernen (sogenannten Alpha-Teilchen) zerfällt Uran in Blei mit Halbwertszeiten von einigen Milliarden Jahren. So ist etwa das Uranisotop U(238) nach 1,5 Milliarden Jahren zur Hälfte in das Isotop des Blei, Pb(206), zerfallen. Das Isotop U(235) zerfällt mit einer Halbwertszeit von 0,7 Milliarden Jahren in Pb(207). Aus den Isotopenverhältnissen der Zerfallsprodukte kann man auf das Alter einer Probe zurückrechnen. In Abbildung 14 sind diese Daten für den Allende-Meteoriten gezeigt (siehe etwa Börner 2004).

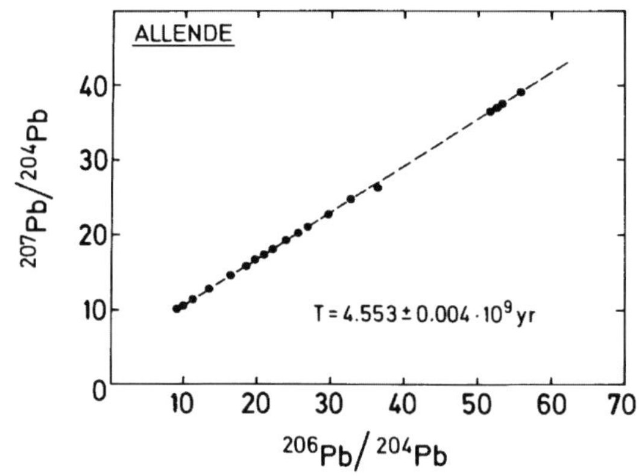

Abb. 14 Messungen der Isotopenverhältnisse des Elements Blei im Allende-Meteoriten ergeben eine Kurve, aus deren Steigung das Alter des Meteoriten zu 4,553 Milliarden Jahren bestimmt wird (ausführliche Diskussion siehe Börner 2004).

Für die ältesten Mondgesteine findet man mit diesen Methoden ein Alter von 4,5 bis 4,6 Milliarden Jahren, die Meteorite sind alle etwa 4,57 Milliarden Jahre alt. Auf der Erde mit ihrem großen Vorrat an thermischer Energie gehen viele chemische Prozesse viel länger vor sich. Die ältesten Gesteine (Gneise, die in Kanada und Grönland gefunden wurden) werden auf 3,7 Milliarden Jahre datiert. Da das Alter der Meteorite von 4,6 Milliarden Jahren wohl dem Alter des Sonnensystems entspricht, kann man vermuten, dass die Erde nach ihrer Entstehung etwa 900 Millionen Jahre lang ohne feste Kruste existierte.

Das Alter des Sonnensystems ist mit hoher Genauigkeit bekannt 4570 ± 30 Millionen Jahre, und es gibt sogar die Möglichkeit, schmale Zeitintervalle von etwa einer Million Jahre um diesen Referenzpunkt zu messen. Dies gelingt, weil es kurzlebige, jetzt schon längst zerfallene radioaktive Isotope gibt, deren Zerfallsprodukte deutlich angereichert sind gegenüber ihrer normalen Häufigkeit. So findet man in Meteoriten das Isotop des Edelgases Xenon (Xe(129)) doppelt so häufig, wie es im Mittel im Sonnensystem vorkommt. Da dieses Isotop ein Zerfallsprodukt des Iodisotops I(129) ist, das durch die Aussendung von Elektronen mit einer

Halbwertszeit von 15,7 Millionen Jahren zerfällt, muss es innerhalb weniger Millionen Jahre in die festen Körper im Sonnensystem eingebaut worden sein. Das Edelgas Xenon selbst wäre bei der Kondensation der Meteorite nicht mit beteiligt gewesen, d. h., alles Xenon, das gefunden wurde, ist das Zerfallsprodukt von I(129). Aus den exakten Zahlenwerten erhält man das interessante Ergebnis, dass sich die festen Körper im Sonnensystem innerhalb von etwa 5 Millionen Jahren gebildet haben.

Diese mit detektivischem Spürsinn erschlossenen Zeitspannen in der Entstehungsgeschichte des Sonnensystems ergaben noch weitere interessante Konsequenzen: Die Überhäufigkeit gewisser Isotope in Meteoriten (wie etwa Mg(26) im Allende-Meteor) legt die Vermutung nahe, dass eine Supernovaexplosion in der Nähe durch ihre Druckwelle eine galaktische Gas- und Staubwolke komprimierte und so der Auslöser für die Bildung des Sonnensystems war.

Die vielen Milliarden Jahre, in denen die Sonne langsam und gleichmäßig ihren Wasserstoffvorrat aufzehrt, sind die Zeitspanne, die dem Leben auf der Erde zur Verfügung steht. Vermutlich ist diese lange Zeit nötig, um in der biologischen Evolution bis zu so komplexen Organismen, wie dem Menschen, vorzustoßen.

Im Inneren der Sonne verläuft die Wasserstofffusion langsam – seit 4,5 Milliarden Jahren scheint sie ziemlich gleichmäßig. Doch nachdem etwa 12 % des Wasserstoffvorrats im Zentrum verbraucht sind, hört dort die Kernfusion auf. Stattdessen beginnt die Wasserstofffusion in einer Kugelschale um den Kernbereich. Die Sonne sucht dann ein neues Gleichgewicht und bläht ihre äußeren Schichten gewaltig auf – sie wird zum „Roten Riesen". In 5 Milliarden Jahren wird die Sonne dieses Stadium erreichen und mit ihren äußeren Schichten bis zur Umlaufbahn der Erde reichen. Die Biosphäre der Erde wird dann zerstört.

Nur vergleichsweise kurz, etwa 500 Millionen Jahre, wird die Sonne als Roter Riese existieren. Danach setzt in der Kernzone die Verbrennung von Helium ein, und weitere schnell ablaufende Umwandlungen führen schließlich zur Abstoßung der äußeren Hülle von rund einem Viertel der Masse. Der Kern schrumpft zu einem sehr dichten Objekt etwa von der Größe der Erde – einem „Weißen Zwerg", der mit bläulichem Licht kaum heller als heute der Vollmond auf die ausgebrannte Erde scheinen wird. Diese Entwicklungsgeschichte ergibt sich einfach aus den physikalischen Gesetzen, nach denen die Kernreaktionen im Inneren der Sonne ablaufen. Allerdings besteht kein Grund zur Panik – die Sonne hat als ruhig leuchtender Stern noch viel Zeit vor sich. Auch falls es auf Grund der steigenden Leuchtkraft der Sonne schon in 500 Millionen Jahren auf der Erde ungemütlich heiß wird, bleibt unseren Nachkommen eine große Chance in Zukunft weit über die Erde hinaus zu fernen Sonnensystemen vorzustoßen. Auch wenn die Erde gegenwärtig der einzige Planet wäre, der Leben trägt, so wird genügend Zeit zur Verfügung stehen, um die gesamte Milchstraße und sogar weitere Galaxien zu besiedeln.

10. Das anthropische Prinzip

Man kann sich fragen, warum eigentlich das Universum so beschaffen ist, dass Leben in ihm entstehen konnte. Warum ist der Kosmos so, wie wir ihn vorfinden, und nicht anders, wie er nach den physikalischen Gesetzen auch sein könnte? Hier stößt die Erklärung durch die Physik an Grenzen. Diese Fragen sind aber interessant, und so hat sich eine Argumentationskette verbreitet, die als „anthropisches Prinzip" bezeichnet wird (Barrow und Tipler 1986, Breuer 1981). Die Tatsache, dass es in unserem Universum intelligentes Leben gibt, bedeutet, dass die Voraussetzungen für die Entstehung von intelligentem Leben erfüllt sind. Diese triviale logische Einsicht hat zu recht interessanten Überlegungen geführt.

Leben von unserer Art könnte nicht entstehen, wenn die Naturkonstanten ein wenig anders wären, als sie tatsächlich sind. Die Stärke der anziehenden Kräfte zwischen den Kernteilchen kann gerade die elektrische Abstoßung zwischen den positiv geladenen Protonen in den Kernen gewöhnlicher Atome, wie Sauerstoff oder Kohlenstoff, überwinden. Die Kernkraft ist aber nicht ganz so stark, dass sie zwei Protonen (Wasserstoffkerne) in ein gebundenes System bringen kann. Das Diproton gibt es nicht. Falls jedoch die Anziehungskraft im Atomkern nur ein wenig größer wäre, könnte das Diproton existieren, und praktisch der gesamte Wasserstoff im Kosmos wäre in Diprotonen oder größeren Kernen gebunden. Wasserstoff wäre ein seltenes Element, und Sterne, wie die Sonne, die durch langsame Fusion von Wasserstoff zu Helium lange Zeit Energie erzeugen, könnte es nicht geben. Andererseits würden wesentlich schwächere Kernkräfte die Bildung größerer Atomkerne unmöglich machen. Falls die Entwicklung des Lebens einen Stern wie die Sonne erfordert, die mit einer konstanten Rate über Milliarden Jahre hinweg Energie erzeugt, dann ist eine notwendige Voraussetzung dafür, dass die Stärke der Kernkräfte innerhalb ziemlich enger Grenzen liegt.

Eine ähnliche, aber unabhängige numerische Feinabstimmung betrifft die schwache Wechselwirkung, die tatsächlich die Wasserstofffusion in der Sonne steuert. Die schwache Wechselwirkung ist etwa eine Million mal schwächer als die Kernkraft, gerade so schwach, dass der Wasserstoff in der Sonne langsam und gleichmäßig verbrennt. Falls die schwache Wechselwirkung wesentlich stärker oder schwächer wäre, gäbe es Probleme für jede Art von Leben, die von sonnenartigen Sternen abhängt.

Eine weitere numerische Zufälligkeit betrifft die mittlere Entfernung zwischen den Sternen, die in unserer galaktischen Umgebung einige Lichtjahre beträgt. Man kann durchaus behaupten, dass den Sternen ein entscheidender Einfluss auf das menschliche Leben zukommt, ohne ein Anhänger der Astrologie zu sein. Wir hätten nämlich keine großen Überlebenschancen, wenn die mittlere Entfernung zwischen den Sternen beispielsweise 10-mal kleiner wäre. Dann ergäbe sich eine hohe Wahrscheinlichkeit, dass im Verlauf der vergangenen 4 Milliarden Jahre ein anderer Stern nahe genug gekommen wäre, um die Planetenbahnen zu verändern. Es würde genügen, die Erde in einen etwas exzentrischen elliptischen Umlauf zu bringen, um Leben auf ihr unmöglich zu machen.

Man könnte viele weitere glückliche Zufälle dieser Art aufzählen: Eine empfindliche Balance zwischen elektrischen und quantenmechanischen Kräften bewirkt die Vielfalt der organischen Chemie. Wasser ist flüssig, Ketten von Kohlenstoffatomen bilden komplexe Moleküle, Wasserstoffatome bilden Brückenbindungen zwischen den Molekülen.

Diese bemerkenswerte Harmonie zwischen der Struktur des Universums und den Bedürfnissen von Leben und Intelligenz aufzuzeigen, ist das Anliegen, das als „schwaches anthropisches Prinzip" formuliert wurde. Dies ist einfach die Feststellung, dass unsere Existenz nur unter gewissen Bedingungen möglich ist. Unser Universum erfüllt diese Voraussetzungen, ihr Zustandekommen kann aber mit der heutigen Physik noch nicht erklärt werden.

Es gibt Anhänger des anthropischen Prinzips, die es als eine Art Auswahlprinzip verstehen. Das von Andrei Linde entworfene Bild eines Universums aus vielen Blasen, die nicht kausal verknüpft sind und in denen jeweils verschiedene physikalische Gesetze, auch mit verschiedenen Werten der Naturkonstanten wirken könnten, wäre ein zumindest logisch mögliches „Vielweltenmodell". Unter der Vielzahl möglicher Blasen gibt es eben eine, die genau die für uns geeignete Kombination von Naturkonstanten und Naturgesetzen aufweist. So, wie man im Kaufhaus den passenden Anzug findet, wenn genügend viele zur Auswahl stehen, so entwickelt sich das Leben im dafür passenden Universum. Auf diese Weise erklärt man also die rätselhaften Feinabstimmungen in der Welt (LINDE 1993).

Auch andere Spekulationen als das Inflationsmodell könnten zu einer Vielzahl von Welten führen. Wenn unser Universum als zufällige Fluktuation aus einem Quantenvakuum entstanden ist, dann könnte dies ja immer wieder passieren. Eine grundlegende Theorie, wie etwa die String-Theorie mit ihrer komplexen Vakuumstruktur könnte – so wird spekuliert – sogar besonders effektiv alle möglichen Welten hervorbringen. Alles, was logisch möglich erscheint, könnte dann auch in einem gewissen Sinn existieren. Diese Versuche, die Frage zu beantworten „Warum ist unser Universum so, wie es ist?", erscheinen etwas mangelhaft. Der Aufwand ist ein bisschen hoch – Milliarden von Universen blähen sich auf und vergehen, und schließlich wird es möglich, dass auf einem kleinen Planeten am Rande einer Galaxis Leben entstehen kann.

Außerdem wissen wir ja nicht wirklich, welche Zusammenhänge zwischen den physikalischen Größen bestehen und nur noch nicht aufgedeckt sind. Die Physiker werfen sozusagen das Handtuch zu früh, wenn sie mit Paralleluniversen argumentieren, bevor klar ist, welche Form die dringend gesuchte, umfassende physikalische Theorie hat.

Der Begründer der Theorie der Schwerkraft, Isaac NEWTON, hat vermutet, dass die Tatsache, dass die Planeten alle in einer Ebene die Sonne umkreisen, auf den Willen des Schöpfers zurückgeführt werden muss. Nach seiner Theorie hätte jeder Planet seine eigene Ebene für den Umlauf um die Sonne auswählen können. Heute sind wir der Meinung, dass die Rotation des solaren Urnebels ihn zur Scheibe werden ließ. In der Scheibenebene kreisen die Planeten. Eine einleuchtende astrophysikalische Erklärung. Ganz analog könnte ich mir vorstellen, dass in der Zukunft heute unerklärliche Feinabstimmungen gedeutet werden.

Das anthropische Prinzip hat seine Bedeutung für die Physik dadurch, dass es auf Dinge hinweist, für die Erklärungsbedarf besteht. Als physikalisches Prinzip kann es nicht gelten. Wir könnten es als metaphysikalisches Argument gelten lassen und es als Hinweis auf eine Welt sehen, die für uns gastlich eingerichtet ist – von wem oder wodurch auch immer.

11. Wie wird es enden?

Aus den astronomischen Beobachtungen können wir schließen, dass die Expansion des Kosmos gegenwärtig sogar beschleunigt verläuft, angetrieben von einer rätselhaften „dunklen Energie", die eine kosmische Abstoßung bewirkt. Diese möchten die Physiker gerne interpretieren als eine spezielle Eigenschaft – sozusagen ein Bedürfnis – des leeren Raumes, sich auszudehnen. Falls diese dunkle Energie wirklich einer kosmologischen Konstanten entspricht, d. h. konstant ist, wird die Expansion des Weltalls ohne Ende weitergehen. Es könnte natürlich auch so sein, dass die dunkle Energie als Grundzustandsenergie eines Feldes nur gegenwärtig uns wie eine Konstante erscheint, in kosmischen Zeiträumen aber sich ändern kann. Dann hängt es von dem Verhalten dieses Feldes ab, was sich in ferner Zukunft ereignen wird – ein neuer Urknall oder ständige Entstehung neuer Teilchen aus dem Vorrat der dunklen Energie. Dies ist eine Spekulation, die wir jetzt nicht weiter verfolgen wollen, da es auch keinen Hinweis auf eine Abweichung der dunklen Energie von einem konstanten Wert gibt. In dem Fall einer konstanten Energiedichte geht die Ausdehnung des Weltalls immer weiter.

Die immerwährende Expansion hat entscheidende Bedeutung für den Endzustand des Kosmos. Es gibt keine zeitliche Grenze der Zukunft, und so kann jeder physikalische Prozess, auch der langsamste bis zu seinem Ende ablaufen. Zunächst einmal wird es dunkel, wenn die Sterne verlöschen, weil sie ihren Kernbrennstoff verbraucht haben, und wenn die letzten Supernovae-Explosionen verglüht sind. Die Biosphäre der Erde wird in 5 Milliarden Jahren vergehen, wenn die Sonne sich zum Roten Riesen aufblähen und bis über die Erdbahn hinaus ausdehnen wird.

Die Entwicklung gravitierender Systeme wird durch EINSTEINS Gravitationstheorie von 1915 beschrieben. Der Energieverlust durch die Aussendung von Gravitationswellen spielt danach eine wichtige Rolle für das endgültige Schicksal sich umkreisender Himmelskörper. (Seit 1978 wissen wir aus den Beobachtungen des Pulsars 1913 + 16, dass sich seine Bahn im Doppelsternsystem exakt nach der Einsteinschen Formel für den Energieverlust durch Gravitationswellen ändert.) In phantastisch langen Zeiträumen, die das jetzige Weltalter weit übersteigen, werden danach durch die Abstrahlung von Gravitationswellen sich umkreisende Himmelskörper ineinander stürzen und in Schwarzen Löchern enden. Riesige Schwarze Löcher, aus den Sternen ganzer Galaxien geformt, streben dann in einem dunklen Kosmos immer weiter auseinander. Dazu wird es immer „kälter", denn die Temperatur der Hintergrundstrahlung fällt ebenfalls ständig. Dies ist das etwas trübselige Bild, das die Kosmologen vom Ende unseres Universums zeichnen.

Das Bild ist aber noch nicht ganz vollständig, denn wenn Stephen HAWKING mit seiner 1974 formulierten Hypothese von der Zerstrahlung Schwarzer Löcher recht hat, so lösen sich nach 10^{70} Jahren auch die Schwarzen Löcher völlig in sehr langwellige Strahlung auf. Wie zu Anfang, so besteht also auch am Ende das Universum aus Strahlung, allerdings mit Temperaturen, die nur unmerklich über dem absoluten Nullpunkt liegen.

Diese Vorhersagen für das Ende des Kosmos sind Extrapolationen von unserem heutigen Wissensstand aus in eine sehr ferne Zukunft. Könnte alles auch ganz anders kommen? Wahrscheinlich nicht, denn die physikalischen Prozesse steuern unausweichlich auf den Kältetod und das Verschwinden aller Objekte in Schwarzen Löchern zu.

Die Zeitspanne für Leben von unserer Art ist noch stärker begrenzt: In weiteren 5 Milliarden Jahren wird die Sonne zum Roten Riesen, und die Biosphäre der Erde wird vernichtet. Unsere nächste Aufgabe ist es, dies zu überleben. Fünf Milliarden Jahre sind schließlich eine lange Zeit, die für die Weiterentwicklung unserer Intelligenz zur Verfügung steht. Wir werden wohl bis dahin in der Lage sein, die einfachen astronomischen Vorgänge zu beeinflussen, oder ihnen auszuweichen. Dann werden wir weitersehen.

12. Fazit: Was bedeutet das alles?

Der Kosmos bietet die Grundlage für die Entstehung und Entwicklung des Lebens. Doch diese Grundlage verändert sich selbst: Die Welt, wie wir sie heute vorfinden, geht zurück auf einen heißen, nahezu strukturlosen Anfang, in dem aber schon der Keim angelegt war für die künftige Entwicklung zu einem lebensfreundlichen Kosmos. Zweifellos kann Leben von unserer Art nur entstehen, wenn es Sterne gibt, die lange Zeit gleichmäßig strahlen, wie die Sonne, und Planeten, wie die Erde, mit Wasser und einer festen Oberfläche. So ist aber das Leben auch verknüpft mit dem Zyklus von Werden und Vergehen der Sterne. In vielen Milliarden Jahren wird die ruhige Strahlungsphase jedes einzelnen Sterns im Universum zu Ende gehen und die Biosphäre seines Planeten wird vernichtet.

Das Leben gibt, im kosmischen Zeitmaß gesehen, nur ein kurzes Gastspiel im Universum.

Literatur

BARROW, J. D., and TIPLER, F. J.: The Anthropic Cosmological Principle. Oxford: Oxford University Press 1986

BÖRNER, G.: Das unendlich Große. Spektrum der Wissenschaft Spezial: Das Unendliche. *1*, 70–77 (2001)

BÖRNER, G.: The Early Universe-Facts and Fiction. Heidelberg: Springer 2004

BÖRNER, G.: Das neue Bild des Universums. München: DVA 2006

BÖRNER, G.: Kosmologie. Frankfurt (Main): S. Fischer 2011

BREUER, R.: Das Anthropische Prinzip. München: Meyster 1981

CLOWE, D., BRADAC, M., GONZÁLES, A. H., MARKEVITCH, M., RANDALL, S. W., JONES, C., and ZARITSKY, D.: A direct empirical proof of the existence of dark matter. Astrophys J. *648*, L109–L 113 (2006)

CONLEY, A., GUY, J., SULLIVAN, M., REGNAULT, N., ASTIER, P., BALLAND, C., BASA, S., CARLBERG, R. G., FOUCHEZ, D., HARDIN, D., HOOK, I. M., HOWELL, D. A., PAIN, R., PALANQUE-DELABROUILLE, N., PERRETT, K. M., PRITCHET, C. J., RICH, J., RUHLMANN-KLEIDER, V., BALAM, D., BAUMONT, S., ELLIS, R. S., FABBRO, S., FAKHOURI, H. K., FOURMANOIT, N., GONZALEZ-GAITAN, S., GRAHAM, M. L., HUDSON, M. J., HSIAO, E., KRONBORG, T., LIDMAN, C., MOURAO, A. M., NEILL, J. D., PERLMUTTER, S., RIPOCHE, P., SUZUKI, N., and WALKER, E. S.: Supernova constraints and systematic uncertainties from the first 3 years of the supernovae legacy survey. Astrophys. J. Suppl. *192*, 1 (2011)

FIXSEN, D., CHENG, E. S., GALES, J. M., MATHER, J. C., SHAFER, R. A., and WRIGHT, E. L.: The CMB spectrum from the full COBE/FIRAS data set. Astrophys. J. *473*, 576–587 (1996)

GREENE, B.: Das elegante Universum. München: Goldmann 2006

JAROSIK, N., BENNETT, C. L., DUNKLEY, J., GOLD, B., GREASON, M. R., HALPERN, M., HILL, R. S., HINSHAW, G., KOGUT, A., KOMATSU, E., LARSON, D., LIMON, M., MEYER, S. S., NOLTA, M. R., ODEGARD, N., PAGE, L., SMITH, K. M., SPERGEL, D. N., TUCKER, G. S., WEILAND, J. L., WOLLACK, E., and WRIGHT, E. L.: Seven-year Microwave Anisotropy Probe (WMAP) observations: Sky maps, systematic errors, and basic results. Astrophys. J. Suppl. *192*, 14 (2011)

KOMATSU, E., SMITH, K. M., DUNKLEY, J., BENNETT, C. L., GOLD, B., HINSHAW, G., JAROSIK, N., LARSON, D., NOLTA, M. R., PAGE, L., SPERGEL, D. N., HALPERN, M., HILL, R. S., KOGUT, A., LIMON, M., MEYER, S. S., ODEGARD, N., TUCKER, G. S., WEILAND, J. L., WOLLACK, E., and WRIGHT, E. L.: Seven-year Wilkinson Microwave Anisotropy Probe (WMAP) observations: Cosmological interpretation. Astrophys. J. Suppl. *192*/18, 1–47 (2011)

LARSON, D., DUNKLEY, J., HINSHAW, G., KOMATSU, E., NOLTA, M. R., BENNETT, C. L., GOLD, B., HALPERN, M., HILL, R. S., JAROSIK, N., KOGUT, A., LIMON, M., MEYER, S. S., ODEGARD, N., PAGE, L., SMITH, K. M., SPERGEL, D. N., TUCKER, G. S., WEILAND, J. L., WOLLACK, E., and WRIGHT, E. L.: Seven-year Microwave Anisotropy Probe (WMAP) observations: Power spectra and WMAP derived parameters. Astrophys. J. Suppl. *192*, 16 (2011)

LINDE, A.: Elementarteilchen und Inflationärer Kosmos. Heidelberg: Spektrum Akademischer Verlag 1993

MARKEVITCH, M.: Chandra observation of the most interesting cluster in the universe. astro-ph/0511345v1 (2005)

MATHER, J. C., CHENG, E. S., COTTINGHAM, D. A., EPLEE, R. E. Jr., FIXSEN, D. J., HEWAGAMA, T., ISAACMAN, R. B., JENSEN, K. A., MEYER, S. S., NOERDLINGER, P. D., READ, S. M., ROSEN, L. P., SHAFER, R. A., WRIGHT, E. L., BENNETT, C. L., BOGGESS, N. W., HAUSER, M. G., KELSALL, T., MOSELEY, S. H. Jr., SILVERBERG, R. F., SMOOT, G. F., WEISS, R., and WILKINSON, D. T.: Measurement of the CMB spectrum by the COBE FIRAS instrument. Astrophys. J. *420*, 439–444 (1994)

PERLMUTTER, S., and SCHMIDT, B. G.: Measuring cosmology with supernovae. Lect. Notes Phys. *598*, 195–217 (2003)

RIESS, A. G., FILIPPENKO, A. V., CHALLIS, P., CLOCCHIATTI, A., DIERCKS, A., GARNAVICH, P. M., GILLILAND, R. L., HOGAN, C. J., JHA, S., KIRSHNER, R. P., LEIBUNDGUT, B., PHILLIPS, M. M., REISS, D., SCHMIDT, B. P., SCHOMMER, R. A., SMITH, R. C., SPYROMILIO, J., STUBBS, C., SUNTZEFF, N. B., and TONRY, J.: Observational evidence from supernovae for an accelerating universe and a cosmological constant. Astronom. J. *116*, 1009–1038 (1998)

RIESS, A. G., MACRI, L., CASERTANO, S., LAMPEITL, H., FERGUSON, H. C., FILIPPENKO, A. V., JHA, S. W., LI, W., and CHORNOCK, R.: A 3 % Solution: Determination of the Hubble constant with the HST and Wide Field Camera 3. Astrophys. J. *730*, 119 (2011)

RIESS, A. G., STROLGER, L.-G., TONRY, J., CASERTANO, S., FERGUSON, H. C., MOBASHER, B., CHALLIS, P., FILIPPENKO, A. V., JHA, S., LI, W., CHORNOCK, R., KIRSHNER, R. P., LEIBUNDGUT, B., DICKINSON, M., LIVIO, M., GIAVALISCO, M., STEIDEL, C. C., BENITEZ, N., and TSVETANOV, Z.: Type Ia supernovae discoveries at z>1 from the Hubble space telescope: Evidence for past deceleration and constraints on dark energy evolution. Astrophys. J. *607*, 665–687 (2004)

WEINBERG, S.: Die ersten drei Minuten: der Ursprung des Universums. München: Piper 2001

WOOD-VASEY, W. M., MIKNAITIS, G., STUBBS, C. W., JHA, S., RIESS, A. G., GARNAVICH, P. M., KIRSHNER, R. P., AGUILERA, C., BECKER, A. C., BLACKMAN, J. W., BLONDIN, S., CHALLIS, P., CLOCCHIATTI, A., CONLEY, A., COVARRUBIAS, R., DAVIS, T. M., FILIPPENKO, A. V., FOLEY, R. J., GARG, A., HICKEN, M., KRISCIUNAS, K., LEIBUNDGUT, B., LI, W., MATHESON, T., MICELI, A., NARAYAN, G., PIGNATA, G., PRIETO, J. L., REST, A., SALVO, M. E., SCHMIDT, B. P., SMITH, R. C., SOLLERMAN, J., SPYROMILIO, J., TONRY, J. L., SUNTZEFF, N. B., and ZENTENO, A.: Observational constraints on the nature of the dark energy: First cosmological results from the essence supernova survey. Astrophys. J. *666*, 694–715 (2007)

Prof. Dr. Gerhard BÖRNER
Max-Planck-Institut für Astrophysik
Karl-Schwarzschild-Straße 1
85748 Garching
Bundesrepublik Deutschland
Tel.: +49 89 300002250
Fax: +49 89 300002899
E-Mail: grb@mpa-garching.mpg.de

Nova Acta Leopoldina NF *116*, Nr. 394, 69–95 (2012)

Das Leben als kompartimentierte chemische Reaktion

William Martin (Düsseldorf)

Mit 12 Abbildungen

Zusammenfassung

Will man die Ursprünge des Lebens aus der biologischen Sicht verstehen, muss man rekonstruieren, wie sich auf der frühen Erde aus Nichtlebendigem die erste Grundeinheit des Lebendigen, die abgeschlossene Zelle mit Energiestoffwechsel, entwickeln konnte. Erklärungsmodelle, um Lücken in der Evolutionstheorie von einer unbelebten bis zur belebten Ur-Erde zu schließen, sind die Konzepte der Ursuppentheorie, die von OPARIN und unabhängig von ihm von HALDANE aufgeschrieben wurden. Auch das Konzept einer RNA-Welt reiht sich in die Liste der Erklärungsmodelle ein. Heute stehen in der Forschung zum Ursprung des Lebens Hydrothermalquellen wie „Lost City" im Vordergrund. Der vorliegende Aufsatz behandelt ein Modell zum chemischen Ursprung des Lebens, dessen Ausgangspunkt eine alkalische Hydrothermalquelle mit natürlich entstehenden Mikrokompartimenten aus Eisenschwefel und Nickelschwefel als Territorien für die Entwicklung von (selbst-)replizierenden Molekülen zu freilebenden Zellen bildet. Die Hauptenergie für die Synthese kommt aus dem Ungleichgewicht zwischen molekularem Wasserstoff im Hydrothermalwasser und Kohlendioxid im Meerwasser. Die zwei Grundformen der Prokaryoten könnten sich in so einer Umgebung aus der anorganischen Kompartimentierung gelöst haben: die ersten Archaebakterien wären demnach Methanogene, die ersten Eubakterien Acetogene. Mit dem Versuch einer Rekonstruktion der möglichen Urformen des Kohlenstoff- und Energiestoffwechsels schließen wir den Kreis, indem wir die Bestandteile der Zelle mit Energiestoffwechsel und somit die chemiosmotische Grundeinheit des Lebens ableiten.

Abstract

Efforts to understand life's origin from a biological perspective boil down to reconstructing a plausible sequence of events through which the elementary unit of life — a free-living cell with a self-perpetuating energy metabolism — could have arisen from the elements on the early Earth. As in all research into the evolutionary history of life, that endeavour entails narrowing the gaps between the starting points and the endpoints of major evolutionary transitions with concepts, so that we can more explicitly envisage the intermediate steps, allowing us to structure and explore the problem further. Such concepts need not be true to serve their purposes, the century old concept of organic soup for example, but they should be tangible and relate to modern life processes, such as the idea of an RNA world. Today, submarine hydrothermal vents are much in the focus of research on life's beginnings, because they represent chemically reactive environments with energy releasing processes — and life itself is, on the bottom line, an energy releasing chemical reaction. Alkaline vents such as the Lost City hydrothermal field harbour H_2 rich effluent and form inorganic microcompartments that could have served two essential functions at life's origin: (*i*) catalysis in the form of naturally precipitated transition metal sulfides, homologous to FeS centers in modern proteins, and (*ii*) a concentrating mechanism to keep whatever organic compounds might be formed retained at such sites so as to promote the steps to higher chemical complexity. The main energetic reaction behind such chemistry likely entailed disequilibrium between hydrothermal H_2 from serpentinization and marine CO_2 from volcanos. The theory suggests that the first forms of life were acetogens among the eubacteria and methanogens among the archaebacteria, respectively, and that the naturally chemiosmotic nature of alkaline hydrothermal vents might have been key to the origin of the first free-living cells.

1. Einleitung: Das Leben ist eine Frage der Energie

Passend zum Thema der diesjährigen Leopoldina-Tagung „Was ist Leben?" ist ein Buch, *Life Ascending* von Nick LANE (2009), vorweg zu erwähnen. Da beschreibt LANE die zehn größten Erfindungen der Evolution auf dem Weg vom Nichtlebendigen bis zum komplexen Leben, wie wir es heute kennen. Diese Erfindungen sind der Ursprung von Leben, DNA, Photosynthese, Eukaryoten, Sex, Beweglichkeit, Sicht, Warmblütigkeit, Bewusstsein und Tod. Ein sehr interessantes Buch über die großen evolutionären Übergänge, das ich sowohl dem Fachmann als auch dem Nichtspezialisten empfehlen kann. „Was ist Leben?" Das Leben ist eine chemische Reaktion. Damit die Reaktion abläuft, muss Energie freigesetzt werden. Aus jener Sicht wäre das Leben in erster Linie eine Frage der Energie.

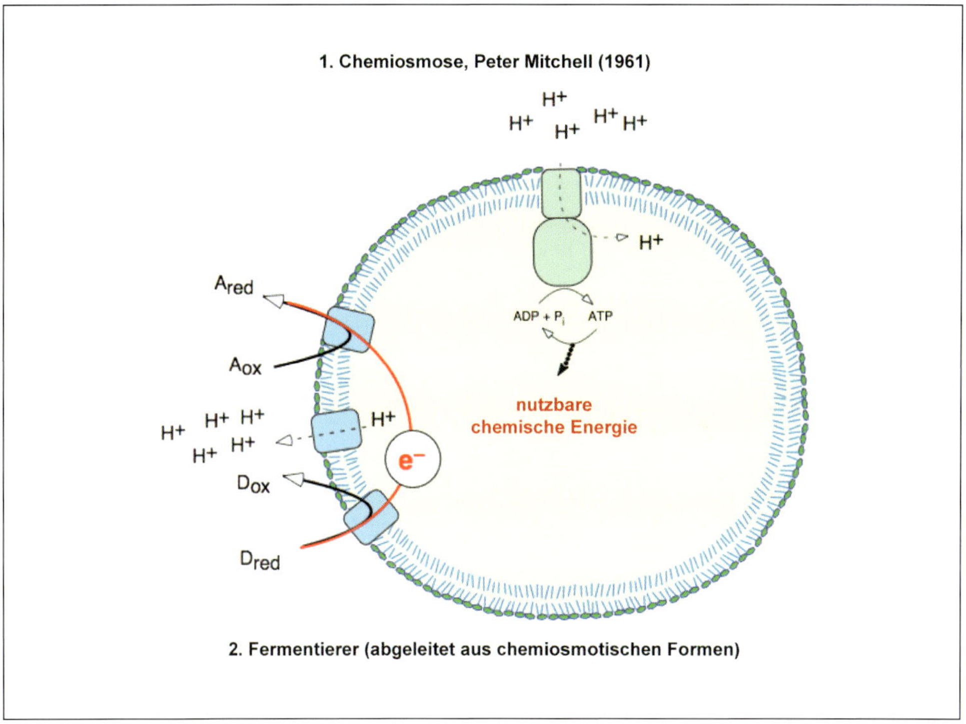

Abb. 1 Die abgeschlossene Zelle mit einem Energiestoffwechsel. Die ersten Zellen, die wir als freilebend und daher – nach Meinung des Autors – als wirklich lebendig bezeichnen könnten, waren in etwa so organisiert. Das Prinzip der Chemiosmose – der Aufbau von Ionengradienten mithilfe von exergonen Redoxreaktionen und die Konservierung dieser Energie in chemischer Form durch die Synthese von ATP aus ADP und P_i – hat MITCHELL (1961) in die Biologie eingeführt.

Wenn wir die heutigen Lebensformen betrachten, die es gibt, gibt es hinsichtlich der Mechanismen, wie sie ihre Energie gewinnen, eigentlich nur zwei Sorten von Zellen: Es gibt erstens die Fermentierer, die ihre Energie aus Disproportionierungsreaktionen gewinnen, d. h. durch den Abbau von reduzierten Kohlenstoffverbindungen. Diese reduzierten Kohlenstoffverbindungen werden jedoch stets von lebendigen Systemen bereitgestellt. Das wird wiederum durch die zweite Gruppe der Organismen hinsichtlich der Energiegewinnung gewährleistet, und das sind die, die Chemiosmose benutzen. Chemiosmose ist ein Begriff, der von Peter MITCHELL (1961) eingeführt wurde, um die Grundmechanismen zu beschreiben, wie Zellen Energie gewinnen. Im Wesentlichen handelt es sich dabei um Redoxreaktionen, Abgabe von Elektronen von in der Umwelt verfügbaren Donatoren auf verfügbare Akzeptoren. Dieses Energiegefälle der Elektronenübertragung wird genutzt, um einen Ionengradienten – meist einen Protonengradienten – aufzubauen, der dann von Kopplungsfaktoren, ATPasen, genutzt wird. Diese Kopplungsfaktoren nutzen die in den Protonengradienten gespeicherte Energie, um chemisch nutzbare Energie in Form von ATP zu konservieren. Aus der Sicht der Energiegewinnung ist das Objekt in Abbildung 1 – die abgeschlossene Zelle mit einem Energiestoffwechsel – daher die Ausgangsposition, die Grundeinheit, des Lebendigen. Von den unbelebten Elementen auf der frühen Erde angefangen, müssen wir hierhin kommen, wenn wir den Ursprung des Lebens verstehen wollen.

2. Woher kommen wir? Die Wurzeln im Stammbaum des Lebens

Betrachtet man die Evolutionsforschung als zeitlichen Prozess, fängt alles bei Charles DARWIN an, mit den zwei Mechanismen, die er beschrieben hat, auch gut erkennbar in der einzigen Abbildung, die *The Origin of Species* (DARWIN 1859) schmückt, nämlich natürliche Variation und natürliche Selektion (Abb. 2). In jeder Generation gibt es Varianten. DARWIN hatte keine

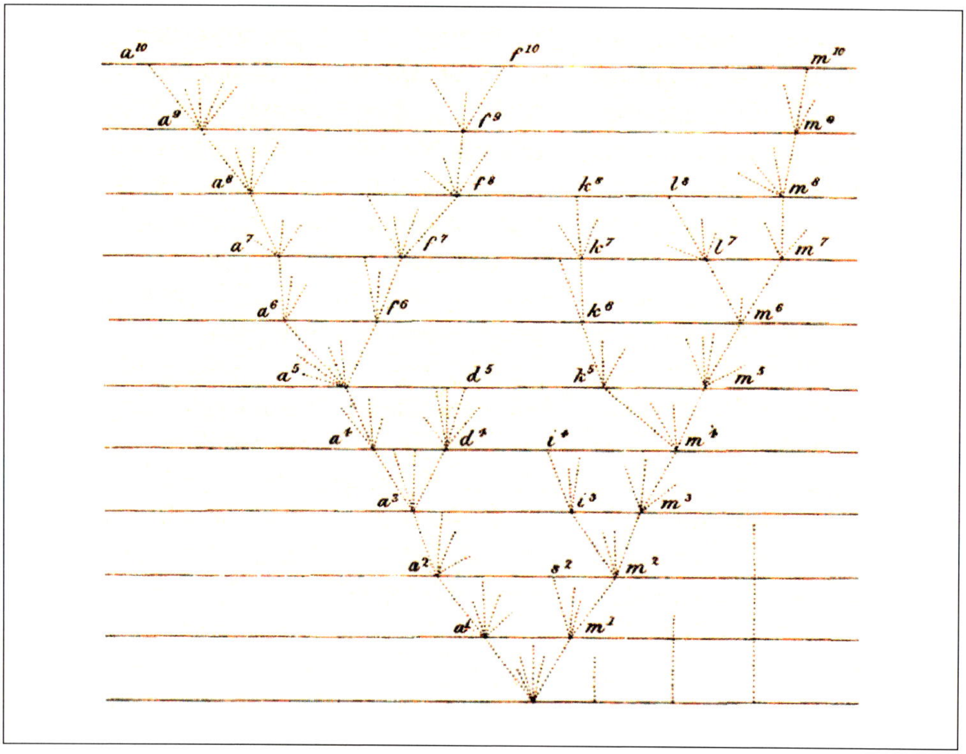

Abb. 2 Natürliche Variation (Varianten bei jeder Generation) und natürliche Selektion (nur manche schaffen es in die Folgegeneration) nach DARWIN 1859

direkte Erklärung für die natürliche Variation, er konnte nur beobachten, dass sie existiert, weil er sich für die Hundezüchtung und die Taubenzüchtung interessiert hat. Und dann sein großer Wurf: Einige dieser Varianten sind für die nächste Generation besser geeignet als andere; nur manche dieser Varianten schaffen es bis in die nächste Generation. Das ist die natürliche Selektion. Mit den zwei Mechanismen der natürlichen Variation und der natürlichen Selektion und ausreichend geologischer Zeit – so DARWIN – könne man die gesamte natürliche Vielfalt, die in der freien Natur zu beobachten ist, erklären.

Dieses Prinzip gilt heute noch – aber nur für die Organismen, für die DARWIN sich interessiert hat, nämlich für das mit dem bloßen Auge sichtbare Leben. Für die Mikroben – für das nur mikroskopisch sichtbare Leben – hat sich DARWIN nicht interessiert, es gab auch gar keinen Zugang zur Evolution der Mikroben damals. Aus der Sicht der heutigen Genomforschung können wir jedoch sagen, dass wir zwei grundsätzliche Mechanismen entdeckt haben, die DARWIN nicht vorausahnen konnte. Das sind der laterale Gentransfer – der Transfer von genetischem Material über die Artgrenze hinweg, ein wichtiger Prozess bei den Prokaryoten – und vor allem die Endosymbiose, die Entstehung von Organellen aus der Einwanderung von einer fertiggestellten Zelle in eine andere fertiggestellte Zelle zur Entstehung neuer Taxa auf höchster Ebene mittels Kombination. So ist zum Beispiel der Ursprung des Pflanzenreiches durch eine Symbiose von Cyanobakterien mit einer heterotrophen Wirtszelle entstanden – so etwas hatte DARWIN nicht im Sinne.

Im Übrigen ist es im Sinne von „Was ist Leben" – im Hinblick auf Nichtleben – sehr interessant anzumerken, dass DARWINS Mechanismen sehr viel besser dann funktionieren, wenn man bereits etwas Lebendiges als Ausgangspunkt hat, man siehe hierzu den Anfangsknoten in DARWINS Baum (Abb. 2). Beim Übergang von den Elementen auf der frühen Erde bis zum Lebendigen, wo die Selektion ansetzen kann, tut sich DARWINS Theorie schwer. Das ist auch nicht überraschend, zu seiner Zeit wusste man so gut wie gar nichts über die chemische Beschaffenheit des Lebens.

Ernst HAECKEL hat DARWINS Prinzip sehr bald auf die gesamte Breite des damals bekannten Lebens übertragen und seinen berühmten monophyletischen Stammbaum der Organismen 1866 – nur sieben Jahre nach der Veröffentlichung von *On the Origins of Species* – veröffentlicht. Dieser enthält die 19 ihm damals bekannten Stämme der Organismen. HAECKEL hat die Phylogenie der damals bekannten Welt mit dem Maß der vergleichenden Morphologie gezeichnet – eine beeindruckende Leistung.

In Bezug auf den Ursprung des Lebens hat er allerdings den Stammbaum – wenn wir den Übergang vom Nichtlebendigen ins Lebendige betrachten – ohne Wurzelwerk gezeichnet. Den Übergang von den chemischen Ursprüngen des Lebens kann man mit Hilfe seines Stammbaums daher nicht diskutieren, obwohl HAECKEL sich in seinen Schriften ganz eindeutig zum Ursprung des Lebens aus CO_2 und Ammoniak bekannt hat – heute würden wir dazu autotrophe Ursprünge sagen.

Weitere alte Vorstellungen zur frühen Evolution finden sich in dem Schema in Abbildung 4 von Konstantin MERESCHKOWSKY, einem russischen Biologen und Begründer der Endosymbiosetheorie. In seinem Schema – um 1910 erschienen – ist ganz eindeutig das Prinzip der Endosymbiose dargestellt. Wir sehen einen Ursprung der Plastiden in den phototrophen Eukaryoten durch Endosymbiose mit Cyanobakterien (MERESCHKOWSKY 1910). In MERESCHKOWSKYS Vorstellung gab es auch eine noch frühere Endosymbiose in der Evolution der Eukaryoten. Seiner Meinung nach war das ein endosymbiontischer Ursprung des Kerns, aber aus heutiger Sicht würden wir das anders sehen: Die Eigenschaften der Zelle, die er mit jener

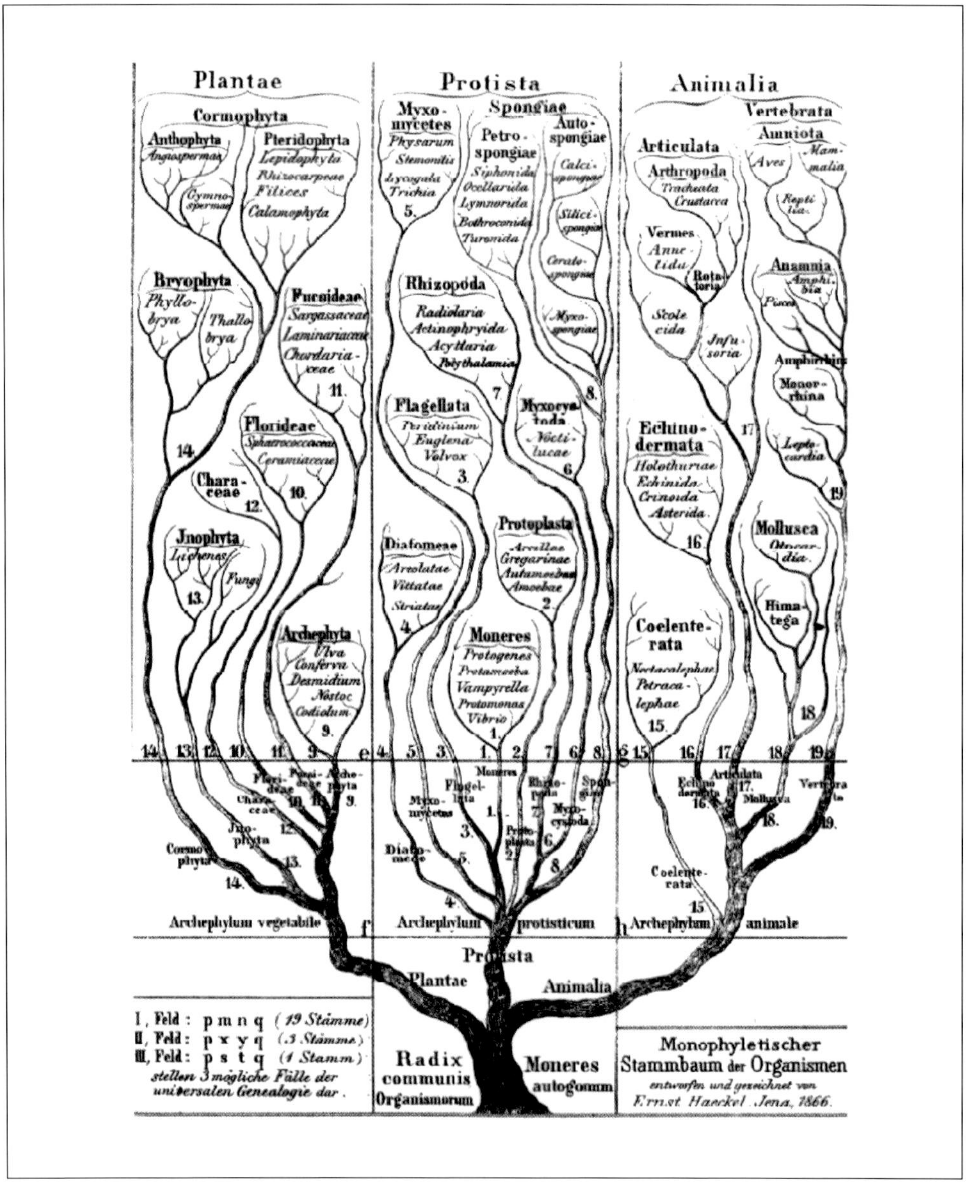

Abb. 3 Der monophyletische Stammbaum der Organismen nach HAECKEL 1866

Symbiose erklären wollte, schreiben wir heute den Mitochondrien zu, aber an einen endosymbiontischen Ursprung von Mitochondrien glaubte MERESCHKOWSKY nicht.

Was die chemischen Ursprünge des Lebens betrifft, sieht man, dass sich etwas unten links in MERESCHKOWKYS Schema tut, aber was sich da genau tut, kann man auch bei sehr starker Vergrößerung leider nicht feststellen. MERESCHKOWSKY war der Ansicht, dass das Leben wahrscheinlich zweimal entstanden ist: Die Prokaryoten, als die Erde noch heiß war – wie er wusste, dass die Erde am Anfang des Lebens heiß war, sei dahingestellt – und ein zweites

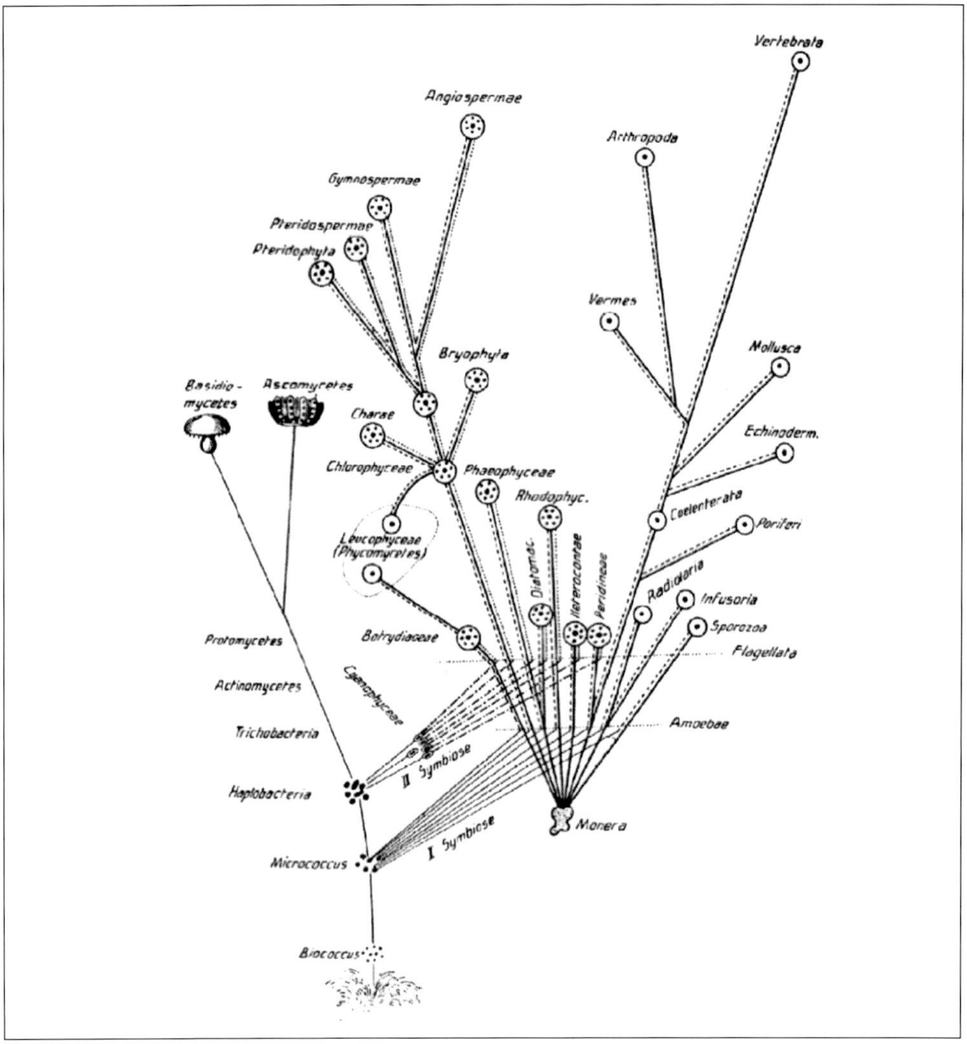

Abb. 4 Symbiogenese nach MERESCHKOWSKY 1910

Mal, nachdem sich das Wasser abgekühlt hatte, eine zweite Lebensform, die wir heute mit den Eukaryoten gleichsetzen würden. Das war zugleich die Wirtszelle – seiner Meinung nach – für die erste Symbiose auf dem Weg zu den höheren Zellen, zu denen auch wir Menschen in seinem Schema im Zweig der Vertebraten zählen.

3. RNA-Welt und Ursuppentheorie

Aus der Sicht der modernen Evolutionsforschung können wir den groben Weg unserer eigenen Herkunft ziemlich weit zurückverfolgen: Die Menschen stammen von Tieren ab, Tiere stammen von Protisten (das sind einzellige Eukaryoten) ab, und die Protisten stammen wiederum von Prokaryoten ab – mittels Endosymbiose (EMBLEY und MARTIN 2006, LANE und MARTIN 2010). Und woher kommen die Prokaryoten? Die Prokaryoten wiederum stammen aus den Elementen auf der frühen Erde, und dieser Übergang ist bislang noch schwer zu erklären.

Die meisten evolutionären Übergänge kann man sich in etwa vorstellen. Die Frage „Was sind Tiere?“ können wir weitgehend anhand der Frage „Was waren ihre Vorfahren?“ oder „Wie sind die morphologischen Übergänge molekular- und entwicklungsbiologisch zu erklären?“ beantworten. Ähnlich schwierige Fragen zu evolutionären Übergängen, wie „Was sind Protisten?“, „Was sind Pflanzen?“, können Evolutionsbiologen in groben Zügen befriedigend beantworten. Anders ist es jedoch beim Übergang von den Elementen auf der frühen Erde – wo es nichts Lebendiges gab – bis hin zu freilebenden Prokaryoten mit eigenständigen Genomen, bestehend aus Millionen von Basenpaaren, und mit chemiosmotischen Energiegewinnungsmechanismen. Gerade weil es keine eigenständigen Lebensformen gibt, die weniger komplex sind als eine prokaryotische Zelle, ist der Übergang von den Elementen bis zur zellulären Ebene besonders schwierig nachzuvollziehen. Hier haben wir nur vage Vorstellungen und wenig explizite Erklärungsmodelle. Wollen wir Fortschritte in diesen Fragen erzielen, so müssen wir etwas Geduld haben und zur Zeit mit Konzepten arbeiten, von denen wir wissen, dass sie unvollkommen sind. Aber die Konzepte sollten robust sein, und sie sollten uns vor allem helfen, das Problem so zu strukturieren, dass wir es in kleinere, leichter lösbare Teilprobleme aufteilen.

Ein ganz wichtiges Erklärungsmodell für den Weg von den Elementen zu den freilebenden Zellen ist das Konzept der „RNA-Welt“. Die meisten Biologen haben schon von der RNA-Welt gehört. Für alle, die das Konzept der RNA-Welt noch nicht kennen, lässt es sich sehr kurz erklären: Es besagt, dass bevor es Proteine und DNA gab, es RNA gab. Diese hatte sowohl genetische Eigenschaften als auch katalytische Eigenschaften und war somit auch das Vorgängermolekül sowohl für die Proteine (chemische Träger der Katalyse) als auch für die DNA (chemische Träger der Vererbung). Das Konzept der RNA-Welt besagt daher, dass es eine Phase in der Entwicklung des Lebens gab, in der nicht Zellen, sondern Moleküle – RNA-Moleküle – evolvierten. Diese einfache RNA-Welt mit RNA als Träger der genetischen Information, aber auch Träger der katalytischen Funktion war Vorgänger der heute differenzierteren Gliederung der Funktion in DNA und Ribosomen-Proteinbiosynthese (JOYCE 2002).

Das Konzept der RNA-Welt ist somit sehr hilfreich (mittlerweile fast unentbehrlich), wenn es darum geht, das Problem der Entstehung komplexer Systeme aus einfacheren zu strukturieren und die evolutionären Übergänge konkret vorzustellen. Aber – und das ist ganz wichtig – wir wissen nicht, ob es stimmt oder nicht. Man kann sich jedoch eine RNA-Welt vorstellen und Experimente im Labor durchführen, die das Prinzip der RNA-Welt untermauern. Das Modell der RNA-Welt hilft uns, die evolutionären Übergänge zwischen den Elementen auf der frühen Erde und den ersten prokaryotischen Zellen in unseren Vorstellungen zu überbrücken.

Gehen wir von einer RNA-Welt aus, dann taucht die nächste Frage auf: Woher kommen die chemischen Bausteine, aus denen die RNA-Welt besteht? In der heutigen Forschung zur RNA-Welt kann man diese von den Herstellern von Feinchemikalien kaufen. Auf der frühen Erde ging das aber nicht. Dafür gibt es jedoch eine zweite, sehr verbreitete Vorstellung, nämlich die Ursuppentheorie. Fast jeder – auch der Nichtbiologe – hat schon von der Ursuppentheorie gehört. Der Begriff stammt jedoch nicht aus Stanley L. MILLERS berühmter Arbeit von 1953 in der *Science* (MILLER 1953), vielmehr wurde die Ursuppentheorie von Alexander OPARIN (1923) und unabhängig von ihm von John Burdon Sanderson HALDANE (1929) entwickelt. Die Ursuppentheorie ist schnell zu beschreiben: HALDANES Schilderung ist mit lediglich 10

Seiten besonders prägnant – ein schillerndes Beispiel der logischen Ableitung, die sich folgendermaßen gestaltet: Seit PASTEUR wissen wir, dass Leben immer von Leben abstammt. Dieses Prinzip, dass es keine spontane Generation gibt, gehört zu PASTEURS entscheidenden Entdeckungen. Dieses Prinzip stimmt immer – bis auf eine Ausnahme: am Anfang des Lebens. Am Anfang des Lebens entstand das Leben aus Nichtlebendigem. Das ist das erste, was HALDANE feststellen musste. Wie war denn so etwas möglich? Auf der frühen Erde gab es – so HALDANE – kein Leben, aber dafür große Mengen an CO_2, in den Ozeanen gelöst, zudem gab es große Mengen an UV-Licht. HALDANE schrieb, dass er durch die Arbeiten von der Gruppe um BALY in Liverpool wusste, dass UV-Licht imstande ist, aus CO_2 in wässriger Lösung in Gegenwart von Ammonium reduzierte Kohlenstoffverbindungen, inklusive Zucker und proteinähnliche Substanzen zu generieren. Diese akkumulierten nach HALDANES Ansicht bis das Meer die Konsistenz von „hot dilute soup" erreichte. So leitet die Ursuppentheorie die Entstehung der ersten organischen Verbindungen her. Weil es noch kein Leben gab, um diese Substanzen als Substrat aufzuessen, konnten sie sich – nach HALDANES Vorstellungen – im Ozean anreichern, immer mehr, und sie wurden dann immer komplexer. Irgendwann erreichten sie dann die Ebene der Makromoleküle; in HALDANES Abfassung wurden die Viren als Zwischenstufen zwischen dem Molekularen und dem Lebendigen erreicht, bis schließlich die erste Zelle entstand: „The cell consists of numerous half-living chemical molecules suspended in water and enclosed in an oily film. When the whole sea was a vast chemical laboratory the conditions for the formation of such films must have been relatively favourable. But for all that life may have remained at the virus stage for many millions of years before a suitable assemblage of elementary units was brought together in the first cell. There must have been many failures, but the first successful cell had plenty of food, and an immense advantage over its competitors." (HALDANE 1929.)

Die ersten Zellen waren nach der Ursuppentheorie heterotroph und haben sich von der Ursuppe ernährt, haben sie dann auch „aufgegessen", was demnach den Selektionsdruck für den Ursprung der Photosynthese dargeboten hat. Mit der Erfindung der Photosynthese waren die Pflanzen nicht weit, zugleich Nahrung für die Tierwelt, und so, der Ursuppentheorie nach, ist es im Wesentlichen, wie wir es heute kennen, zur Entstehung des Lebens gekommen.

Es gibt jedoch mit der Ursuppentheorie ein großes Problem: Obwohl sie sehr verbreitet ist und auf den ersten Blick plausibel erscheint, kann sie doch unter gar keinen Umständen funktionieren.

Machen wir an dieser Stelle das entsprechende Gedankenexperiment: Wir gehen zum Supermarkt, und wir kaufen eine Dose Hühnersuppe, eine Dose etwas stärkere Gulaschsuppe, in einer dritten Dose nehmen wir drei Frösche und vier Karotten, homogenisieren diese, um die zelluläre Struktur zu zerstören, aber darin haben wir dann alle Moleküle, die wir für das Leben benötigen. Wir verschließen die Dosen steril, in eine vierte Dose packen wir Wasser als Kontrolle. Diese vier Dosen stellen wir bei beliebiger Temperatur hin, wir warten vier Milliarden Jahre und ziehen dabei Proben zwischendurch, um zu schauen, ob darin neues Leben *de novo* entstanden ist. Wird das funktionieren? Nein. Und der Grund, warum neues Leben nicht spontan aus diesen Dosen herauskommen wird, ist, dass der Kohlenstoff, der Wasserstoff, der Stickstoff und der Sauerstoff in diesen Dosen schon reagiert hat. Er befindet sich nahezu im Gleichgewicht – er hat kein chemisches Potenzial, um weiter zu reagieren.

Das Leben ist eine chemische Reaktion. Bei allen Lebensformen sind es Redoxreaktionen – bei uns Menschen ist das die Verbrennung von Sauerstoff in unseren Mitochondrien, bei anderen Organismen sind es andere chemische Reaktionen –, die zum Aufbau der Protonengradienten ablaufen müssen. Da das Leben eine chemische Reaktion ist, sollte folglich – meiner Meinung nach – der Ort der Entstehung der ersten Zellen eine chemisch reaktive Umgebung sein, aus der Sicht der Redoxreaktionspartner weit ab vom Gleichgewicht, wie das Leben selbst.

4. Anders gedacht: Ursprung des Lebens an Hydrothermalquellen

Wichtiger für die moderne Sicht der chemischen Ursprünge des Lebens sind Tiefseehydrothermalquellen, die seit etwa dreißig Jahren in diesem Zusammenhang diskutiert werden (Baross und Hofmann 1985), insbesondere die warmen alkalischen Hydrothermalquellen, die seit den 1980er Jahren im Mittelpunkt der Forschung von Michael J. (Mike) Russell stehen. So schrieb er zum Beispiel: „We propose that life emerged from growing aggregates of iron sulphide bubbles containing alkaline and highly reduced hydrothermal solution. These bubbles were inflated hydrostatically at sulphidic submarine hot springs sited some distance from oceanic spreading centers four billion years ago.“ (Russell et al. 1994.) Aber die Art von Hydrothermalquellen, die Mike da im Sinn hatte, kannte er nur in fossiler Form. Moderne Exemplare solcher alkalischer Quellen wurden erst einige Jahre später durch Deborah Kelley und ihre Mitarbeiter entdeckt – an einem Ort namens Lost City, auf dem halben Weg zwischen Florida und Gibraltar mitten im Atlantischen Ozean. Dort hat Deborah Kelley ein Gebiet gefunden, das mit Hydrothermalquellen übersät ist, genau wie Mike Russell voraussagte: in der Nähe einer Spreizungszone mit alkalischem, sehr stark reduziertem und sulfidhaltigem Wasser (Kelley et al. 2001), mit bläschenähnlichen Mikrokompartimenten (Kelley et al. 2005) und großen Mengen Wasserstoff, ungefähr 10 mM. Zudem enthält das Wasser ca. 1 mM Methan abiogenen Ursprungs (Proskurowski et al. 2008), das uns im weiteren Verlauf noch beschäftigen wird.

Die in Lost City gefundenen, anorganisch gebildeten Mikrokompartimente ähneln solchen aus fossilen Hydrothermalquellen, die Mike Russell in Irland gefunden hat (Boyce et al. 1983). Sie sind vor etwa 350 Millionen Jahren entstanden, als ein Schlot mit Eisen(II)-haltigem Wasser auf sulfidhaltiges Wasser in einer euxinischen marinen Umgebung getroffen ist (abgebildet in Boyce et al. 1983, Russell und Hall 1997 und in Russell und Martin 2004). Das Eisensulfid fiel an der Austrittsstelle der Quelle kolloidal aus und wurde dann durch den Druck der Quelle aufgebläht, wodurch sich hohle, anorganische Bläschen mit einem Durchmesser von ca. 0,1 μM bis 0,5 mm bildeten. Diese Bläschen können als anorganische Kompartimente oder anorganische Zellen angesehen werden, aus Eisensulfid bestehend. Aber anders als biologische Zellen teilen sie sich nicht, sondern sie bilden ein System von Kompartimenten, das bienenwabenartig wächst und Territorien für organischen Inhalt bereitstellt. Diese Kompartimente erfüllen in den hier erläuterten Überlegungen zwei wichtige Funktionen.

Erstens: Sie bilden Kompartimente. Jede Theorie über den Ursprung des Lebens fordert eine Kompartimentierungsfunktion. Egal, was für eine Chemie man am Anfang des Lebens annimmt, wenn sich zwei Moleküle treffen und reagieren, um am Aufbau der Grundbausteine des Lebens mitzuwirken, muss das Reaktionsprodukt am Ort seiner Synthese zurückgehalten werden, sonst diffundiert es ins Meer ab und ist für jede weitere chemische Entwicklung völlig unbrauchbar. Kompartimentierung ist also die erste wichtige Funktion. Die an Hydrothermalquellen natürlich entstehenden Mikrokompartimente könnten diese Funktion sehr gut erfüllen.

Wenn chemische Reaktionen dort stattfinden, dann kann man sich sehr gut vorstellen, wie die Reaktionsprodukte am Ort ihrer Synthese zurückgehalten werden. Es gibt auch durch die Arbeiten von Mike Russell gemeinsam mit Dieter Braun in München beeindruckende Untersuchungen zur Fähigkeit solcher Kompartimente, Grundbausteine der RNA bis zu 10^8-fach anzureichern (Baaske et al. 2007).

Zweitens: Die andere wichtige Funktion dieser Bläschen ist die Katalyse. Die aus anorganischen Präzipitaten entstehenden hydrothermalen Bläschen, die Mike Russell aus fossilen Hydrothermalquellen beschrieben hat (Russell und Hall 1997), bestehen aus Eisensulfid (FeS). Mikrobiologen und Biochemiker wissen, dass die Struktur des Eisenmonosulfidminerals sich nicht von der Struktur von Eisenschwefelclustern in modernen Proteinen unterscheidet. Eisenschwefelcluster in Proteinen sind gerade bei den Anaerobiern sehr weit verbreitet. Diese Eisenschwefelcluster – manchmal enthalten sie auch Nickel, Wolfram oder Molybdän – sind im Allgemeinen die Sulfide von Übergangsmetallen. Die Übergangsmetalle sind deshalb wichtig für die frühe Biochemie, weil sie Katalyse bewirken. Die Elektronenwolken von den Übergangsmetallen – die äußeren Elektronenwolken – sind imstande, metastabile Bindungen, z. B. mit Stickstoff und Kohlenstoff, einzugehen, wodurch sich chemische Bindungen knüpfen und lösen lassen. Das ist der Grund, weshalb die Übergangsmetalle wichtige katalytische Eigenschaften aufweisen, sowohl in der industriellen (metall-)organischen Chemie als auch in der mikrobiellen Biochemie.

Anorganische Kompartimente, die chemische Reaktionsprodukte zurückhalten können und zugleich die Katalyse für die Bildung von organischen Molekülen aus CO_2 bewirken, sind im Prinzip ein guter Ausgangspunkt für den Übergang zwischen Geochemie und Biochemie. Diese zwei Aspekte – Kompartimentierung und Katalyse – sind günstige Eigenschaften von Hydrothermalquellen beim Ursprung des Lebens, weil für das Leben, wie wir es kennen, in biologischen Kompartimenten chemische Reaktionen in Gang kommen müssen, und die Hydrothermalquellen beherbergen gute Voraussetzungen für beide. Dabei soll betont werden, dass die Tiefseehydrothermalquellen vom Typ der schwarzen Raucher nicht im Vordergrund der gegenwärtigen Überlegungen stehen. Das Wasser in ihrem Inneren ist sehr heiß, bis zu 350 °C. Das ist zu heiß für das Leben, gar zu heiß für die Stabilität der organischen Bausteine des Lebens, Proteine und Nukleinsäuren. Hydrothermalquellen vom Typ Lost City bieten hingegen sehr viel mildere Bedingungen. Das Wasser ist ca. 70 °C warm und sehr reich an H_2 – ein hervorragender Träger von Elektronen und Energie. Ferner sind Hydrothermalquellen vom Typ schwarzer Raucher nur stabil über Zeiträume von Jahrzehnten, wohingegen Lost City ca. 100 000 Jahre alt ist. Die Entstehung des Lebens erforderte eine chemisch reaktive Umgebung, die über geologische Zeiträume stabil war.

5. Ein Modell

Seit 2003 haben Mike Russell und ich eine kleine Reihe von Arbeiten ausgeführt, in der wir versucht haben, das Thema vom Ursprung des Lebens zu beleuchten. Mike betrachtet das Problem aus geochemischer Sicht, ich aus biologischer. Wir fanden dabei eine überraschend große Anzahl von Gemeinsamkeiten zwischen dem geochemischen Geschehen in alkalischen Hydrothermalquellen und dem Stoffwechsel bestimmter Mikroben (Martin und Russell 2003, Russell und Martin 2004, Martin und Russell 2007, Russell et al. 2010). Der Ausgangspunkt ist in Abbildung 5 dargestellt, mit natürlich entstehenden anorganischen Mikrokompartimenten als Territorien für die Synthese der Bausteine des Lebens und für deren Anreicherung, bis hin zu RNA-ähnlichen Molekülen in einer RNA-ähnlichen Welt. Die Hauptenergie für diese chemische Reaktion und für die erforderliche organische Synthese kommt aus dem Ungleichgewicht zwischen Wasserstoff (H_2) und Kohlendioxid (CO_2) – auf die Details werden wir nachher noch näher eingehen. Die Wände der natürlich entstehenden Mikrokompartimente, die wir annehmen, bestehen aus Sulfiden von Eisen(II), Nickel und anderen Übergangsmetallen. Das bedeutet, die katalytischen Eigenschaften, die wir brauchen, um CO_2 in organischen Kohlenstoff zu überführen, werden uns auf natürlichem Wege geliefert.

Im Kern des Modells trifft H_2 im Hydrothermalwasser auf sehr hohe Konzentrationen von CO_2 im Ozean. Es ist deshalb viel CO_2 im Meerwasser, weil das CO_2 auf der frühen Erde nicht als Karbonat, Kohle oder Mineralöl abgelagert war. Kohlenstoff auf der frühen Erde lag fast ausschließlich als CO_2 vor, weil Kohlenstoff in Berührung mit Wasser bei Temperaturen von über 250 °C aus thermodynamischen Gründen als CO_2 vorzuliegen neigt. Und weil CO_2 über die Ausgasung von Vulkanen (Magma ist ca. 1200 °C heiß) in die Uratmosphäre gelangte, enthielt das damalige Meer bis zu tausendmal mehr CO_2 als heute. Aus diesem Ungleichgewicht zwischen H_2 und CO_2 war die Synthese einfacher organischer Verbindungen möglich, und am Ort ihres konzentrierten Aufeinandertreffens durch die katalytische Wirkung der Übergangsmetalle begünstigt. Einfache organische Produkte konnten am Ort ihrer Synthese durch die Mikrokompartimente zurückgehalten werden, so dass wir dann – der Theorie nach – zu einem konzentrierten Reaktionsgemisch kommen, weit ab vom Gleichgewicht, das die wesentlichen Teile des Lebens hätte enthalten können: Aminosäuren, Zucker, Basen. Der Übergang zu irgendetwas Ähnlichem wie einer RNA-Welt wäre grundsätzlich denkbar, weil eine kontinuierliche Quelle der chemischen Energie vorhanden war, um das molekulare Geschehen voranzutreiben.

Ein Bestandteil von unserem Modell ist es, dass der letzte gemeinsame Vorfahre allen Lebens keine freilebende Zelle war. Vielmehr hatte jener letzte gemeinsame Vorfahre zwar den genetischen Code, er hatte Ribosomen, er hatte womöglich DNA, aber auf jeden Fall Proteine und Katalyse, allerdings war er nicht freilebend, sondern er war eingesperrt in den Territorien dieser natürlich entstehenden Kompartimente, wo er sich begrenzt vermehren und weiterentwickeln konnte – jedoch als ein Gefangener am Ort seiner Synthese.

Ein wichtiger Bestandteil dieser Theorie ist es, dass die Eisenschwefelzentren moderner Proteine nicht als eine Erfindung der biologischen Welt anzusehen sind, sondern als biomimetische Kopien von den katalytisch aktiven „Zellwänden“ aus Übergangsmetallsulfiden, in denen die ersten biologischen Zellen entstanden. Das heißt, die Eisenschwefelzentren wurden „abgekupfert“ von den anorganischen Wänden am Ort ihrer Entstehung und dann in Proteine inkorporiert, so dass diese Katalyse genetisch bestimmbar wurde und auch beweglich – weg vom Ort des Ursprungs. Mit Eisen, Nickel und Schwefel ausgestattet, waren dann die ersten Vorstufen des Lebens irgendwann selber imstande, diese wichtigen Katalysatoren herzustellen und als Bestandteil ihrer spezifisch synthetisierten Proteine zu inkorporieren.

Die Theorie geht weiter mit der Differenzierung innerhalb dieser bienenwabenartigen Territorien: Die Kompartimentinhalte, die sich am besten vermehren können, breiten sich am schnellsten innerhalb der Territorien aus. Das ist eindeutig Darwinsche Evolution im Sinne der natürlichen Variation und natürlichen Selektion, aber die Einheiten der Selektion sind nicht freilebende Zellen, sondern komplexe Kompartimentinhalte, die einerseits um die Besetzung der verfügbaren Territorien, andererseits um die verfügbaren Bausteine konkurrieren. Der letzte Übergang ist dann zur finalen Organisationshöhe der Ebene der freilebenden Zelle (siehe

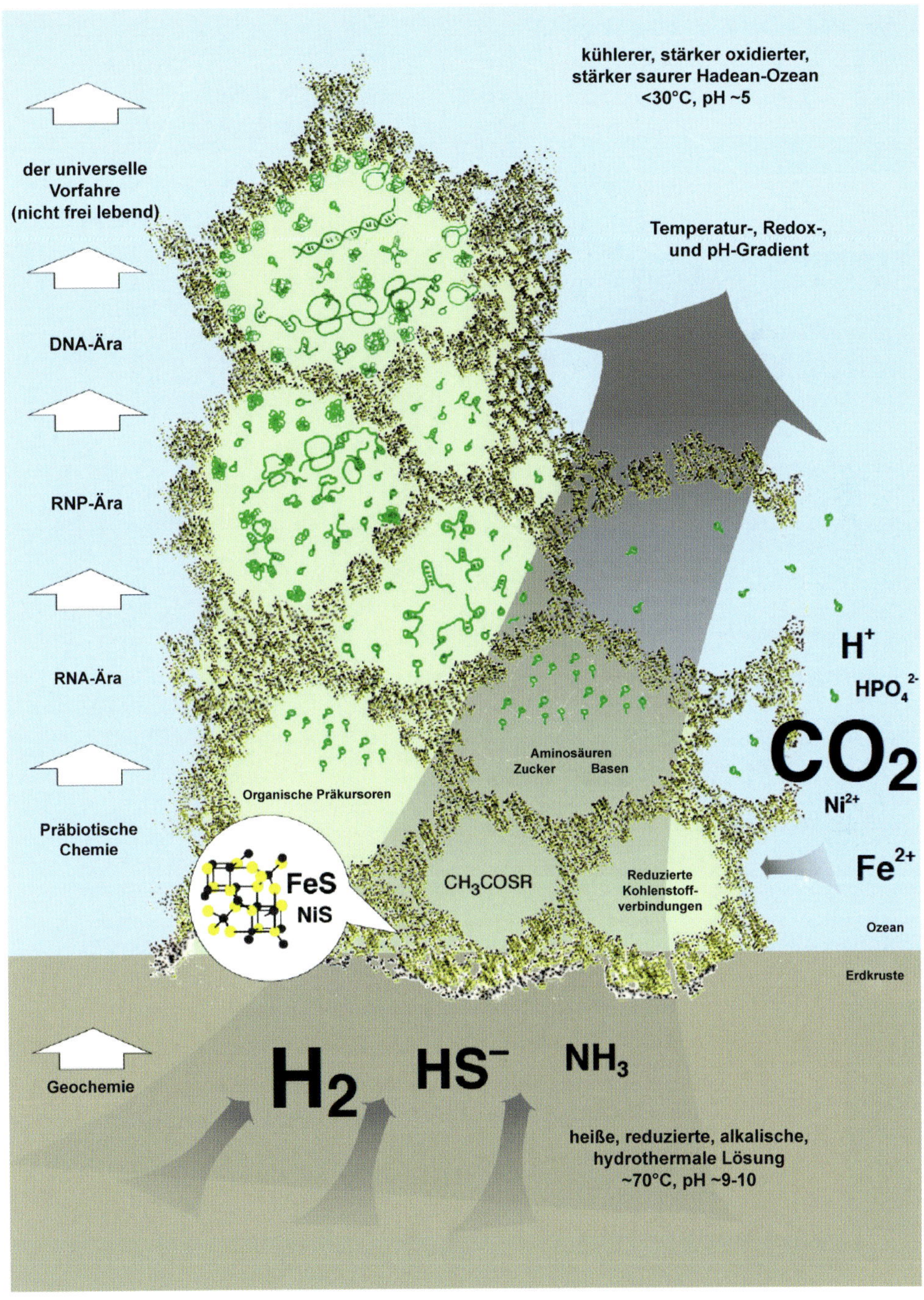

Abb. 5 Modell für den Ursprung von prokaryotischen Zellen in Eisen-Schwefel-Kompartimenten, innerhalb derer der chemoautotrophe Ursprung des Lebens stattgefunden haben könnte (modifiziert nach MARTIN und RUSSEL 2003).

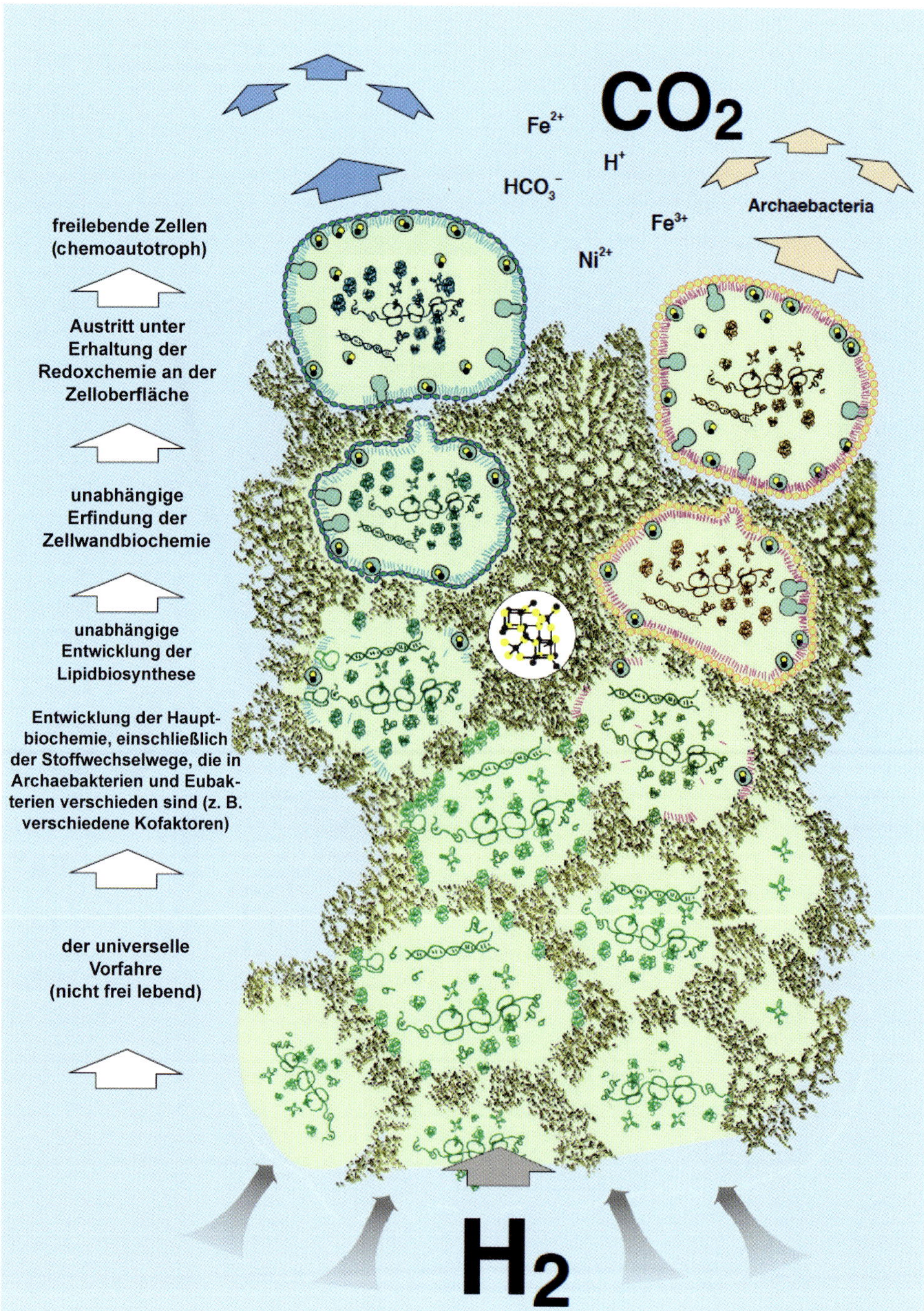

Abb. 6 Modell für den Ursprung von membrangebundenen prokaryotischen Zellen in Eisen-Schwefel-Kompartimenten, innerhalb derer der chemoautotrophe Ursprung des Lebens stattgefunden haben könnte (modifiziert nach MARTIN und RUSSEL 2003).

Abb. 1). Da ist die Theorie ein zweites Mal radikal, weil wir sagen, dass die Zellwand und die genetisch kodierte Lipidmembran sehr späte Erfindungen waren – eigentlich die letzten Erfindungen, die auf dem Weg zur freilebenden Zelle erforderlich waren. Ferner sagen wir, dass zwei Grundformen des Lebens von dem anorganischen Inkubator freigekommen sind: einmal der Vorfahre der Archaebakterien und einmal der Vorfahre der Eubakterien (Abb. 6). Diese Gruppen unterscheiden sich in vielen Eigenschaften, vor allem in der Chemie ihrer Zellmembranen. Die Isoprenetherlipide der Archaebakterien sind mit einer anderen Stereochemie an das Glycerolphosphat gebunden als die Fettsäureester der Eubakterien. Der letzte gemeinsame chemische Vorfahre der Fettsäureester und der Isoprenether im Stoffwechsel ist Acetyl-CoA, das ist eine der zentralsten Verbindungen im Stoffwechsel. Die Fettsäuren (aus C2-Einheiten aufgebaut) und Isoprene (aus C5-Einheiten aufgebaut) haben so gut wie nichts miteinander gemeinsam, und die Enzyme ihrer Biosynthesewege sind nicht verwandt. Für jeden anderen Stoffwechselweg würde man sagen, wenn die chemischen Intermediate – bei den Archaebakterien sind es Mevanolatintermediate, bei den Eubakterien sind es Malonylintermediate – nichts miteinander gemeinsam haben und die Enzyme auch nicht miteinander verwandt sind, dann müssten diese Stoffwechselwege unabhängig voneinander entstanden sein. Das sagen wir auch hier: Es war nicht einer vorher da und wurde von dem anderen ersetzt, sondern diese zwei Wege wurden unabhängig voneinander erfunden, und zwar von Bewohnern der Hydrothermalquellen.

Ähnliches gilt für die Zellwand; der S-Layer der Archaebakterien besteht aus Protein und ist vom Peptidoglycan der Eubakterien grundverschieden. Das war auch eines der entscheidenden Merkmale, die Otto Kandler zur Entdeckung der Archaebakterien beigesteuert hat – das Fehlen einer aus Murein bestehenden Peptidoglycanschicht (Kandler und König 1978).

6. Ein H_2-bildender Prozess damals wie heute: Serpentinisierung

Aus energetischer Sicht wird in dem vorliegenden Modell die gesamte Entwicklung vom chemischen Ursprung der einfachsten Moleküle bis zu freilebenden Zellen von H_2 (als Elektronendonor) und CO_2 (als Elektronenakzeptor) bestritten. Aus diesem Grund wird auch hier die These vertreten, dass der ursprüngliche Stoffwechsel der ersten Eubakterien und der ersten Archeabakterien ebenfalls H_2/CO_2-abhängig war. Bei den Eubakterien wäre das die Acetogenese, bei den Archaebakterien die Methanogenese. Es gibt auch auffällige Ähnlichkeiten in

Serpentinisierung

$$2Mg_{1.8}Fe_{0.2}SiO_4 + 3H_2O \rightarrow Mg_{2.85}Fe_{0.15}Si_2O_5(OH)_4 + Mg_{0.75}Fe_{0.25}(OH)_2$$

$$57Mg_{0.75}Fe_{0.25}(OH)_2 + 30SiO_2(aq) \rightarrow 15Mg_{2.85}Fe_{0.15}Si_2O_5(OH)_4 + 23H_2O + 4Fe_3O_4 + 4\mathbf{H_2}$$

Abb. 7 Der chemische Prozess der Serpentinisierung nach Bach et al. 2006

diesen Stoffwechselwegen, die diese These stützen. Nehmen wir das an, müssen wir explizit sein, wenn es um die geologische Herkunft von genau diesem H_2 geht. Die naheliegenste Möglichkeit zeigt Lost City auf. Der Ursprung des geologischen H_2 in Lost City ist recht gut bekannt. Der H_2 bei Lost City (im Efflux zu ca. 10 mM vorhanden) stammt aus einem gut beschriebenen geologischen Prozess namens Serpentinisierung (Bach et al. 2006).

Der Prozess der Serpentinisierung ist sehr kompliziert (Bach et al. 2006), aber im Grunde läuft Folgendes ab: Eisenmagnesiumsilikate in der Kruste reagieren mit Wasser, das durch die Kruste zirkuliert. Diese Eisenmagnesiumsilikate enthalten Eisen(II). In der Reaktion mit Wasser bei Temperaturen um 150 bis 200 °C wird ein Teil von dem Eisen(II) in Eisen(III) überführt, d. h., es wird oxidiert, gibt also Elektronen ab, und diese Elektronen landen letztendlich beim Wasser. Wasser wird zu Wasserstoff reduziert, und der Sauerstoff im Wasser bleibt im Gestein als Magnetit zurück. Pro Kubikmeter Gestein können etwa 10 m^3 Wasserstoff produziert werden. Das ist zwar sehr viel und dauert sehr lange, aber das Entscheidende ist, dass der Löwenanteil der submarinen Kruste aus Eisenmagnesiumsilikaten besteht. Diesen Prozess der Serpentinisierung – der Wasserstoffbildung, sagen die Geochemiker – hat es gegeben, seitdem Wasser auf diesem Planeten existierte, und wird es fernerhin geben, bis kein Wasser mehr auf der Erde vorhanden ist. Der Grund dafür ist der Sachverhalt, dass die Erde nahe der Oberfläche sehr viel mehr Eisen(II) als Wasser enthält.

Die Serpentinisierung ist ein gutes Beispiel für eine energiefreisetzende oder „exergone" Reaktion. Sie läuft ab, weil sie Energie freisetzt; die Reaktionsprodukte enthalten weniger Energie als die Ausgangsprodukte, die Differenz geht als Wärme an die Umwelt verloren. Aber der Wasserstoff aus der Serpentinisierung enthält immer noch viel Energie für weitere Reaktionen, sofern die richtigen Reaktionspartner bereitgestellt werden. Ein Beispiel ist die bekannte Knallgasreaktion, in der Wasserstoff mit Sauerstoff unter rascher Energiefreisetzung zu Wasser reagiert (etwa beim tragischen Absturz des Zeppelins „Hindenburg"). Auf der frühen Erde gab es keinen Sauerstoff, aber es gab viel CO_2. Den entscheidenden Satz für den Rest dieses Artikels (und von zentraler Bedeutung für diese Theorie insgesamt) sagte einst Rolf Thauer (Marburg): In der Reaktion von Wasserstoff mit CO_2 liegt das Gleichgewicht auf der Seite von Methan und Acetat. Das bedeutet, dass auf der frühen Erde die exergone Reaktion von H_2 (aus der Serpentinisierung) mit CO_2 (aus dem Vulkanismus) nicht nur Energie freisetzt; sie bildet dabei auch reduzierte Kohlenstoffverbindungen, und somit organische Substanzen, wie sie für den Anfang des Lebens unabdingbar erforderlich war. Die exergone Reaktion von H_2 mit CO_2 ist heute noch die Grundlage für die chemische Energiegewinnung bei einigen wichtigen Vertretern der Prokaryoten, nämlich den Acetogenen und den Methanogenen. Die Acetogenese und die Methanogenese sind nach Ansicht des Autors hervorragende Kandidaten für die ältesten Stoffwechseltypen überhaupt.

7. Ein besonderer Weg der CO_2-Fixierung: Der Wood-Ljungdahl-Weg

Die Acetogenen und Methanogenen benutzen einen ganz besonderen Weg der CO_2-Fixierung: den sogenannten Acetyl-CoA- oder Wood-Ljungdahl-Weg (Abb. 8 und 10). Bei dem Wood-Ljungdahl-Weg erfolgt die Energiegewinnung durch die Reduktion von CO_2 mit Elektronen aus dem Wasserstoff. Die Acetogenen bilden dabei Essigsäure als Endprodukt, die Methanogenen Methan, aber im Zuge dieser CO_2-Reduktion mit Wasserstoff gewinnen sie noch Energie. Insofern unterscheidet sich der Wood-Ljungdahl-Weg von jedem anderen Weg der

CO_2-Fixierung, den wir bei den Prokaryoten kennen. Alle anderen Wege der CO_2-Fixierung benötigen eine Zufuhr von Energie (in Form von ATP), damit sie ablaufen; das ATP wird aus anderen Reaktionen erzeugt. Bei den Acetogenen und Methanogenen wird Zellmasse, d. h. reduzierter Kohlenstoff, im Zuge der Energiegewinnung durch Chemiosmose erzeugt.

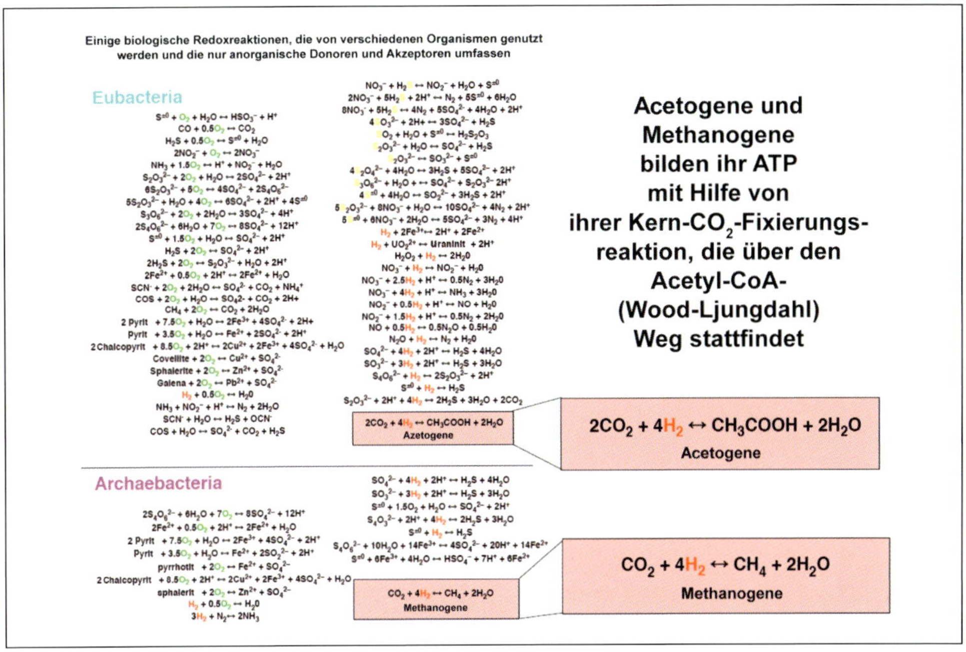

Abb. 8 Wood-Ljundahl-Weg bei Acetogenen und Methanogenen. *Links* eine Auswahl von Redoxreaktionen, die Prokaryoten in ihrem Energiestoffwechsel benutzen (zusammengestellt aus AMEND und SHOCK 2001). *Rechts* die acetogene und die methanogene Reaktion.

Acetogenese

Unter hydrothermalen Bedingungen:

$$4H_2 + 2CO_2 \rightarrow CH_3COOH + 2H_2O \quad \Delta G^o{}_r = -172.32\ kJ{\cdot}mol^{-1} \text{ bei } 2°C$$

$$\Delta G^o{}_r = -160.74\ kJ{\cdot}mol^{-1} \text{ bei } 70°C$$

Unter physiologischen Bedingungen:

$$4H_2 + 2HCO_3^- + H^+ \rightarrow CH_3COO^- + 2H_2O \quad \Delta G_o' = -104.6\ kJ{\cdot}mol^{-1}$$

Methanogenese

$$4H_2 + CO_2 \rightarrow CH_4 + 2H_2O \quad \Delta G^{o\prime} = -131\ kJ{\cdot}mol^{-1}$$

Bis zur Ebene des energiereichen Thioesters:

$$2CO_2 + 4H_2 + CoASH \rightarrow acetyl{\sim}CoA + 3H_2O \quad \Delta G_o' = -59.2\ kJ/mol^{-1}$$

Abb. 9 Thermodynamik der Hauptreaktionen im Energiestoffwechsel der Acetogenese und Methanogenese nach FUCHS 1994 und THAUER et al. 2008

Warum das geht, ist in Abbildung 9 grob geschildert: Unter hydrothermalen Bedingungen – oder physiologischen Bedingungen – ist die Reaktion von H_2 mit CO_2 zu Acetat oder zu Methan exergon, der Wert für $\Delta G_0'$ für die Reaktion ist negativ. Das bedeutet, die Reaktion setzt Energie frei, und daher neigt sie dazu, spontan abzulaufen, sofern die geeignete Katalyse gegeben wird. Bei der Methanogenese wird etwas mehr Energie freigesetzt als bei der Acetogenese, und sogar zur Ebene des energiereichen Intermediats Acetyl-CoA – ein Thioester – ist diese Reaktion exergon. Das ist ein ganz entscheidender Punkt, der dieses Reaktionsgeschehen, den Wood-Ljungdahl-Weg, als guten Kandidaten für einen (oder den) ursprünglichen anabolen Biosyntheseweg auszeichnet.

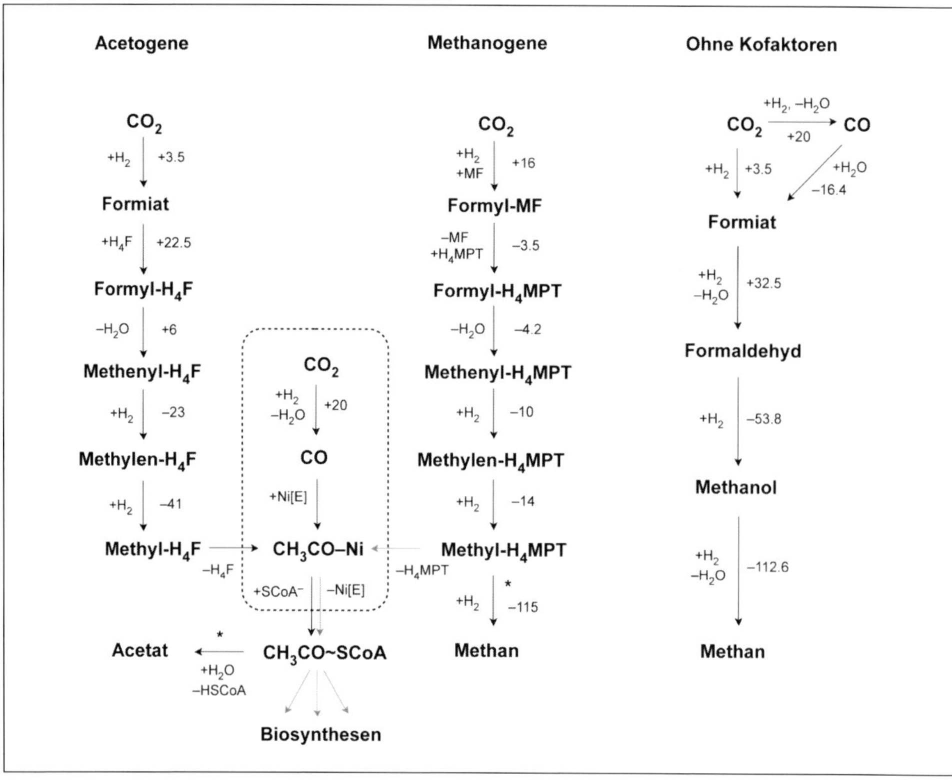

Abb. 10 Stark vereinfachte, skizzenhafte Zusammenfassung der chemischen Reaktionen des Wood-Ljungdahl-Weges bei Acetogenen und Methanogenen. Siehe Müller 2003, Thauer et al. 2008 und Maden 2000. Die Zahlen neben den Reaktionspfeilen zeigen die Änderungen der freien Enthalpie unter Standardbedingungen und pH 7.

In den modernen Ausprägungen des Wood-Ljungdahl-Weges, wie wir ihn bei den Acetogenen und Methanogenen kennen, gibt es scheinbar sehr komplizierte biochemische Reaktionen. Aber im Wesentlichen wird sowohl bei den Acetogenen als auch bei den Methanogenen aus H_2 und CO_2 eine kofaktorgebundene Methylgruppe synthetisiert. Bei den Acetogenen erfolgt dies auf einem Kofaktor Tetrahydrofolat (H_4F). Bei den Methanogenen erfolgt die Methylsynthese auf Tetrahydromethanopterin (H_4MPT). H_4F und H_4MPT sind Pterinderivate. Die Methylgruppe wird dann an ein Enzym weitergereicht, das beiden Stoffwechselwegen gemeinsam ist, die Kohlenmonoxid-Dehydrogenase-Acetyl-CoA-Synthase (CODH/ACS). Dieses Enzym reduziert ein Molekül CO_2 zu Kohlenmonoxid (CO), an einem aktiven Zentrum, einem Eisen-Nickel-Schwefel-Zentrum. Das Kohlenmonoxid wandert durch das Enzym, bindet dann ein Nickel an einem anderen aktiven Zentrum – ebenfalls einem Eisen-Nickel-Schwefel-Zentrum –, die Carbonylgruppe inseriert die Nickel-Kohlenstoff-Bindung von der enzymgebundenen Methylgruppe, es entsteht eine enzymgebundene Acetyl-Moietät, die mittels Thiolyse durch Co-Enzym-A abgelöst wird, um den Thioester für Biosynthesen freizusetzen (Abb. 10).

Wichtig ist, dass die Chemie dieser beiden Stoffwechselwege sehr ähnlich ist, auch wenn die Kofaktoren leicht unterschiedlich sind, und vor allem die Enzyme, welche diese Reaktion gewährleisten, überhaupt nichts miteinander zu tun haben, bis auf den allerersten Schritt, die Formatdehydrogenase der Acetogenen und die Formylmetanofurandehydrogenase der Methanogenen. Die anderen Enzyme der zwei Stoffwechselwege haben überhaupt nichts miteinander gemeinsam. Der kritische Leser wird gegebenenfalls einwenden: „Wie kann man behaupten, dass diese Stoffwechselwege sehr alt und auch noch verwandt seien, wenn die Enzyme noch nicht mal miteinander verwandt sind?" Die Antwort darauf lautet: Lost City bildet ungefähr 1 mM Methan abiogenen Ursprungs. Enzyme vollbringen keine Wunder. Enzyme machen nicht das Unmögliche möglich, sondern sie lassen nur Reaktionen, die ohnehin dazu neigen, vonstattenzugehen, schneller ablaufen. Das heißt, sie begünstigen solche Reaktionen, die ohnehin stattfinden würden. Wir behaupten nun, dass diese Reaktionen (z. B. die Methylbildung) auf der Urerde möglicherweise etwa genauso abliefen wie bei der Methanbildung in Lost City heute. Als es irgendwann zur Entstehung von Genen und Enzymen kam, wurden diejenigen, die die Fähigkeit hatten, diesen entscheidenden Prozess – die CO_2-Fixierung und die Synthese von Thioestern – zu beschleunigen und somit mehr Kohlenstoff für die Enzymsynthese bereitzustellen, sehr stark begünstigt (d. h. am stärksten selektiert). Die chemischen Reaktionen der Methylbildung und der Thioesterbildung liefen im Hydrothermalsystem zunächst ohne Enzyme ab. Als dann die dahinterliegenden Enzyme entstanden – unabhängig auf dem Weg zu den Acetogenen (Eubakterien) und den Methanogenen (Archaebakterien) – wurde das Reaktionsgeschehen beschleunigt, nicht erfunden.

8. Homologie der abiogenen Methangewinnung

Aus dieser Sicht ist der biologische Prozess der Methanogenese mit der abiogenen Methanbildung bei Lost City homolog, d. h., die Prozesse sind ähnlich aufgrund gemeinsamer Abstammung. Diese Homologie erstreckt sich bis zur Synthese der Methylgruppe und des Acetyl-CoA bei den Acetat-bildenden Bakterien. Abbildung 11 zeigt die CODH-Reaktion: Reduktion von CO_2 zu CO an einem Fe-Ni-S-Cluster (dem sogenannten C-Cluster), Bindung der Carbonylgruppe an ein Fe-Ni-S-Cluster (das sogenannte A-Cluster), wo diese Carbonylgruppe die Kohlenstoff-Nickel-Bindung der enzymgebundenen Methylgruppe inseriert, um eine enzymgebundene Acetylgruppe zu bilden, die mittels Thiolyse durch das Thiol-Coenzym-A abgelöst wird, um den energiereichen Thioester freizusetzen. Diese Reaktionen wurden im Labor ohne biologische Katalysatoren untersucht. Heinen und Lauwers (1996) haben CO_2 mit H_2S in Gegenwart von Eisen-Schwefel unter Bedingungen reagieren lassen, unter denen auch H_2 entsteht. Sie haben die Bildung von vielen organischen Substanzen, u. a. Thiol-Methylsulfid, beobachtet.

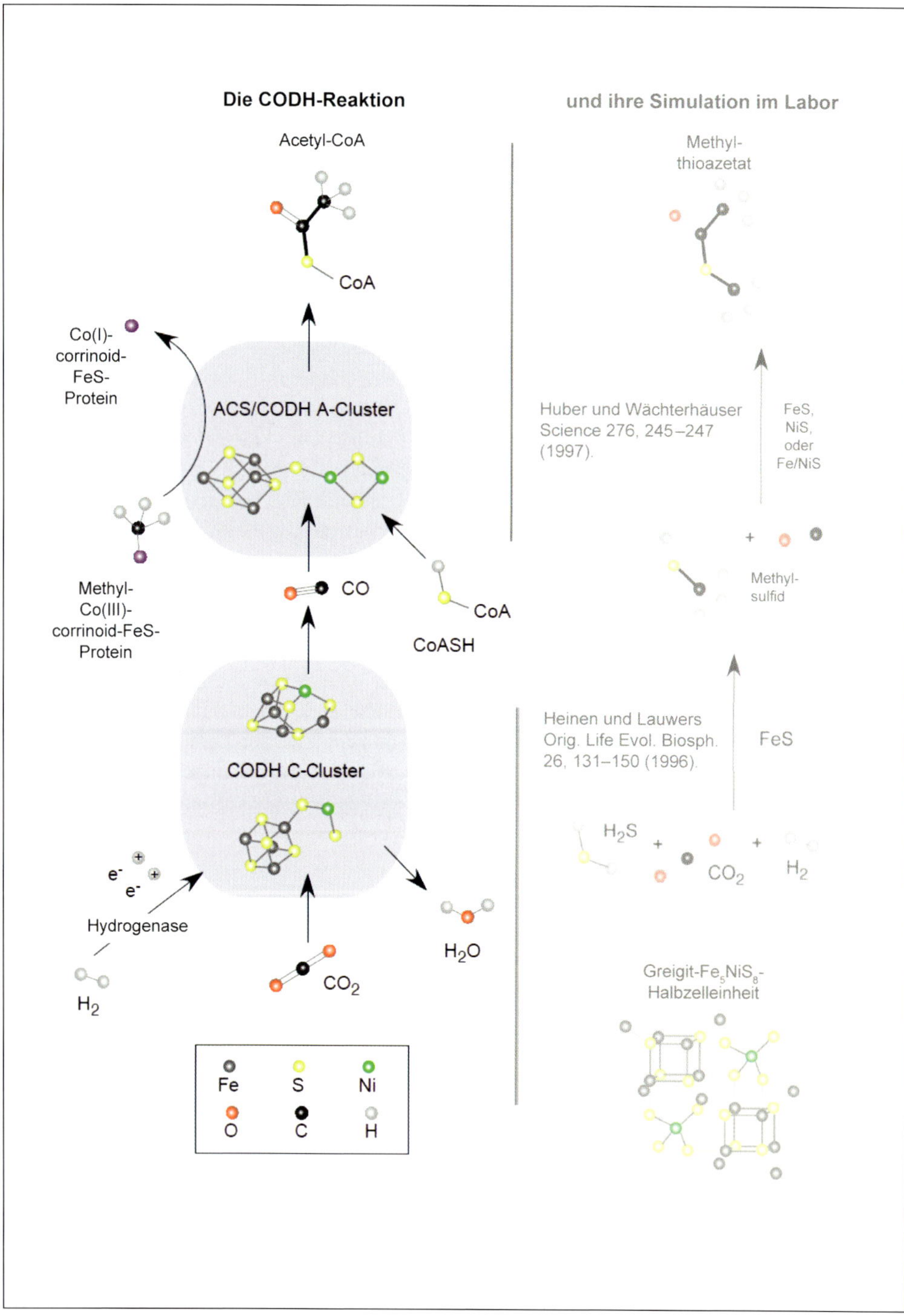

Abb. 11 Die CODH-Reaktion und ihre Simulationen im Labor (Heinen und Lauwers 1996, Huber and Wächtershäuser 1997)

Ein Jahr später haben HUBER und WÄCHTERSHÄUSER (1997) berichtet, dass Methylsulfid plus Kohlenmonoxid – ebenfalls in der Gegenwart von nur anorganischen Katalysatoren – ein funktionelles Homologon von Acetyl-CoA, das Thioester Methylthioacetat, liefert. Die Signifikanz der Synthese des Thioesters Methylthioacetat im Versuch von HUBER und WÄCHTERSHÄUSER war lange Zeit fraglich, weil viele Experten der Ansicht waren, dass solche energiereichen Verbindungen kaum stabil genug wären, um beim Ursprung des Lebens relevante chemische Arbeit zu leisten: Auch wenn Thioester gebildet würden, so die Kritiker, würden sie sofort wieder hydrolysiert. Kürzlich hat der Harvard-Chemiker George WHITESIDES dieses Problem genauer angeschaut und fand, dass unter milden Bedingungen (pH 7, 23 °C) die Thioester, mit einer Halbwertszeit von 155 Tagen, überraschend langlebig waren und dass der Thiol-Thioester-Austausch einige Größenordnungen schneller als die Hydrolyse war (BRACHER et al. 2011). Das stützt die These erheblich, dass Thioester in der präbiotischen Chemie eine wichtige Rolle gespielt haben könnten.

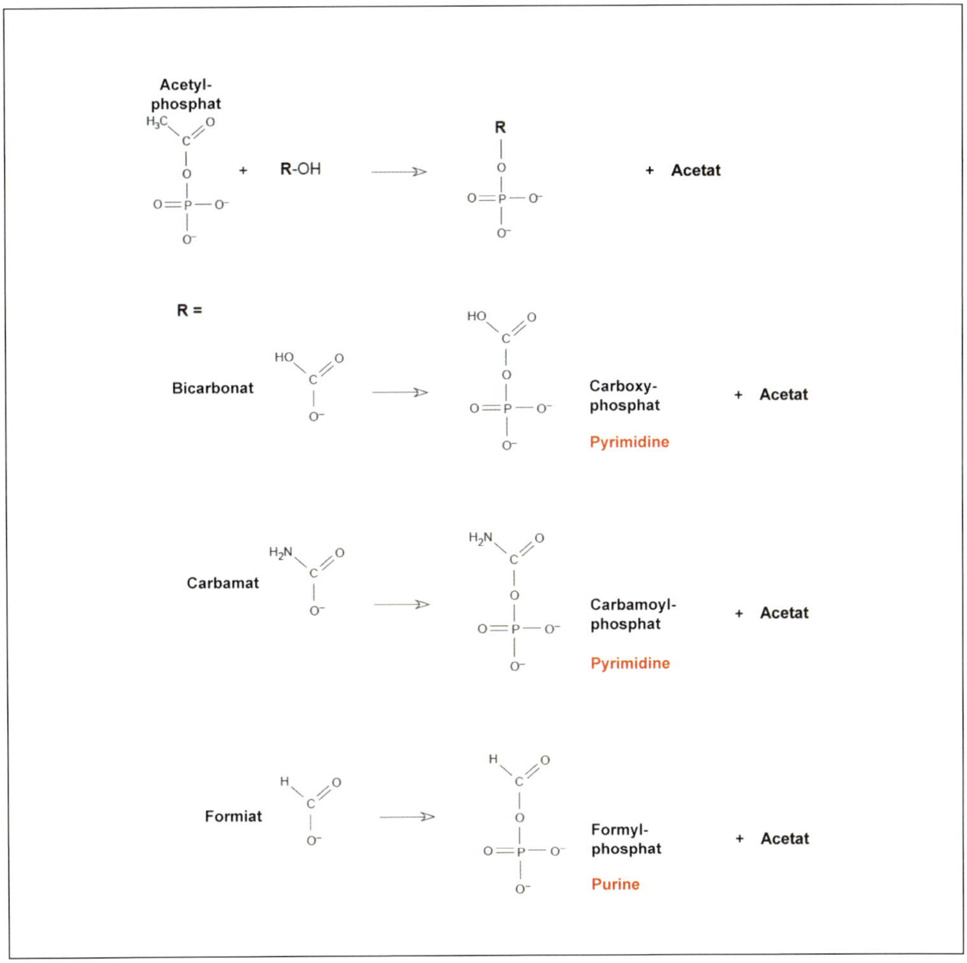

Abb. 12 Phosphorylierung von Bikarbonat, Carbamat und Format. Zur Rolle von Formylphosphat bei der Purinbiosynthese mancher Methanogene siehe OWNBY et al. 2005.

9. Phosphat und die Thermodynamik der Biomassesynthese

Wenn man also den Kerngedanken dieser These zu Grunde legt, dass es aus H_2 und CO_2 an einer urzeitlichen Hydrothermalquelle mittels Übergangsmetallkatalyse eine beständige Synthese von anorganisch entstehenden Thioestern wie Methylthioacetat gegeben haben könnte, und wenn ihre sofortige Hydrolyse nicht das zentrale Problem ist, dann kann man die Frage betrachten: Was könnten Thioester bewirken?

Eine sehr interessante Reaktion von Thioestern im Stoffwechsel ist die Phosphorolyse. Die Phosphorolyse von Thioestern liefert Acylphosphate, die Phosphorolyse von einem Acetyl-Thioester liefert Acetyl-Phosphat. Acetyl-Phosphat ist heute noch eine sehr wichtige Verbindung im Energiestoffwechsel vieler Prokaryoten (Wolfe 2010). Zudem ist es ein hervorragendes Phosphorylierungsagens, die freie Energie der Hydrolyse von Acetyl-Phosphat liegt bei ca. $-43\ kJ \cdot mol^{-1}$, rund ein Drittel höher als beim ATP ($-31\ kJ \cdot mol^{-1}$). Mit etwas Acetyl-Phosphat wäre Phophorylierungspotenzial an der Hydrothermalquelle vorhanden; das ist sicher eine interessante Möglichkeit. Aber was sollte phosphoryliert werden? De Duve (1991) unterbreitete den Vorschlag, dass die Phosphorolyse von Thioestern zur Synthese von Acylphosphaten den Eingang von Phosphat in den Stoffwechsel markiert haben könnte. Acylphosphate wollte er jedoch in diesem Zusammenhang zur Synthese von Pyrophosphat als erstem Phosphorylierungsagens heranziehen. Die freie Energie der Hydrolyse von Pyrophosphat liegt aber bei ca. $-21\ kJ \cdot mol^{-1}$, rund ein Drittel niedriger als beim ATP.

Wenn es Acetyl-Phosphat an der urzeitlichen Hydrothermalquelle gegeben hätte, was hätte phosphoryliert werden können? Betrachten wir zunächst einfache Substanzen, wie z. B. Bikarbonat. Wird das Bikarbonat phosphoryliert, so entsteht Carboxyl-Phosphat — das erste Intermediat in der biochemischen *De-novo*-Synthese von Pyrimidinen heute (Abb. 12). Oder Carbamat, die einfachste stickstoffhaltige organische Verbindung, liefert Carbamoylphosphat, ebenfalls ein entscheidendes Intermediat in der Pyrimidinbiosynthese, aber auch in der Biosynthese von einigen Aminosäuren. Oder Ameisensäure, Formiat – die einfachste organische Verbindung überhaupt, liefert Formylphosphat, was ebenfalls eine Eingangssubstanz für die Purinsynthese, zumindest bei den Methanogenen, ist (Ownby et al. 2005). Ist es Zufall, dass diese einfachen organischen Phosphate am Anfang der Basensynthese stehen? Das bleibt Ansichtssache, aber der Gedanke, dass manche biochemischen Stoffwechselwege – die ältesten zumindest – einige Spuren der präbiotischen Chemie beibehalten haben, ist verlockend.

Sehr viel Aufmerksamkeit ist von den Chemikern der Cyanidkondensation als Möglichkeit der Synthese von Basen unter abiotischen Bedingungen gewidmet worden. Neuere Arbeiten zeigen, dass auch das Formamid imstande ist, mithilfe anorganischer Katalysatoren sowohl die Purin- als auch Pyrimidinbasen hervorzubringen (Saladino et al. 2008). Aber weder Cyanid noch Formamid spielt im heutigen Stoffwechsel bei der Synthese der Basen eine Rolle. Im heutigen Stoffwechsel spielen Substanzen wie Aminosäuren – Glycin, Glutamin oder Aspartat – eine wichtige Rolle. Oder Formylphosphat für zwei Kohlenstoffatome bei den Purinen der Methanogene. Sowohl die Purine als auch die Pyrimidine enthalten ein Kohlenstoffatom, das im heutigen Stoffwechsel noch aus CO_2 stammt. Das ist C^2 bei den Pyrimidinen, das stammt über Carbamoyl-Phosphat aus CO_2, auch bei der Pyrimidinbiosynthese des Menschen, und bei der Purinsynthese ist es C^6, das aus CO_2 stammt. Folgt man dieser Auffassung, könnte man sagen, es gibt eine Spur der autotrophen Ursprünge in jeder einzelnen Purin- und Pyrimidinbase – es bleibt aber Ansichtssache.

In einem sehr interessanten Beitrag haben Jan AMEND und Tom MCCOLLOM (2009) die Thermodynamik der Biomolekülsynthese auf der frühen Erde beleuchtet, und zwar unter genau den Bedingungen, die Mike RUSSELL und ich für die Lost-City-ähnlichen Ursprünge betrachten, d.h. alkalisch, viel Wasserstoff in der Hydrothermalflüssigkeit, leicht saurer und CO_2-reicher Ozean, milde Temperaturen, usw. Sie berechnen die Synthese von Biomasse unter diesen Bedingungen und stellen fest, dass bei 25 °C die Synthese von Zellmasse – d. h., wir betrachten hier nicht eine energetische Hauptreaktion wie Methanbildung oder Acetat, sondern nur die Synthese von Biomasse unabhängig von einer hauptenergetischen Reaktion – endergon ist, d.h., sie erfordert Energie und wird nicht spontan ablaufen. Bei 50 °C aber ist die Synthese von Biomasse deutlich exergon, mit einem Wert von $\Delta G_r = -1016$ J g^{-1} Zellmasse. Das ist kein riesiger energetischer Beitrag, aber es besagt, dass unter den Bedingungen, die in dieser Theorie im Vordergrund stehen, die Synthese organischen Materials mit der Zusammensetzung einer Zelle energetisch günstig ist. Bei 125 °C ist der Wert nur noch –150 J g^{-1} Zellmasse, ab 100 °C gilt: Je höher die Temperatur, umso weniger exergon wird die Reaktion. Entscheidend ist: Bei unserem Modell gehen wir bei den chemischen Bedingungen von Lost City und in der Temperaturregion um ca. 50 °C eindeutig mit den Gesetzen der Thermodynamik konform.

Energetische Aspekte beim Ursprung des Lebens, chemisch-mechanistische Details und der Bezug zum wahren mikrobiellen Leben, wie wir es heute beobachten, sind aus der Sicht des Autors besonders wichtig, wenn es darum geht, biochemische Prozesse des Lebens mit geochemischen Prozessen im Kontext der frühen Evolution in Verbindung zu bringen. Die Ähnlichkeiten zwischen den alkalischen Hydrothermalquellen und den bioenergetischen Hauptreaktionen der Acetogenen und der Methanogenen bieten viele solcher Bezugspunkte: Kompartimentierung, exergone Redoxreaktionen und ein System, weit ab vom chemischen Gleichgewicht. Aus energetischer Sicht gibt es aber ein besonders interessantes Problem mit der vorliegenden Theorie: Obwohl die Gesamtreaktion bei der Reduktion von CO_2 zu Methan oder Acetat exergon ist, gibt es bei der Synthese der Methylgruppe im modernen Acetyl-CoA-Weg Einzelschritte, die eine Zufuhr von Energie benötigen, um effizient in die Richtung der CO_2-Reduktion zu laufen. Bei den Acetogenen und bei den Methanogenen handelt es sich dabei um die Biosynthese einer pteringebundenen Formylgruppe. Das energetische Problem hat zwei Aspekte. Der eine ist archaisch-geologisch: Wie konnte jene energetische Hürde am Anfang des Lebens überwunden werden? Der andere ist modern-biochemisch: Wie schaffen es moderne Acetogene und Methanogene, diese Hürde zu überwinden?

Der erste Aspekt wird durch die Bildung von abiogenem Methan bei Lost City beleuchtet. Dort führt die Serpentinisierung zur Reduktion von CO_2 bis zu Methan und anderen kurzkettigen Kohlenwasserstoffen wie Ethan, Propan und Butan (PROSKUROWSKI et al. 2008, BRADLEY und SUMMONS 2010). Die Serpentinisierung kann CO_2 reduzieren und ist somit, im Prinzip, imstande, Methylgruppen an die ozeanische Mündung der Hydrothermalquelle zu liefern. Würde so die energetische Investition auf dem Wege der Synthese von Methylgruppen umgangen (z. B. als Methylsulfid oder Methanol, durch Geochemie geliefert), so wäre ein Kohlenstoff- und Energie-„Stoffwechsel" an der Quelle möglich gewesen, der zur Nettoakkumulation von reduzierten organischen Verbindungen bei gleichzeitiger Nettoakkumulation von Acylphosphaten für erfinderische chemisch-evolutive Zwecke gedient hätte.

Moderne Methanogene und Acetogen benötigen aber keine externe Quelle von Methylgruppen, sie schaffen aus energetischer Sicht die Synthese neuer Zellen aus H_2 und CO_2 alleine. Die Frage, wie sie das schaffen, ist umso wichtiger, zumal die anfänglichen Schritte der Reduktion von CO_2 etwas mehr „Elektronendruck" erfordern, als H_2 aufzubieten hat – auch wenn die Gesamtreaktion bis zu Methan bzw. Acetat exergon bleibt. Der eigentliche Donor der Elektronen für die CO_2-Reduktion ist Ferredoxin (ein FeS-Protein) mit einem Standardpotential um –500 mV (Kaster et al. 2011). Die Antwort auf die Frage, wie dieses „Hochdruck"-Ferredoxin aus H_2 gebildet wird, wurde kürzlich von den Marburger Gruppen um Wolfgang Buckel und Rolf Thauer gefunden (Herrmann et al. 2008, Kaster et al. 2011). Der Mechanismus heißt Elektronenbifurkation. Im Stoffwechsel kennt man das Prinzip der Kopplung. Ist eine Reaktion endergon, so kann sie durch Kopplung an ATP-Hydrolyse begünstigt werden, weil dadurch die Gesamtreaktion (inklusive ATP-Hydrolyse) exergon wird. Bei der Elektronenbifurkation ist es ähnlich. Die zwei Elektronen in einem Elektronenpaar können verschiedene Wege gehen. Geht eines der Elektronen in eine energetisch sehr günstige Reaktion, so kann das andere „bergauf" bewegt werden, wenn die Gesamtbilanz beider Reaktionen günstig ist. So wird die Beförderung von Elektronen aus H_2 bergauf zu Ferredoxin mit einem energetisch sehr günstigen Schritt der späteren Methanbildung gekoppelt. Unter dem Strich führt die Elektronenbifurkation in bisher bekannter Form zur Energiekonservierung in der Währung von reduziertem Ferredoxin (Herrmann et al. 2008), im Prinzip ist sie eine weitere Möglichkeit zur Überwindung von energetischen Barrieren auf dem Weg, der zum Leben führte.

Mit einer energetisch untermauerten Quelle von chemisch zugänglichen Methylgruppen in einem System von Mikrokompartimenten mit katalytischen Wänden aus Übergangsmetallsulfiden kommen wir im Prinzip sehr weit – aus energetischer Sicht bis hin zu dem Ursprung von Proteinen und Genen und dem genetischen Code. Es ist denkbar, dass Acetylphosphat der ursprüngliche Energieträger war, und dass dieser erst später durch das chemisch sehr viel kompliziertere ATP ersetzt wurde. In Bezug auf die Frage „Wann ist das geschehen?" kommen wir auf die eingangs erwähnte Chemiosmose zurück. Wenn wir Gene und Proteine haben, dann wird eines dieser Proteine sicherlich imstande gewesen sein, diese natürlich entstehenden Protonengradienten, die wir an diesen alkalischen Quellen haben, zu nutzen.

10. Was ist Leben?...

Das Wasser in Lost City ist recht alkalisch mit einem pH-Wert von ungefähr 10. Vor ca. 4 Milliarden Jahren sollten ähnlich aufgebaute serpentinisierende Systeme einen ähnlichen pH-Wert aufgewiesen haben, und damals hatte der Ozean durch das viele CO_2, das darin gelöst war, einen pH-Wert von ca. 6 (heute ist es ca. 8). Mike Russell argumentiert seit 20 Jahren, dass dieser rein durch Geochemie aufgebaute pH-Unterschied für die Entstehung des Lebens wichtig war.

Irgendwann in der frühen Evolution sind die Proteine entstanden. Weil der genetische Code universell ist, erfolgte der Ursprung der Translation im gemeinsamen Vorfahren aller Prokaryoten, der im vorliegenden Modell in Mikrokompartimenten der Hydrothermalquelle gefangen war. Haben wir evolvierende proteinkodierende Gene, dann ist der Schritt zur freilebenden Zelle nicht mehr weit. Es wird eines dieser Proteine imstande gewesen sein, den geochemisch aufgebauten, stabil existierenden Protonengradienten in dieser natürlich chemiosmotischen Umgebung zu nutzen. Erfolgt das, dann kann das Protein Energie speichern in Form von Pyrophosphat oder von ATP, dann haben wir eine sehr hohe energetische Ladung auf der Innenseite der Kompartimente, was für die weitere chemische Evolution sehr günstig ist. Und der nächste Schritt – der entscheidende Schritt – wäre dann, sich von der Abhängigkeit von geochemisch gelieferten Methylgruppen zu befreien, sich letztendlich freizuschwimmen und den Übergang zum Leben aus CO_2 und H_2 alleine fortzusetzen. Das erfordert, dass man die Bestandteile einer protonenpumpenden, chemiosmotischen Maschinerie in der Zellmembran erfindet, das bedeutet, man muss lernen, einen eigenen Ionengradienten selbstständig aufzubauen – mit einer Chemie, die durch Gene spezifiziert wird. Es ist interessant, dass auch bei den Acetogenen und den Methanogenen diese protonenpumpende Maschinerie sehr viel einfacher ist, als wir es bei vielen anderen Lebensformen kennen, weil keine membranlöslichen Chinone oder Chinon-Analoga (Methanophenazine im Falle der Methanogenen) benötigt werden (Kaster et al. 2011, Biegel und Müller 2010, Köpke et al. 2010), und dass ferner offenbar unabhängige Lösungen zum Aufbau dieser Protonengradienten erfunden wurden. Sind wir bis zu diesem Schritt gekommen, dann haben wir unsere Aufgabe vom Anfang gelöst: Wir haben die Grundbestandteile der Zelle abgeleitet.

Was ist Leben? Leben ist ein System aus sich selbst bildenden Mikrokompartimenten, die imstande sind, nutzbare Energie in Kohlenstoffchemie umzusetzen, so dass mehr ihresgleichen entsteht.

Dank

Ganz herzlich danke ich Valerie Schmitt für ihre Hilfe bei der Abfassung des Manuskripts. Die Arbeiten des Autors werden von der DFG und der ERC gefördert.

Literatur

Amend, J. P., and McCollom, T. M.: Energetics of biomolecule synthesis on early Earth. In: Zaikowski, L., Friedrich, J., and Seidel, R. S. (Eds.): Chemical Evolution II: From the Origins of Life to Modern Society; pp. 63–94. Washington (D. C.): American Chemical Society 2009

Amend, J. P., and Shock, E. L.: Energetics of overall metabolic reactions of thermophilic and hyperthermophilic Archaea and Bacteria. FEMS Microbiol. Rev. *25*, 175–243 (2001)

Baaske, P., Weinert, F. M., Duhr, S., Lemke, K. H., Russell, M. J., and Braun, D.: Extreme accumulation of nucleotides in simulated hydrothermal pore systems. Proc. Natl. Acad. Sci. USA *104*, 9346–9351 (2007)

Bach, W., Paulick, H., Garrido, C. J., Ildefonse, B., Meurer, W. P., and Humphris, S. E.: Unraveling the sequence of serpentinization reactions: petrography, mineral chemistry, and petrophysics of serpentinites from MAR 15oN (ODP Leg 209, Site 1274). Geophysical Research Letters *33*, L13306 (2006)

Baross, J. A., and Hoffman, S. E.: Submarine hydrothermal vents and associated gradient environments as sites for the origin and evolution of life. Orig. Life Evol. Biosph. *15*, 327–345 (1985)

Biegel, E., and Müller, V.: Bacterial Na^+-translocating ferredoxin: NAD^+-oxidoreductase. Proc. Natl. Acad. Sci. USA *107*, 18138–18142 (2010)

Boyce, A. J., Coleman, M. L., and Russell, M. J.: Formation of fossil hydrothermal chimneys and mounds from silvermines, Ireland. Nature *306*, 545–550 (1983)

Bracher, P. J., Snyder, P. W., Bohall, B. R., and Whitesides, G. M.: The relative rates of thiol–thioester exchange and hydrolysis for alkyl and aryl thioalkanoates in water. Orig. Life Evol. Biosph. *41*, 399–412 (2011)

Bradley, A. S., and Summons, R. E.: Multiple origins of methane at the Lost City hydrothermal field. Earth Planetary Sci. Lett. *297*, 34–41 (2010)

Darwin, C. R.: On the Origin of Species by Means of Natural Selection, or the Preservation of Favoured Races in the Struggle for Life. London: John Murray 1859

De Duve, C.: Blueprint for a Cell. Burlington (N. C.): Neil Patterson 1991

Embley, T. M., and Martin, W.: Eukaryotic evolution, changes and challenges. Nature *44*, 623–630 (2006)

FUCHS, G.: Variations of the acetyl-CoA pathway in diversely related microorganisms that are not acetogens. In: DRAKE, G. (Ed.): Acetogenesis; pp. 506–538. New York: Chapman and Hall 1994
HAECKEL, E.: Generelle Morphologie der Organismen. Berlin: Georg Reimer 1866
HALDANE, J. B. S.: The origin of life. The Rationalist Annu. *3*, 3–10 (1929)
HEINEN, W., and LAUWERS, A. M.: Organic sulfur compounds resulting from the interaction of iron sulfide, hydrogen sulfide and carbon dioxide in an anaerobic aqueous environment. Orig. Life Evol. Biosph. *26*, 131–150 (1996)
HERRMANN, G., ELAMPARITHI, J., GALINA, M., and BUCKEL, W.: Energy conservation via electron-transferring flavoprotein in anaerobic bacteria. J. Bacteriol. *19*, 784–791 (2008)
HUBER, C., and WÄCHTERSHÄUSER, G.: Activated acetic acid by carbon fixation on (Fe, Ni)S under primordial conditions. Science *276*, 245–247 (1997)
JOYCE, G. F.: The antiquity of RNA-based evolution. Nature *418*, 214–221 (2002)
KANDLER, O., and KÖNIG, H.: Chemical composition of the peptidoglycan-free cell walls of methanogenic bacteria. Arch. Microbiol. *118*, 141–152 (1978)
KASTER, A.-K., MOLL, J., PAREY, K., and THAUER, R. K.: Coupling of ferredoxin and heterodisulfide reduction via electron bifurcation in hydrogenotrophic methanogenic archaea. Proc. Natl. Acad. Sci. USA *108*, 2981–2986 (2011)
KELLEY, D. S., KARSON, J. A., BLACKMAN, D. K., FRÜH-GREEN, G. L., BUTTERFIELD, D. A., LILLEY, M. D., OLSON, E. J., SCHRENK, M. O., ROE, K. K., LEBON, G. T., RIVIZZIGNO, P., and *AT3-60 Shipboard Party*: An off-axis hydrothermal vent field near the Mid-Atlantic Ridge at 308N. Nature *412*, 145–149 (2001)
KELLEY, D. S., KARSON, J. A., FRÜH-GREEN, G. L., YOERGER, D. R., SHANK, T. M., BUTTERFIELD, D. A., HAYES, J. M., SCHRENK, M. O., OLSON, E. J., PROSKUROWSKI, G., JAKUBA, M., BRADLEY, A., LARSON, B., LUDWIG, K., GLICKSON, D., BUCKMAN, K., BRADLEY, A. S., BRAZELTON, W. J., ROE, K., ELEND, M. J., DELACOUR, A., BERNASCONI, S. M., LILLEY, M. D., BAROSS, J. A., SUMMONS, R. E., and SYLVA, S. P.: A serpentinite-hosted ecosystem: the Lost City hydrothermal field. Science *307*, 1428–1434 (2005)
KÖPKE, M., HELD, C., HUJER, S., LIESEGANG, H., WIEZER, A., WOLLHERR, A., EHRENREICH, A., LIEBL, W., GOTTSCHALK, G., and DURRE, P.: *Clostridium ljungdahlii* represents a microbial production platform based on syngas. Proc. Natl. Acad. Sci. USA *107*, 13087–13092 (2010)
LANE, N.: Life Ascending: The Ten Great Inventions of Evolution. WW Norton/Profile 2009
LANE, N., and MARTIN, W.: The energetics of genome complexity. Nature *467*, 929–934 (2010)
MADEN, B. E. H.: Tetrahydrofolate and tetrahydromethanopterin compared: functionally distinct carriers in C1 metabolism. Biochem. J. *350*, 609–629 (2000)
MARTIN, W., and RUSSELL, M. J.: On the origins of cells: a hypothesis for the evolutionary transitions from abiotic geochemistry to chemoautotrophic prokaryotes, and from prokaryotes to nucleated cells. Phil. Trans. R. Soc. B *358*, 59–85 (2003)
MARTIN, W., and RUSSEL, M. J.: On the origin of biochemistry at an alkaline hydrothermal vent. Phil. Trans. R. Soc. Lond. B. Biol. Sci. *362*, 1887–1925 (2007)
MERESCHKOWSKY, C.: Theorie der zwei Plasmaarten als Grundlage der Symbiogenesis, einer neuen Lehre von der Entstehung der Organismen. Biol. Centralbl. *30*, 278–288, 289–303, 321–347, 353–367 (1910)
MILLER, S.: A production of amino acids under possible primitive earth conditions. Science *117*, 528–529 (1953)
MITCHELL, P.: Coupling of phosphorylation to electron and hydrogen transfer by a chemi-osmotic type of mechanism. Nature *191*, 144–148 (1961)
MÜLLER, V.: Energy conservation in acetogenic bacteria. Appl. Environm. Microbiol. *69*, 6345–6353 (2003)
OPARIN, A. I.: The Origin of Life. New York: Dover 1938 (original published in Russian 1923)
OWNBY, K., XU, H., and WHITE, R. H.: A Methanocaldococcus jannaschii archaeal signature gene encodes for a 5-formaminoimidazole-4-carboxamide-1-β-D-ribofuranosyl 5'-monophosphate synthetase: A new enzyme in purine biosynthesis. J. Biol. Chem. *280*, 10881–10887 (2005)
PROSKUROWSKI, G., LILLEY, M. D., SEEWALD, J. S., FRÜH-GREEN, G. L., OLSON, E. J., LUPTON, J. E., SYLVA, S. P., and KELLEY, D. S.: Abiogenic hydrocarbon production at lost city hydrothermal field. Science *319*, 604–607 (2008)
RUSSELL, M. J., DANIEL, R. M., HALL, A. J., and SHERRINGHAM, J.: A hydrothermally precipitated catalytic iron sulphide membrane as a first step toward life. J. Mol. Evol. *39*, 231–243 (1994)
RUSSELL, M. J., and HALL, A. J.: The emergence of life from iron monosulphide bubbles at a submarine hydrothermal redox and pH front. J. Geol. Soc. Lond. *154*, 377–402 (1997)
RUSSELL, M. J., HALL, A. J., and MARTIN, W.: Serpentinization as a source of energy at the origin of life. Geobiology *8*, 355–371 (2010)
RUSSELL, M. J., and MARTIN, W.: The rocky roots of the acetyl-CoA pathway. Trends Biochem. Sci. *29*, 358–363 (2004)
SALADINO, R., NERI, V., CRESTINI, C., COSTANZO, G., GRACIOTTI, M., and DI MAURO, E.: Synthesis and degradation of nucleic acid components by formamide and iron sulfur minerals. J. Amer. Chem. Soc. *130*, 15512–15518 (2008)

Stryer, L.: Biochemistry. San Francisco: Freemann 1975
Thauer, R. K., Kaster, A. K., Seedorf, H., Buckel, W., and Hedderich, R.: Methanogenic archaea: ecologically relevant differences in energy conservation. Nature Rev. Microbiol. *6*, 579–591 (2008)
Wolfe, A. J.: Physiologically relevant small phosphodonors link metabolism to signal transduction. Curr. Opin. Microbiol. *13*, 204–209 (2010)

Prof. Dr. William Martin
Institut für Molekulare Evolution
Heinrich-Heine-Universität Düsseldorf
Universitätsstraße 1
Building 26.13.01
40225 Düsseldorf
Bundesrepublik Deutschland
Tel.: +49 211 8113011
Fax: +49 211 8113554
E-Mail: bill@hhu.de
w.martin@hhu.de

Leben – Modelle – Maschinen

Nova Acta Leopoldina NF *116*, Nr. 394, 99–118 (2012)

A Brief History of the "Life Synthesis"

Nediljko BUDISA (Berlin)

With 2 Figures

Abstract

In the last decade, synthetic biology emerged as a whirlwind promising to provide solutions for almost every problem of modern human society. The hallmarks of synthetic biology are "chemical syntheses of genomes", metabolic engineering and the research on protocells enriched with terminology borrowed from information sciences and software engineering. The simplification of biological systems into modular and abstracted networks is expected to enable re-engineering of living systems from the first principles and even making feasible the "synthesis of life". Thus, one of the most prominent features of this research area is its emphasis on the "synthesis of life" as a foremost goal. However, if this can be reached is still questionable since there is no general definition (or consensus) what "life" is. It's therefore not surprising that in the last century many reports about the "creation of synthetic life" appeared in regular intervals, most of them now forgotten. Here I will shortly summarize some of the historical and philosophical aspects and facts related to cultural and scientific history of "life syntheses".

Zusammenfassung

In den letzten zehn Jahren entstand die Synthetische Biologie wie ein Wirbelsturm mit dem Versprechen, Lösungen für fast jedes Problem der modernen menschlichen Gesellschaft zu haben. Die Merkmale der Synthetischen Biologie sind „chemische Synthesen von Genomen", metabolisches Engineering und Forschung an Protozellen, angereichert mit der Informatik und dem Software-Engineering entliehener Terminologie. Es wird erwartet, dass die Vereinfachung der biologischen Systeme zu modularen und abstrahierten Netzwerken das Re-Engineering von lebenden Systemen von Grund auf ermöglichen und sogar die „Synthese des Lebens" realisierbar machen wird. So ist eines der auffälligsten Merkmale dieses Forschungsbereichs die Betonung der „Synthese des Lebens" als oberstes Ziel. Ob dies jedoch erreicht werden kann, ist noch fraglich, da es keine allgemeine Definition (oder gar einen Konsens) über den Begriff „Leben" gibt. Deshalb ist es auch nicht verwunderlich, dass im letzten Jahrhundert immer wieder Berichte über die „Schaffung synthetischen Lebens" auftauchten, die jedoch meist schnell wieder in Vergessenheit gerieten. Hier werde ich einige der historischen und philosophischen Aspekte und Fakten im Zusammenhang mit der kulturellen und wissenschaftlichen Geschichte der „Lebensherstellung" kurz zusammenfassen.

"We are about to win chemical influence on the design of the organism, and this should lead to the strangest phenomena, to changes in shape, which leave everything behind, what has been achieved by breeding and crossing."
Emil FISCHER (1890)

1. What Is Life? – The Notion of Life in Social and Natural Sciences

Traditionally, in the concept of life very different categories are mixed together: Life is a state and a property of organized material substances, but it could be described by the particular set of major or essential activities. For example, mathematically it is a non-linear process whereas thermodynamically an 'open system' far from equilibrium capable to maintain a stable internal state through material and energy throughput by generating the entropy in the environment (PROSS 2003). However, the impossibility of a sharp distinction between animate and inanimate would not create difficulties for the biology in its everyday scientific practice. In this way, the question of the exact definition of "life" has essentially turned into a philosophical issue.

The empirical phenomena of life including metabolism, growth, development and reproduction are showing us that a living object is available in front of us, but they do not tell us the reason for its vitality and very existence. When this point is reached, life is no longer a concept for the natural science but rather subject for philosophy, physiology, cognitive science and anthropology (GAYON 2010). Therefore, in human culture the word 'life' has double meaning as a material object and (scientific notion *in sensu strictu*) and as a value of certain spiritual or even moral dimension. The concept of life as a value concept is best illustrated by formulation of NIETZSCHE: "Life always lives at the expense of other lives" (JASPERS et al. 1997). Arthur SCHOPENHAUER portrays this especially dramatically by claiming that organic world is a "hotbed of tortured and frightened characters, which can exist only due to the fact that one is eating the other so that any ravenous beast is the living grave of thousands of others and his existence a result of a chain martyr-like deaths".[1] From this perspective life as it is associated with destruction and suffering.

However, while in social sciences life is always considered in the context of certain cultural values, the natural sciences should seek a value-free concept of life. Among many attempts in this direction, I will mention here the definition proposed by Immanuel KANT already in 1786: "Life is the ability/capacity of a substance to perform action from a certain internal principle"[2]. This internal principle we should seek in the sequence of coordinated and repetitive chemical processes which is the defining feature of all living organisms rather than in the presence of particular structure or type of inanimate matter in the system. In other words, the life of an individual is not the substance itself but the forms and the reactions of the molecules that remains constant and make up the organized living system. These principles behind the existence of such entities should be sought in (*i*) maintenance of a state or a property of certain natural

1 TÖPFER 2011a, p. 57.
2 TÖPFER 2011a, p. 34.

units and (*ii*) a process that include changes in one of these units (Ruiz-Mirazo et al. 2004). Furthermore, one can argue that life is not one individual cell or organism in its organized and regulated self-maintenance but rather the process that encompass the dynamic chain of individuals capable to change on the long term. In this infinite chain of irreversible transformations, the organism is only an intermediate station. Each living being has unique complexity; development and evolutionary history behind its existence (Fig. 1). Thereby, basic chemical building blocks go through endless geochemical carbon cycles of transformations between plants, animals and microorganisms in the biosphere; only a few organic molecules stay prolonged time period outside of this living cycle (e.g. fossil fuels) (Bernal 1954). Life itself is closely associated to geological and atmospheric cycles; biotic activity affects these cycles and planetary habitability (Grenfell et al. 2010).

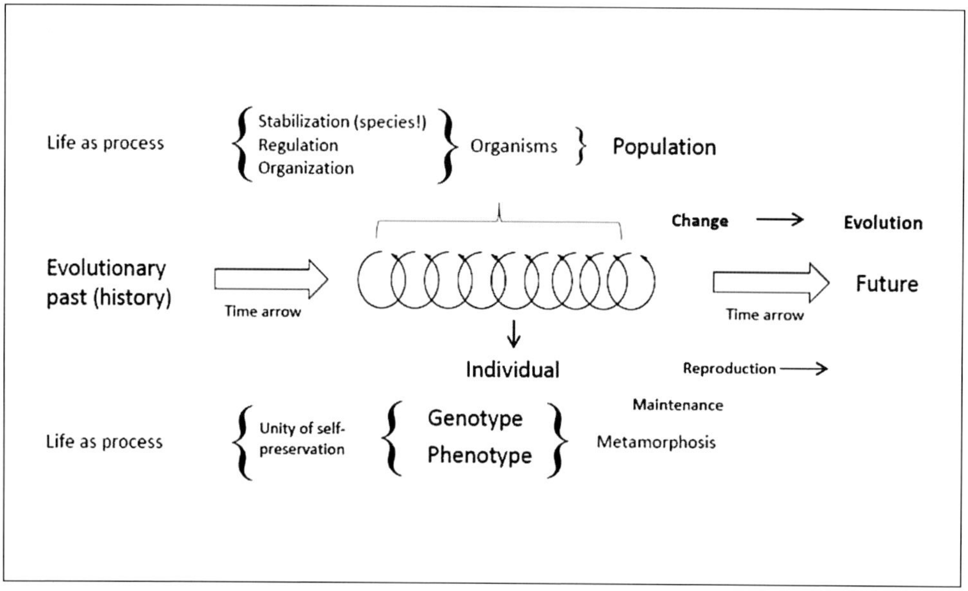

Fig. 1 Basic attributes of life/living organisms in the light of the evolutionary history and the fundamental notions of individual *versus* population. Organisms can be considered as individual autonomy units and as parts of the population that participate in the unidirectional and irreversible process with an open end. From this perspective, the term "life" refers not only to individual living unit in its strive for self-preservation, but rather the dynamic chain of living units capable maintain themselves and even change (evolve) at the long term. See e.g. Toepfer (Toepfer 2012) and Ruiz-Mirazo (Ruiz-Mirazo et al. 2010) for detailed discussions. From the chemical point of view, all extant cells are characterized by its invariant basic chemical organization i.e. all the properties of living beings rest on the fundamental mechanism of molecular invariance (Pace 2001). Two centuries ago, Comte de Buffon proposed the universality and uniformity of matter and life forms. He postulated that since all organisms share the same origin there is only one universal living being on earth which is continually modified and transformed into ever new forms (Toepfer 2011b).

2. A Culture-free or Value-free Definition of Life?

Any attempt to supply a culture-free definition of life requires a consensus about principles that could be considered as crucial defining features. It is, however, extremely difficult to provide even a 'universal' chemical definition of the life free from specific general societal context. For example, Friedrich ENGELS defined life as a "mode of existence of albuminous bodies [Eiweiße, Proteins]" (ENGELS 1877); this definition is obviously influenced by the state of the art in biological sciences in the second part of the 19th century. Nowadays, with the contemporary knowledge about the near universal nature of the genetic code (BUDISA et al. 1999) one can argue that such code in a culture-free language established very early in life evolution. This language does not change during evolution. The basic life form which appeared at a very early in evolution is also known as last universal common ancestor (LUCA) (OUZOUNIS and KYRPIDES 1996). In this context, evolution of an organism can be considered as a chain of its modifications and transformations into successive new forms. But, is this way of thinking really culture free?

3. Why Suddenly 'Life Synthesis'?

The birth of today's synthetic biology exhibits striking similarities to the birth of synthetic chemistry in the 19th century and molecular biology in the 1960s (LUISI 2007, BENSAUDE-VINCENT 2009). Synthetic chemistry was only possible after methods and instruments for sophisticated analytics were available (YEH and LIM 2007). Like early synthetic chemistry, contemporary synthetic biology claims the "creation of life" (GIBBS 2004, BOHANNON 2011) as an utmost goal. Why 'life synthesis'? Why do we suddenly belief that we will finally succeed to "synthesize life" after so many attempts failed? The answer is that synthetic biology focuses on the concept of modularity – treated in the same way as in software or electrical engineering (AGAPAKIS and SILVER 2009). This should lead to simplification of the biological systems and enable a bottom-up design in biology from the first principles at all levels of biological hierarchy (RUIZ-MIRAZO 2006). Once such modular networks (e.g. synthetic networks at the level of transcription, translation, and signal transduction and metabolic pathways) are orthogonalized (i.e. decoupled) from their specific biological contexts – it should be possible to add parts to a system without creating or propagating side effects/unpredictable (cross-talk) interactions (DIETZ and PANKE 2010). This can be achieved only upon system reduction (e.g. reduced genomes), by switching into *in vitro* systems (i.e. removal of parts of "unnecessary" complexity of living cell), channeling (e.g. compartmentalization of protein/enzymatic complexes from the cellular environment), and the classical reengineering of complexes, enzymes, proteins and pathways (BASHOR et al. 2010).

Thus, the notion of modularity is not at odds with the simple idea of a minimal cell being the best platform to redirect natural evolution at possible alternative paths or even to create novel life forms. Nowadays, we are witnessing a spectacular coverage not only by scientific journals but also public press and mass media with the strong advertisement of "the creation of artificial life" as the most sensational success of synthetic biology with the promise to provide solutions to our energy, health, environmental and nutritional problems (KHALIL and COLLINS 2010, ALBERTS 2011). But, is it all about new wine in old bottles or *vice versa*? To clarify this matter it is of paramount importance to have at least a basic overview about the modern history of the "synthesis of life" as well as ancient culture history of the spontaneous generation of life.

Beside terminological issues, the inquiries about the ways to "create life" revealed that there is no consensus among scientists, philosophers, and theologians about the term "life"

(Trifonov 2011). Thus, the aim of "creating life" is a vague scientific goal as nobody exactly knows what life itself is. Recently, E. Machery even proposed that scientists, philosophers, and ethicists should discard the project of defining life (Machery 2012). Furthermore, "the creation of synthetic life" was reported so many times in the last century (for different purposes) – and will most probably regularly appear in the coming years and decades as excellently covered by the recent study of Schummer (2011). Obviously, this is rather a cultural phenomenon more interesting for sociology then for fundamental chemical synthetic research on biological complexity. Thus I believe that the discussion on the term "life" should be held in the frame of empirical evidence without neglecting the historical and cultural background of science.

4. Biology as Science of Synthesis

In its earlier stage of development, synthetic organic chemistry succeeded to synthesize many complex organic molecules that have been first determined by analysis. At the beginning, the synthesis of complex substances isolated from plants or animals proved to be difficult or almost impossible and many physiological phenomena remained beyond experimental reach. This left room for believes that the organic compounds are formed under the control of a certain life force (*vis vitalis*) acting only in living organisms (Fontecave 2010). In this way, living organisms are inherently different from non-living entities. This metaphysical concept is fought by means of chemical synthesis: the most prominent example is the synthesis of urea over 150 years ago; Wöhler and Liebig are among the first who have shown that natural organic compounds can generally be chemically synthesized (Multhauf 1966). The philosophy of synthetic organic chemistry can be summarized as follows: complex compounds are synthesized in a gradual and controlled manner from simpler or similar compounds. This led in the 19th century to the definition of an ambitious goal of organic chemistry: artificial synthesis of all organic natural substances (Fischer 1907). This roadmap is now revived in synthetic biology with the goal to build novel biological systems as recently elaborated by Yeh and Lim (2007). The time of uncovering "mother nature's secrets" (i.e. analysis) in biology is over: it cannot advance much further without synthesis, and thus engineering will dominate biology over the next century (Jayas 2002).

Emil Fischer is not only known for his groundbreaking works on the synthesis of carbohydrates, nucleotides, alkaloids and peptides (Fischer 1906, 1902 [1966]) but also as a visionary man and one of the most prominent advocates of the progress in chemical synthesis. In addition, he believed that the chemical synthesis of life is an achievable goal. In this spirit, he elaborated the program of "Chemical Synthetic Biology" at the edge of the 19th and 20th century. This program is a forerunner of modern synthetic biology as he stated for the first time that the metabolism of living cells can and should be influenced and even changed by the use of synthetic compounds in order to generate novel fats, wax and proteins (Fischer und Fourneau 1901). Fischer believed that modifications, design and creation of organisms with chemical methods is a kind of beginning of a grand future project: he expected new forms of life with novel/alternative chemical compositions created by synthetic means to have fundamental advantages over the known living organisms with great potentials to gain technological benefit for society.

The basic premise of current synthetic biology is that these issues cannot be resolved in the frame of classical recombinant DNA technology or metabolic engineering without an emphasis on principles borrowed from engineering such as modularity, standardization, and rigorously predictive models (AGAPAKIS and SILVER 2009). The comparison between biology and electrical engineering for synthetic biology begins with the concept of modularity. A system can be described as modular if its components can be functionally separated and recombined. From synthetic biology perspective almost the whole biochemistry and molecular biology are highly modular, from chemical fundamental units – nucleotides and amino acids – to its higher level organization in cells and organisms. The hierarchy of complexity in biology, from genes and proteins to biochemical reactions, pathways, cells and populations should mirror the hierarchy of computer engineering, which moves from transistors and other small physical components to logic gates, circuit board modules, whole computers, and computer networks (PANKE 2008).

5. Modern History of the "Synthesis of Life"

Already in 1899, in a manner that is reminiscent of today's media coverage, the newspaper *Boston Herald* (Fig. 2) reported sensationally the work of the US-German biologist Jacques LOEB as the "creation of life" (PAULY 1987). It was about the simple experiment of treating sea urchin eggs with inorganic salt solutions to induce embryological development, a process known as "artificial parthenogenesis" (LOEB 1900). This way of reporting experimental results was occasionally appearing during the 20th century, most of them now forgotten. In the 1970s, James F. DANIELLI started to propagate the ideas of a "synthesis of life" and "Synthetic Biology" (DANIELLI 1972). He was arguing that biology after a long phase of observational and analytical activities has to enter a new era which is characterized by synthetic approaches as well as by design and engineering (DANIELLI 1974). Ironically, DANIELLI'S vision includes the whole range of promises, which are also known from the contemporary synthetic biology although his articles on these topics are not at all cited in the current literature.

Thus, since Emil FISCHER (Fig. 2) published his vision – prophetic "synthesis of life" proclamations emerge in regular periods. These announcements always exhibit the same pattern: in 2010, the *JC Venter Institute* publicly announced the synthesis of the "first self-replicating synthetic bacterial cell" (GIBSON et al. 2010) followed by the usual media hype regarding the solution of all our energy, health, environmental and nutrition problems. Expectedly, the urgent need for an ethical debate was also expressed. Already the DANIELLI experiment with patchwork amoeba (first reassembling of a living amoeba from parts [membrane, cytoplasm, and nucleus] of three different amoebas) is also reported as "first synthesis of one living cell" (CHEDD 1971). A few weeks before publishing, DANIELLI "alarmed" public about possible "danger" of such experiments and requested state-control of such experiments (*Time Magazine* 1970). Curiously, the discovery of recombinant DNA was not baptized as "synthesis of life" indicating the interesting socio-physiological point that an increased longing for prestige or commercial interest of some scientists could be the main motivation for such announcements (SCHUMMER 2011).

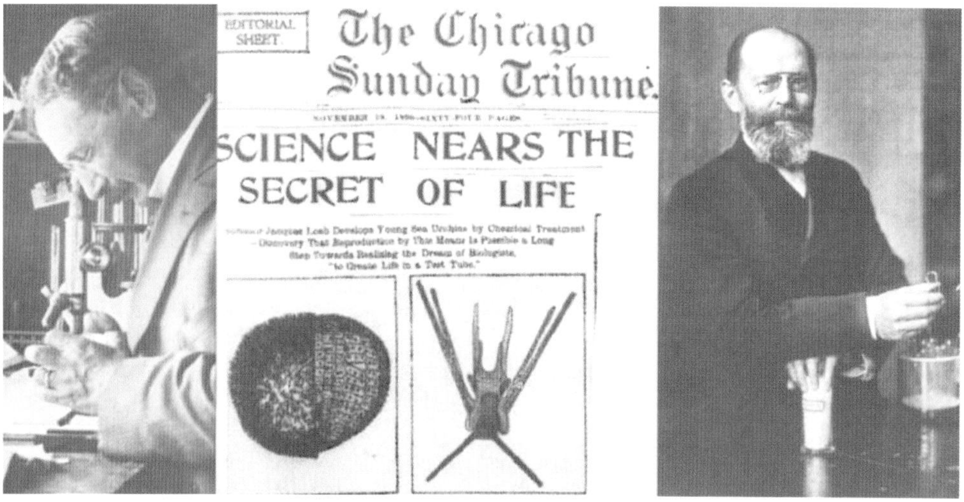

Fig. 2 Pioneers of synthetic biology: biologist Jacques LOEB (1859–1924, *left*) and chemist Emil FISCHER (1852–1919, *right*) with the early newspaper account of artificial parthenogenesis (*middle*; *The Chicago Sunday Tribune* from 1899: "Step Towards Realizing the Dream of Biologists, 'to Create Life in a Test Tube'"). Both men concluded independently that the artificial production of living beings should be possible as already at the end of the 19th century it was possible to synthesize most substances which are integral part of the animal body (amino acids, peptides, sugars, polysaccharides, pigments, nucleotides, fatty acids) in the laboratory [Sources: PAULY (1987). Controlling Life, Oxford University Press; TANFORD and REYNOLDS (2001). Nature's Robots, Oxford University Press, @copyright].

The belief in "creation of life" is based on a rigid genetic determinism and even primitive reductionism of the 19th century materialistic philosophy. This is best illustrated in a lecture entitled "Life", held in Hamburg, Germany, in 1911 where Jacques LOEB proclaimed his philosophy of reductionist experimentation that sees living organisms as chemical machines. There is indeed a long history of ingenious automatic devices already in the late antic and middle age times, not only for the popular entertainment but also for those that served for religious purposes and later influenced the mechanic materialistic philosophy of the enlightenment. For example, DESCARTES maintained that animals (and the human body) are "automata" mechanical devices differing form artificial devices only by their degree of complexity (ABLONDI 1998). With a similar belief in mind LOEB proclaimed the goal of a practical, useful and controlled design of "synthetic life" by forming new combinations of the elements of living nature in an engineering manner. In his own words: "However, it should be emphasized that modern biology is a purely experimental science, the results of which should have only one of two possible outcomes: either we succeed in mastering a biological phenomenon such that we can reproduce upon demand (such as a muscle twitch or the development of certain animal eggs by chemical stimulation); or it should be possible to determine the numerical relationship between a test condition and the biological outcome (such as the Mendelian Inheritance Law). The biology built on these principles has never experienced a setback, but has progressed steadily. […] This warrants us to hope that the artificial production of living beings will be successful in the future, for we now know that the substances, which make up living organisms, can also be produced artificially in the laboratory and that the chemical reactions that occur in these organisms can be artificially executed at the same temperature in the laboratory. [...] For the time being, there is nothing that, in principle, prevents the artificial production of living organisms. [...] Either we will synthesize organisms from non-living matter, or if this proves to be impossible, we have to find out why this problem is not soluble."[3]

Emil FISCHER is not only known for his groundbreaking works on the synthesis of carbohydrates, nucleotides, alkaloids and peptides (FISCHER 1906, 1966) but also as a visionary man and one of the most prominent advocates of the progress in chemical synthesis. In addition, he believed that the chemical synthesis of life is an achievable goal. In this spirit, he elaborated the program of "Chemical Synthetic Biology" at the edge of the 19th and 20th century. This program is a forerunner of modern synthetic biology as he stated for the first time that the metabolism of living cells can and should be influenced and even changed by the use of synthetic compounds in order to generate novel fats, wax and proteins (FISCHER 1901). FISCHER believed that modifications, design and creation of organisms with chemical methods is a kind of beginning of a grand future project: he expected new forms of life with novel/alternative chemical compositions created by synthetic means to have fundamental advantages over the known living organisms with great potentials to gain technological benefit for society.

In 1915 Emil FISCHER proclaimed "Chemical Synthetic Biology" with the following words: "How much more variations and phenomena will be shaped, when we succeed to change the chemical building blocks of the cell, and chemically manipulate it at the same time? Certainly a lot of cunning is required of the experimenter: But if today biologists and chemists combine, handling the task with the right tools and by choosing the proper model, then success is not so improbable. So I see, then, half dreaming, chemical synthetic biology emerging, capable of meddling fundamentally with the natural world in the same way that chemistry, physics and technology has been able to with the inanimate world for a long time [....] Synthesis through appropriate variations is far superior to Nature and we are able now to call such creatures into existence, which meet our desires more than all we can find currently on our dear Earth."[4]

6. Spontaneous Generation of Life

The notion of creation of life is not only part of different creation myths in almost all human societies, but was also known in medieval alchemy – a forerunner of modern chemistry (ERTL and GLOYNA 2003). The goals and promises of alchemists ('production' of gold by the transformation of metals through the Philosopher's Stone; "elixir of youth", that would cure illness, prevent ageing and confer longevity, creation of *Homunculus* etc.), seized the interest of not only medieval but still fascinates modern people as well (BRIK 1999). On the other hand, it certainly caused a fear in the society of specialized knowledge since the power of knowledge appeared to be the privilege of a few. This certainly helped to develop the image of alchemy as a profession of 'unnatural' powers, especially the attempt to produce a tiny human being – *Homunculus*: latest at this point it challenged the church's teaching regarding an omnipotent creator (VÖLKER 1994). Therefore, the theological debate about alchemy and alchemists started already in the Middle Ages. The subject was the legitimacy of their attempts to master simple

3 LOEB 1911, pp. 255–256.
4 FISCHER 1915, p. 808.

chemical transformations because these changes were considered as interference with God's creation and plans (SCHUMMER 2011).

In all times and almost all cultures spontaneous appearance of life was a trivial fact. The assumption that under proper conditions simple life forms can be formed from non-living material was a matter of common sense. For example, in Exodus the priest AARON, create frogs from Nile water and mosquitos from dust (BibleGateway.com). The spontaneous life generation is not only an integral part of Judeo-Christian tradition but also part of the sacred texts of almost all cultures. The societal influence on the conception of the life is obvious in Indian-Hindu tradition where all life forms in their origin are divided into four classes (DATTA 2006). Even the creation of humanoids has also long historical tradition: from the Jewish myth regarding Golem to the Hindu epos *Mahābhārata* that provided the first reference of cloning in history. The blind King DHRITARASHTRA became a father to hundred sons after a great guru succeeded to find the way to clone one hundred princes from just one fetus.

The Greek philosophers were also speculating about live-forming elements that include water, fire, earth, breath, heat or some subtle or spiritual principles including concepts of atom (LEUCIPPUS, DEMOCRITUS) and even evolution (EMPEDOCLES). ARISTOTLE, in his *History of Animals* wrote: "Animals and plants come into being in earth and in fluids because there is water in earth, and air in water, and in all air is vital heat so that in a sense all things are full of soul. Therefore living things form spontaneously whenever air and vital heat are enclosed in anything. When they are so enclosed, the corporeal fluids being heated, there arises as it were a frothy bubble."[5] The belief in spontaneous generation of life was wide-spread among lay and educated persons till the end of the 19th century; it was inspired in part by the observation of small organisms and microorganisms are forming in putrefying matter. However, Lazarro SPALLANZANI, Theodor SCHWANN and Luis PASTEUR successfully demonstrated that living organisms always originate from living organisms and that there is no spontaneous generation (DOETSCH 1960). In particular, they could demonstrate that heated organic matter remained sterile unless contaminated but, if contaminated, the previously heated material sustained life. This supported the conclusion that new life forms only emerge from existing ones. Interestingly, the emergence of the radical Creationism was possible only after the advances of natural sciences in the 18th and 19th century (SCHUMMER 2011).

Despite the rapid industrial progress over the past two centuries, the thoughts of modern people are not (and will not be) free from traditional (mainly religiously motivated) myths. There are different creation myths as for example, the technomorphic myths where the creator is capable not only to create but also to destroy whole cosmos (TOPITSCH 1958). This idea plays an enormous role in all three related monotheistic religions Judaism, Islam and Christianity especially the assumption that the world has one absolute beginning and origin. On the other hand, the world as cyclic system of eternal arising and passing away, without beginning and without end, is the basic concept of Hinduism and Jainism (TALIAFERNO et al. 2010). For religious and philosophical systems with the world without beginning even the question about the beginning is simply senseless. From this perspective, today's established hypothesis of natural sciences about the conditions of emerging life, which should be possible to imitate in the lab, is amazingly close to the widespread Christian belief that all life has a divine origin. This might explain why phrases such as "playing God" (DABROCK 2009) are (mis)used by

5 ARISTOTLE Book III, chapter 11.

mass media and having in general a good resonance in contemporary Western societies. All these historical and cultural aspects are excellently covered in the recent book of SCHUMMER (2011).

7. Emancipation of Synthetic Biology by "Life Synthesis"

As already mentioned, it is not easy to determine, which research could be assigned as part of synthetic biology. It is currently dominated by genomic engineering, advanced metabolic engineering, cell signaling and extended system biology. However, it is also design of protocells, biomimetic chemistry research on self-organization, RNA catalysis, minimal self-replication etc. that existed already long ago before modern synthetic biology appeared. Therefore, all these areas are trying to differentiate themselves from their original research fields (i.e. genetic engineering and chemical research on the origin of life) by emphasizing the 'synthesis of life' as a foremost research goal. Thereby, the creation of a 'minimal organism' or cell (JEWETT and FORSTER 2010) is defined as high end of all these efforts. The idea behind is that bacteria with an established minimal genome can be saddled up with almost any desired function/process. In fact, the whole methodology is a sort of classical gene-technology approach based on knock-out mutagenesis. Thereby, the 'synthesis of life' is just stylized as a demarcation criterion of synthetic biology towards recombinant DNA technology. From this point of view, as soon as any experimental discipline claims to have the 'synthesis of life' as goal, it will converge or convert overnight to "synthetic biology".

The technology of oligonucleotide synthesis (BROWN 1993) can be seen as the key experimental approach in gene technology and molecular biology. However, the synthesis of longer oligonucleotides achieved in the last decades is a technical but not conceptual advance. The use of oligonucleotides was invented already in the 1960s. For example, in 1961 Marshall W. NIRENBERG successfully initiated the deciphering of the genetic code with the help of nucleic acid oligonucleotides prepared by simple chemically procedures (NIRENBERG 2004). Eight years later, Sol SPIEGELMAN created synthetic RNA virus particles by infecting *E. coli* protoplasts with synthetic RNAs (SPIEGELMAN et al. 1970). SPIEGELMAN'S "life in a test tube" was an evolving system capable of continuous self-replication (although without intrinsic metabolism). Oligonucleotide-based technology was behind the success of Eckard WIMMER who synthesized the complete genome of poliovirus in 2002 (CELLO et al. 2002). Most recently, the announced 'creation' of the "first self-replicating synthetic bacterial cell" (*J. C. Venter Institute* 2010) is also based on sophisticated oligonucleotide-based classical gene technology. However, to create truly a 'synthetic life', it is essential to have a clue how to approach the design of an organism from scratch, to sketch a particular order of all four nucleotides A, G, C and T in genes that yields some startlingly new but entirely pre-designed outcome. But we are until now only able to copy the genetic blue prints of organisms, as VENTER, WIMMER, SPIEGELMAN and many others have done numerous times.

Therefore, without questioning the scientific value and high technical demand of these works, it is fair to say that e.g. VENTER'S experiment is done strictly in the frame of classical gene technology with the result of slightly genetically modified *Mycoplasma mycoides*. The statement of "chemical synthesis from only four flasks" (*J. C. Venter Institute* 2010) is not correct because it is about synthesis of oligonucleotides – a method known to be automated already in the 1970s. The "production of the first synthetic cell" means here the fusion of DNA from the nucleus of one cell with the protoplasm of another – which is based on the well-known method of protoplasma or somatic fusion from plant physiology established already in the 1970s (Gamborg 1975). From the engineering perspective, one has to remember that Venter and co-workers were using almost the same genome sequence from an existing bacterial genome. Apart from some mutations and genes of *Mycoplasma mycoides* they performed in an "old fashioned way" conventional genetic engineering, nothing is either designed or re-designed in this 'synthetic life'. Doubtless, Venter's work is still far from gaining real control over the design of synthetic life forms, but it is a more technically interesting work that pushes the boundaries of DNA synthesis to unprecedented dimensions.

8. Notion of the Living Cell as a Factory or a Machine with a Genetic Program

The notion of the cell as factory is an attractive descriptive term as one can say in a figurative sense that the biological transformations of chemical substances in the cell are very similar to those which take place in a modern chemical plant, where in each reaction vessel only one reaction/process is going on; the product of this process is then delivered to another container for further transformations. To some extent the synthetic biology strategy is similar to the one commonly used by engineers to gain insights into the workings of a reaction, machine, or process. Although the parameters regarding the cell's shape, morphology, intracellular organization related to nutrient access, uptake, material exchange etc. are still not fully understood, the cell component inventory falls in three categories. First is the replicative zone with genetic material (nucleic acids) and nucleic acid/protein complexes, second is the structural zone with mainly cytoskeleton proteins and third is the metabolic zone localized in between (Vendeville et al. 2011).

Interestingly, modern synthetic biology, like molecular biology in the last century, experiences the schism into two schools: 'structurists' and 'informationists' (Stent 1968). The dominance of experimental 3D models in the biology of the last decades is based on assumption that the biological function could be the best understood in the terms of cellular spatial structure along with precise three-dimensional configuration of all elements. The informational school operates with the notion that genetic information is stored in the nucleic acids strings and evoke the comparison with Turing machine, the system that possess a set of instructions written on a type which describes this machine (Heinemann and Panke 2006).

The concept of cell as computer or machine is certainly historically linked with a great European mechanistic tradition in the science and philosophy. The life is understood as mechanistic wheelwork (whereby each small wheels fit perfectly into the system of large wheels) and methodologically analyzed as such. In this way, organisms are considered as a material body, like other natural objects. For Descartes, the living being has reflection- and transmission-information capacities of (e.g.: language in humans) which he conceptualized as a "res cogritans", whereas inorganic machines are mechanically only matter to be analyzed "res extensa" (Ablondi 1998). This is the fundamental difference between living and nonliving in the Cartesian machine model: it is also the source of dualism in Western science and philosophy till our days. Leibniz called living beings "divine machines". According to his opinion, these machines are superior to human-made ones as living beings are machines which are structured in a way that even their parts are endless lines of machines (Klockenbusch 1992). From the teleonomic point of view, living beings/organisms are purposeless natural objects whereas human made machines are intentionally designed artifacts (Ayala 1970).

This mechanistic tradition with the Cartesian machine model is unintentionally again revived very recently with the widespread belief of contemporary synthetic biology in modularity as principle for the functioning of livings systems. The core of this belief is that the programming of matter in the form of living machines could be implemented in a way as a software engineer does it with the computer (Endy 2005). The transfer of ideas from research on artificial intelligence to biology also resulted in Artificial Life (AL) studies by computer simulations of biological systems and implementation of biological concepts such as evolution in software development. The terminology from informational theory and cybernetics enabled to consider cell as a machine manipulating the information carried out by a genetic program. Life as process is shaped by two forms of casualty: (*i*) the deterministic laws of chemistry and physics (Natural laws) and (*ii*) by the genetic program which determines all biological activities and phenomena. This program operates such that nucleic acids encode information and proteins execute it (Budisa 2004).

In this context, the term "genetic program" can be understood as a metaphorical but convenient way to describe the processes of cellular life and development. However, from an engineering point of view, the genetic program is more than a metaphor. A cell can be interpreted as a kind of Turing machine (a machine expressing a program) whereby the category of information is regarded as a fundamental category of nature. From this (mathematical-cybernetic) point of view, the living system is a program-controlled cybernetic entity (Danchin 2009). Danchin introduced the algorithmic view: living organisms can be seen as information traps. Living cells manipulate information, trap and accumulate it by using enzymes as Maxwell's demon like devices; they use energy to prevent the decay of living systems. He strongly supports the idea of a "category of information as a fundamental category of nature that all future developments of systems biology need to include".[6]

9. Cell as Self-reproducing Fluid State Automata

The informational level of the genetic program is usually realized by signs. In the living world, molecules act as signs which can be fixed by chemical bonds giving linear polymers. These polymers are ideal for information storage as the information can be read successively in a given order. That's why polymers are always crucial components for life even if carbon based life could most probably emerge by different mechanisms (Hofstadter 1979). In addition, the transfer of information from one generation to the next, i.e. inheritance, is commonly taken as a characteristic feature of living organisms. Therefore, in the best case, the information carrier acts as a template but at the same time as catalyst for its own reproduction. This scenario is approached by known catalytic RNA. Finally, if cells are considered as machines it will be necessary to define which type of machine this could be. The comparison with a computer is very appealing at the first glance. It states that cells have all facilities required for the reproduction of the computing machine while executing its program. However, the computer is rather a sort of von Neumann's 'solid-state automata' (von Neumann 1966) that cannot physically satisfy the prerequisite for self-reproduction. The geometrical constrains of the solid state prevents replication of such a machine in its own space. In contrast, Ganti's concept of

6 Binder and Danchin 2011, pp. 495–499.

a cell as 'self-reproducing fluid state automata' (GANTI 2003) is a much more suitable description. Here, living cells are fluid machines and the inherent unity is not constrained by the geometry of the solid state structures. The basic driving force for these 'fluid automata' is the transformation of chemical energy into directed work. This is done by repeated chemical reaction cycles.

Present day eukaryotes and prokaryotes are highly complicated systems, perfected by a long period of evolution, functioning with the aid of highly complex enzymatic systems of regulations. Thus, the basic properties of life must be sought in the organizational and functional levels of these soft systems. For that reason, cells should be seen as self-reproducing fluid automata a sort of chemical 'soft robots' or even 'soft Turing machines' rather than as electrical and mechanical devices. Therefore, the problem of design/redesign living systems approached in this way will require not only knowledge of basic chemistry and all related biological details, with obedience to the laws of chemistry and thermodynamics, but also needs to develop sophisticated mathematical formalism (CORNISH-BOWDEN and CARDENAS 2006, HORDIJK et al. 2011).

Despite of the well documented complexity associated with the notion of life even in natural sciences itself, the reductionists will always claim that life of individual living cell is causally explainable as an object/process which can be disassembled down into individual components. This naive way of thinking is in fact typical for most contemporary synthetic biologists: life is essentially a "system state" which could be explained through the analysis of individual processes and even 'synthesized' by proper combination of 'basic modules'. At the phenomenological level, life can be defined as a continuous interaction of an autonomous self-perpetuating system, composed of organic matter, with its physicochemical environment (BUDISA 2004).

As already discussed, life is not the property of a special type of matter in chemical terms, i.e. of chemical compounds (proteins, nucleic acids, lipids and carbohydrates) but rather the property of specially organized systems (GANTI 2003). In other words, life is the organization of matter and as such the property of a holistic system. Since the concept of minimal cells become almost a dogma in synthetic biology it is necessary to examine carefully what is in fact the minimal system which already exhibits the properties and characteristics of "life" and from which nothing can be removed without the loss of this property. In this system nothing would be superfluous as it consists only of the minimal numbers of elements necessary for the existence of the given quantitative property. For example, in crystallography, the elementary cell is the smallest entity as its further reduction is not possible. But what is the basic unit in biology?

In order to answer this question, Tibor GANTI proposed already in 1978 the chemoton model as a minimal chemical system that satisfies "life criteria" (GANTI 1978). It is most probably the best model among the existing ones as it clearly defines life from a chemical perspective. It enables us to understand how it is possible to organize chemical autocatalytic super-systems by the integration of several subsystems: chemical replication (genetic material), an autocatalytic chemical cycle (minimal metabolic chart) and a boundary membrane (compartmentalization). This concept is based on pure chemical intuition ("whole life is chemistry") and as such similar (but not identical!) to the autopoesis concept of VARELA and MATURANA (VARELA et al. 1974). Nonetheless, the chemoton can be seen as an autopoetic unit, a sort of system that is capable of sustaining itself due to an inner network of reactions that regenerate the system's components. Despite of permanent chemical transformations occurring in the living cell, the system does not decompose – inherent stability is an organizational property of living cells. Thereby, compartmentalization is an extremely important principle for life maintenance. It enables chemically unstable compounds to react in a controlled manner and make living system capable of storing chemical energy. In this context, we can define homeostasis as the constancy of a living system's inner environment.

10. Darwinian Evolution as a By-product of the Chemical Properties of Complex Self-organized Systems?

Open systems are dissipative structures far from equilibrium that can only be maintained at the price of performing continuous work (VARELA et al. 1974). Thus, when constructing a "synthetic cell" it is necessary to establish an organizational mode of constrained paths of fluid chemical systems which are able to function continuously. This means, a genetic program (genome) capable to direct cell maintenance and repair is needed. However, what we today colloquially call "research on artificial life" or "synthetic cells" is based on the usage of imprecise and (un)defined terminology as already discussed above. These researches are mainly focused on heredity, mutations and differential reproduction capacities (i.e. evolution) of already available living systems. Therefore, the correct term for these activities would be "artificial evolution". But this design principle has nothing to do with the fundamental principles of life according to criteria (e.g. absolute and potential) defined by GANTI (1978). According to this logic of thinking, evolution is not an inherent property of life. On the other hand, DOBZHANSKY, one of the great authorities of evolutionary biology of the 20th century, stated that "nothing in biology makes sense except in the light of evolution" (GRIFFITHS 2009), a statement with which nearly all modern biologists would agree. Even chemists dealing with fundamental problems of biological complexity such as Steven BENNER defined life as "a self-sustaining chemical system capable of Darvinian Evolution" (BENNER et al. 2011). However, in the excellent essay entitled "What does it Mean to be Alive?" dealing with the ROSEN's mathematical concept of metabolic circularity CORNISH-BOWDEN and CARDENAS correctly remarked: "The point here is that staying alive was the problem that needed to be solved first: the early organisms could not begin to reproduce or evolve until they had learned how to stay alive, maintaining organizational invariance in the face of changing conditions."[7]

The major intellectual problem with Darwinian evolution of life on Earth is that it is indeed a historic doctrine, and not science in *sensu strictu*. That means that we cannot follow evolution back into the 'primordial soup' world as the prebiotic fossil record is decayed or wiped clean by later generations and populations of cells. Fortunately, one does not need a detailed history of prebiotic conditions in order to deduce the physico-chemical laws that necessary led to the first life on the Earth (EIGEN and SCHUSTER 1977). We have fragmentary information that remained – the genetic code, transmission of the genetic information and the known reaction pathways of biochemistry. This should enable us to make definite statements about the natural laws and chemical constraints that shaped the phenomenon that we call 'life'. Extant life forms share common organization of basic biochemical cycles and macromolecular structure: there is common set of macro-molecules (nucleic acids, proteins,

7 CORNISH-BOWDEN and CARDENAS 2006, pp. 27–39.

polysaccharides and fatty acids) and almost identical organization of information processing and metabolic pathways.

A surprisingly standardized chemistry is revealed when each class of these large molecules is decomposed into basic building blocks. The relatively small and definite number of them can be divided into four main groups: (*i*) 20 canonical amino acids from which proteins are assembled; (*ii*) definite number of nitrogen-containing basically unsaturated cyclic compounds for the purines and pyrimidines in nucleic acids, pyrroles and porphyrins in cell pigments/receptors and standard precursors in many natural products such as alkaloids; (*iii*) defined number of sugars and their derivatives; (*iv*) the fats and sterols related to them. Of all these compounds the amino acids or at least the simplest among them appear to be the most primordial ones. They are indeed basis for more complex intracellular syntheses. For example, nitrogen-containing ring structures are generated metabolically by ring closure (cyclization) and of hydrogen abstraction (elimination) from basic amino acids whereas the sugars and carbohydrates are formed by photosynthesis from carbon dioxide and water. In inanimate nature these chemical transformations are driven by the use of larger amounts of energy or the high temperature whereas in the protoplasm of living organisms these processes are mediated enzymatically at relatively low temperatures. This was obvious even without knowing chemical details or even chemistry of life in general, as early as in the 16th century physician Fernel described life processes as a „low flameless fire".[8]

11. A Step Toward a Parallel Biological World?

The current biological research is dominated by analytical approaches with the indifference and even skepticism towards the possibility to explore the novel chemistries in the life. This is due to the prevailing dogma of contemporary molecular and systems biology that *in vivo* delivery of novel (i.e. non-standard) chemistries is rather limited as it usually allows only small/negligible variations in the basic design of the living cells. From this point of view the reprogramming of cells with synthetic ingredients certainly could not compete with the chemical and functional diversity, which is produced by genetic mutations, recombination and horizontal transfer of genetic material in the evolution of natural organisms (Marliere 2009).

However, these beliefs were challenged already in the 1950s and 1960s when it was demonstrated that e.g. the incorporation of non-canonical amino acids into organismal proteomes is indeed possible (Cowie and Cohen 1957). In addition, a series of recent experiments demonstrated unequivocally that synthetic compounds absent from natural species could nevertheless be used by living cells as indispensable nutrients. Expectedly, microbial strains (auxotrophs) fully substituted with alien components grow poorly and reverted easily to the usage of the canonical substances (Pezo et al. 2004). Thus, the important task of chemical synthetic biology in this respect is to find conditions for breeding such cells in indefinite duration and in genetic isolation from extant species. Doubtless, unanticipated forms of life would emerge from populations designed in an experiment of substituting components of living cells with non-canonical counterparts. Therefore, the advent of a whole new biological world is plausible. From this perspective, the design of genetically modified organisms (in the frame of classical

8 Bernal 1954, Vol. 3, p. 837.

genetics) was only the first step of the long way of searching for reliable methodologies to design and deploy artificial biodiversity while preserving the old natural world (MARLIERE 2009).

Natural evolution is a contingent historical process, like the flow of the river, in which events at any point influence its whole future course. In contrast, the directed evolution of living beings with novel/alternative chemical compositions is like a road that follows a course that has to be optimally designed. The course of a road is not an historical but rather goal-directed process, allowing no deviations from the given path. In other words, human intellect will now act as a specific directing principle to create *in vivo* genetic variation that accommodates novel and inventive chemistry and open a door to the parallel biological world.

Acknowledgements

Dr. Lars MERKEL is greatly acknowledged for critical reading of the manuscript and Monika FRANKE for her help with the German translation of the summary.

References

ABLONDI, F.: Automata, living and non-living: Descartes' mechanical biology and his criteria for life. Biology & Philosophy *13*/2, 179–186 (1998)

AGAPAKIS, C. M., and SILVER, P. A.: Synthetic biology: exploring and exploiting genetic modularity through the design of novel biological networks. Molecular Biosystems *5*/7, 704–713 (2009)

ALBERTS, B.: A grand challenge in biology. Science *333*/6047, 1200 (2011)

ARISTOTLE: On the Generation of Animals. Translated by A. PLATT. The University of Adelaide Library (web edition published by eBooks@adelaide.) University of Adelaide (Australia) 2012

AYALA, F. J.: Teleological explantions in evolutionary biology. Philosophy of Science *37*/1, 1–10 (1970)

BASHOR, C. J., HORWITZ, A. A., PEISAJOVICH, S. G., and LIM, W. A.: Rewiring cells: Synthetic biology as a tool to interrogate the organizational principles of living systems. Annual Review of Biophysics *39*, 515–537 (2010)

BENNER, S. A., YANG, Z. Y., and CHEN, F.: Synthetic biology, tinkering biology, and artificial biology. What are we learning? Comptes Rendus Chimie *14*/4, 372–387 (2011)

BENSAUDE-VINCENT, B.: Synthetic biology as a replica of synthetic chemistry? Uses and misuses of history. Biological Theory *4*/4, 314–318. (2009)

BERNAL, J. D.: Science in History. London: Watts & Co. 1954 Übersetzung von L. BOLL: Die Sozialgeschichte der Wissenschaften. Hamburg: Rowohlt 1978

BibleGateway.com

BINDER, P. M., and DANCHIN, A.: Life's demons: information and order in biology. EMBO Reports *12*/6, 495–499 (2011)

BOHANNON, J.: The life hacker. Science *333*/6047, 1236–1237 (2011)

BRIK, M. E.: History of chemistry in Arab-Muslim civilisation. Actualite Chimique *3*, 30–36 (1999)

BROWN, D. M.: A brief history of oligonucleotide synthesis. Methods in Molecular Biology *20*, 1–17 (1993)

BUDISA, N.: Prolegomena to future experimental efforts on genetic code engineering by expanding its amino acid repertoire. Angewandte Chemie International Edition English *43*/47, 6426–6463 (2004)

BUDISA, N., MORODER, L., and HUBER, R.: Structure and evolution of the genetic code viewed from the perspective of the experimentally expanded amino acid repertoire in vivo. Cellular and Molecular Life Sciences 55/12, 1626–1635 (1999)

CELLO, J., PAUL, A. V., and WIMMER, E.: Chemical synthesis of poliovirus cDNA: Generation of infectious virus in the absence of natural template. Science *297*/5583, 1016–1018 (2002)

CHEDD, G.: Danielli the profet. New Scientist *1971*, 124 (1971)

CORNISH-BOWDEN, A., and CARDENAS, M. L.: Bringing chemistry to life: what does it mean to be alive? In: HICKS, M. G., and KETTNER, C. (Eds.): Molecular Interactions: Bringing Chemistry to Life; pp. 27–39. Frankfurt (Main): Beilstein Institute 2006

COWIE, D. B., and COHEN, G. N.: Biosynthesis by *Escherichia coli* of active altered proteins containing selenium instead of sulfur. Biochimica et Biophysica Acta *26*/2, 252–261 (1957)

DABROCK, P.: Playing God? Synthetic biology as a theological and ethical challenge. Systems and Synthetic Biology *3*/1–4, 47–54 (2009)

DANCHIN, A.: Bacteria as computers making computers. FEMS Microbiology Reviews *33*/1, 3–26 (2009)

DANIELLI, J. F.: Can man control his biological evolution – Symposium on genetic engineering 4. Artificial synthesis of new life forms. Science and Public Affairs – Bulletin of the Atomic Scientists *28*/10, 20–24 (1972)

DANIELLI, J. F.: Genetic engineering and life synthesis – Introduction to review by R. WIDDUS and C. AULT. International Review of Cytology-a Survey of Cell Biology *38*, 1–5 (1974)

DATTA, A.: The Encyclopaedia of Indian Literature. New Delhi: Sahitya Akademi 2006

DIETZ, S., and PANKE, S.: Microbial systems engineering: First successes and the way ahead. Bioessays *32*/4, 356–362 (2010)

DOETSCH, R. N.: Microbiology – Historical Contributions from 1776 to 1908. New Brunswick (NJ): Rutgers University Press 1960

EIGEN, M., and SCHUSTER, P.: Hypercycle – principle of natural self-organization – A) emergence of hypercycle. Naturwissenschaften *64*/11, 541–565 (1977)

ENDY, D.: Foundations for engineering biology. Nature *438*/7067, 449–453 (2005)

ENGELS, F.: Anti-Dühring. Leipzig: Vorwärts 1877

ERTL, G., and GLOYNA, T.: Catalysis – From philosopher's stone to Wilhelm Ostwald. Zeitschrift für Physikalische Chemie-International Journal of Research in Physical Chemistry & Chemical Physics *217*/10, 1207–1219 (2003)

FISCHER, E.: Untersuchungen über Aminosäuren, Polypeptide und Proteine. Ber. Chem. Ges. *39*, 530–610 (1906)

FISCHER, E.: Synthetical chemistry in its relation to biology (Faraday Lecture). J. Chem. Soc. Chem. Commun. *91*, 1749–1765 (1907)

FISCHER, E.: Die Kaiser-Wilhelm-Institute und der Zusammenhang von organischer Chemie und Biologie. (1915) In: FISCHER, E.: Gesammelte Werke. Hrsg. von M. BERGMANN. S. 796–809. Berlin: Springer 1924

FISCHER, E.: Syntheses in the purine and sugar group. (1902) In: Nobel Lectures, Chemistry 1901–1921; pp. 21–35. Amsterdam: Elsevier 1966

FISCHER, E., and FOURNEAU, E.: Über einige Derivate des Glykocolls. Ber. Deutsch. Chem. Ges. *34*, 2868–2877 (1901)

FONTECAVE, M.: Understanding life as molecules: Reductionism versus vitalism. Angewandte Chemie – International Edition *49*/24, 4016–4019 (2010)

GAMBORG, O. L.: Plant tissue culture methods in somatic hybridization by protoplast fusion and transformation. Advances in Experimental Medicine and Biology *62*, 45–63 (1975)

GANTI, T.: Chemical systems and super-systems. 3. Models of self-reproducing chemical super-systems – Chemotons. Acta Chimica Academiae Scientarium Hungaricae *98*/3, 265–283 (1978)

GANTI, T.: The Principles of Life. Oxford: Oxford University Press 2003

GAYON, J.: Defining life: Synthesis and conclusions. Origins of Life and Evolution of Biospheres *40*/2, 231–244 (2010)

GIBBS, W. W.: Synthetic life. Scientific American *290*/5, 74–81 (2004)

GIBSON, D. G., GLASS, J. I., LARTIGUE, C., NOSKOV, V. N., CHUANG, R. Y., ALGIRE, M. A., BENDERS, G. A., MONTAGUE, M. G., MA, L., MOODIE, M. M., MERRYMAN, C., VASHEE, S., KRISHNAKUMAR, R., ASSAD-GARCIA, N., ANDREWS-PFANNKOCH, C., DENISOVA, E. A., YOUNG, L., QI, Z. Q., SEGALL-SHAPIRO, T. H., CALVEY, C. H., PARMAR, P. P., HUTCHISON, C. A. 3rd, SMITH, H. O., and VENTER, J. C.: Creation of a bacterial cell controlled by a chemically synthesized genome. Science *329*/5987, 52–56 (2010)

GRENFELL, J. L., RAUER, H., SELSIS, F., KALTENEGGER, L., BEICHMAN, C., DANCHI, W., EIROA, C., FRIDLUND, M., HENNING, T., HERBST, T., LAMMER, H., LÉGER, A., LISEAU, R., LUNINE, J., PARESCE, F., PENNY, A., QUIRRENBACH, A., RÖTTGERING, H., SCHNEIDER, J., STAM, D., TINETTI, G., and WHITE, G. J.: Co-evolution of atmospheres, life, and climate. Astrobiology *10*/1, 77–88 (2010)

GRIFFITHS, P. E.: In what sense does 'Nothing make sense except in the light of evolution'? Acta Biotheoretica *57*/1–2, 11–32 (2009)

HEINEMANN, M., and PANKE, S.: Synthetic biology – putting engineering into biology. Bioinformatics *22*/22, 2790–2799 (2006)

HOFSTADTER, D. R.: Gödel, Escher, Bach: An Eternal Golden Braid. Basic Books 1979

HORDIJK, W., KAUFFMAN, S. A., and STEEL, M.: Required levels of catalysis for emergence of autocatalytic sets in models of chemical reaction systems. International Journal of Molecular Sciences *12*/5, 3085–3101 (2011)

J. C. Venter Institute: First self-replicating, synthetic bacterial cell constructed by J. Craig Venter Institute researchers. From http://www.jcvi.org/cms/research/projects/first-self-replicating-synthetic-bacterial-cell/overview. (2010)

JASPERS, K., WALLRAFF, C. F., and SCHMITZ, F. J.: Nietzsche: An Introduction to the Understanding of his Philosophical Activity. Baltimore, London: The Johns Hopkins University Press 1997

JAYAS, D. S.: The role of biology in shaping the engineering profession. In: KINSLER, W., SEBAK, A., and FERENS, K. (Eds.): Canadian Conference on Electrical & Computer Engineering. Winnipeg: IEEE 2002

JEWETT, M. C., and FORSTER, A. C.: Update on designing and building minimal cells. Current Opinion in Biotechnology *21*/5, 697–703 (2010)

KHALIL, A. S., and COLLINS, J. J.: Synthetic biology: applications come of age. Nature Reviews Genetics *11*/5, 367–379 (2010)

KLOCKENBUSCH, R.: Divine machines – automation for the living in Descartes, Leibniz, Lamettrie and Kant. Kant-Studien *83*/2, 228–233 (1992)

LOEB, J.: On artificial parthenogenesis in sea urchins. Science (New York, NY) *11*/277, 612–614 (1900)

LOEB, J.: Das Leben. (1911) In: THEN, C.: Dolly ist tot: Biotechnologie am Wendepunkt. S. 255–280. Zürich: Rotpunktverlag 2008

LUISI, P. L.: Chemical aspects of synthetic biology. Chemistry & Biodiversity *4*/4, 603–621 (2007)

MACHERY, E.: Why I stopped worrying about the definition of life ... and why you should as well. Synthese *185*/1, 145–164 (2012)

MARLIERE, P.: The farther, the safer: a manifesto for securely navigating synthetic species away from the old living world. Systems and Synthetic Biology *3*/1–4, 77–84 (2009)

MULTHAUF, R. P.: The Origins of Chemistry. London: Oldbourne 1966

NEUMANN, J. VON: Theory of Self-Reproducing Automata. Urbana, London: University of Illinois Press 1966

NIRENBERG, M.: Historical review: Deciphering the genetic code – a personal account. Trends in Biochemical Sciences *29*/1, 46–54 (2004)

OUZOUNIS, C., and KYRPIDES, N.: The emergence of major cellular processes in evolution. FEBS Letters *390*/2, 119–123 (1996)

PACE, N. R.: The universal nature of biochemistry. Proc. Natl. Acad. Sci. USA *98*/3, 805–808 (2001)

PANKE, S.: Synthetic Biology – Engineering in Biotechnology. C. o. a. B. o. SATW. Zurich: Swiss Academy of Engineering Sciences (SATW) (2008)

PAULY, P. J.: Controlling Life – Jacques Loeb & The Engineering Ideal in Biology. New York, Oxford: Oxford University Press 1987

PEZO, V., METZGAR, D., HENDRICKSON, T. L., WAAS, W. F., HAZEBROUCK, S., DÖRING, V., MARLIÈRE, P., SCHIMMEL, P., and DE CRÉCY-LAGARD, V.: Artificially ambiguous genetic code confers growth yield advantage. Proc. Natl. Acad. Sci. USA *101*/23, 8593–8597 (2004)

PROSS, A.: The driving force for life's emergence: Kinetic and thermodynamic considerations. Journal of Theoretical Biology *220*/3, 393–406 (2003)

RUIZ-MIRAZO, K.: Working towards the „minimal cell": A bottom-up proposal. Origins of Life and Evolution of the Biosphere *36*/3, 216–218 (2006)

RUIZ-MIRAZO, K., PERETO, J., and MORENO, A.: A universal definition of life: Autonomy and open-ended evolution. Origins of Life and Evolution of Biospheres *34*/3, 323–346 (2004)

RUIZ-MIRAZO, K., PERETO, J., and MORENO, A.: Defining life or bringing biology to life. Origins of Life and Evolution of Biospheres *40*/2, 203–213 (2010)

SCHUMMER, J.: Das Gotteshandwerk: Die künstliche Herstellung von Leben im Labor. Berlin: Suhrkamp 2011

SPIEGELMAN, S., BURNY, A., DAS, M. R., KEYDAR, J., SCHLOM, J., TRAVNICEK, M., and WATSON, K.: Characterization of products of RNA-directed DNA polymerases in oncogenic RNA viruses. Nature *227*/5258, 563–567 (1970)

STENT, G. S.: That was molecular biology. That was. Science *160*/3826, 390–395 (1968)

TALIAFERNO, C., DRAPER, P., and QUINN, P. L.: Companion to Philosophy of Religion. Weinheim: Wiley 2010

TANFORD, C., and REYNOLDS, J.: Nature's Robots. A History of Proteins. Oxford: Oxford University Press 2001

Time Magazin: Science: The making of an Amoeba. Time Magazine (1970)

TOEPFER, G.: Kants Lebensbegriff. Historisches Wörterbuch der Biologie. Bd. *2*, S. 434–435. Stuttgart: J. B. Metzler 2011a

TOEPFER, G.: Leben als Veränderung und Evolution. Historisches Wörterbuch der Biologie. Bd. *2*, S. 439–440. Stuttgart: J. B. Metzler 2011b

TOEPFER, G.: Leben lebt immer auf Umkosten andern Leben. Historisches Wörterbuch der Biologie. Bd. *2*, 457–458. Stuttgart: J. B. Metzler 2011c

Toepfer, G.: Teleology and its constitutive role for biology as the science of organized systems in nature. Studies in History and Philosophy of Biological and Biomedical Sciences *43*/1, 113–119 (2012)

Topitsch, E.: Vom Ursprung und Ende der Metaphysik – Eine Studie zur Weltanschauungskritik. Wien: Springer 1958

Trifonov, E. N.: Vocabulary of definitions of life suggests a definition. Journal of Biomolecular Structure & Dynamics *29*/2, 259–266 (2011)

Varela, F. G., Maturana, H. R., and Uribe, R.: Autopoiesis: the organization of living systems, its characterization and a model. Currents in Modern Biology *5*/4, 187–196 (1974)

Vendeville, A., Larivière, D., and Fourmentin, E.: An inventory of the bacterial macromolecular components and their spatial organization. FEMS Microbiology Reviews *35*/2, 395–414 (2011)

Völker, K.: Künstliche Menschen. Frankfurt (Main): Suhrkamp 1994

Yeh, B. J., and Lim, W. A.: Synthetic biology: lessons from the history of synthetic organic chemistry. Nature Chemical Biology *3*/9, 521–525 (2007)

Prof. Dr. Nediljko Budisa
Berlin Institute of Technology
TU Berlin
Department of Chemistry
Franklinstraße 29
10587 Berlin
Germany
Tel.: +49 30 31428821
Fax: +49 30 31428279
E-Mail: budisa@chem.tu-berlin.de

Nova Acta Leopoldina NF *116*, Nr. 394, 119–130 (2012)

Biologische Selbstorganisation im Reagenzglas – ein Weg zur künstlichen Zelle?[1]

Petra SCHWILLE ML (Dresden/München)

Mit 2 Abbildungen

1 Dieser Vortrag wurde in ähnlicher Form auf der öffentlichen Tagung des Ethikrates „Werkstatt Leben. Bedeutung der Synthetischen Biologie für Wissenschaft und Gesellschaft" am 23. 11. 2011 an der Universität Mannheim gehalten.

Petra Schwille

Zusammenfassung

Die Synthetische Biologie hat sich in den letzten Jahren als ein neuer Zweig der Biologie etabliert. Diese Disziplin bzw. das, was unter ihr zu verstehen ist, ist dabei keineswegs einheitlich. Gemeinsames Kennzeichen der verschiedenen Ansätze ist aber die Absicht, biologische Systeme einer mehr ingenieurwissenschaftlichen Herangehensweise zu unterwerfen und durch Modularisierung biologischer Funktionselemente Konstruktionsmodelle für veränderte oder völlig neue biologische Systeme aus der physikalisch-technischen Sphäre zu übernehmen. Das Bestreben, Systeme zu simplifizieren und auf ihre minimalen funktionalen Einheiten zurückzuführen, ist von jeher das Kennzeichen und Erfolgsrezept der physikalischen Wissenschaften. Ob dieser Ansatz auf die Biologie mit ihrer unfassbar großen Komplexität zu übertragen ist, ist durchaus umstritten. Unsere biophysikalisch ausgerichtete Arbeitsgruppe ist seit einigen Jahren daran interessiert, biologische Phänomene in minimalen Systemen von funktionalen Komponenten zellfrei zu rekonstituieren sowie in diesen deutlich weniger komplexen und einer quantitativen Analyse besser zugänglichen Systemen hochsensitive dynamische Messungen auf Einzelmolekülebene durchzuführen. Von großem Interesse ist dabei die Rekonstitution von biologischen Phänomenen wie Selbstorganisation, Musterbildung und Zellpolarisation. Ein äußerst interessantes System ist durch Teile des Zellteilungsapparats des Bakteriums *E. coli* gegeben. Diese sogenannten Min-Proteine führen in der lebenden Zelle Pol-zu-Pol-Oszillationen aus, die die Mittelebene der Zelle definieren und für die Teilung vorbereiten. In ein minimales zellfreies System, aus nur zwei Proteinsorten und einer Membran rekonstituiert, lassen sich bei Zugabe von chemischer Energie in Form von ATP mit diesen Proteinen faszinierende Selbstorganisations- und Musterbildungsprozesse beobachten, die ein klassisches Beispiel von sogenannten Reaktions-Diffusions-Systemen darstellen. Solche Systeme sind von großer Bedeutung bei den ersten Schritten der Ausdifferenzierung von Zellen und Organismen.

Abstract

Synthetic Biology has in the past years established itself as a promising new field in biology. However, like many new fields, it is by no means homogeneous. One common motif of the different initiatives entitled Synthetic Biology is the concept of modularity: to dissect biological systems into their functional modules, which may then be engineered to modified or fully new biological entities, employing construction principles taken from the technical sciences. Simplifying and quantitatively approaching systems by first dissecting them into smaller functional modules has long been the success principle of the physical sciences. However, it has been questionable whether this approach can easily be transferred to biology, where compositional complexity seems to be one of its defining principles. Our group aims at reconstituting fundamental biological phenomena, such as self-organization, pattern formation, and polarization, in minimal functional systems composed of only few modules. We have recently demonstrated the emergence of self-organization in the form of traveling protein waves, in a system consisting of only two protein species, a membrane, and ATP as an energy source. The proteins (MinD and MinE) are part of the bacterial divisome, and undergo in the living cell pole-to-pole oscillations to define the division site.

This phenomenon of pattern formation through reaction-diffusion serves as a paradigm how first structures may be formed in the differentiation of biological systems, even from a starting point of fully soluble and well mixed components.

In meinem Beitrag möchte ich die Synthetische Biologie aus der Sicht einer der Biologie benachbarten naturwissenschaftlichen Disziplin, der Physik, oder konkreter: der Biophysik, darstellen. Insofern darf ich nicht als typische Repräsentantin der Synthetischen Biologie gelten, hoffe aber dennoch, einige grundlegende Dinge vermitteln zu können und vielleicht auch Appetit zu wecken auf die spezielle Zugangsweise, die Biophysiker oder quantitativ orientierte Biologen zu dieser neuen Forschungsrichtung haben.

Zunächst einmal: Was will eigentlich die Synthetische Biologie? Man könnte bösartig vermuten: Es handelt sich, wie oft, wenn eine neue Disziplin propagiert wird, um alten Wein in neuen Schläuchen, denn die Ziele, zumindest in anwendungsbezogener Hinsicht, sind eigentlich die gleichen wie die der traditionellen Biotechnologie. Man erhofft sich von der Synthetischen Biologie neue Wirkstoffe bzw. neue Chemikalien, die als Pharmaka dienen können. Wir erhoffen uns von der Synthetischen Biologie einen Beitrag zur Frage der zukünftigen Energieversorgung. Wichtige Aspekte sind auch, neue Materialien zu generieren oder aber Materialien leichter und effizienter recycelbar zu machen. Die Aufgaben sind somit vielfältig. Wir wissen alle, dass die Natur äußerst interessante Lösungen zu diesen Fragen anzubieten vermag: seien es Energieerzeugung aus Sonnenlicht oder Biomasse, leichte und robuste Materialien oder Naturstoffe zur Bekämpfung von Krankheitserregern. Es ist somit nicht zu viel verlangt, die Biotechnologie noch einmal auf neue Ansätze und Strategien hin abzuklopfen.

Wo liegen überhaupt die Limitationen der traditionellen Biotechnologie? Sie haben alle schon vom Klonieren gehört und wissen vermutlich zumindest im Prinzip, wie es funktioniert. Dabei wird die genetische Information für biologische Stoffe, meistens Proteine oder deren Produkte, die man in großem Maßstab herstellen möchte, in einen sehr kleinen und hochreproduktiven Organismus eingebracht. Das ist oft ein Bakterium, *E. coli* ist dabei sehr beliebt. Eine der ersten Erfolgsgeschichten dieser Technologie ist die gentechnische Herstellung des Insulins, das früher sehr viel teurer und in deutlich problematischerer Qualität aus Tieren gewonnen werden musste. Wenn man das Gen, also die genetische Information eines bestimmten Proteins, in einen anderen Organismus einschleust, wird es dort wie die eigene DNA behandelt und entsprechend in das jeweilige Protein übersetzt und zusammengebaut. Nur ist dieser Produktionsorganismus eben ein eigenständiger Organismus, und jeder Organismus hat grundsätzlich andere „Interessen", als das, was ihm in irgendeiner Form von Fremd-DNA aufoktroyiert wird, einfach zu produzieren. Jedes natürliche System hat durch Jahrmillionen der Evolution und durch Konkurrenz mit anderen Systemen gelernt, mit Informationen, die von außen kommen – sehr oft sind es schädliche Informationen, z. B. von Krankheitserregern –, umzugehen und sie auszuschalten. Jeder Produktionsorganismus, auch simple Bakterien, hat also prinzipielle Mechanismen, sich gegen die Produktion ihm fremder Stoffe zu wehren.

Dabei sollte man sich auch immer vergegenwärtigen, dass die Prozesse, die in Organismen ablaufen, trotz ihrer offensichtlichen Effizienz und Funktionalität nicht ingenieursmäßig designt sind. Ein lebendes System, das in einem feindlichen Umfeld leben muss, verfügt daher über viele Redundanzen und scheinbar überflüssige Strukturen in seinem Bauplan. Diese sind aber, da sie aus dem Zellmetabolismus gespeist werden müssen, energieaufwendig und machen die Produktion eines bestimmten Stoffes, rein unter dem Kosten-Nutzen-Aspekt betrachtet, ineffizient. Egal, was wir daher in einem Bakterium produzieren wollen: der Organismus bzw. wir, die wir ihn kultivieren wollen, müssen immer eine hohe Steuer in Form von metabolischer Energie dafür bezahlen. Oder in anderen Worten: wir müssen viel mehr Bakterien kultivieren, als wir im Idealfall bräuchten.

Die Frage, die die Synthetische Biologie nun stellt, ist, ob wir diese „Steuer" irgendwie umgehen können und dadurch die Effizienz beim Klonieren dramatisch steigern. Das eigentlich methodisch Neue dieser biologischen bzw. biotechnologischen Teildisziplin ist es also, einen ingenieurswissenschaftlichen Ansatz zur Biologie durchzuspielen. Das Schlüsselwort dieses Ansatzes ist „modular". Modularität, und damit schrittweises Zerlegen und Konstruieren, ist das Kennzeichen und Erfolgsgeheimnis ingenieurstechnischen Denkens. Alles, was als technisches Gerät designt wird, vom Auto bis zum Notebook, ist grundsätzlich modular aufgebaut. Besonders deutlich wird das auf Schaltbildern, die wir aus der Informationstechnologie kennen; hier werden einzelne einfache Schaltelemente in großer Zahl zusammengesetzt, und daraus entsteht ein neues, großes Element mit hochkomplizierter Funktion.

Letzten Endes kann man auch die Biologie als modular beschreiben. Das beginnt bei den einzelnen Genen und geht weiter mit den Domänen eines Proteins. Proteine sind die Eiweiße, deren Informationen in den Genen codiert sind; auch diese Proteine sind modular aufgebaut. Sie haben z. B. Module, die diese Proteine spezifisch in verschiedene Regionen der Zelle bringen, sie beispielsweise an eine Membran anheften; andere haben ein enzymatisch aktives Modul, ein sogenanntes reaktives Zentrum. Heute verstehen wir so viel von diesen Proteinen, dass wir die meisten dieser funktionalen Module recht gut beschreiben können. Die meisten Proteine bestehen aus vielen Modulen, von denen wir einzelne in ihrer spezifischen Funktion noch nicht und andere sehr gut verstehen. Je größer ein Protein ist, je mehr Module es hat, desto schwieriger ist es gemeinhin auch, es zu produzieren – noch dazu in einem fremden Organismus. Es spricht also viel dafür, zu sagen: Wir kennen bestimmte Module, wir kennen die genetische Information speziell für diese Module – warum bringen wir nicht einfach die Module, von denen wir genau verstehen, wie sie funktionieren und wofür sie gut sind, zusammen und bauen daraus ein kleineres, weniger kompliziertes Protein, das eigentlich nur das tut, von dem wir wissen, was es tut, und mit dem wir einfacher arbeiten können? Vielleicht ist es für unseren Wirtsorganismus sehr viel einfacher, dieses „abgekürzte", bzw. mutmaßlich effizienter gemachte, Protein zu produzieren. Das ist kurz gefasst die Idee hinter dem ingenieurswissenschaftlich motivierten Versuch, die Biologie zu modularisieren und letztlich dadurch zu vereinfachen.

Viele technische Probleme auf dem Weg hin zu dieser synthetischen Darstellung der Biologie sind schon gelöst. Wir kennen die Prozessschritte der rekombinanten DNA, wir wissen, wie man DNA in großen Mengen herstellt oder wie man sie in fremde Organismen einschleust. Wir kennen eine Vielzahl von funktionalen Proteinmodulen und ihre genetische Information, die bereits im Internet zu einer allgemein zugänglichen Bibliothek („Registry") zusammengestellt ist. Nur die Abstraktion bekannter biologischer Prozesse und die Standardisierung der relevanten Module sind unter ingenieurswissenschaftlichen Gesichtspunkten noch nicht zur Perfektion gediehen. Standardisierung heißt dabei, dass ein Modul sich nicht nur in einem bestimmten Organismus oder molekularen Zusammenhang so verhält, wie es soll, sondern in möglichst vielen. Man kann das ein wenig mit der Standardisierung von Werkteilen, wie z. B. Schrauben, vergleichen. Obwohl jede Schraube im Prinzip dieselbe Funktion erfüllt, kommt es doch sehr auf ihre Größe und Gewindeart an, ob man sie für eine konkrete Aufgabe jeweils auch verwenden kann. Eine solche Standardisierung für biologische Module, Proteine oder ihre Untereinheiten, vorzunehmen, ist die Aufgabe eines sehr großen Teils der Synthetischen Biologie.

Man kann derzeit nicht über Synthetische Biologie sprechen, ohne Craig Venter zu erwähnen. Sicherlich hat jeder von Ihnen davon gehört, dass Craig Venter künstliches Leben geschaffen hat. Diese Meldung, basierend auf einer Publikation der Venter-Gruppe (Gibson et al. 2010), ging im Jahr 2010 durch alle Medien. Wenn man genau hinsieht, war das natürlich nicht richtig – auch das hat sich mittlerweile herumgesprochen. Er hat – und das ist eine enorme technische Leistung – das gesamte Genom eines Bakteriums synthetisch hergestellt und in ein Bakterium ohne eigene DNA eingebracht. Das heißt, er hat zunächst das natürliche Genom des Bakteriums herausgenommen, selbst eines hergestellt und dieses wieder in das „ausgehöhlte" Bakterium hineingetan, und tatsächlich: Dieses synthetische Bakterium – in der Weise synthetisch, dass eben das neue Genom synthetisch ist – hat tatsächlich gelebt und das getan, was Bakterien normalerweise tun: Es hat sich vermehrt.

Das ist eine enorme technische Leistung. Schon tausend Basenpaare lange DNA-Stücke sind aufwändig und teuer herzustellen, aber hier geht es um Tausend mal mehr, eine Million Basenpaare. Die Frage, die sich viele nun stellen werden, ist natürlich: Was soll das? Warum hat er das gemacht? Was für ein hoher technischer Aufwand, für das im Grunde doch eher sinnlose Ziel, ein natürliches, nicht besonders wichtiges oder nützliches Bakterium nun plötzlich mit künstlicher DNA auszustatten! Außer dem erstaunlichen Faktum, die Komplettsynthese eines Genoms technisch zu bewältigen, ist damit tatsächlich erst einmal nichts substantiell Neues erreicht. Interessant wird die Geschichte eigentlich erst dadurch, dass man das synthetische Genom nun auch beliebig variieren – und damit möglicherweise vereinfachen kann.

Venter verfolgt damit also im Grunde genau das, was ich Ihnen am Anfang meines Beitrags angedeutet habe. Wenn wir uns fragen, wie viele Genbausteine, wie viele Informationsmodule in Form verschiedener Proteine ein Bakterium braucht, um zu leben und sich fortzupflanzen, dann sind das erstaunlicherweise deutlich weniger, als das Bakterium tatsächlich in seinem Genom hat. Dies habe ich mit Redundanz beschrieben. Die Genausstattung vieler Organismen ist umfangreicher als das, was der Organismus zum Überleben bräuchte – wobei das *Über*leben wohl auch noch einmal sehr viel größere Anforderungen stellt, als einfach nur zu leben: Die Präsenz einer feindlichen Umgebung erfordert eine andere Ausrüstung, als sich einfach nur zu reproduzieren. Aber wenn es wirklich nur um Produktion und Reproduktion geht – und darum geht es, wenn wir etwas in diesem Bakterium herstellen möchten (dessen Überleben in einer feindlichen Umwelt ist uns normalerweise bestenfalls gleichgültig) –, dann kann man die Genausstattung vermutlich deutlich reduzieren.

Craig Venter versucht also letzten Endes, nicht ein gesamtes synthetisches Genom in dieses Bakterium einzubringen, sondern nur das *minimale* Genom, d. h. nur diejenigen Teile des Genoms, die das Bakterium wirklich zum Überleben braucht und derer es folglich bedürfte, wenn man in diesem Bakterium etwas effizient herstellen wollte. Es gibt aus sogenannten „Knock-out"-Studien, in denen ein Gen eines Organismus nach dem anderen ausgeschaltet wird, Schätzungen, wie klein das minimale Genom sein müsste: gegenwärtig beläuft sich diese Zahl auf ca. 480 Gene. Das ist immer noch sehr viel, aber deutlich weniger, als auch die kleinsten Organismen, wie der Mikroorganismus *Mycoplasma*, im Moment haben. An diesem kritischen Punkt, mit Hilfe eines synthetischen Genoms von nur 480 Genen ein Bakterium zum Leben zu erwecken, ist Craig Venter noch nicht angekommen. Dies wäre in der Tat ein erstaunlicher Durchbruch der Synthetischen Biologie und würde wohl ein völlig neues Kapitel in der Biotechnologie aufschlagen. Viele Wissenschaftler warten gespannt darauf. Möglicherweise wird es passieren, vielleicht schon in den nächsten Jahren. Aber vielleicht wird Venter und sein gesamter sogenannter „top-down"-Ansatz (von oben, also dem natürlichen System mit maximaler Komplexität, nach unten), den minimalen Organismus zu konstruieren, auch daran scheitern, dass wir das Phänomen des Lebens eben doch nicht ohne weiteres in einem reinen Kraftakt des sukzessiven Gen-Knock-Outs bzw. der Gensynthese dekonstruieren können, ohne fundamentale Zusammenhänge zwischen biologischen Molekülen erst in sehr viel einfacheren Systemen zu verstehen.

Ich möchte Ihnen jetzt unseren eigenen Ansatz nahebringen, der durchaus verschieden ist von dem, den ich gerade vorgestellt habe, aber im Ringen um eine Vereinfachung extrem komplexer Systeme und Phänomene der belebten Natur gewisse Gemeinsamkeiten damit hat. Es handelt sich dabei um eine biophysikalische, also durch die Physik inspirierte Herangehensweise an die Problemstellungen der Synthetischen Biologie. Die Physik verdankt ihre großen Erfolge in der quantitativen Erklärung von Naturphänomenen der systematischen Reduktion von Komplexität, der Strategie, ein komplex erscheinendes Phänomen in lösbare und mathematisierbare Einzelfragestellungen und -phänomene zu zerteilen, gemäß dem Leitsatz: „divide et impera". Wir sind also keine Biotechnologen in der Weise, dass wir letztlich etwas herstellen oder unmittelbar drängende Probleme in den Lebenswissenschaften angehen möchten. Uns interessiert, wie Leben überhaupt funktioniert, und als Physiker haben wir aus den oben genannten Gründen eine andere Zugangsweise zum Phänomen des Lebens als die Biologen. Wenn es darum geht, ein lebendes System zu verstehen, dann möchten Biologen es so verstehen, wie es auch wirklich existiert. Dies beinhaltet üblicherweise eine möglichst detailgetreue Beschreibung, Kategorisierung, Zerlegung der Organismen, wie sie in der Natur vorkommen, bis in deren unzählige kleinste funktionale Einheiten.

Physiker hingegen sind zunächst nicht so sehr an der Vielfalt der Informationen interessiert. Sie möchten mit möglichst wenig Information, die ja auch immer Komplexität bedeutet, möglichst viel verstehen. Verstehen heißt dabei insbesondere, Theorien und Modelle abzuleiten, die mathematisch verfasst sind und aus denen sich Vorhersagen treffen lassen. Die Hauptfrage der Physik auf das Phänomen des Lebens bezogen ist daher nicht, wie Leben in seiner Vielfalt tatsächlich funktioniert, sondern wie es in seiner einfachsten Form funktionieren würde. Aus diesem Grund besteht schon immer ein besonders großes Interesse physikalisch orientierter Wissenschaftler an Fragen des Ursprungs des Lebens. Dies führt uns aber auch auf das Problem einer möglichst allgemeingültigen Definition dessen zurück, was Leben eigentlich ist. Und hier herrscht keineswegs Einigkeit, noch nicht einmal innerhalb der Biologie, welche der vielen Charakteristika uns bekannter lebendiger Systeme tatsächlich auch konstitutiv sind und welche vielleicht nur sekundäre Ausprägungen des Lebens, das wir kennen. Als Physiker ist man wohl zunächst einmal interessiert an der Fähigkeit eines lebenden Systems zur Selbstreplikation und dem Ausbilden von Ordnungsstrukturen durch das Aufnehmen sogenannter „negativer Entropie", ermöglicht durch den Fluss von Energie durch diese Strukturen, so wie Erwin Schrödinger es in seinem auch heute noch sehr lesenswerten Buch *Was ist Leben* formuliert hat (Schrödinger 1944, 1951).

Wenn man in diesem Sinne an einem minimalen lebenden System interessiert ist, liegt der sogenannte „bottom up"-Ansatz nahe, also der Versuch, durch sukzessive Erweiterung notwendiger Komponenten so etwas wie einen Grundbaukasten von essentiellen Modulen, also Biomolekülen und deren Metasystemen, zusammenzustellen. Da wir in der Nano-Ära leben, in der es mittlerweile tatsächlich möglich ist, Systeme mit einzelnen Atomen und Molekülen von unten her aufzubauen, ist diese Vision nicht mehr gar so utopisch, wie sie auf den ersten Blick wirken muss. Die Frage ist also durchaus berechtigt, ob wir die essentiellen Module lebender Systeme tatsächlich so weit herunterbrechen können, dass es uns gelingt, ein Minimalsystem eines belebten Organismus von unten nach oben zu bauen.

Ich arbeite in Dresden in einem stark zell- und entwicklungsbiologisch geprägten Umfeld und beobachte, wie von meinen biologischen Kollegen unter Zuhilfenahme modernster mikroskopischer Methoden mittlerweile sehr detailgetreu dargestellt wird, wie sich strukturiertes Leben eines vielzelligen Organismus aus einem zunächst ungeordnet scheinenden Embryonalsystem entwickelt. Eine Eizelle – ein scheinbar homogenes, weitgehend strukturloses, ungeordnetes System – entwickelt sich mit höchster Präzision und Vorhersagbarkeit zu einem extrem ausdifferenzierten Gebilde. Hier stellt sich schon eine grundsätzliche Frage, die mit Hilfe physikalischer Modelle beantwortet werden sollte: Wie können überhaupt Muster aus Unordnung entstehen? Wie kann überhaupt aus einem gemischten System ein ungemischtes System entstehen?

Zu dieser Frage hat Alan Turing, den Sie sicherlich aus völlig anderem Kontext, als Begründer der Turing-Maschinen und Vordenker des Informationszeitalters, kennen, schon in den 1950er Jahren eine sehr wirkungsmächtige Arbeit verfasst (Turing 1952), die zu dieser Zeit rein theoretisch ausgerichtet war. Turing hatte ja keinerlei praktische Erfahrung in der experimentellen Biologie (die zu seiner Zeit auch längst noch nicht so stark im öffentlichen Bewusstsein war wie heute), sondern war nur, wie wohl alle Wissenschaftler, von den enormen Strukturierungsprozessen in der belebten Natur fasziniert. Seine Erkenntnis, die Erkenntnis eines Mathematikers, ist kurz zusammengefasst diese: Um Muster auszubilden, die letztlich auch die Morphogenese von Lebewesen steuern, sind nur wenige Module und Schaltstellen erforderlich; wenige Moleküle, die in einer ganz bestimmten Weise miteinander interagieren und die durch Diffusion, also ungeordnete statistische Bewegungen, durchmischt werden. Er hat theoretisch aufgezeigt, wie sich bei bestimmten nichtlinearen Interaktionen zwischen den Molekülen spontan Muster aus der Verstärkung lokaler thermischer Fluktuationen ergeben können. Die Moleküle müssen sich dabei nur wechselseitig in ihrer Verteilung hemmen oder verstärken und unterschiedliche Reichweiten haben, also schnell respektive langsam diffundieren. Anhand der Turingschen Modelle, die in den folgenden Jahrzehnten von vielen theoretisch interessierten Gruppen im Bereich der Selbstorganisation aufgegriffen und weiter spezifiziert wurden (Gierer und Meinhardt 1972), lassen sich in der Tat sehr einfach Musterbildungsprozesse in sogenannten Diffusions-Reaktions-Systemen simulieren, die in der Biologie eine Rolle spielen könnten. Allerdings entwickelte sich in derselben Zeit unsere Kenntnis der Biologie, insbesondere der enormen Komplexität der durch Genregulation gesteuerten Proteinnetzwerke in einem strukturierten Organismus, so rasant weiter, dass diese minimalistischen Ansätze durch die absolut nichtminimalistischen Systeme, die wir heute in der Biologie vorfinden, widerlegt oder doch zumindest in ihrer Relevanz eingeschränkt zu sein scheinen.

Dennoch sind Fragen berechtigt, ob die Strukturierung biologischer Systeme anhand einfacher nichtlinearer physikalisch-chemischer Reaktionsmechanismen denkbar ist und welche Rolle eine solche Strukturierung innerhalb einer Zelle oder eines Organismus spielen kann. Denn erstens war die belebte Natur vermutlich nicht immer so komplex, wie wir sie heute vorfinden, sondern schuldet ihre Komplexität insbesondere den Jahrmillionen evolutiver Anpassungs- und Abgrenzungsprozesse. Und zweitens wäre es seltsam, wenn lebende Systeme solche einfachen physikalischen Mechanismen, die ja in der Tat existieren, nicht irgendwie gewinnbringend einsetzen würden. Ein durch Genregulation entstehendes Muster mag stabiler und besser kontrollierbar sein, aber ist es dadurch bereits ausgeschlossen, dass biologische Muster auch einfacher zustande kommen?

Die Frage, die sich uns also stellt, ist folgende: Gibt es in bekannten biologischen Systemen Prozesse, in denen sich auf der Basis nur weniger Molekülspezies so etwas wie eine spontane Symmetriebrechung, eine spontane Ausbildung von Mustern darstellt? Zu diesem Thema möchte ich Ihnen jetzt ein Beispiel aus unseren aktuellen Arbeiten zeigen. Was uns grundsätzlich interessiert, ist die elementare Zellteilung. Wir wissen sehr viel über die fundamentale biologische Informationseinheit, die DNA, und ihre Vervielfältigung, die sogenannte Selbstreplikation. Was wir nicht wissen, ist, wie sich eigentlich diese DNA vor Urzeiten ihre erst identitätsstiftende Hülle, ihr Kompartiment, angeeignet hat. Dieses Kompartiment muss einerseits Schutz bzw. Isolation vor der Umgebung bieten, andererseits aber während der Selbstreplikation auch zu einer Teilung fähig sein. Wie teilt sich ein Kompartiment, ein kleines Behältnis, in dem etwas enthalten ist? Hier spricht viel dafür, dass auch die Hüllen der frühesten Zellen aus ähnlichen Molekülen wie unsere heutigen Zellsysteme aufgebaut waren: aus amphipathischen Molekülen wie Lipiden, die sich in wässriger Umgebung zu Membranen und Vesikeln unterschiedlicher Größe und Morphologie zusammenlagern und sehr einfach transformierbar und dadurch auch teilbar sind. Natürlich bestehen Zellhüllen aus sehr viel mehr als nur einer Lipidmembran. Die menschlichen Zellen sind besonders kompliziert, da sie für die genetische Information zusätzlich ein eigenes Kompartiment, den Zellkern, haben.

Bakterienzellen dagegen sind noch verhältnismäßig einfach aufgebaut. Viele von ihnen, wie das „Haustierchen“ der Gentechnik, das Bakterium *E. coli*, teilen sich auf interessante und physikalisch attraktive Weise: Sie sind stäbchenförmig und wachsen immer nur entlang ihrer Längsrichtung. Wenn der Zeitpunkt der Teilung gekommen ist, sie also offenbar der Ansicht sind, sie seien lang genug, dann bilden sie einen Proteinring genau in der Mitte der Zelle. Dieser kontrahiert auf bislang noch nicht geklärte Art und Weise und teilt die beiden Tochterzellen voneinander. Das Interessante ist nun zunächst aber die Positionierung dieses Ringes. Denn die Bakterienzelle ist in ihrem Innern eher ungeordnet, die Zellmembran in ihrer Zusammensetzung einigermaßen homogen, und trotzdem findet dieser Ring immer die Mitte.

Seit einigen Jahren ist bekannt, dass die Proteine, die diesen Ring positionieren, gar nicht Bestandteile des Ringes sind. Es handelt sich um eine Proteinfamilie, deren genetisches Ausschalten zu einer Fehlpositionierung des Teilungsringes abseits der geometrischen Mitte und zur Ausbildung sogenannter (nicht überlebensfähiger) „Minizellen“ führt. Aus diesem Grund werden die für die korrekte Positionierung zuständigen Proteine „Min-Proteine“ genannt. Sie sorgen dafür, dass die Mitte für die Zellteilung mit einer Präzision von 95 % gefunden wird. Fehlen sie, so teilt sich die Zelle an beliebiger Stelle.

Interessant wird die Sache, wenn wir uns nun anschauen, was die Proteine, die diesen Ring positionieren, eigentlich tun. Dies ist seit der Entwicklung des genetischen Farbstoffs GFP, eines grün fluoreszierenden Proteins, das man an fast jedes zelluläre Protein anheften kann und dies dadurch in der Zelle sichtbar macht, recht einfach möglich. Allerdings findet man nur selten ein ähnlich interessantes Verhalten wie bei diesen Min-Proteinen. Sie tun etwas, was zumindest wir Physiker sehr schön finden: Sie oszillieren (unter ATP- also Energieverbrauch) hin und her, von einem Pol zum anderen und zurück, im Minutentakt. Ein sich selbst organisierendes, dynamisches Musterbildungssystem in Reinkultur. Die Oszillation führt dazu, dass in der Mitte der Zelle immer nur wenige dieser Proteine sind. Das Faktum, dass die Proteine immer in einer Polkappe sind, sorgt dafür, dass in der Polkappe kein Ring geformt wird, sondern in der Mitte, wo sie fast nie sind.

Es gibt drei Sorten dieser Min-Proteine: MinD, MinE und MinC. Das MinD bindet ATP-abhängig an die innere Membran der Polkappen, und das MinE funktioniert wie ein kleiner

Staubsauger: Er nimmt, durch Umsatz des ATP zu ADP, die MinD-Moleküle eines nach dem anderen wieder von den Polkappen ab. Diese abgelösten MinD-Moleküle diffundieren auf die andere Seite der Zelle und binden dort wieder an die Polkappe, bis sie erneut weggeholt werden. Das klingt zunächst ziemlich sinnlos und vor allem verhältnismäßig aufwändig, aber so funktioniert offenbar die Positionierung des Teilungsringes in Bakterien. Der tatsächliche Inhibitor – also das, was diesen Ring an allen anderen Stellen als an der Mitte verhindert – ist das dritte Protein, das für die Oszillation gar nicht notwendig ist: das MinC, das sich im Grunde immer an MinD hält und ihm folgt.

Es wirkt mit Blick auf die oft propagierte Effizienzoptimierung lebender Systeme recht verblüffend, wie eine relativ einfache Funktion in der Zelle, nämlich die Mitte zu finden, mit viel Energie erkauft wird. Die Oszillationen benötigen nämlich, wie oben schon angedeutet, viel ATP, die Energiewährung der Zelle. Vom Standpunkt eines Ingenieurs aus, den die Synthetische Biologie ja einnehmen möchte, ist es übrigens verlockend, darüber nachzudenken, dass es eine biologisch sehr viel einfachere Möglichkeit geben müsste, die Mitte einer Zelle zu definieren bzw. den Teilungsring dort zu positionieren. Doch darauf möchte ich hier nicht weiter eingehen, denn wir wollten zunächst die überaus interessante Musterbildung der Oszillationen verstehen, also die Ausbildung von spontaner Inhomogenität und dynamischer räumlicher Aufkonzentration aus einem homogenen System von gelösten Proteinen. Wie funktioniert das genau? Geht das tatsächlich auf molekularer Ebene mit ganz wenigen Ingredienzien, deren Diffusion und Reaktion, so wie TURING es damals formuliert hat?

Praktischerweise sind bakterielle Proteinsysteme nun relativ einfach aufzureinigen, um sie in kontrollierter Umgebung quantitativ zu studieren. *E. coli* ist eine Produktionsmaschinerie für Moleküle; d. h., wir haben sie aus dem Organismus in großer Zahl isoliert, haben sie fluoreszenzmarkiert und mit einem speziellen Fluoreszenzmikroskop beobachtet. Dabei haben wir die Zelle allerdings nicht als Kompartiment simuliert, sondern die Membran, die für die Selbstorganisation der Min-Proteine essentiell ist, offen auf ein Deckglas gelegt. Unten auf dem Deckglas lag also die aus bakteriellen Lipiden hergestellte Membran, ohne jegliche weitere Strukturierung oder weitere bakterielle Proteine. Darüber, in wässriger Lösung, die aufgereinigten und fluoreszenzmarkierten Proteine MinD (mit grünem Farbstoff) und MinE (mit rotem Farbstoff).

Was passiert? Wenn wir keine Energie dazugeben: gar nichts. Dieser Prozess der dynamischen Musterbildung ist, wie erwähnt, energieabhängig und braucht chemische Energie in Form von ATP. Wenn ein „falsches ATP" hinzugegeben wird, das MinD-Proteine zwar bindet und diese in eine membranbindende Form überführt, sich aber dann nicht hydrolysieren lässt, dann bindet MinD, das in der ersten Stufe der Oszillation an die Polkappen binden soll, tatsächlich auch an die Membran. Aber es entsteht bei Zugabe von MinE trotzdem keine dynamische Struktur. Erst wenn wir das ATP wirklich hydrolysierbar machen, das MinE also MinD unter ATP-Verbrauch von der Membran wieder abzulösen vermag, entstehen atemberaubende dynamische Muster auf unserer Glas-Membranoberfläche (Abb. 1 und 2): Keine Oszillationen wie in der Zelle, denn dafür muss ein System in sich geschlossen sein, sondern fortschreitende Wellen mit beinahe mit dem Lineal gezogenen Wellenfronten (LOOSE et al. 2008). Unter bestimmten Anfangsbedingungen können wir auch Spiralen beobachten, untrügliche Kennzeichen sich selbstorganisierender Systeme. Und dabei sind es lediglich zwei Proteinspezies, die miteinander wechselwirken, eine Membran als Substrat und ATP als Energie, die zugeführt wird.

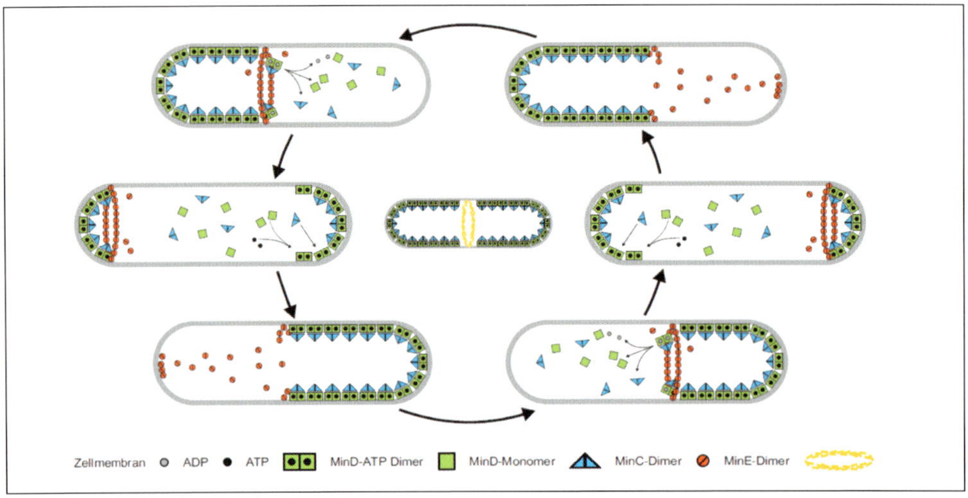

Abb. 1 Oszillationsverhalten der Min-Proteine zwischen den beiden Polen der Bakterienzelle, wie im Text beschrieben (Details siehe LOOSE et al. 2008). Diese Oszillationen dienen der Positionierung des Teilungsrings in der Mitte der Zelle.

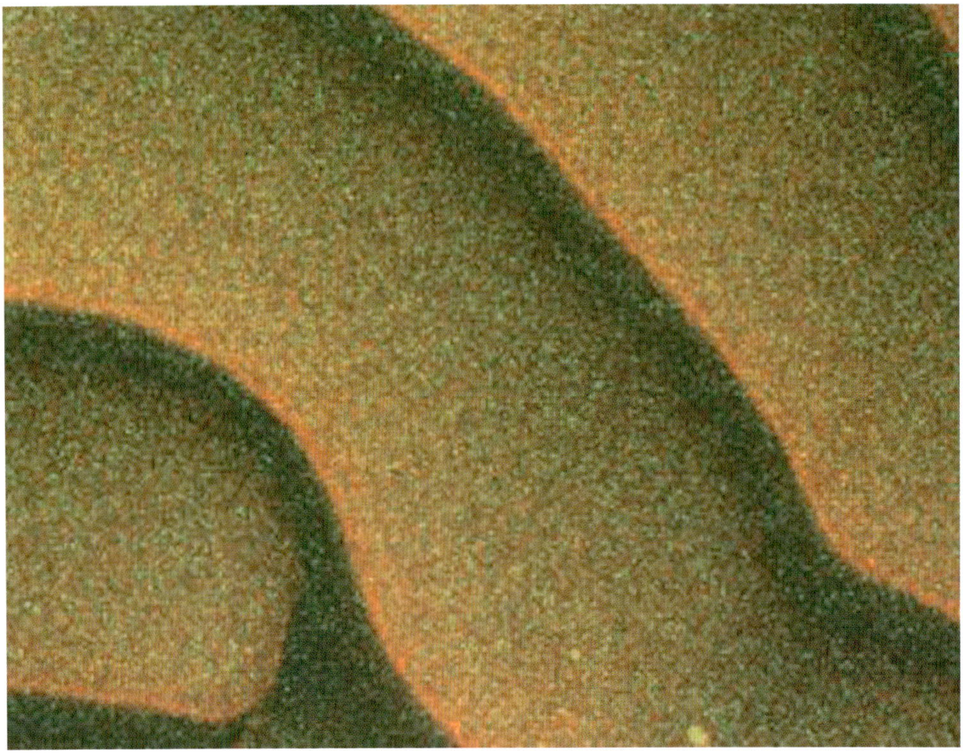

Abb. 2 Selbstorganisierendes System aus den Proteinen MinD und MinE auf einer artifiziellen Membranoberfläche. Nach Zugabe von ATP bilden sich fortlaufende Wellen mit klar erkennbaren Wellenfronten. Die Wellenlänge beträgt etwa 50 μm.

Hier sehen wir also tatsächlich in Reinform, wie sich in minimalen biologischen Systemen Strukturen und Muster ausbilden, genau so, wie TURING es vor über 60 Jahren beschrieben hat, ohne diese Proteine auch nur annähernd zu kennen. Damit kann auch reduktionismusskeptischen Biowissenschaftlern vermittelt werden, dass ein solcher minimalistisch-synthetischer Ansatz das Verständnis lebender Systeme erweitern kann, wenn er auch sicherlich nie alle Details komplexer biologischer Phänomene zu erfassen vermag. Aber wir können tatsächlich zu den Ursprüngen zurückkehren und beobachten, wie Selbstorganisation durch Interaktion, Diffusion und Zufuhr chemischer Energie auf molekularer Ebene beginnen kann.

Dies ist freilich noch ganz weit entfernt von allem, was für den Kontext einer minimalen künstlichen Zelle erforderlich wäre. Der nächste essentielle Schritt ist nun, dieses System nicht auf offenen planaren Membranen zu betrachten, sondern das Min-System zusammen mit den ringbildenden Proteinen tatsächlich in Vesikel einzuschleusen und zu rekonstituieren, wie sich in der Mitte eines solchen Kompartiments dieser Ring bildet, der dann das Kompartiment zu teilen vermag. Das wäre der erste Schritt hin zu einem minimalen, sich selbstorganisiert und kontrolliert teilenden System. An diesem Punkt sind wir noch lange nicht angekommen, und es werden mit Sicherheit noch viele Überraschungen und Komplikationen dieses simpel scheinenden Systems zu bewältigen sein. Dennoch besteht Grund zur Hoffnung, dass eine minimale Zellteilungsmaschinerie in den nächsten Jahren definiert und unter kontrollierten biophysikalischen Bedingungen quantitativ studiert werden kann. Doch auch wenn dieses spezielle Ziel sich als Utopie erweisen sollte, bin ich von der Sinnhaftigkeit und Nützlichkeit des Ansatzes einer Synthetischen Biologie minimaler Systeme für das bessere Verständnis tatsächlicher und möglicher biologischer Phänomene überzeugt und erwarte für diese Teildisziplin der Lebenswissenschaften eine aufregende Zukunft (SCHWILLE 2011).

Dank

Mein Dank gilt allen gegenwärtigen und vormaligen Mitgliedern meiner Arbeitsgruppe, insbesondere Dr. Martin LOOSE, dem Erstautor unserer Arbeiten zum Min-System, unseren Kooperationspartnern, Prof. Karsten KRUSE und Mitarbeitern, vielen wissenschaftlichen Kollegen und Diskussionspartnern zu diesem Thema, sowie der Deutschen Forschungsgemeinschaft, der Europäischen Union, der Max-Planck-Gesellschaft und der Organisation *Human Frontiers of Sciences* für die Förderung unserer Forschungsarbeiten.

Literatur

GIBSON, D. G., GLASS, J. I., LARTIGUE, C., NOSKOV, V. N., CHUANG, R. Y., ALGIRE, M. A., BENDERS, G. A., MONTAGUE, M. G., MA, L., MOODIE, M. M., MERRYMAN, C., VASHEE, S., KRISHNAKUMAR, R., ASSAD-GARCIA, N., ANDREWS-PFANNKOCH, C., DENISOVA, E. A., YOUNG, L., QI, Z. Q., SEGALL-SHAPIRO, T. H., CALVEY, C. H., PARMAR, P. P., HUTCHISON, C. A. 3rd, SMITH, H. O., and VENTER, J. C.: Creation of a bacterial cell controlled by a chemically synthesized genome. Science *329*, 52–56 (2010)

GIERER, A., and MEINHARDT, H.: A theory of biological pattern formation. Kybernetik *12*, 30–39 (1972)

LOOSE, M., FISCHER-FRIEDRICH, E., RIES, J., KRUSE, K., and SCHWILLE, P.: Spatial regulators for bacterial cell division self-organize into surface waves in vitro. Science *320*, 789–792 (2008)

SCHRÖDINGER, E.: Was ist Leben? – Die lebende Zelle mit den Augen des Physikers betrachtet. München: Leo Lehnen Verlag (Sammlung Dalp) [1]1944, [2]1951

SCHWILLE, P.: Bottom-up synthetic biology: engineering in a tinkerer's world. Science *333*, 1252–1254 (2011)

Turing, A. M.: The chemical basis of morphogenesis. Philosophical Transactions of the Royal Society of London Series B *237*, 37–72 (1952)

Prof. Dr. Petra Schwille
Biotechnologisches Zentrum der Technischen Universität Dresden
Tatzberg 47–51
01307 Dresden
Bundesrepublik Deutschland
Tel.: +49 351 46340328
Fax: +49 351 46340342
E-Mail: petra.schwille@biotec.tu-dresden

Max-Planck-Institut für Biochemie
Am Klopferspitz 18
82152 Martinsried
Bundesrepublik Deutschland
Tel.: +49 89 85782900
E-Mail: schwille@biochem.mpg.de

Vielfalt des Lebens

Nova Acta Leopoldina NF *116*, Nr. 394, 133–145 (2012)

Von der unermesslichen Vielfalt der Mikroorganismen und ihrer Erforschung mit genombasierten Methoden

Rudolf AMANN ML (Bremen)

Mit 8 Abbildungen

Rudolf Amann

Zusammenfassung

Mikroorganismen stehen am Beginn des Lebens. Aber sie sind auch heute noch die entscheidenden Katalysatoren der Mehrzahl der global wichtigen biogeochemischen Kreisläufe. In der Umwelt sind sie omnipräsent und das oft in unglaublich großen Zahlen. Im Laufe der Evolution haben Mikroorganismen wie z. B. die Cyanobakterien unseren Planeten zu dem gemacht, was er heute ist. Über die Jahrmilliarden hat sich auf der Erde eine große Vielfalt von phylogenetischen Linien von Mikroorganismen entwickelt, deren Stoffwechsel und Verwandtschaft wir erst in den letzten Jahrzehnten besser zu verstehen beginnen. Durch vergleichende Sequenzanalysen – vor allem von ribosomaler RNA (rRNA) – wissen wir heute, dass die wirkliche Diversität der Mikroorganismen um Größenordnungen über die heute erst knapp 10000 gültig beschriebenen Arten von *Bacteria* und *Archaea* hinausgeht. Durch die molekularbiologischen Verfahren hat die Mikrobiologie heute eine stabile, die Phylogenie reflektierende Klassifikation erreicht. Für fast jede der gültig beschriebenen Arten ist die Sequenz der 16S rRNA bekannt, und dazu kommen in den Datenbanken weit über eine Million unterschiedliche 16S rRNA-Sequenzen von bisher unbekannten Mikroorganismen. Ohne Zweifel gibt es daher auch Millionen von Arten, die noch ihrer Beschreibung harren. Da die rRNA-Moleküle ubiquitär in allen Zellen in hoher Kopienzahl vorkommen, sind sie ideale Zielstrukturen für die Identifizierung einzelner Zellen. Durch die Fluoreszenz-*in-situ*-Hybridisierung mit rRNA-gerichteten Oligonukleotidsonden kann man auch die noch nicht kultivierten *Bacteria* und *Archaea* direkt in ihren Habitaten sichtbar machen und quantifizieren. Darüber hinaus ist es mit der Sequenzierung von Genomen und Metagenomen heute möglich, die Funktion dieser „neuen" Mikroorganismen in der Umwelt vorherzusagen. In meinem Vortrag werde ich anhand von Beispielen aus unserer meeresmikrobiologischen Forschung zeigen, wie daraus im Zusammenspiel mit der Proteomik und der klassischen Charakterisierung neuer Arten mehr und mehr Wissen über die beeindruckende Vielfalt des mikrobiellen Lebens geschaffen wird.

Abstract

Microorganisms were at the beginning of life on Earth. Even today they are the central catalysts of globally important biogeochemical cycles, omnipresent in the environment at incredibly high numbers. In the course of evolution these microorganisms, like e.g. cyanobacteria, made our planet to what it is today. Over the billions of years a large diversity of phylogenetic lineages and physiologies has developed into which in the past decades microbiologists are gaining more and more insights. By comparative sequencing – in particular on ribosomal RNA (rRNA) – we have learned that the true diversity of microorganisms is orders of magnitude above the only about 10,000 validly described species of *Bacteria* and *Archaea*. With the tools of molecular biology we have for the first time achieved a stable classification of the microbial species which is reflecting phylogenetic relationships. The databases in addition contain over 1 million different 16S rRNA sequences of so far unknown microorganisms. Beyond any doubt, there are therefore millions of microbial species awaiting their description. Since high numbers of rRNA molecules are ubiquitously present in all cells they are ideal target structures for the identification of single cells. By fluorescence *in situ* hybridization with rRNA-targeted oligonucleotide probes so far not cultivated *Bacteria* and *Archaea* can be directly visualized and quantified in their habitats. Furthermore, the sequencing of their genomes and metagenomes is today enabling predictions on their environmental functions. In this talk I will use examples of our work in marine microbiology to demonstrate how together with proteomics and the traditional characterization of novel pure cultures more and more knowledge is generated of the amazing diversity of microbial life.

Meine Damen und Herren, zuerst möchte ich mich bei den Organisatoren dieser Leopoldina-Tagung in Halle für die Gelegenheit bedanken, über unsere Forschung am Max-Planck-Institut für marine Mikrobiologie in Bremen zu berichten. In meinem Vortrag werde ich versuchen, Ihnen meine eigene Sicht als Meeresmikrobiologe zum Thema dieser Jahresversammlung „Was ist Leben?" näherzubringen.

Die Ozeane bedecken 361 Millionen km^2 oder 70% der Erdoberfläche. Ihre Tiefe beträgt im Durchschnitt 3,8 km. Sie sind damit das größte zusammenhängende Ökosystem unseres Planeten. Für die globalen Stoffkreisläufe sind die Meeresorganismen von zentraler Bedeutung. In den lichtdurchfluteten Wasserschichten findet durch einzellige Algen rund die Hälfte der gesamten Photosynthese statt. Die einzelligen Algen stehen am Anfang einer Nahrungskette, an deren Ende Fisch als wichtige Nahrungsquelle steht. Weniger bekannt ist aber schon, dass die Biomassekonzentrationen im Meer um Größenordnungen geringer sind als in Landökosystemen, weil hier durch die Aktivität von Bakterien abgestorbene Biomasse sehr effektiv mineralisert wird.

Ein Verständnis des Systems Erde mit seinen komplexen Kreisläufen der „biologischen" Elemente Kohlenstoff, Wasserstoff, Sauerstoff, Stickstoff, Phosphor, Schwefel, Eisen – um nur die wichtigsten zu nennen – erfordert also die Erforschung der Ozeane. Das Max-Planck-Institut für Marine Mikrobiologie in Bremen (www.mpi-bremen.de) widmet sich dieser Aufgabe seit seiner Gründung im Jahre 1992. Unsere Forschung konzentriert sich auf die taxonomische und funktionelle Vielfalt der mikroskopisch kleinen *Bacteria* und *Archaea*, zweier grundlegend unterschiedlicher Reiche des Lebens, die sich als Prokaryoten u. a. durch das Fehlen eines membranumhüllten Zellkerns von den Eukaryoten unterscheiden, zu denen alle höheren Lebewesen gehören. Wir arbeiten dabei in mehrfacher Beziehung skalenübergreifend. So benötigen wir Schiffe mit einer Länge von 100 m für die Beprobung von Organismen mit einer Länge von weniger als einem millionstel Meter (μm) und rechtfertigen den Aufwand mit dem Wissen, dass diese „Winzlinge" die Erde erst bewohnbar machen.

Wieviele Arten an Mikroorganismen gibt es im Meer? Welche Arten von *Bacteria* und *Archaea* dominieren bestimmte Meeresregionen? Aus welchen biochemischen Umsetzungen beziehen sie ihre Energie? Wie interagieren sie? Viele Fragen der modernen Meeresmikrobiologie erscheinen im 21. Jahrhundert auf den ersten Blick trivial zu sein. Lassen sie mich zunächst erläutern, warum es lange unmöglich war, diese Fragen adäquat zu beantworten, und wie uns heute die moderne Molekularbiologie – seit rund einem Jahrzehnt vor allem auch die Genomforschung – hilft, völlig neue und zum Teil überraschende Einblicke zu bekommen.

Mikroorganismen sind in unserer Umwelt – auch in und auf unserem Körper, aber das wäre ein anderes Thema – omnipräsent. Exakte Zahlen der kleinen Prokaryoten lassen sich aber erst seit Ende der 1970er Jahre bestimmen. Man verwendet dafür eine Kombination von Epifluoreszenzmikroskopie und der Färbung von Umweltproben mit fluoreszierenden DNA-Farbstoffen wie dem 4,6-Diamidino-2-phenylindol (DAPI). So verwandeln sich einzelne Bakterienzellen, die in normalen Lichtmikroskopen kaum von anderen Partikeln zu unterscheiden sind, zu blau-fluoreszierenden Kokken und Stäbchen, deren DNA-Färbung bei Abwesenheit eines Zellkerns zur Identifizierung als Prokaryot ausreicht. Die so bestimmten Zahlen (Whitman et al. 1998) beeindrucken noch heute. So enthält ein Liter oberflächennahen Meereswassers fast immer ca. 1 Milliarde Bakterien, egal ob die Wasserprobe in den Tropen oder im Polarmeer genommen wurde und unabhängig davon, ob das Meer blau und klar oder wie die Nordsee eher trüb ist. In den tiefen Wasserschichten sind die Konzentrationen ein bis zwei Größenordnungen niedriger. Trotzdem ergibt sich nach Multiplikation dieser Werte mit der Fläche und der durchschnittlichen Tiefe der Ozeane eine Gesamtzahl für Bacterioplankton von ca. 1×10^{29}. Was für eine riesige, schwer vorstellbare Zahl das ist, kann man ermessen, wenn man bedenkt, dass die Astronomen für unser Universum nur 10^{25} Sterne erwarten! Im Meeresboden setzen sich diese gigantischen Zahlen mit einer Gesamtzahl von ca. 10^{30} fort. An seiner Oberfläche ist die Konzentration an Biomasse durch absinkendes Material deutlich erhöht, und man findet schon in einem Kubikzentimeter eine Milliarde Zellen. Interessanterweise finden sich auch in mehrere hundert Meter langen Bohrkernen in den tieferen Schichten der Sedimente noch Zellen. Hier schwanken die Zahlen stark von 10^8 bis 10^2 pro Kubikzentimeter, wobei die Zahlen mit zunehmender Tiefe und geringerem Gehalt an organischer Substanz abnehmen, trotzdem sind auch hier Zahlen von mehr als 10^{30} Zellen denkbar (Whitman et al. 1998). Es ist diese große Zahl der meist submikrometer-großen Organismen, die ihre globale Bedeutung plausibel macht, vor allem wenn man bedenkt, dass das Oberflächen/Volumen-Verhältnis mit abnehmender Größe zunimmt. Die Prokaryoten haben trotz ihrer Kleinheit mit Abstand die größte lebende Oberfläche für biochemische Wechselwirkungen mit der Umwelt.

Nun gibt es in der Biologie kaum eine Regel ohne Ausnahme, und das gilt auch für die Größe von Mikroorganismen. Ich möchte hier nicht unerwähnt lassen, dass eine Wissenschaftlerin unseres Bremer Max-Planck-Instituts, Heide Schulz-Vogt, 1999 am Meeresboden vor der Küste Namibias die Riesen unter den Zwergen, also die größten Bakterien, gefunden hat (Schulz et al. 1999). Sie sind bei Zelldurchmessern von bis zu 0,5 mm mit bloßem Auge sichtbar, was auch damit zusammenhängt, dass sie stark lichtbrechende Schwefelkörnchen enthalten. *Thiomargarita namibiensis*, die Schwefelperle von Namibia, und viele bisher ebenfalls nicht in Reinkultur verfügbare Verwandte (Salman et al. 2011) produzieren Energie aus der Oxidation von Schwefel mit Nitrat oder Sauerstoff und nutzen diese für die Fixierung von Kohlendioxid.

Damit möchte ich überleiten dazu, dass die riesige Zahl an Mikroorganismen mit einer beeindruckenden und großteils noch unerforschten taxonomischen und physiologischen Diversität einhergeht. Diese Aussage erscheint übertrieben, wenn man bedenkt, dass von den mikrobiologischen Taxonomen erst knapp 10 000 Arten von Prokaryoten beschrieben wurden. Dies liegt darin begründet, dass für eine gültige Beschreibung die Isolierung der neuen Art in Reinkultur erforderlich ist. Wie schwierig das ist, zeigt die Tatsache, dass beim Ausstreichen von 0,1 ml Meerwasser auf einer Agarplatte aus den so vereinzelten Zellen nur wenige Hundert Kolonien entstehen, so dass die Kultivierungseffizienz oft unter 1 % liegt. Die Isolierung neuer Arten ist auch heute noch ein zeitaufwendiges und schwieriges Unterfangen, das aber ganz regelmäßig pro Jahr zu mehreren Hundert Neubeschreibungen führt. Dies allein spricht schon dafür, dass die Zahl an Neubeschreibungen durch die Zahl der Taxonomen limitiert ist und nicht durch die tatsächliche Vielfalt. Es war aber die vergleichende Sequenzierung der Gene der 16S ribosomalen RNA (rRNA), die zeigte, dass es wohl wenigsten zwei Größenordnungen mehr Arten von Prokaryoten gibt. Die ribosomalen RNA-Moleküle sind integrale Bestandteile der Ribosomen, der evolutionär einmaligen und in jeder Zelle vorhanden Proteinsynthesemaschinen. Im Bakterium *Escherichia coli* findet man neben der ca. 1500 Nukleotide langen 16S rRNA in der kleinen Untereinheit der Ribosomen, auch noch eine 5S und 23S rRNA (Abb. 1).

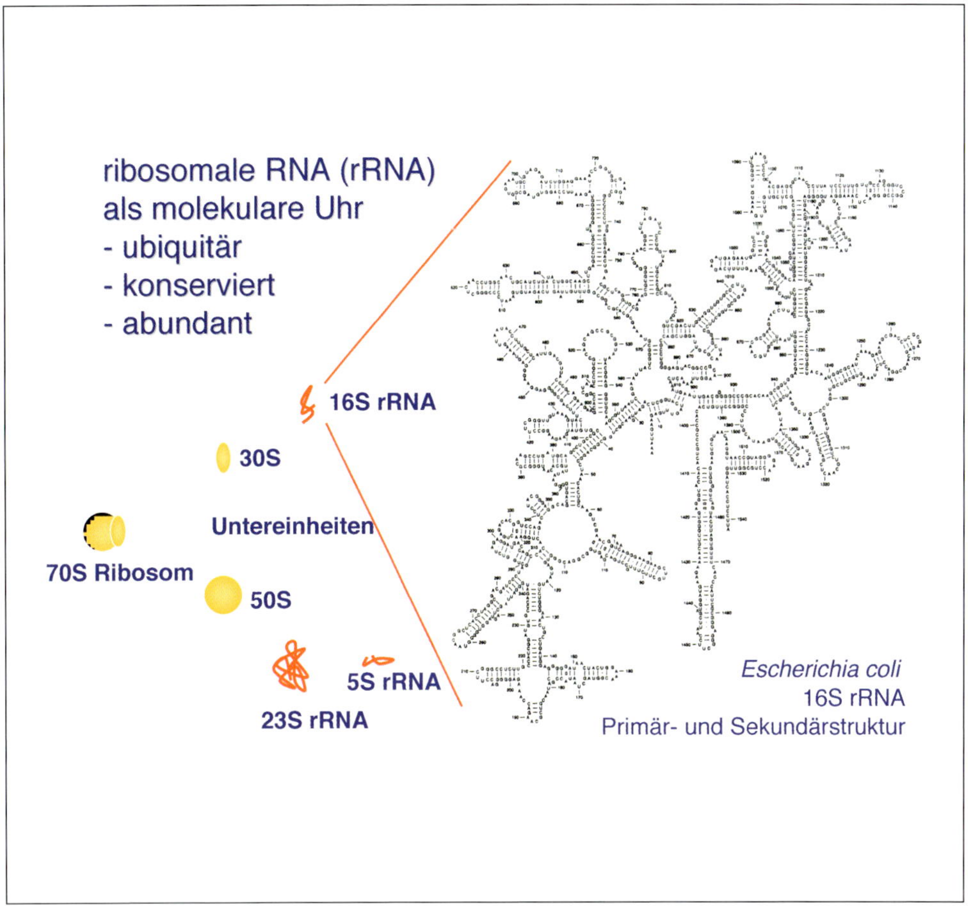

Abb. 1 Sekundärstruktur der 16S ribosomalen RNA von *Escherichia coli*

All diese rRNA-Moleküle sind evolutionär stark konserviert, und sie kommen in allen Zellen in relativ hoher Kopienzahl vor, was es Carl Woese in den 1970ern ermöglichte, durch vergleichende 16S rRNA-Sequenzanalyse ein stabiles Klassifikationssystem aufzubauen. Er konnte mit seinen Kollegen durch die Analyse dieses informativen Makromoleküls, das einer molekularbiologischen Uhr entspricht, zeigen (z. B. Woese und Fox 1977), dass es innerhalb der Prokaryoten mit den *Bacteria* und den *Archaea* (früher Archaebakterien) zwei völlig unterschiedliche Gruppen gibt (Abb. 2). Nach Entwicklung der Polymerasekettenreaktion konnten dann ab 1990 die Gene der 16S rRNA auf Grund ihrer hohen Konserviertheit leicht und schnell aus der Umwelt gewonnen werden. Heute kennt man so die 16S rRNA-Sequenzen von fast allen gültig beschriebenen Arten (Yarza et al. 2008) und von weit über 1 Million davon deutlich unterschiedlichen, bisher nicht kultivierten „neuen" *Bacteria* und *Archaea* (Pruesse et al. 2007). Ein Ende dieser von der traditionellen mikrobiologischen Kultivierung unabhängigen Beschreibung der Vielfalt der Mikroorganismen ist nicht in Sicht, und deshalb lässt sich die Artenzahl an *Bacteria* und *Archaea* auch nur schwer ermessen.

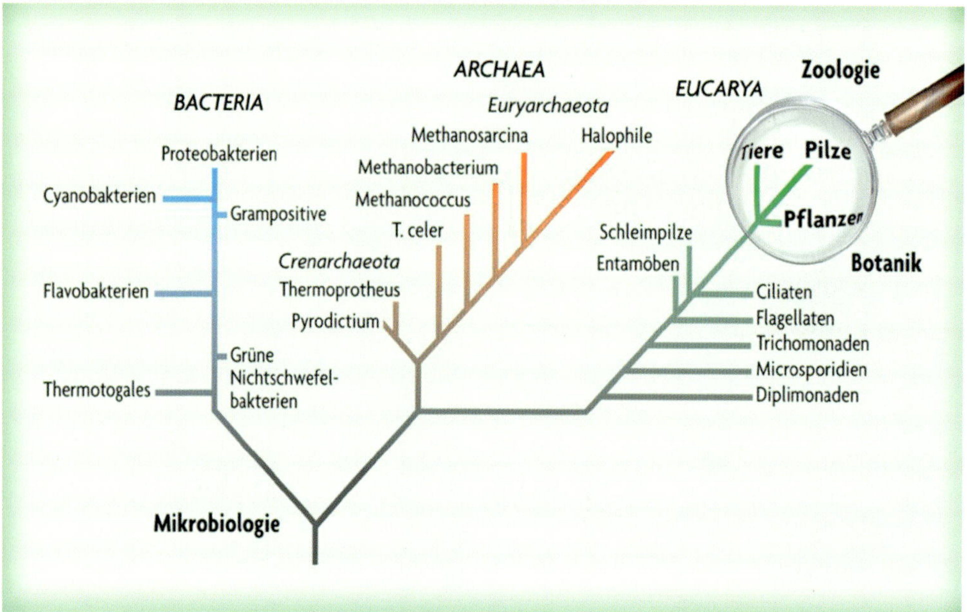

Abb. 2 Die drei Reiche des Lebens nach Carl WOESE

Da jede Zelle mindestens so viele Kopien der rRNA-Moleküle enthält wie Ribosomen, eignet sich die rRNA auch perfekt für die kultivierungsunabhängige Identifizierung von Einzelzellen durch Nukleinsäuresonden. Ein mit Fluoreszenzfarbstoffen markiertes Oligonukleotid – oft ein 18mer – bindet („hybridisiert") in komplexen Umweltproben nur an die Zellen, deren 16S rRNA einen Sequenzabschnitt enthalten, der zum Oligonukleotid vollständig komplementär ist, d. h. die also ein Schloss für exakt diesen Schlüssel haben. Schlüssel lassen sich auf der Grundlage von rRNA-Datenbanken gezielt sowohl für einzelne Arten als auch für definierte Gattungen, Familien, Ordnungen, Klassen und Phyla entwerfen. Kombiniert man die Fluoreszenz-*in-situ*-Hybridisierung (FISH) mit der allgemeinen Zellidentifizierung mit dem DNA-Farbstoff DAPI kann man absolute und relative Häufigkeiten von Taxa unterschiedlicher Größe schnell bestimmen und unter Beibehaltung der räumlichen Anordnung auch die Wechselwirkung der Zielzellen mit der abiotischen Umwelt oder anderen Lebewesen analysieren (AMANN et al. 1995). Die Abbildung 3 zeigt z. B. die Anhaftung von marinen *Flavobacteria* an Mikroalgen der Gattung *Phaeocystis*.

Auch die Kolokalisation unterschiedlicher Arten in definierten multimikrobiellen Lebensgemeinschaften wie Biofilmen, Aggregaten oder Konsortien ist damit nachweisbar, womit ich zum ersten Beispiel der Aufklärung eines global wichtigen Stoffwechselprozesses im Meer mit molekularbiologischen und genomischen Verfahren überleiten möchte. In den tiefen Sedimenten bildet sich in großen Mengen biologisch oder thermisch das klimaschädliche Gas Methan. Seit vielen Jahrzehnten weiß man auch, dass dieses Methan nicht freigesetzt wird, sondern näher an der Oberfläche des Meeresbodens in einem biologischen Prozess mit Sulfat zu Kohlendioxid und Sulfid reagiert. Da diese Reaktion sehr wenig Energie liefert, ist es nicht verwunderlich, dass bis heute keine Reinkultur des entsprechenden Mikroorganismus erhalten wurde. Mit der Fluoreszenz-*in-situ*-Hybridisierung konnten wir vor gut zehn Jahren in Bremen

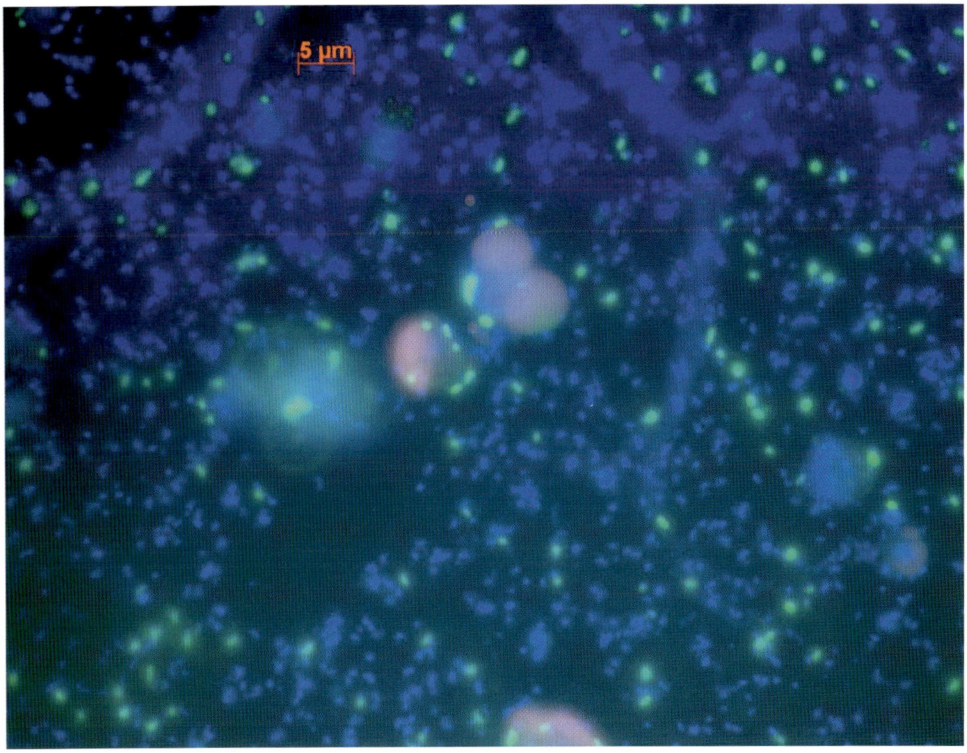

Abb. 3 Epifluoreszenzmikroskopisches Bild einer Bakterioplanktonprobe nach Färbung mit dem DNA-Farbstoff DAPI und Fluoreszenz-*in-situ*-Hybridisierung. Blau gefärbt ist die DNA und damit alle Zellen. Durch Fluoreszein grün angefärbt wurden marine *Flavobacteria*, an die die Oligonukleotidsonde CF319a gebunden hat. Bei den roten Strukturen handelt es sich um Chloroplasten von Mikroalgen der Gattung *Phaeocystis*, an deren Oberflächen *Flavobacteria* aufsitzen. Balken = 5 μm.

jedoch zeigen, dass in diesen Methan-Sulfat-Übergangszonen in großer Zahl Konsortien von *Archaea* und *Bacteria* vorkommen (Boetius et al. 2000). Sie setzen sich häufig aus einem Kern von Dutzenden bis Hunderten von *Archaea*-Zellen zusammen, die von einer ähnlichen Zahl von sulfatreduzierenden *Bacteria* umgeben sind. Die hohe Verwandtschaft der 16S rRNA der *Archaea* zu methan-produzierenden Reinkulturen legte nahe, dass diese eine Umkehrung der Methanogenese katalysieren. Diese Hypothese konnte später durch Untersuchungen des Metagenoms – der Summe der Genome des Habitats – und die Isolierung von charakteristischen Proteinen weiter gefestigt werden (Krüger et al. 2003).

Der Abbau von Algenbiomasse durch Bakterien soll als zweites Beispiel dienen, wie genombasierte Verfahren unser Verständnis von oft sehr komplexen Stoffkreisläufen verbessern. In der Deutschen Bucht kommt es jedes Jahr wieder im Frühjahr zu starken Algenblüten, die jedoch mit einer zeitlichen Verzögerung von wenigen Wochen fast vollständig durch Bakterien abgebaut werden. Die Biomasse besteht dabei vor allem aus Polysacchariden und Proteinen, die als Substrate für viele verschiedene aerobe, heterotrophe Bakterien in Frage kommen. Da Vertreter der Klasse *Flavobacteria* (Phylum *Bacteroidetes*) häufig im Umfeld von Algenblüten isoliert werden konnten, haben wir das Genom eines aus Oberflächenwasser bei Helgoland gewonnenen Isolats dieser Gruppe sequenziert. Bei der Analyse des Genoms wurden charak-

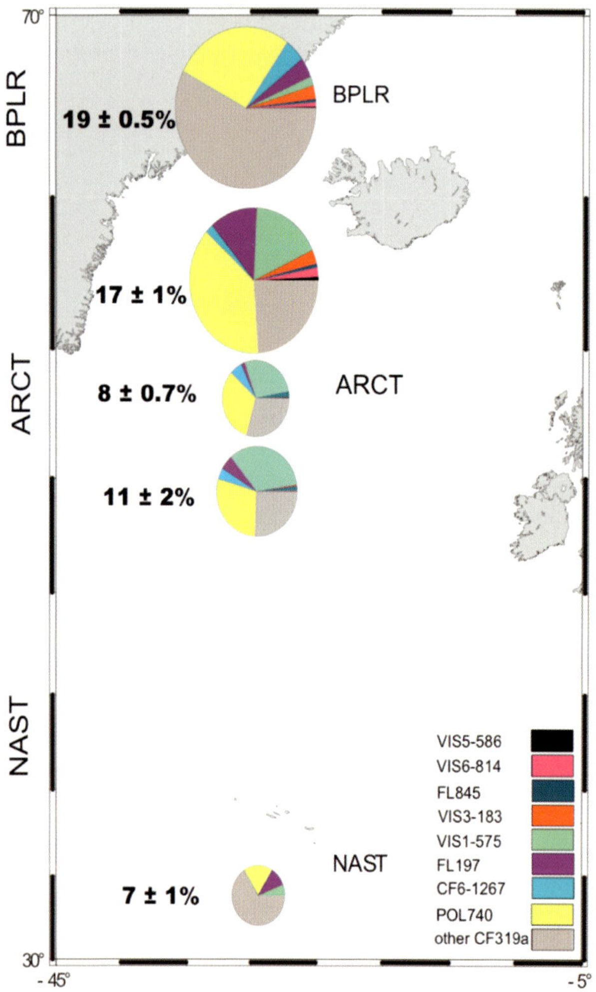

Abb. 4 Relative Häufigkeit (in %) und Verteilung von *Flavobacteria*-Gruppen (gelb entspricht z. B. der Gattung *Polaribacter*, die durch die Sonde POL740 identifiziert wurde) (nach Gomez-Pereira et al. 2010) entlang eines Transsekts entlang des Längengrades 30 W von Grönland zu den Azoren (Ausfahrt VISION mit der FS Maria S. Merian im Jahr 2006; Fahrtleitung Bernhard Fuchs; BPLR = Boreal-Polare Region; ARCT = Arktische Region; NAST = Nord-Atlantisch Subtropische Region).

teristische Anordnungen von Genen für Glycosidhydrolasen und für TonB-abhängige Transporter gefunden, was für eine Spezialisierung der *Flavobacteria* im Meer für den Abbau komplexer Polysaccharide und die Aufnahme von Oligosacchariden durch Transporter des TonB-Typs spricht (Bauer et al. 2006).

Auf einer Ausfahrt durch den Nordatlantik von Island zu den Azoren (Gomez-Pereira et al. 2010) fanden wir weitere Hinweise dafür, dass sich die *Flavobacteria* der polaren, gemäßigten und subtropischen Meeresprovinzen unterscheiden und dass die Anzahl der *Flavobacteria* sehr gut mit dem Chlorophyllgehalt und der Zahl einzelliger Algen im jeweiligen Gebiet korreliert (Abb. 4). Hier detektierten wir mit den Methoden der Genomforschung –

konkret durch die Klonierung großer Genomabschnitte aus Umwelt-DNA in Fosmidvektoren – in Vertretern der Gattung *Polaribacter* (Klasse *Flavobacteria*; Phylum *Bacteroidetes*) auch wieder die typischen Genanordnungen (Abb. 5). In diesen sogenannten Genominseln wechseln sich Gene, die für den Abbau von Polysacchariden kodieren (sowohl Glycosidhydrolasen wie auch viele Sulfatasen) mit Genen für potentielle Transporterproteine von Oligo- und Monosacchariden ab (Gomez-Pereira et al. 2012). Auf der Basis dieses Befundes glauben wir, dass die Bakterien der Gattung *Polaribacter* für den Abbau von sulfatierten Polysacchariden, die in vielen Algenzellwänden vorkommen, spezialisiert sind.

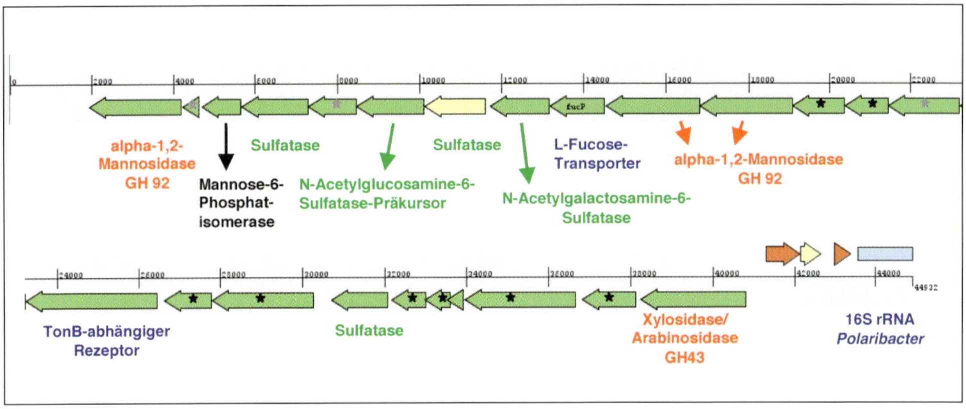

Abb. 5 Fosmid mit einer Genominsel für den Abbau sulfatierter Polysaccharide. Die Pfeile zeigen die Anordnung einzelner Gene. Blau gefärbt ist ein Abschnitt des 16S rRNA-Gens, der dieses aus dem Nordatlantik mit Methoden der Metagenomik gewonnene Fosmid Flavobakterien der Gattung *Polaribacter* zuordnet (nach Gomez-Pereira et al. 2012).

Aktuell gehen wir am Max-Planck-Institut für marine Mikrobiologie in einem großen BMBF-finanzierten Verbundprojekt „Mikrobielle Interaktionen in marinen Systemen (MIMAS)" am Probennahmestandort Kabeltonne vor Helgoland der Frage nach, ob das Auftreten und die Abundanz von bestimmten Gruppen an *Flavobacteria* im Zusammenhang mit Algenblüten stochastisch oder deterministisch ist. Dabei kommt neben der Fluoreszenz-*in-situ*-Hybridisierung (Abb. 6) und der Metagenomik in Zusammenarbeit mit Kollegen des Alfred-Wegener-Instituts Bremerhaven, der Jacobs-Universität Bremen, des Helmholtz-Zentrums Geesthacht und der Universität Greifswald erstmals auch die Metaproteomik zum Einsatz. Erneut zeigte sich, dass flavobakterielle Glycosidhydrolasen, Sulfatasen und Transporter des TonB-Typs für den Abbau der Algenbiomasse von großer Bedeutung sind (Teeling et al. 2012). Nach der für das Frühjahr typischen Diatomeenblüte in der Deutschen Bucht kam es zu einer raschen Sukzession von verschiedenen Gattungen von *Flavobacteria* (u. a. *Polaribacter* und *Formosa*; Abb. 6) und *Gammaproteobacteria*. Auch das mittels direkter Proteinextraktion aus dem Bakterioplankton und nachfolgender massenspektrometrischer Peptidmassenbestimmung analysierte Metaproteom zeigte eine deutliche zeitliche Abfolge von verschiedenen Hydrolasen, Sulfatasen (Abb. 7) und Transportern. Unsere Hypothese ist, dass die Bakteriensukzession durch die Algenblüte induziert ist und durch die unterschiedliche Abbaubarkeit der Algenzellmasse (u. a. der Polysaccharide) determiniert wird.

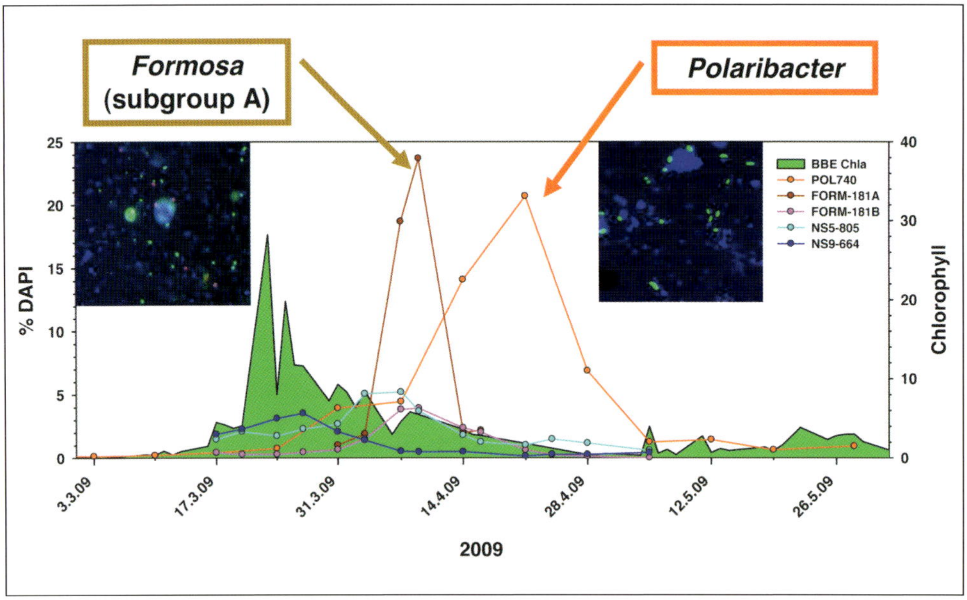

Abb. 6 Quantifizierung von verschiedenen Gattungen der *Flavobacteria* (braun: *Formosa* subgroup A; orange: *Polaribacter*) an der Probennahmestation Kabeltonne vor Helgoland im Frühjahr 2009. Zwei bzw. drei Wochen nach der Frühjahrsalgenblüte erreichen zunächst die Gattung *Formosa* und dann *Polaribacter* relative Häufigkeiten von ca. 20 % aller Zellen (nach Teeling et al. 2012).

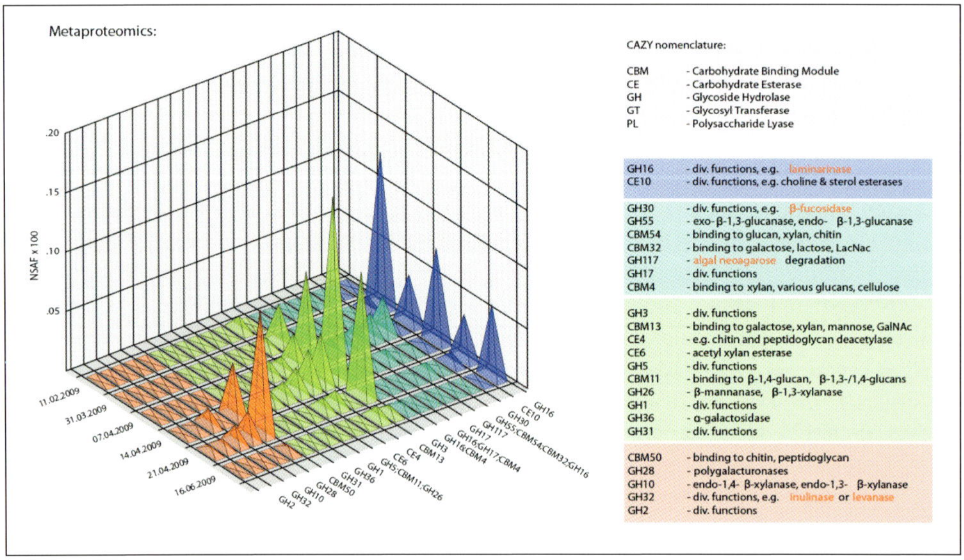

Abb. 7 Metaproteomische Identifizierung unterschiedlicher Kohlenhydrat-aktiver Enzyme in Bakterioplankton-Proteinextrakten von der Station Kabeltonne vor Helgoland im Frühjahr 2009. Die blau dargestellten Glycosidhydrolasen der Gruppe GH16, die z. B. Laminarinasen umfassen, dominieren früh in der Sukzession am 31. 3. 2009. Im Gegensatz dazu finden sich Kohlenhydrat-bindende Module der Gruppe CBM50, die z. B. an Chitin oder Peptidoglycan binden, erst später am 14. 4. und 21. 4. 2009 (nach Teeling et al. 2012).

Für unsere integrierte mikrobiologische Meeresforschung in Bremen ist es wichtig, dass wir uns des Potentials, aber auch der Grenzen der modernen molekularbiologischen Methoden bewusst bleiben. Für die Bestimmung des wirklichen Substratspektrums eines Bakteriums benötigen wir weiterhin Reinkulturen. Wie die Abbildung 8 zeigt, basieren viele unserer ohne vorherige Kultivierung rein molekularbiologisch gewonnenen Ergebnisse in ihrer Interpretation auf dem Abgleich mit Wissen, das an Reinkulturen gewonnen wurde.

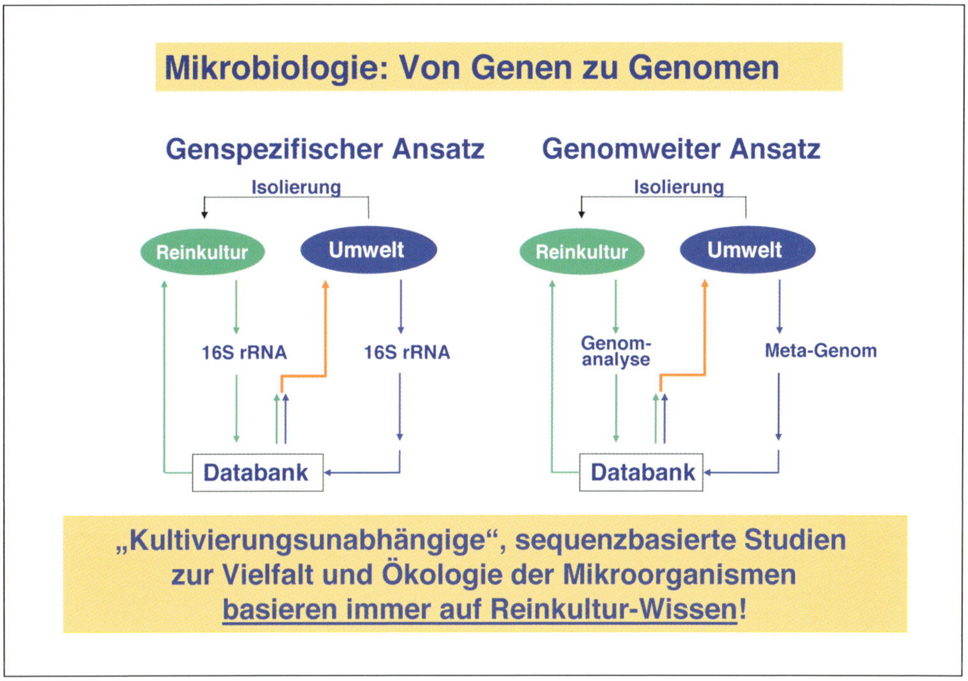

Abb. 8 Darstellung der Synergien von molekularbiologischen und mikrobiologischen Verfahren in der Erforschung der phylogenetischen und funktionellen Vielfalt der Mikroorganismen mit gen-spezifischen bzw. genom-basierten Ansätzen. Aus dem Vergleich von Reinkulturdaten und direkt aus der Umwelt erhobenen Daten ergeben sich die mit roten Pfeilen dargestellten Hypothesen, die entweder direkt in der Umwelt überprüft werden bzw. zur gerichteten Isolierung von neuen Reinkulturen führen.

Das trifft für die Identifizierung von bekannten und neuen Bakterien mittels 16S rRNA-Genen genauso zu, wie für die Vorsage von Abbaupotentialen durch Metagenom- und Metaproteomanalysen. Aktuell versuchen wir deshalb, die im Abbau von Algenblüten in Küstenregionen dominanten *Flavobacteria* und *Gammaproteobacteria* in Reinkultur zu gewinnen, um ihre physiologischen Fähigkeiten dann im Detail zu untersuchen. Zum Teil reicht es aber auch aus, mit viel Geduld langsam wachsende Bakterien anzureichern, um sie dann physiologisch und biochemisch zu charakterisieren. Ein Beispiel hierfür sind die sogenannten Anammox-Bakterien aus der interessanten Gruppe der Planctomyceten, die mit vorher unbekannten Enzymen Ammoniak mit Nitrit zu Luftstickstoff umsetzen (Strous et al. 2000) und so nicht nur Abwässer reinigen, sondern auch noch Energie für die Fixierung von Kohlendioxid gewinnen.

Ich hoffe, Sie heute davon überzeugt zu haben, dass es in der Mikrobiologie noch viele Formen von Leben zu entdecken gibt, von denen wir heute vielleicht schon die Fingerabdrücke gesehen haben, deren phylogenetische und funktionelle Vielfalt uns aber noch viele Überraschungen bringen wird.

Dank

Meine Forschung am Max-Planck-Institut für marine Mikrobiologie in Bremen wurde in den vergangenen 15 Jahren von der Deutschen Forschungsgemeinschaft, dem Bundesministerium für Bildung und Forschung (MIMAS-Projekt), der Europäischen Kommission (*Network of Excellence Marine Genomics Europe*) und ganz überwiegend durch die Max-Planck-Gesellschaft gefördert. Ohne die Hilfe vieler Kolleginnen und Kollegen und die großartige Mitarbeit meiner Doktoranden und Postdoktoranden wären die Projekte nicht möglich gewesen. Ich möchte mich bei allen herzlich bedanken.

Literatur

Amann, R. I., Ludwig, W., and Schleifer, K.-H.: Phylogenetic identification and in situ detection of individual microbial cells without cultivation. Microbiol. Rev. *59*, 143–169 (1995)

Bauer, M., Kube, M., Teeling, H., Richter, M., Lombardot, T., Allers, E., Würdemann, C. A., Quast, C., Kuhl, H., Knaust, F., Woebken, D., Bischof, K., Mussmann, M., Choudhuri, J. V., Meyer, F., Reinhardt, R., Amann, R. I., and Glöckner, F. O.: Whole genome analysis of the marine Bacteroidetes "Gramella forsetii" reveals adaptations to degradation of polymeric organic matter. Environ. Microbiol. *8*, 2201–2213 (2006)

Boetius, A., Ravenschlag, K., Schubert, C., Rickert, D., Widdel, F., Gieseke, A., Amann, R., Jørgensen, B. B., Witte, U., and Pfannkuche, O.: A marine microbial consortium apparently mediating anaerobic oxidation of methane. Nature *407*, 623–626 (2000)

Gomez-Pereira, P. R., Fuchs, B. M., Alonso, C., Oliver, M. J., van Beusekom, J. E. E., and Amann, R.: Distinct flavobacterial communities in contrasting water masses of the North Atlantic Ocean. ISME J. *4*, 472–487 (2010)

Gomez-Pereira, P. R., Schüler, M., Fuchs, B. M., Bennke, C., Teeling, H., Waldmann, J., Richter, M., Barbe, V., Bataille, E., Glöckner, F. O., and Amann, R.: Genomic content of uncultured Bacteroidetes from contrasting oceanic provinces in the North Atlantic Ocean. Environ. Microbiol. *14*, 52–66 (2012)

Krüger, M., Meyerdierks, A., Glöckner, F. O., Amann, R., Widdel, F., Kube, M., Reinhardt, R., Kahnt, J., Böcher, R., Thauer, R. K., and Shima, S.: A conspicuous nickel protein in microbial mats that oxidize methane anaerobically. Nature (London) *426*, 878–881 (2003)

Pruesse, E., Quast, C., Knittel, K., Fuchs, B., Ludwig, W., Peplies, J., and Glöckner, F. O.: SILVA: a comprehensive online resource for quality checked and aligned ribosomal RNA sequence data compatible with ARB. Nucl. Acids Res. *35*, 7188–7196 (2007)

Salman, V., Amann, R., Girnth, A.-C., Polerecky, L., Bailey, J. V., Høgslund, S., Jessen, G., Pantoja, S., and Schulz-Vogt, H. N.: A single-cell sequencing approach to the classification of large vacuolated sulphur bacteria. System. Appl. Microbiol. *34*, 243–259 (2011)

Schulz, H. N., Brinkhoff, T., Ferdelman, T. G., Marine, M. H., Teske, A., and Jørgensen, B. B.: Dense populations of a giant sulfur bacterium in Namibia shelf sediments. Science *284*, 493–495 (1999)

Strous, M., Fuerst, J. A., Kramer, E. H. M., Logemann, S., Muyzer, G., van de Pas-Schoonen, K. T., Webb, R., Kuenen, J. G., and Jetten, S. M.: Missing lithotroph identified as new planctomycete. Nature *400*, 446–449 (1999)

Teeling, H., Fuchs, B. M., Becher, D., Klockow, C., Gardebrecht, A., Bennke, C. M., Kassabgy, M., Huang, S., Mann, A. J., Waldmann, J., Weber, M., Klindworth, A., Otto, A., Lange, J., Bernhardt, J., Reinsch, C., Hecker, M., Peplies, J., Bockelmann, F. D., Callies, U., Gerdts, G., Wichels, A., Wiltshire, K. H., Glöckner, F. O., Schweder, T., and Amann, R.: Substrate-controlled succession of marine bacterioplankton populations induced by a phytoplankton bloom. Science *336*, 608–611 (2012).

Whitman, W. B., Coleman, D. C., and Wiebe, W. J.: Prokaryotes: the unseen majority. Proc. Natl. Acad. Sci. USA *95*, 6578–6583 (1998)

Woese, C. R., and Fox, G. E.: Phylogenetic structure of prokaryotic domain – primary kingdoms. Proc. Natl. Acad. Sci. USA *74*, 5088–5090 (1977)

Yarza, P., Richter, M., Peplies, J., Euzeby, J., Amann, R., Schleifer, K.-H., Ludwig, W., Glöckner, F. O., and Rossello-Mora, R.: The all-species living tree project: A 16S rRNA-based phylogenetic tree of all sequenced type strains. System. Appl. Microbiol. *31*, 241–250 (2008)

Prof. Dr. Rudolf Amann
Max Planck Institut für Marine Mikrobiologie
Celsiusstraße 1
28359 Bremen
Bundesrepublik Deutschland
Tel.: +49 421 2028930
Fax: +49 421 2028790
E-Mail: ramann@mpi-bremen.de

Nova Acta Leopoldina NF *116*, Nr. 394, 147–159 (2012)

Biological Diversity – The Essence of Life and Ecosystem Functioning

Christian KÖRNER ML (Basel)

With 8 Figures

Christian Körner

Abstract

Organismic diversity is the foundation and outcome of evolution, the basis of life. Genetic variation within populations and genetic difference among taxa and multi-species assemblages ensure species survival and sustained ecosystem functioning in an ever changing world. It is an important task to disseminate these insights in order to supplement the classical and ever valid motivations for conservation and protection of biodiversity rooted in ethical priciples (the 'right to exist'). In this overview, I am revisiting the fundamental significance of variation for the living world and offer a number of examples for the functional significance of biological diversity. These examples from experimental plant ecology include the efficiency of light and nutrient capture by plant communities, differences in water relations among trees, erosion control and pathogene resistance. The article highlights the positive effect of functional complementarity, redundancy and the often hidden role of biodiversity under the influence of extreme events.

Zusammenfassung

Die organismische Vielfalt ist Voraussetzung und Resultat der Evolution, der Basis des Lebens. Die genetische Vielfalt in Populationen und von Arten in komplexen Artengemeinschaften sichert das Überleben der Arten und das Funktionieren von Ökosystemen in einer sich stets ändernden Welt. Es ist eine wichtige Aufgabe, diese Einsichten zu verbreiten, um die ewig gültigen ethischen Grundlagen des Natur- und Umweltschutzes (das ‚Recht auf Existenz') zu unterstützen und zu ergänzen. In diesem Überblicksartikel wird zunächst die fundamentale Bedeutung der Vielfalt für das Leben beleuchtet. Anschließend stelle ich Beispiele aus der experimentellen Pflanzenökologie vor, die zeigen, dass diverse Pflanzenbestände Licht und Nährstoffe effizienter nutzen und dass artspezifische Reaktionen den Wasser- und Kohlenstoffhaushalt von Ökosystemen beeinflussen und Erosion sowie die Ausbreitung von Pathogenen bremsen können. Der Artikel unterstreicht die positiven Auswirkungen von funktioneller Komplementarität, Redundanz sowie der oft versteckten Rolle der Biodiversität unter dem Einfluss von Extremereignissen.

 Nova Acta Leopoldina NF *116*, Nr. 394, 147–159 (2012)

1. Introduction

The diversity of organisms, often subsumed under 'biodiversity', is an intrinsic feature of life. For long an elitist issue of naturalists and scientists, biodiversity became a public and, thus, policy issue, once its global decline but also its value for life on this planet became more widely acknowledged. The dominant motive for the protection of biological diversity is still rooted in the classical conservation tradition, that is, the protection of species, communities and ecosystems for their uniqueness, rarity, charisma, or simply by the ever valid imperative, the 'right' of any organism to exist, and to exist well. This ethical principle reaches far beyond science, is broadly understood, it was and will remain the leading motivation for most people who care about nature. Science can contribute by identifying biota at risk, by developing sustainable conservation programs, and by assessing the global genetical treasures and the state of ecosystems at all levels of complexity (Hassan et al. 2006).

Yet, science can do more. In this brief essay (reflecting my presentation at the general assembly of the German National Academy Leopoldina), I am highlighting some attributes of biodiversity that are not yet commonplace, that deserve greater attention in research, education and outreach to the public. First, I will recall the significance of biodiversity for life in general, and then I will ask, whether and how biodiversity affects our life by its functional significance, beyond its unquestioned ethical value and conservational importance.

2. Variation – the Substrate and Product of Evolution

Most people are not aware that life is totally dependent on genetic variation, and it also produces this variation by ongoing evolution. There is no sustained existence of any organismic species, including humans, unless individuals differ in their traits. Genetic variation is the most fundamental prerequisite for survival, including our own species. All organisms are in a permanent interaction with others, some of these interactions are positive for both parts (symbiotic, facilitative), others are negative for one of the partners (parasitism, pathology). Further, all organisms face often unexpected environmental changes such as floods, erosion, climatic peculiarities including extreme events, disturbances such as fire, storms or consumption by others (browsing, grazing, predation). Uniform sensitivity among individuals of populations or among species of organisms to all these influences might erase species and communities of species when such environmental changes come into action. Uniformity is fatal. There is no future when variation fades. In order to secure individualistic differences within and across taxa (a high degree of heterozygosity and variation in specific traits), populations and communities need space and time to evolve and permanent 'training' grounds, i.e. selective forcing to retain fitness in an ever-changing world. The larger a climatically uniform area, and the less seasonal and year to year variation in climate, the greater the richness in organismic taxa (e.g., the high biodiversity in humid tropical forests). However, within any given environment, the total number of species rises with the diversity of habitats. A major driver of habitat diversity is topography. This is one of the reasons why mountain ecosystems host more biodiversity per unit land area than surrounding terrain (Körner 2004).

Although a triviality, these fundamental aspects of biodiversity are rarely made explicit, and lay people are commonly put at surprise when told that their own resistance to diseases and the reliability of food production are the net outcome of evolution, the constant production and selection of new genetic variants. Even the ability of an individual to adjust to the unforeseen has a genetic, that is, evolutionary basis. This can best be symbolized by illustrating trait variation within species and across species. A trait can be any property, either visible (e.g., body size, stature, color) or invisible (physiological capabilities, stress resistance). It has become common practice in empirical biology to focus on 'typical' features or responses, that is, on means across individuals or species, on 'standard' patterns and processes. This made it easier to describe the living world and characterize the ways it works and functions. However, this approach is eliminating the essence of life, the variation of all features and responses. What may be 'mainstream' today, may be a losing strategy tomorrow, similar to economy. What may be a marginally successful genotype today, may be the winner tomorrow, when conditions change. Conditions always change.

Therefore, I consider frequency distribution diagrams of organismic traits, so-called 'histograms' as 'icons of life' (Fig. 1), as the most important way to illustrate traits in the living world. Any research can be weighted by the extent to which it accounts for variation, rather than excluding or ignoring it.

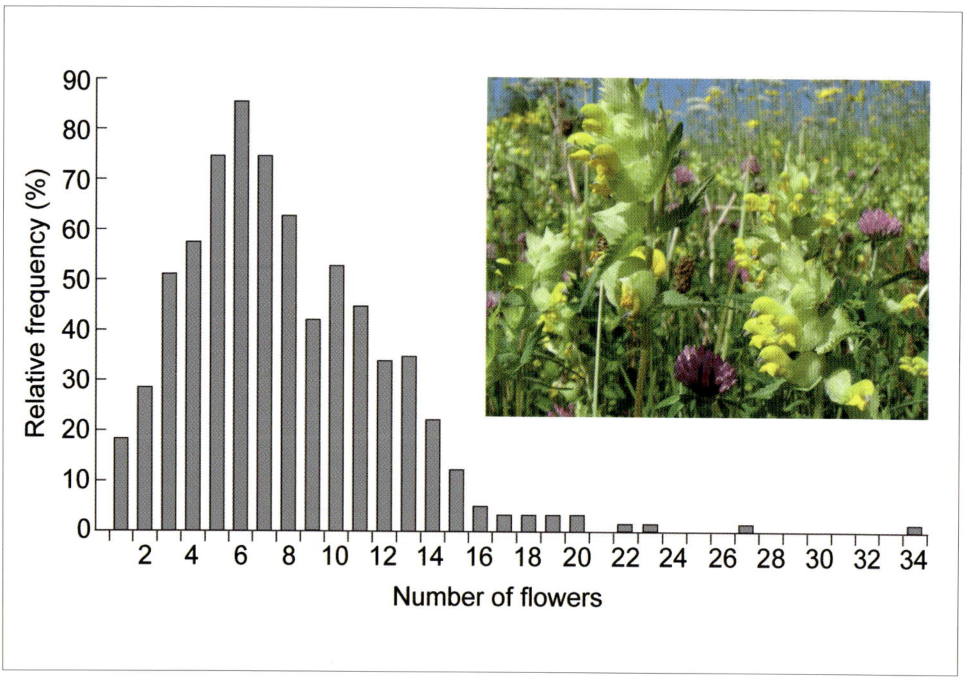

Fig. 1 Individuals differ in their traits. These differences may be genotypic or phenotypic. A frequency distribution diagram is the best way to illustrate trait variation, it is like a fingerprint of the biological richness in a population. Here, as an example, size variation (as measured by numbers of flowers per individual) in a hemi-parasitic meadow plant, *Rhinanthus alectorolophus*, as obtained in a student field course.

It is another triviality that no species of organisms on this planet can exist alone. It always matters who else is there, both for a target individual or species and the ecosystem as a whole. Hence species depend on their companion species. Thus, a key facet of biological diversity is the variation (and thus evolution) of organismic interactions. Inevitably, these are more numerous than the number of taxa, given that all taxa in a given ecosystem interact with each other in one way or the other (plant-plant, plant-animal, plant-microbe, animal-microbe interactions and combinations of these). These mutualisms may be loose (random) or rather tight (targeted), they may be benefiting both partners (symbiotic) or only one (parasitism, pathogenes).

To illustrate the 'arms race' among taxa, I selected the *Daphnia-Pasteuria* parasitic relationship (Decaestecker at al. 2007). Once it was discovered that one can bring eggs/dormant stages of this pair of species, packed into a chronology of lake sediments, back to life, this offered an exceptionally elegant system to explore parasite infectivity (Fig. 2). *Daphnias* can be expected to be selected for their fitness against the parasite population of a given season. So, the same population of parasites would be less infectious in forthcoming years. Figure 2 illustrates that for a given year's *Daphnia* population parasite populations from two years before or two years later are less infectious to that target population than the concurrent parasite population. 'Running as fast as possible to stay where you are' is the only way for a host such as *Daphnia* to escape its parasites or pathogenes. Myriads of such interactions take place. Recently, it was discovered that leaves of European beech (*Fagus sylvatica*) host ca. 100 endophytic fungi in their intercellular spaces (Unterseher 2011), and it is not unlikely to find >10 of such endophytic species in the same leaf, some potentially pathogenic, but presumably controlled by others that are not. Very similar processes occur on our skin or in our mouth.

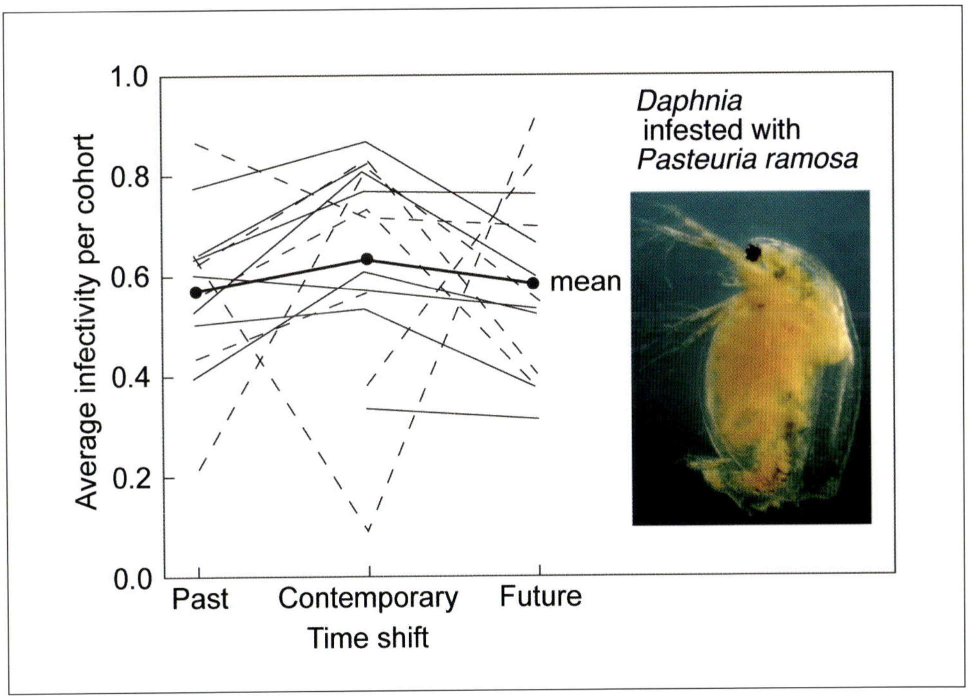

Fig. 2 Diversification feeds the arms race between co-occurring taxa, as illustrated by the *Daphnia-Pasteuria* host-parasite system in a lake. Dormant stages of both, the parasite and its host population were collected from young, stratified lake sediments. Both species were brought back to life to test the infectiousness of parasites that historically lived either contemporarily or two years before or two years after the host population. In the majority of cases, the host was less affected before or after the parasite could 'specialize' for its companion host generation (Decaestecker at al. 2007).

3. Biological Diversity Influences Ecosystem Processes

Beyond its function as the substrate and outcome of evolution and the interaction among species, biodiversity has numerous functions for community performance and ecosystem processes. The functioning of ecosystems depends on the community of organisms the ecosystem is built from. Not all species have equal weight, some may dominate at times. However, it is not necessarily the visual size dominance that matters. Bacteria or fungi may control which plants or animals become visually dominant. For instance, VAN DER HEIJDEN et al. (1998) showed that the presence of certain glomerophytic mycorrhizal fungi determine the species performance and, thus, abundance of species in highly diverse calcareous grassland (100 plant species per 1000 m^2).

Thanks to their different traits, different organisms fulfill different functions and/or exhibit different abilities to cope with a given set of environmental conditions. Quite often, the significance of certain traits becomes apparent under exceptional conditions only. So, as long as these conditions do not occur, the significance of certain traits remains hidden. What seems like an overabundance of functional redundancy in certain ecosystems, such as a number of different grass species in a meadow, may suddenly become all but redundant when an extreme situation such as a drought comes into play (KAHMEN et al. 2005, TILMAN 1999). Some of these species with seemingly similar traits will turn out to be rather differently affected so that a few resistant ones survive and, thus, cause the grassland to persist. In the following, I will illustrate a few examples for the functional significance of species diversity in ecosystems.

Plant communities are composed of species of rather contrasting stature. For instance in meadow communities, the bottom layer is occupied by broad-leaved rosett-forming forbs, whereas the top is occupied by narrow, steeply inclined grass leaves, with all sorts of intermediate stature types. The more such architectures (species) are assembled, the better is solar radiation utilized (Fig. 3). In the most diverse assembly (32 species) only two percent of sunlight reaches the soil surface. In species-poor assemblages (8 species), 20 % reaches the ground and, thus, remains unavailable for photosynthesis. The mean light transmission for different monospecific stands is 30 %. Quite clearly, plant diversity increases the efficiency of light capture per unit land area by complementary morphologies.

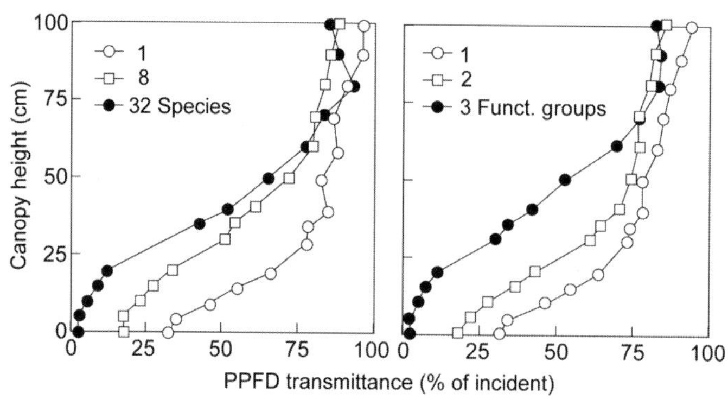

Fig. 3 The morphological diversity of species in a meadow causes light to be utilized more efficiently the more different species build the canopy (*left*). The effect on light transmission is similar when species are grouped into so-called plant functional types (PFT) such as grasses, forbs or legumes (*right*). A third of sunlight remains unutilized (reaches the ground) when the canopy is composed of only one species or only one PFT (SPEHN et al. 2000).

Very similar effects occur below ground. In this case nutrient capture rises as more species (different rooting systems) explore the ground (Fig. 4). With only five species, a lot of 'unused' nitrate can be found in soils that can be washed out by rain and pollute ground water. With twelve species, the free nitrate is reduced to a third, and with 31 species to one fifth of the life species diversity reference.

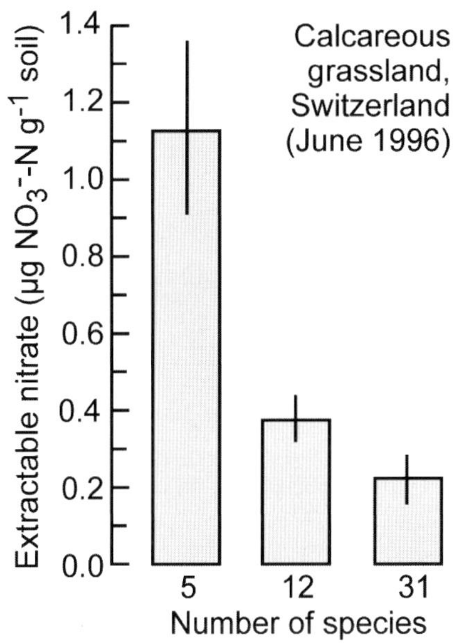

Fig. 4 The more species compose a community of grassland species, the more different rooting systems explore the soil for nutrients. This causes highly species-rich systems to nearly exhaustively absorb nitrate from soil, whereas a lot of free nitrate remains in the soil under low diversity communities, with the risk that these nutrients are leached to ground water (NIKLAUS et al. 2001).

As mentioned above, beneficial effects of species diversity may surface only under extreme conditions, when species suddenly become 'keystone species', that is, species without the presence of which the system would collapse. Such an extreme event could be soil erosion producing large eroded gullies that widen from year to year at rates controlled by, among other factors, the species at the eroding edge (Fig. 5). It was found that, by pure coincidence, the same species (*Festuca valesiaca*) is controlling such erosion edges in the central Caucasus (CAPREZ et al. 2012) and the Alps (C. HUG et al., unpubl.). In intact grassland, this grass species is one out of many species, not particularly prominent. However, the severe environmental conditions at the eroding edge select for the species that has a particularly strong and robust root system and tolerates the drought and wind exposure at the edge. Had this species not been present, erosion would most likely progress at a much faster rate and, thus, remove the habitat for other species.

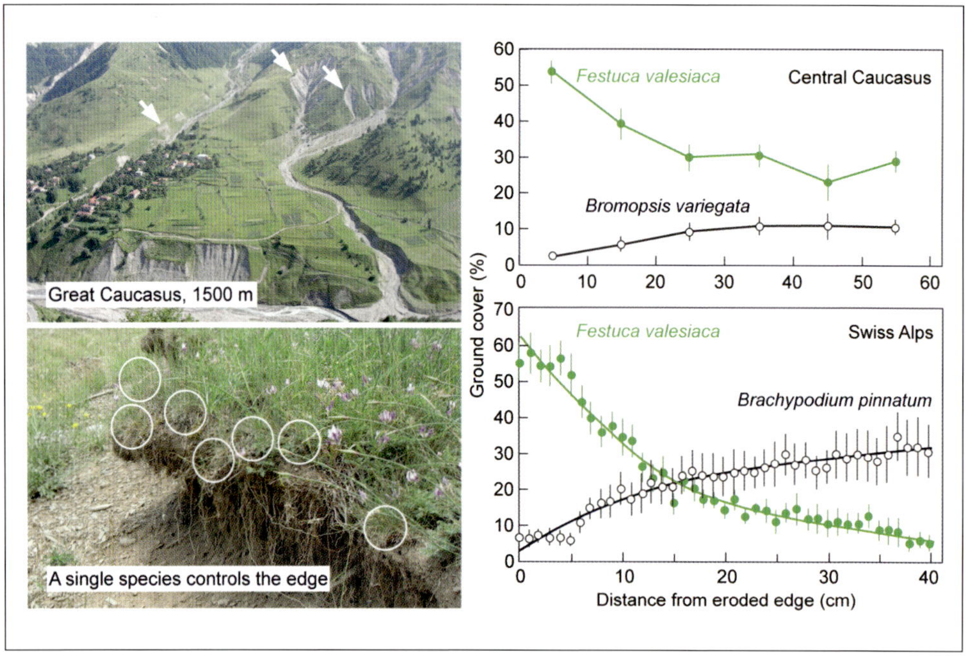

Fig. 5 The functional significance of species richness often remains hidden until an extreme event occurs. Here, a single species, *Festuca valesiaca*, was selected from rich grassland communities in both the central Alps and the central Caucasus under the influence of gully erosion. This species is able to live at the erosion edge and, thus, is slowing the progression of erosion (example from the Alps by C. Hug et al., unpubl., example from the Caucasus Caprez et al. 2012).

Since extreme events are rare, such beneficial effects of the presence of certain species commonly remain hidden. Further, the nature of the extreme event would select for different species (or their genotypes). Such extreme events could be drought, freezing, appearance of new fungal pathogenes or parasite outbreaks, heavy storms etc. In all these cases it is more likely that an ecosystem with a broad spectrum of species and, thus, traits remains functioning, that is, produces biomass, protects soil from erosion, holds water and captures nutrients, supports a trophic cascade etc. than systems with only one or few species. Similar to diverse grassland, diverse forest ecosystems are less affected by extreme events than monospecific plantations (Scherer-Lorenzen et al. 2005). Biological diversity thus ensures and insures sustained ecosystem functioning.

Such beneficial effects can even be found in agricultural systems. When different rice cultivars were grown in mixed fields, the plants were less affected by fungal pathogenes (*Magnoportha grisea*) than if each cultivar were grown separately (Zhu et al. 2000).

4. Biodiversity and Global Change

The current and future global losses in species due to land transformation and rapid environmental change are comparable to one of the five great extinction periods of biota over the past billion years of the Earth's history. Different ecosystems and organismic groups are affected differently by global change (Mooney 2010). Since species differ in traits, they will show differential responses to similar environmental perturbations. In other words, climatic warming, higher frequency of drought events, atmospheric CO_2 enrichment or soluble nitrogen deposition affect organismic communities in a way that some organisms will gain and others will decline. The faster these changes, the less likely will populations track these changes (in the sense of Fig. 2), causing a decline in species diversity.

When highly diverse grassland was exposed to future CO_2 concentrations, the dominant grass species (*Bromus erectus*) reduced its water consumption by stomatal closure, whereas the subdominant *Carex* species did not (Fig. 6). The net outcome of this was a slower depletion of soil moisture during dry periods and a 300 % increase of *Carex* biomass within four years (with no growth effect in *Bromus*). Hence, the moisture-demanding *Carex* species profited from the water savings by *Bromus*.

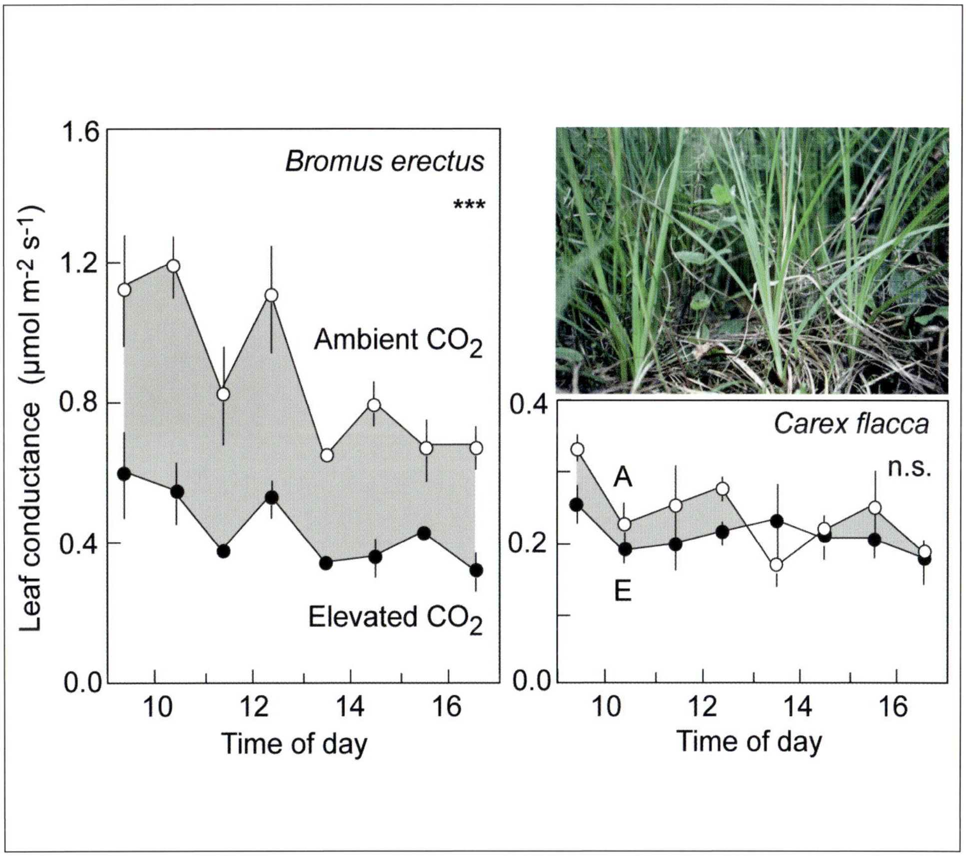

Fig. 6 When environmental conditions change, species are affected differently. Under twice pre-industrial CO_2 concentrations, *Bromus* reduces the opening of its stomatal pores and, thus, diminishes transpiration, leaving more water in the soil. The subdominant sedge does not save any water (hardly any stomatal response to CO_2), but it takes advantage of the response of the dominant *Bromus* (Lauber and Körner 1997).

When drought hits mixed deciduous forests, species are affected quite differently. The 2003 heat wave in Europe had a strong impact on water consumption (and growth) of *Carpinus betulus* (hornbeam), moderately affected beech (*Fagus sylvatica*) and had no measurable effect on sessile oak (*Quercus petraea*; LEUZINGER und KÖRNER 2007a). Recurrent events like this can, thus, be expected to shift the competitive balance among tree species toward oak dominance (Fig. 7).

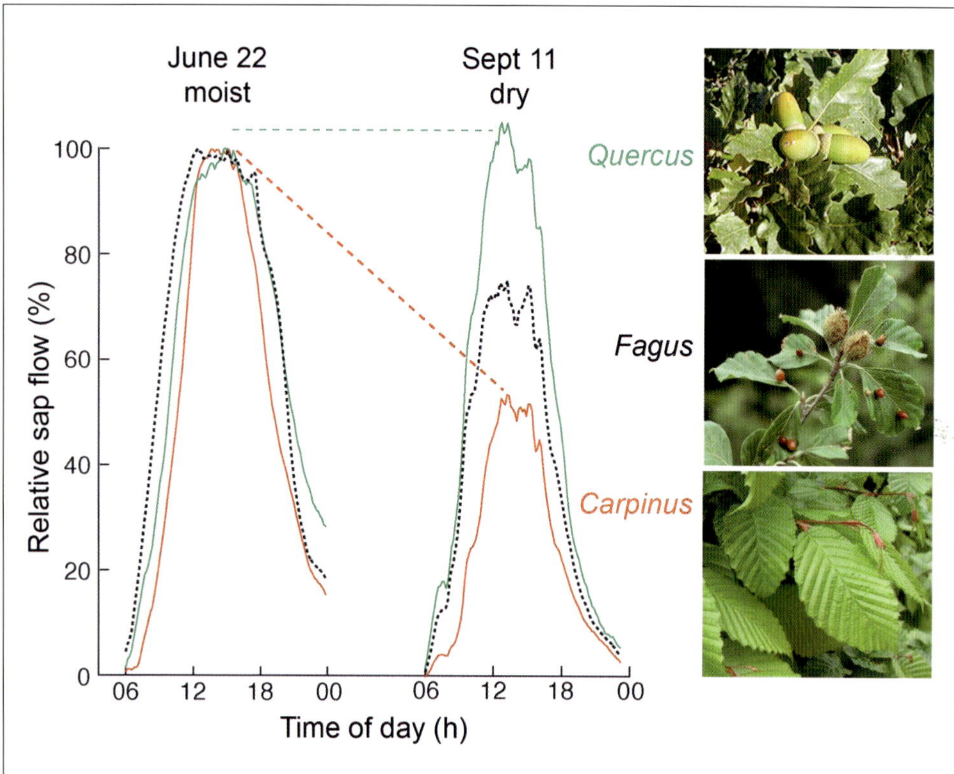

Fig. 7 Under extreme drought, forest tree species are affected differently (illustrated here by diurnal courses of sapflow at the beginning and the end of a particularly dry summer: *Carpinus* (hornbeam) was affected most, *Quercus* (oak) not at all (LEUZINGER and KÖRNER 2007).

When weather conditions get hot, tree canopies may heat above air temperature due to lack of transpirational cooling and solar radiation, depending on their crown architecture (crown density, aerodynamic properties) and leaf size. Big leaves and dense crowns tend to overheat and make the effective heat wave more severe (Fig. 8). Architectural traits, thus, co-determine the stress imposed on a species both, in isolated trees (urban environment) as well as in trees in a dense forest (LEUZINGER and KÖRNER 2007b). Dense crowns of lime (*Tilia platyphyllos*) cause canopy temperature to exceed air temperature by 5 K, whereas the canopies of larch (*Larix*), cherry (*Prunus*) or pine (*Pinus*) stay close to air temperature. Such differences in crown architecture may translate into a differential stress exposure and, thus, competitional divergence (SCHERRER et al. 2011).

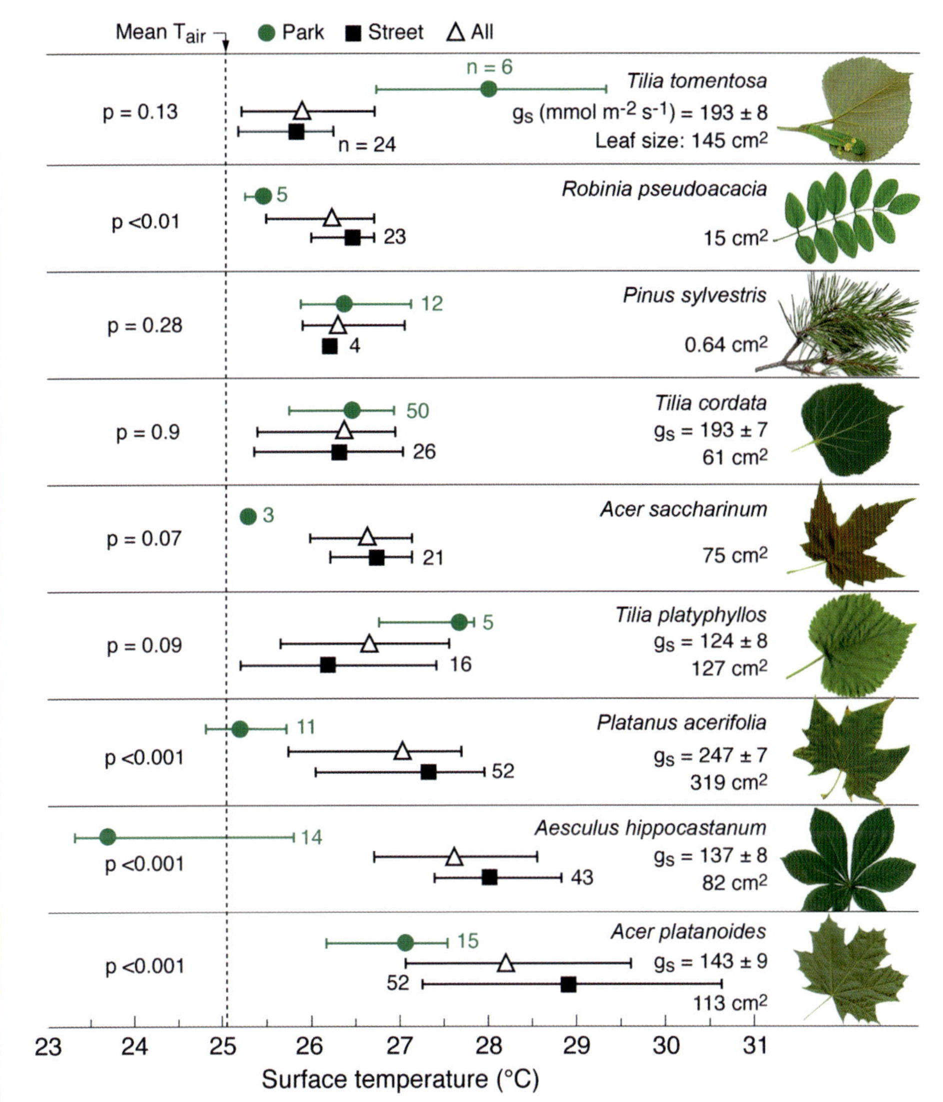

Fig. 8 The diversity of leaf morphologies and canopy density affect canopy temperature and, thus, evaporative forcing. Thermal images taken from a helicopter during a cruise across the City of Basel illustrate how hot weather conditions exert rather different effects on canopy temperatures in different species of city trees. The diagram shows temperatures for the same species growing either in a park or along traffic ways, a position effect related to water availability and, thus, transpirational cooling. The vertical line indicates the mean air temperature during the helicopter cruise (LEUZINGER et al. 2010).

5. Conclusions

Organisms vary, the main prerequisite to survive in an ever changing world. This variation is both substrate for and result of evolution. Biological diversity drives ecosystem functioning and is responsible for the benefits we take from intact ecosystems. The more species, the more different traits, the more functional niches in an ecosystem are explored/occupied, the better are resources utilized and converted into biomass. Often these benefits of biological diversity appear only under environmentally extreme conditions. If conditions change, this will always affect the balance among species. Any environmental change has biodiversity effects in the long run. The faster such changes occur, the smaller the number of species able to track those changes either by existing trait variation in a population (insurance) or by rapid evolution of new traits. Fast environmental change selects species that exhibit a high variability in traits or response characteristics or short life cycle species (e.g., weeds). Biological diversity is the essence of life, the need for its protection thus goes far beyond classical conservation motives.

References

Caprez, R., Spehn, E., Nakhutsrishvili, G., and Körner, C.: Drought at erosion edges selects for a 'hidden' keystone species. Plant Ecol. Divers. DOI: 10.1080/17550874.2011.600343 (2012)

Decaestecker, E., Gaba, S., Raeymaekers, J. A. M., Stoks, R., Van Kerckhoven, L., Ebert, D., and De Meester, L.: Host–parasite 'Red Queen' dynamics archived in pond sediment. Nature *450*, 870–873 (2007)

Hassan, R., Scholes, R., and Ash, N. (Eds.): Ecosystem and Human Well-being: Current State and Trends. Vol. 1: Millennium Ecosystem Assessment. Washington: Island Press 2006

Kahmen, A., Perner, J., and Buchmann, N.: Diversity-dependent productivity in semi-natural grasslands following climate perturbations. Funct. Ecol. *19*, 594–601 (2005)

Körner, C.: Mountain biodiversity, its causes and function. AMBIO Special Report *13*, 11–17 (2004)

Lauber, W., and Körner, C.: In situ stomatal response to long-term CO_2 enrichment in calcareous grassland plants. Acta Oecologica *18*, 221–229 (1997)

Leuzinger, S., and Körner, C.: Tree species diversity affects canopy leaf temperatures in a mature temperate forest. Agricultural and Forest Meteorology *150*, 29–37 (2007a)

Leuzinger, S., and Körner, C.: Water savings in mature deciduous forest trees under elevated CO_2. Glob. Change Biol. *13*, 1–11 (2007b)

Leuzinger, S., Vogt, R., and Körner, C.: Tree surface temperature in an urban environment. Agricultural and Forest Meteorology *150*, 56–62 (2010)

Mooney, H. A.: The ecosystem-service chain and the biological diversity crisis. Phil. Trans. R. Soc. *365*, 31–39 (2010)

Niklaus, P. A., Kandeler, E., Leadley, P. W., Schmid, B., Tscherko, D., and Körner, C.: A link between plant diversity, elevated CO_2 and soil nitrate. Oecologia *127*, 540–548 (2001)

Scherer-Lorenzen, M., Körner, C., and Schulze, E. D.: Forest Diversity and Function. Temperate and Boreal Systems. Ecological Studies *176*. Berlin: Springer 2005

Scherrer, D., Bader, M. K. F., and Körner, C.: Drought-sensitivity ranking of deciduous tree species based on thermal imaging of forest canopies. Agricult. Forest Meteorol. *151*, 1632–1640 (2011)

Spehn, E. M., Joshi, J., Schmid, B., Diemer, M., and Körner, C.: Above-ground resource use increases with plant species richness in experimental grassland ecosystems. Funct. Ecol. *14*, 326–337 (2000)

Tilman, D.: Ecology – Diversity by default. Science *283*, 495–496 (1999)

Unterseher, M.: Diversity of fungal endophytes in temperate forest trees. In: Pirttilä, A. M., and Frank, C. (Eds.): Endophytes of Forest Trees: Biology and Applications. Springer Forestry Series; pp. 31–46. Berlin: Springer 2011

van der Heijden, M. G. A., Klironomos, J. N., Ursic, M., Moutoglis, P., Streitwolf-Engel, R., Boller, T., Wiemken, A., and Sanders, I.: Mycorrhizal fungal diversity determines plant biodiversity, ecosystem variability and productivity. Nature *396*, 69–72 (1998)

Zhu, Y., Chen, H., Fan, J., Wang, Y., Li, Y., Chen, J., Fan, J. X., Yang, S., Hu, L., Leung, H., Mew, T. W., Teng, P. S., Wang, Z., and Mundt, C. C.: Genetic diversity and disease control in rice. Nature *406*, 718–722 (2000)

Prof. Dr. Christian Körner
Universität Basel
Botanisches Institut
Schönbeinstraße 6
CH-4056 Basel
Schweiz
Tel.: +41 61 2673510
Fax: +41 61 2673504
E-Mail: ch.koerner@unibas.ch

Nova Acta Leopoldina NF *116*, Nr. 394, 161–181 (2012)

Kultureller Pluralismus: Zwischen Respektzumutung und Politisierung

Bernd Simon (Kiel)

Mit 3 Abbildungen

Zusammenfassung

Es werden die Grundrisse einer interdisziplinär informierten sozialpsychologischen Analyse des Zusammenlebens von Mitgliedern unterschiedlicher kultureller Gruppen in der modernen pluralistischen Gesellschaft dargelegt. Die Analyse stützt sich vorrangig auf die sozialpsychologische Identitäts- und Intergruppenforschung, inkorporiert darüber hinaus jedoch aus der Sozialphilosophie stammende anerkennungstheoretische Einsichten. Zunächst werden die sozialpsychologischen Grundpfeiler der Analyse skizziert. Diese entstammen einer Forschungstradition, die in der Literatur zusammenfassend als der soziale bzw. kollektive Identitätsansatz bezeichnet wird. Die daraus abgeleitete Konzeption kollektiver Identität wird anschließend mit Blick auf den Kontext interkultureller Beziehungen situiert. Darauf aufbauend wird im Rahmen eines interdisziplinären Brückenschlags zu anerkennungstheoretischen Ansätzen sozialphilosophischer Provenienz eine gleichheitsbasierte Konzeption respektierter kollektiver Identität entwickelt. Im Lichte dieser Konzeption werden die in (post)modernen Gesellschaften ausgetragenen Auseinandersetzungen zwischen kulturellen Gruppen als „Anerkennungskämpfe" erkennbar, deren Brisanz sich aus wechselseitigen Respektzumutungen speist. Die Gestalt und Dynamik solcher Anerkennungskämpfe werden anhand aktueller empirischer Forschungsarbeiten illustriert. Dabei werden sowohl das sozial-integrative Potenzial dieser Auseinandersetzungen als auch die Risiken eines Abgleitens oder Umschlagens in radikalisierte Auseinandersetzungen mit desintegrativen oder gar destruktiven sozialen Wirkungen herauspräpariert. Der Beitrag schließt mit einem Ausblick auf mögliche Routen gesellschaftlichen Fortschritts unter den Bedingungen des kulturellen Pluralismus.

Abstract

The chapter outlines an interdisciplinarily informed social psychological analysis of the coexistence and encounters of members of different cultural groups in modern pluralistic society. The analysis is grounded in social psychological research on identity and intergroup relations, but also incorporates recognition-theoretical insights from social philosophy. At first the social psychological cornerstones are specified. These are taken from a research tradition that is collectively referred to in the literature as the social or collective identity approach. The concept of collective identity derived from that approach is subsequently situated in the context of intercultural relations. Building on an articulation with recognition-theoretical approaches from social philosophy a concept of equality-based respect is then specified. In light of this conception conflicts between cultural groups in (post)modern societies can be understood as "struggles for recognition" revolving around mutual demands for respect. The forms and dynamics of such struggles are illustrated drawing on several ongoing research projects. The social-integrative potential of these struggles is analyzed as well as the risk that they could turn into radicalized conflicts with socially disintegrative or even destructive consequences. The chapter concludes with a discussion of possible routes to societal progress under conditions of cultural pluralism.

1. Einleitung: Herausforderungen des kulturellen Pluralismus

Globalisierung und die damit verbundene politisch oder ökonomisch motivierte Migration führen in vielen Gesellschaften vermehrt zu direkten oder auch massenmedial vermittelten Begegnungen zwischen Angehörigen unterschiedlicher (ethno- oder sozio-) kultureller Gruppen. Aus sozialpsychologischer Sicht impliziert dies insbesondere eine zunehmende Salienz bzw. verstärkte Herausbildung von partikularen kollektiven Identitäten sowie einen Anstieg der (inter)subjektiven Bedeutsamkeit von entsprechenden Intergruppenvergleichen. In der Folge stellen die verschiedenen kulturellen Gruppen vermehrt Forderungen nach Anerkennung, Teilhabe und Partizipation und unternehmen Versuche, ihre Mitglieder zur Durchsetzung dieser Forderungen zu mobilisieren. Der komparative Charakter kollektiver Identitäten und insbesondere die Bezugnahme auf bzw. die Abgrenzung von Fremdgruppen mit konträren, in den jeweiligen kollektiven Identitäten verankerten, normativen Wertvorstellungen und ethischen Lebensentwürfen begünstigen konfrontative Forderungen und polarisierte Auseinandersetzungen um Anerkennung, Teilhabe und Partizipation. Diese Dynamik ist gekennzeichnet durch wechselseitig erhobene Respektansprüche, wobei der Respektanspruch der einen Seite von der anderen Seite meist als Zumutung, nicht selten sogar als nicht-zumutbare Zumutung, empfunden wird.

In dem vorliegenden Beitrag bemühe ich mich um die Darlegung der Grundrisse einer interdisziplinär informierten sozialpsychologischen Analyse des Zusammenlebens von Mitgliedern unterschiedlicher kultureller Gruppen in der modernen pluralistischen Gesellschaft. Die Analyse stützt sich vorrangig auf die sozialpsychologische Identitäts- und Gruppen- bzw. Intergruppenforschung, inkorporiert darüber hinaus jedoch aus der Sozial*philosophie* stammende anerkennungstheoretische Einsichten. Im folgenden zweiten Abschnitt skizziere ich zunächst die sozialpsychologischen Grundpfeiler meiner Analyse. Diese entstammen einer Forschungstradition, die in der Literatur zusammenfassend als der soziale bzw. kollektive Identitätsansatz bezeichnet wird. Die daraus abgeleitete Konzeption kollektiver Identität situiere ich dann mit Blick auf den Kontext interkultureller Beziehungen. Darauf aufbauend entwickele ich im dritten Abschnitt im Rahmen eines interdisziplinären Brückenschlags zu anerkennungstheoretischen Ansätzen sozialphilosophischer Provenienz eine gleichheitsbasierte Konzeption respektierter kollektiver Identität. Im Lichte dieser Konzeption werden die in (post)modernen Gesellschaften ausgetragenen Auseinandersetzungen zwischen kulturellen Gruppen als „Anerkennungskämpfe" erkennbar, deren Brisanz sich aus wechselseitigen Respektzumutungen speist. Die Gestalt und Dynamik solcher Anerkennungskämpfe illustriere ich im vierten Abschnitt anhand aktueller empirischer Forschungsarbeiten. Dabei präpariere ich sowohl das sozial-integrative Potenzial dieser Auseinandersetzungen heraus als auch die Risiken eines Abgleitens oder Umschlagens in radikalisierte Auseinandersetzungen mit desintegrativen oder gar destruktiven sozialen Wirkungen. Der Beitrag schließt mit einem kurzen Ausblick auf mögliche Routen gesellschaftlichen Fortschritts unter den Bedingungen des kulturellen Pluralismus.

2. Zur Sozialpsychologie von Intergruppenbeziehungen

Die Analyse menschlichen Verhaltens im Kontext von Beziehungen zwischen sozialen Gruppen stellt seit vielen Jahrzehnten einen prominenten Schwerpunkt der sozialpsychologischen Theorieentwicklung und empirischen Forschung dar. Das Hauptaugenmerk ist dabei gerichtet auf die konfliktträchtige Seite dieser Beziehungen, wodurch die Existenz vieler harmonischer Intergruppenbeziehungen sicherlich nicht immer hinreichend gewürdigt wurde und wird. Andererseits ist aber die besondere Berücksichtigung der problematischen Seite von Intergruppenbeziehungen angesichts der mit dieser Seite verbundenen negativen Konsequenzen für die unmittelbar beteiligten Gruppenmitglieder wie auch für die mittelbar betroffene Gesamtgesellschaft nur allzu verständlich.

2.1 Die sozialpsychologische Identitäts- und Intergruppenforschung

Ein Meilenstein auf dem Weg zu einem tieferen Verständnis der konfliktträchtigen Natur von Intergruppenbeziehungen stellt die von Henri TAJFEL und John TURNER entwickelte *social identity theory* dar (TAJFEL und TURNER 1979, 1986). Ausgangspunkt dieser Theorieentwicklung waren die sogenannten „Minimalgruppen-Experimente". Diese zeigten, dass eine zwischen Eigen- und Fremdgruppe bestehende Konkurrenzbeziehung, die diese Gruppen um knappe Güter wetteifern lässt, *keine* notwendige Bedingung für diskriminierendes Verhalten gegenüber der jeweiligen Fremdgruppe darstellt. Vielmehr belegten die Experimente, dass die soziale Kategorisierung in Eigen- und Fremdgruppe die Keimzelle für die Entwicklung einer gruppenbasierten Identität bildet, welche ihrerseits die Wahrscheinlichkeit für Intergruppenkonflikte erhöht. Denn das Selbst-Verständnis als Gruppenmitglied verbindet sich mit dem allgemeinen Bedürfnis nach einem positiven Selbst-Bild zu einem Bedürfnis nach positiver gruppenbasierter Identität, welches seinerseits dann dazu motiviert, die Eigengruppe positiv von der Fremdgruppe abzugrenzen. Wechselseitig diskriminierendes Verhalten bzw. Verhalten, das wechselseitig als solches interpretiert werden kann, ist die wahrscheinliche Folge, womit das Tor zu Intergruppenkonflikten endgültig aufgestoßen wäre. Allerdings darf diese sozialpsychologische Dynamik nicht einseitig als eine destruktive betrachtet werden. Insbesondere aufseiten sozial benachteiligter Gruppen kann das Bedürfnis nach positiver gruppenbasierter Identität als sozialpsychologischer Motor des Strebens nach sozialem Wandel wirksam werden, vor allem wenn den Angehörigen dieser Gruppen alternative Wege zu einer zufriedenstellenden Identität verwehrt bleiben.

Eine wichtige Weiterentwicklung erfuhr dieser theoretische Ansatz anschließend in Gestalt der von John TURNER und Mitarbeitern vorgelegten *self-categorization theory* (TURNER et al. 1987). Ausgangspunkt der Weiterentwicklung war die paradigmatische Unterscheidung zwischen personaler Identität und sozialer Identität, die im Folgenden als individuelle Identität bzw. kollektive Identität bezeichnet werden, um zu verdeutlichen, dass entweder die Individualität der Person oder aber ihre Zugehörigkeit zu einer Gruppe bzw. einem Kollektiv im Vordergrund steht (SIMON 2004). Die besondere Leistung der *self-categorization theory* besteht in der Präzisierung des relativen bzw. komparativen sowie des hierarchischen (Mehr-Ebenen-)Charakters von Identifikationsprozessen. Sowohl individuelle Identitäten als auch kollektive Identitäten beruhen auf Selbst-Kategorisierungen, d. h. auf kognitiven Klassifizierungen des Selbst, welche wiederum Teil sind eines hierarchischen Systems mit mehreren Ebenen unterschiedlicher sozialer Inklusivität und entsprechenden soziale Vergleiche implizierenden Abgrenzungen.

Individuelle Identität basiert demnach auf der kognitiven Zuordnung der eigenen Person zu einer höchst exklusiven Kategorie, der nur die eigene Person („Ich") mit ihren je nach

Zeitpunkt und Situation unterschiedlichen Erscheinungsformen angehört und die von anderen Einpersonen-Kategorien („Du") abgegrenzt, gleichzeitig aber auch mit diesen verglichen wird. Kollektive Identität hingegen basiert auf einer umfassenderen kognitiven Zuordnung der eigenen Person sowie der Mitglieder einer bestimmten Eigengruppe (z. B. aller Angehörigen einer Religionsgemeinschaft) zu einer gemeinsamen Kategorie („Wir") in Abgrenzung zu und unter Heranziehung von Vergleichen mit einer Kontrastkategorie oder Fremdgruppe („Ihr" bzw. „die Anderen"). Dabei sind unterschiedliche Ebenen oder Schichten von ineinander geschachtelten kollektiven Identitäten denkbar. So ist beispielsweise die kollektive Identität als Einwohnerin von Berlin sozial inklusiver als die kollektive Identität als Einwohnerin von Berlin-Kreuzberg. Andererseits sind die kollektiven Identitäten als Deutsche, Europäerin, Weltbürgerin oder Mensch noch umfassender. Die exklusive individuelle Identität als einzigartiges und unabhängiges Individuum ist in allen diesen kollektiven Identitäten aufgehoben. Während der komparative Charakter von Identitäten sich im Vergleich und in (meist bewertender) Abgrenzung zu Fremdidentitäten manifestiert, die auf dem gleichen Abstraktions- bzw. Inklusivitätsniveau angesiedelt sind, leiten sich die relevanten Vergleichs- und Bewertungsdimensionen aus der jeweils hierarchisch übergeordneten kollektiven Identität ab. Weniger abstrakt formuliert: Düsseldorfer vergleichen sich mit Kölnern und umgekehrt, und zwar jeweils in Hinblick auf Merkmale, die sich aus der gemeinsamen, übergeordneten kollektiven Identität als Rheinländer ergeben – etwa Lebenslustigkeit und Trinkfestigkeit.

Unsere kollektiven Identitäten variieren natürlich nicht nur hinsichtlich ihrer sozialen Inklusivität. Wir gehören in der Regel mehreren sozialen Gruppen gleichzeitig an (z. B. einer religiösen Gemeinschaft, einer bestimmten Berufsgruppe und einer Geschlechtsgruppe), ohne dass die entsprechenden kollektiven Identitäten sich immer in eine Ordnung der logischen Über- und Unterordnung bringen lassen. Unsere verschiedenen kollektiven Identitäten stellen vielmehr inhaltliche Alternativen dar, die zu unterschiedlichen Zeitpunkten und/oder in unterschiedlichen Situationen in den psychologischen Vordergrund rücken, d. h. salient sein können. Die psychologische Bereitschaft einer Person, eine kollektive Identität bestimmten Inhalts und Inklusivitätsniveaus anzunehmen, hängt u. a. von deren Vorerfahrungen und internalisierten Normen und Werten sowie variablen Bedürfnissen, Motiven oder Zielen ab. Beispielsweise sollte die Bereitschaft, sich als Christin zu definieren und eine entsprechende kollektive Identität anzunehmen, mit dem Bedürfnis nach sozialer Zugehörigkeit ansteigen, zumal wenn diese Identität im sozialen Umfeld eine positive Bewertung erfährt. Psychologische Bereitschaft allein genügt jedoch nicht. Eine Identität muss auch sinnvoll zur gegebenen Situation bzw. in den sozialen Kontext passen. Die Identität bzw. die zugrunde liegende Kategorisierung muss die aktuell wahrgenommenen Ähnlichkeiten und Unterschiede zwischen den beteiligten Personen so einfangen, dass die Homogenität innerhalb der eigenen Kategorie im Vergleich zur Ähnlichkeit zwischen dieser Kategorie und der Kontrastkategorie maximiert wird (Meta-Kontrast-Prinzip). Dies ist beispielsweise der Fall, wenn in bestimmten Personenkreisen jeweils intern Einigkeit in (sub-)kulturellen Fragen herrscht, zwischen den Personenkreisen jedoch Uneinigkeit. Gleichzeitig muss auch die konkrete inhaltliche Ausrichtung dieser Ähnlichkeiten und Unähnlichkeiten passen. Sind etwa die Anhänger des muslimischen Glaubens mehrheitlich für den öffentlichen Gebetsruf des Muezzins in Deutschland, die meisten Anhänger des christlichen Glaubens jedoch dagegen, dann passt eine soziale Kategorisierung im Sinne der Religionszugehörigkeit und damit passen auch die entsprechenden kollektiven Identitäten als Muslim oder Christ. Treffen psychologische Bereitschaft zur Übernahme einer kollektiven Identität und deren sozial-kontextuelle Passung zusammen, wird diese Identität erlebens- und verhaltenswirksam mit entscheidenden Konsequenzen für das Zusammenleben von Mitgliedern unterschiedlicher Gruppen.

2.2 Kollektive Identität im Kontext interkultureller Begegnung

Die pluralistische Gesellschaft im aktuellen Zeitalter der Globalisierung ist nicht nur durch den Bedeutungsverlust vormoderner traditionaler Gemeinschaften (z. B. Großfamilie, Stamm, Dorf oder Stand) sowie klassisch moderner Kollektive (z. B. Klasse und Nation) gekennzeichnet, sondern auch durch die Zunahme der Komplexität des sozialen Koordinatensystems, in dem ihre Mitglieder sich verorten können bzw. verortet werden (Simon 2004). Diese Komplexität speist sich insbesondere aus der Pluralität der in der modernen Gesellschaft aufeinandertreffenden kulturellen Gruppen, die ihrerseits bedingt ist durch vermehrte Migration sowie das Auftreten neuer soziokultureller Vergemeinschaftungen oder Lebensformen, wie etwa *identity communities*, basierend auf sozialen Kategorisierungen entlang der Dimensionen Geschlecht und/oder sexuelle Orientierung. Dabei umfasst nicht nur die Gesellschaft viele unterschiedliche Gruppen, die wiederum viele einzelne Individuen umfassen. Vielmehr inkorporieren im Sinne zunehmender Intersektionalität nun auch die einzelnen Individuen ihrerseits vermehrt eine Pluralität von Gruppen(zugehörigkeiten). Menschliches Erleben und Verhalten in der modernen Gesellschaft entfaltet sich demnach vor dem Hintergrund erhöhter Salienz partikularer kollektiver Identitäten, bedingt durch die Zunahme interkultureller Begegnungen, einerseits sowie zunehmender Verflüssigung kollektiver Identitäten, bedingt durch die Zunahme multipler Gruppenzugehörigkeiten und wechselnder interkultureller Begegnungen, andererseits. Dem trägt die sozialpsychologische Analyse durch ihre prozessorientierte Konzeption von kollektiver Identität als dynamischer, Veränderungen unterworfener und Veränderungen anstoßender Prozess Rechnung. Wie in Abbildung 1 dargestellt, fungiert kollektive Identität als sozialpsychologische Vermittlungsinstanz. Sie nimmt im Zuge sozialer Interaktionen Gestalt an und beeinflusst dann deren weiteren Verlauf. Gleichzeitig sind Form und Inhalt kollektiver Identität immer auch der Beeinflussung sowohl durch gesellschaftliche als auch durch individuelle, der Psyche der einzelnen Person zuzuordnende Faktoren und Prozesse ausgesetzt, auf welche kollektive Identität schließlich selbst wieder verändernd einwirkt. Analytisch wird kollektive Identität somit auf der Meso-Ebene der sozialen Interaktion bzw. Situation verortet, welche die eigentliche Domäne der Sozialpsychologie als der Wissenschaft vom menschlichen Erleben und Verhalten im Kontext sozialer Interaktionen zwischen Individuen sowie zwischen und innerhalb von Gruppen darstellt. Gleichzeitig verdeutlicht Abbildung 1 die Notwendigkeit eines interdisziplinären Brückenschlags zur Einbeziehung derjenigen Einflussgrößen, die analytisch der gesellschaftlichen Makro-Ebene – der Domäne der (anderen) Sozialwissenschaften – oder der individuellen Mikro-Ebene – der Domäne der Psychologie – zuzuordnen sind.

In Situationen interkultureller Begegnung verbinden sich gesellschaftliche Gruppierungsfaktoren (z. B. sozial-strukturelle Ungleichheiten), individuelle Identifikationsbereitschaften (z. B. das Bedürfnis nach sozialer Zugehörigkeit und positiver Identität) und konkrete Erfahrungen mit „dem Anderen" zur Salienz eigener und fremder kollektiver Identitäten. Diese leiten die weiteren sozialen Interaktionen zwischen und innerhalb von kultu-

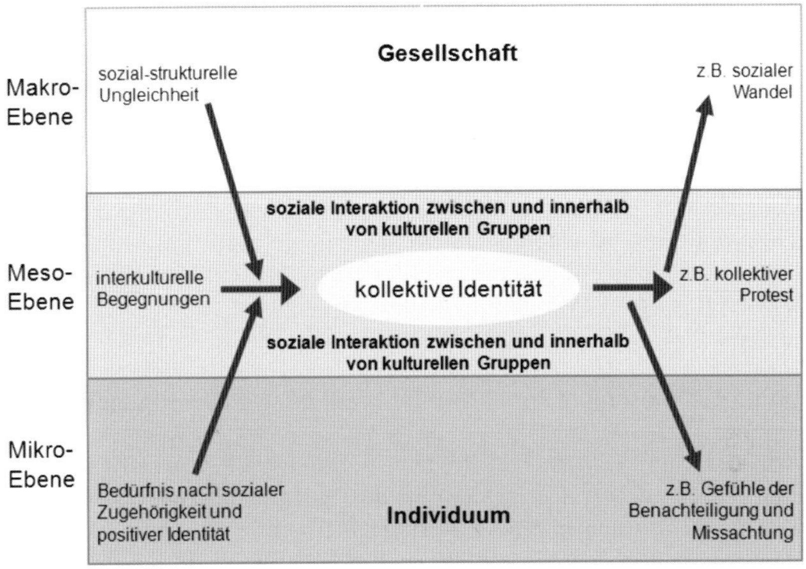

Abb. 1 Kollektive Identität als vermittelnder sozialpsychologischer Prozess im Kontext interkultureller Begegnung (modifiziert übernommen aus SIMON und TRÖTSCHEL 2006)

rellen Gruppen mit Auswirkungen auf das individuelle Erleben und Verhalten (z. B. Gefühle der Benachteiligung und Missachtung) sowie auf gemeinsames Handeln (z. B. kollektiver Protest) und – bei entsprechender Aggregation dieser Effekte – schließlich auch auf die Gesamtgesellschaft (z. B. sozialer Wandel).

Aus sozialpsychologischer Perspektive birgt diese Dynamik ein großes Potenzial für Konflikte zwischen kulturellen Gruppen, wenngleich in Übereinstimmung mit Gordon ALLPORTS (1954/1979) klassischer Kontakthypothese davon ausgegangen werden darf, dass Begegnungen über die entsprechenden Gruppengrenzen hinweg unter günstigen Umständen auch harmonische Beziehungen zwischen Angehörigen unterschiedlicher kultureller Gruppen einleiten und fördern können (PETTIGREW und TROPP 2011). Diese optimistische Sicht stützt sich allerdings meistens auf die recht brüchige Hoffnung, dass die partikularen kollektiven Identitäten der beteiligten Personen ohne größere Widerstände in den psychologischen Hintergrund gerückt und durch individuelle Identitäten oder übergeordnete kollektive Identitäten ersetzt werden können (BREWER und GAERTNER 2001). Realistischer erscheint dagegen die Empfehlung, darauf hinzuwirken, dass interkulturelle Begegnungen auf der Basis wechselseitig anerkannter kollektiver Identitäten möglich werden (HEWSTONE und BROWN 1986). Solange nämlich die Zugehörigkeit zu unterschiedlichen kulturellen Gruppen unleugbare soziale und psychologische (d. h. intersubjektive) Realität ist, gleichzeitig aber die Anerkennung der jeweiligen kollektiven Identitäten vorenthalten wird, sind entsprechende Anerkennungskämpfe unausweichlich. Diese manifestieren sich in Intergruppenkonflikten, die *für kollektive Identität* und *mit kollektiver Identität* ausgetragen werden. Die beteiligten Konfliktparteien kämpfen dann jeweils für eine positiv bewertete oder zumindest respektierte kollektive Identität und mobilisieren zu diesem Zweck ihre jeweilige Gefolgschaft, wobei die vorhandene (bzw. in Aussicht gestellte) kollektive Identität eine entscheidende Solidaritätsressource darstellt. Aus diesem Blickwinkel sind auch Auseinandersetzungen um die „richtige" Akkulturationsstrategie von Migranten und anderen kulturellen Minderheiten als Anerkennungskämpfe zu erkennen. Während die indigene Bevölkerung sowie kulturelle Majoritäten im Allgemeinen mehr oder weniger offen die Assimilation „der Anderen" an die vermeintliche Mehrheitskultur fordern, um so die Hegemonie der eigenen kollektiven Identität abzusichern, bevorzugen Migranten und andere kulturelle Minoritäten meist eine Integrationsstrategie im Sinne des Multikulturalismus, die ihnen eine respektierte kollektive Identität in Aussicht stellt (Berry 2011, Gaertner und Dovidio 2000, Verkuyten und Brug 2004).

3. Respekt und Zumutung in der kulturell pluralistischen Gesellschaft

Ausgehend vom Ursprung des Wortes Respekt im lateinischen *respicere* (zurückschauen, sich umsehen, bemerken, berücksichtigen) kann in einem grundlegenden Sinne von Respekt einer Person A gegenüber einer Person B gesprochen werden, wenn A nicht mit sozialen Scheuklappen ihre eigenen Zwecke verfolgt, sondern sich umschaut, wie die eigenen Handlungen B betreffen könnten oder auch wie B die eigenen Handlungen beeinflussen könnte, und A dies dann bei ihren weiteren Handlungen auch berücksichtigt. Kurzum: Ich respektiere jemanden, wenn ich mit ihm oder ihr rechne, ihn oder sie als Faktor in meine Gleichung, d. h. in meine Abwägungen zur Selbst-Regulation und Handlungskalkulation, mit einbeziehe.[1]

3.1 Wechselseitiger Respekt als Gleiche

In traditionalen, feudalen oder anderen sozial stratifizierten Gesellschaften genießen Personen Respekt entsprechend ihrem Rang, ihrem Status oder ihrer sozialen Position (z. B. als General, König oder Papst). Diese Respektspersonen verfügen in der Regel über repressive Macht. Auf der Geberseite entspricht Respekt daher einer „unbehaglichen und wachsamen Haltung, welcher ein Element der Furcht innewohnt".[2] Die soziale Evolution, immer wieder angestoßen durch Anerkennungskämpfe (Honneth 1994), bringt nun allerdings eine zunehmende Moralisierung mit sich, sodass die ursprüngliche, Furcht durchtränkte Form von Respekt, die „gefährlichen Dingen"[3] gilt, allmählich zivilisiert und schließlich durch eine moderne, aufgeklärte, universalistisch-egalitäre Auffassung von Respekt aufgehoben wird (Habermas 1998). Respekt vor mächtigen Männern und anderen „großen Tieren" entwickelt sich zu Respekt für das Recht und legitimierte Autoritäten und kulminiert im Respektanspruch eines jeden Menschen. Diese Auffassung basiert auf der Kantianischen Vorstellung, dass jeder Mensch den gleichen Respekt verdient, weil er oder sie als vernünftiges Wesen gleichermaßen eine Würde besitzt und nicht bloß einen Preis, jeder Mensch also einen Wert an sich, einen Endzweck, und nicht bloß ein Mittel oder Hin-

1 Darwall 1977, S. 40; Honneth 2011, S. 151.
2 Feinberg 1975, S. 1; auch Kant 1990, S. 323; Paton 1971, S. 64.
3 Feinberg 1975, S. 1.

dernis für andere Zwecke bzw. für die Zwecke anderer Menschen darstellt.[4] In diesem modernen Sinne hat jeder Mensch Anspruch darauf, in meiner Gleichung als Faktor mit einem Wert an sich, als eigenständiger Endzweck, und nicht bloß als Mittel oder Hindernis für meine eigenen Zwecke Berücksichtigung zu finden, also Anspruch darauf, als Gleiche(r) anerkannt und respektiert zu werden.

Diese moderne, *gleichheitsbasierte* Respektkonzeption entspricht der von HONNETH (1994) herausgearbeiteten engen historischen und normativen Verknüpfung der Respektidee mit dem Gleichheitsprinzip, die insbesondere im modernen demokratischen Rechtsstaat in der Zuerkennung gleicher Freiheitsrechte und gleicher politischer Teilnahmerechte für alle Bürger ihren manifesten Niederschlag gefunden hat (auch HONNETH 2011). In diesem Sinne ist (gleichheitsbasierter) Respekt deutlich anspruchsvoller als Toleranz (BIELEFELDT 2003). Zweifelsohne stellt auch Toleranz, verstanden als bloße Duldung, im Vergleich zur Verleugnung oder gar Vernichtung des oder der Anderen einen zivilisatorischen Fortschritt dar. Dennoch reduziert sie den Anderen oder die Andere auf ein Übel, das es zu ertragen gilt. Respekt hingegen anerkennt den Anderen oder die Andere auf gleicher Augenhöhe, berechtigt ihn oder sie, Forderungen zu erheben, und schlägt damit auch die Brücke zu sozialer Teilhabe und solidarischer Einbeziehung des Anderen.[5]

Aus sozialpsychologischer Perspektive ist nun unschwer zu erkennen, dass die Respektidee trotz aller Veränderungen, denen sie während der oben angesprochenen sozialen Evolution unterworfen ist, durchgängig, wenn auch meist nur implizit, an soziale Kategorisierungsprozesse gekoppelt bleibt. Während Personen in traditionalen Gesellschaften Respekt entsprechend ihrer Zugehörigkeit beispielsweise zu sozialen Rang- oder Statuskategorien zusteht (etwa als „Edelmann" oder „Gottesmann"), gründet sich in modernen Gesellschaften der Anspruch auf Respekt auf die Zugehörigkeit zur umfassenden sozialen Kategorie „Mensch". Respektansprüche sind insbesondere in modernen, kulturell pluralistischen Gesellschaften auch noch in einer weiteren Hinsicht eng an soziale Kategorisierungsprozesse gekoppelt. So kann eine Person Anspruch auf Respekt einerseits qua Individuum oder andererseits qua Mitglied einer kulturellen Gruppe erheben. Beide Fälle stellen jeweils das Ergebnis eines sozialen Kategorisierungsprozesses dar. Im ersten Fall wird Respekt für die eigene individuelle Identität gefordert. Diese basiert auf der kognitiven Zuordnung der eigenen Person zu einer Kategorie, der nur die eigene Person angehört. Diese extrem exklusive Selbst-Kategorisierung als Individuum kann zudem direkt an die extrem inklusive Selbst-Kategorisierung als Mensch anschließen (Berührung der Extreme!) und verschafft so dem Anspruch auf respektierte individuelle Identität die notwendige Legitimität. Im zweiten Fall wird Respekt für die eigene kollektive Identität gefordert. Diese basiert auf der kognitiven Zuordnung der eigenen Person sowie anderer Angehöriger einer Eigengruppe (z. B. einer Religionsgemeinschaft) zu einer gemeinsamen Kategorie und damit auf der Bildung eines partikularen „Wir". Man könnte nun versucht sein, dem Anspruch auf respektierte kollektive Identität dadurch eine Legitimitätsressource zumindest indirekt zu erschließen, dass man die jeweilige kollektive Identität lediglich als einen Aspekt der individuellen Identität neben vielen anderen betrachtet. Kollektiver Identität

4 KANT 1974, S. 59ff.

5 HABERMAS 1999, S. 42ff. Allerdings impliziert gleichheitsbasierter Respekt auch, dass uns „Toleranz gegenüber den aus ‚unserer' Sicht ethisch abweichenden Praktiken" abverlangt werden kann, wenngleich wir diese Praktiken „nach wie vor ethisch verabscheuen" dürfen (HABERMAS 1999, S. 322).

könnte dann quasi im parasitären Huckpack-Verfahren Respekt zuteilwerden. Eine solche Herabstufung kollektiver Identität widerspräche jedoch der in der sozialpsychologischen Literatur (und darüber hinaus) umfassend dokumentierten Bedeutung von kollektiver Identität als eigenständigem sozialem und psychologischem Phänomen mit spezifischen Antezedenzien und Konsequenzen und mündete schließlich in einen unhaltbaren reduktionistischen Individualismus (SIMON 2004).

Wie wir bereits gesehen haben, verweist die sozialpsychologische Identitäts- und Intergruppenforschung sogar auf ein eigenständiges Bedürfnis nach positiver kollektiver Identität. Das entsprechende Postulat und die stützenden empirischen Befunde dürfen allerdings nicht dahin gehend (über)interpretiert werden, dass Menschen nach einer generellen Überlegenheit der Eigengruppe gegenüber der Fremdgruppe und somit nach Höherwertigkeit ihrer jeweiligen kollektiven Identität strebten. In Bezug auf ein solches Streben nach Überlegenheit oder Höherwertigkeit ist das letzte sozialpsychologische Wort sicherlich noch nicht gesprochen. Vielmehr gibt es aus sozialpsychologischer Sicht gute theoretische und empirische Gründe nicht auszuschließen, dass die Erfahrung von Respekt für die eigene kollektive Identität und die jeweiligen identitätsstiftenden Besonderheiten auch ohne die Zuspitzung auf wahrgenommene Überlegenheit oder Höherwertigkeit dem Bedürfnis nach positiver kollektiver Identität entgegenkommt (HEWSTONE und BROWN 1986). So wie Respekt für individuelle Identität bedeutet, dass der individuelle Andere gerade in seiner Andersartigkeit als ein mir Gleicher anerkannt wird (HABERMAS 1999, RENGER und SIMON 2011), impliziert Respekt für kollektive Identität, dass Angehörige unterschiedlicher Gruppen sich in ihrer jeweiligen Besonderheit als Gleiche anerkennen. Kurzum: Respekt für Differenz ermöglicht es, sich wechselseitig als Gleiche mit je unterschiedlicher individueller oder kollektiver Identität anzuerkennen. Wie TAYLOR (1992) aus sozial- bzw. moralphilosophischer Sicht bemerkt, profitieren davon auch die vermeintlich Überlegenen. Deren Respektansprüche werden in asymmetrischen Sozialbeziehungen nämlich ebenfalls frustriert, wenn auch in subtilerer Weise. Denn „sie gewinnen die Anerkennung von Verlierern, deren Beifall [...] nicht wirklich wertvoll ist, weil diese nicht mehr freie, selbständige Subjekte auf dem gleichen Niveau wie die Gewinner sind. Der Kampf um Anerkennung kann nur eine zufriedenstellende Lösung finden, und das ist ein System gegenseitiger Anerkennung von Gleichen".[6]

Die Positivität der jeweiligen individuellen oder kollektiven Identität kann sich dann an dem Ausmaß bemessen, in dem die entsprechende Identität die individuelle oder kollektive Selbst-Verwirklichung im Sinne des Authentizitätsideals zum Ausdruck bringt.[7] Letztendlich speist und legitimiert sich diese Positivität wie auch der Respekt für die jeweilige Identität nur durch Bezugnahme auf eine übergeordnete Selbst-Kategorisierung oder Identität als Mensch, die es erlaubt, die untergeordnete Identität als besondere, gleichzeitig aber allen anderen untergeordneten Identitäten gleichwertige Manifestation des menschlichen Potenzials aufzufassen.[8] In zugespitzter Form findet diese Auffassung ihren Ausdruck beispielsweise in der vom türkischen Ministerpräsidenten Recep Tayyip ERDOĞAN in seiner Kölner Rede vom 10. Februar 2008 aufgestellten Behauptung, Assimilation sei ein Verbrechen gegen die Menschlichkeit.

6 TAYLOR 1992, S. 50, Übersetzung B. S.

7 HONNETH 2011, S. 66ff.; und TAYLOR 1992, S. 30ff., die beide explizit Bezug nehmen auf die Schriften Johann Gottfried HERDERS; vgl. auch HABERMAS 1999, S. 124.

8 TAYLOR 1992, S. 30.

3.2 Gleichheitsbasierter Respekt als Zumutung

In der modernen, kulturell pluralistischen Gesellschaft dürfen Angehörige aller kulturellen Gruppen, sofern sie vernünftigerweise akzeptieren, „dass sich der eigene Wahrheitsanspruch in öffentlichen Diskursen auf lange Sicht nur mit besseren Gründen dürfte durchsetzen können“,[9] Respekt als Gleiche erwarten und einfordern. Ebenso kann erwartet und gefordert werden, dass sie sich gegenseitig in diesem Sinne respektieren. Vorurteile und Unverständnis existieren ebenso wie divergierende Überzeugungen, sind aber keine legitimen Gründe, sich gegenseitig Respekt zu verweigern. So mag die Mehrheit einer Gesellschaft die Überzeugungen und Lebensweisen bestimmter (sozio- oder ethno-)kultureller Minderheiten ablehnen und umgekehrt. Auch zwischen Minderheiten können solche Ablehnungsverhältnisse bestehen. So mögen beispielsweise strenggläubige Angehörige religiöser Gemeinschaften die Lebensweise von Schwulen und Lesben für schlecht und diese die Überzeugungen jener für falsch halten. Der legitime Anspruch beider Seiten auf Respekt wird dadurch aber nicht geschwächt. Vielmehr setzt gegenseitiger Respekt der praktischen Wirksamkeit von gegenseitigen Unterstellungen, ein verfehltes Leben zu führen, deutliche Grenzen. Die eigene für gut befundene Lebensweise darf nur unter Wahrung der gleichen Rechte für jedermann praktiziert werden. Mehr noch: Respekt stellt sicher, dass der oder die Andere nicht zu einem un(ter)menschlichen Wesen mit irrationalen (z. B. religiösen) Überzeugungen oder unnatürlichen (z. B. sexuellen) Trieben degradiert wird. Denn Respekt beinhaltet auch, dass dem oder der Anderen die Fähigkeit zugesprochen wird, sich vernünftig und autonom für eine Lebensweise entscheiden zu können.

Ein vernünftigerweise zu akzeptierender kultureller Pluralismus (Rawls 2001) schließt angesichts der Vielfalt kultureller Gruppen und der Unterschiedlichkeit der jeweiligen Überzeugungen und Lebensweisen, insbesondere ihrer öffentlich präsentierten und wahrgenommenen Überzeugungen und Lebensweisen, eine wechselseitige Wahrnehmung als Zumutung jedoch nicht aus. In der kulturell pluralistischen Gesellschaft sind Zumutungen, verstanden als irritierende Konfrontation mit Alterität, vielmehr unvermeidlich, da die Erfahrung des Anderen in der Regel nicht unmittelbar an das Eigene anschlussfähig ist oder gar die eigenen Überzeugungen und Lebensweisen in Frage zu stellen droht. Als irritierende Konfrontation mit *respektwürdiger* Alterität, also im Sinne einer Respektzumutung, sind sie aber durchaus zumutbar. Ebenso unvermeidlich (und zumutbar) sind Auseinandersetzungen über die Bewertung unterschiedlicher kultureller Überzeugungen und Lebensweisen. Wird den Angehörigen einer kulturellen Gruppe dabei der grundlegende Respekt als Gleiche vorenthalten, nehmen diese Auseinandersetzungen die Gestalt von Anerkennungskämpfen an, die gegen eine respektlose Mehrheitskultur geführt oder auch zwischen unterschiedlichen kulturellen Gruppen bzw. Minderheiten ausgefochten werden (Honneth 1994, Simon 2010). Die jeweiligen (partikularen) kollektiven Identitäten fungieren in diesen Anerkennungskämpfen sowohl als Ziel als auch als Mittel, da *für* eine respektierte kollektive Identität *mit* kollektiver Identität als Solidaritätsressource gekämpft wird. Gleichzeitig werden gruppenübergreifende Öffentlichkeiten und Zugehörigkeiten sowie die entsprechenden übergeordneten kollektiven Identitäten (z. B. als Mitglied der jeweiligen Staatsnation, Gesellschaft oder gar der Menschheit) als Rahmungen wirksam, sodass von politisierten Anerkennungskämpfen gesprochen werden kann.

---

9 Habermann 1999, S. 85; Rawls 2001.

4. Politisierte Anerkennungskämpfe: Exemplarische Befunde

Als paradigmatischer Fall wechselseitiger Respektzumutungen kann das Aufeinandertreffen einer kulturellen Minderheit und einer kulturellen Mehrheit betrachtet werden. Trotz der Wechselseitigkeit besteht hierbei eine offensichtliche Asymmetrie darin, dass die Mehrheitskultur in der Regel die herrschende Kultur darstellt, die dann gewährleistet, dass Angehörige der Mehrheitskultur ihre kollektive Identität durchaus vergessen können, ohne sie und den damit verbundenen Respekt gleich zu verlieren. Angehörige der kulturellen Minderheit hingegen müssen gegen diese Dominanz, auch und gerade wenn die damit verbundene Diskriminierung „die subtilere Form der Majorisierung durch eine mit der allgemeinen politischen Kultur verschmolzene Mehrheitskultur" annimmt,[10] immer wieder *öffentlich* ihre Stimme erheben, um für sich eine respektierte kollektive Identität einzufordern und zu sichern. Kulturelle Minderheiten müssen also ihre Respektansprüche und entsprechende Forderungen als eine Angelegenheit öffentlichen Interesses in den Streit um die erstrebenswerte Einrichtung der Gesellschaft einspeisen. Kurzum: Sie müssen sich politisieren. Die sozialpsychologische Seite dieser Politisierung soll im Folgenden exemplarisch am Beispiel von Migranten in Deutschland beleuchtet werden.

4.1 Politisierung von Migranten in Deutschland: Zur Rolle dualer Identität

Während klassische Verteilungskämpfe durch materielle Bedürfnisse und Interessen entfacht werden, stehen bei Anerkennungskämpfen in erster Linie Identitäten auf dem Spiel.[11] Sofern Migranten[12] sich als kulturelle Minderheiten in Anerkennungskämpfe begeben, sollte sich daher kollektive Identität als Motor ihrer Politisierung erweisen. Die Ergebnisse eines von mir geleiteten Forschungsprojekts zu sozialpsychologischen Determinanten der Politisierung von in Deutschland lebenden Migranten mit türkischem oder russischem Hintergrund weisen tatsächlich in diese Richtung.[13] An einer ersten Befragung nahmen 333 Migranten mit türkischem Hintergrund teil, die sich eindeutig als Angehörige einer in Deutschland benachteiligten Gruppe wahrnahmen (Simon und Ruhs 2008).[14] Eine Querschnittanalyse bei gleichzeitiger statistischer Kontrolle des Einflusses einer Reihe soziodemografischer Variablen (u. a. Geschlecht, Alter und Bildungsstand) sowie der Häufigkeit eigener politischer Aktivitäten in der Vergangenheit ergab, dass Politisierung – gemessen als Unterstützung von Forderungen zugunsten von Migranten mit türkischem Hintergrund und entsprechende politische Handlungsbereitschaften – eng mit der Identifikation als Türke und Nicht-Deutscher zusammenhing: je stärker diese separatistische Identifikation, umso ausgeprägter die Politisierung. Da für religiöse Identifikation keinerlei Zusammenhang mit Politisierung nachgewiesen werden konnte, ist es unwahrscheinlich, dass der beobachteten Politisierung eine religiöse Mobilisierung zugrunde lag. Allerdings hing Politisierung ebenfalls positiv mit *dualer* Identifikation als Türke *und* Deutscher zusammen,

10 Habermas 1999, S. 9.
11 Zur Problematik dieser Unterscheidung siehe Fraser und Honneth 2003.
12 Der Ausdruck „Migrant" bezeichnet hier Immigranten der ersten Generation sowie ihre Nachkommen.
13 Das Forschungsprojekt wurde von der Deutschen Forschungsgemeinschaft (DFG) finanziell gefördert.
14 Alle Befragungen stützen sich auf Gelegenheitsstichproben, für die kein Anspruch auf Repräsentativität hinsichtlich der Gesamtpopulation der jeweiligen Migrantengruppe erhoben wird.

bei gleichzeitiger statistischer Kontrolle des Einflusses der Identifikation mit Türken einerseits und der Identifikation mit Deutschland andererseits. Da separatistische und duale Identifikationen hinsichtlich der Zurückweisung bzw. Akzeptanz einer Identität als Deutscher konträre Identifikationsformen darstellen, schien also zunächst ein janusköpfiges Politisierungspotenzial vorzuliegen.

In einer Nachfolgeerhebung sechs Monate später konnte dann ein Fünftel der ursprünglichen Teilnehmer zu ihrem zwischenzeitlichen politischen Engagement befragt werden. Die dadurch mögliche Längsschnittanalyse ergab, dass duale Identifikation als einzige Identifikationsform zukünftiges (selbst-berichtetes) politisches Engagement vorhersagte. Keine der anderen Identifikationsformen zeigte eine Wirkung über die Zeit hinweg, auch nicht die separatistische Identifikation. Wie in Abbildung 2 dargestellt, übersetzt sich hingegen der ursprünglich beobachtete Zusammenhang zwischen dualer Identifikation und Politisierung in einen positiven Effekt dualer Identifikation auf tatsächliches politisches Engagement zu einem späteren Zeitpunkt.

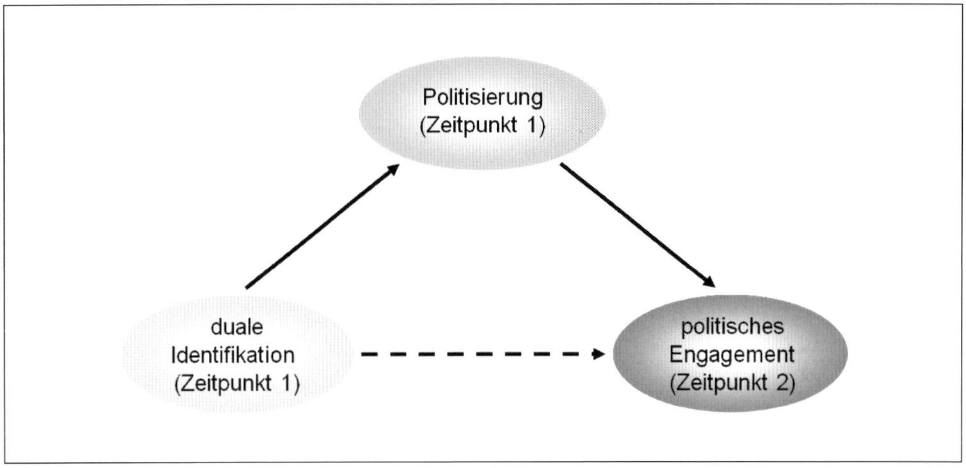

Abb. 2 Einfluss dualer Identifikation als Türke und Deutscher auf Politisierung und nachfolgendes politisches Engagement (modifiziert übernommen aus SIMON und RUHS 2008)

Duale Identität, die die Identifikation mit der benachteiligten kulturellen Eigengruppe mit der Identifikation mit der übergeordneten Gesellschaft verschränkt, spiegelt ein Selbst-Verständnis als *andersartiger Gleicher* wider. Durch diese Verschränkung ermöglicht sie die Verbindung von Leiden als missachteter Anderer und Anspruch auf Behandlung als Gleicher und erweist sich somit schließlich als politisierte kollektive Identität (SIMON und KLANDERMANS 2001), die den gemeinsamen politischen Kampf für Respekt als andersartige Gleiche motiviert.

In einer zweiten Studie befragten wir 152 Migranten mit russischem Hintergrund (SIMON und GRABOW 2010). Es fand nur eine einmalige Datenerhebung statt, sodass die Auswertungen sich auf Querschnittanalysen beschränkten, die analog zu den oben berichteten Querschnittanalysen für Migranten mit türkischem Hintergrund durchgeführt wurden. Politisierung hing wiederum eng mit dualer Identifikation, diesmal als Russe und Deutscher, zusammen: je stärker diese Identifikation, umso ausgeprägter die Politisierung. Keine der anderen Identifikationsformen wies einen Zusammenhang mit Politisierung auf. Darüber hinaus konnte in dieser Studie gezeigt werden, dass der Zusammenhang von dualer Identifikation und Politisierung nur dann auftrat, wenn Russen in Deutschland auch tatsächlich als benachteiligte Minderheit wahrgenommen wurden. Neuere, bisher unveröffentlichte Befunde aus unserem Forschungsprojekt weisen sogar darauf hin, dass duale Identifikation bei Abwesenheit entsprechender Diskriminierungs- bzw. Missachtungserlebnisse eine de- oder entpolitisierende Wirkung entfalten kann. Fehlt also das Bewusstsein gemeinsam erlittener Missachtung, fördert das Selbst-Verständnis als andersartiger Gleicher möglicherweise eine quietistische oder gar affirmative Haltung zum Umgang der Mehrheitsgesellschaft mit der kulturellen Eigengruppe.

An dieser Stelle sei hervorgehoben, dass die bisher zitierten Untersuchungen keine Hinweise darauf lieferten, dass die durch duale Identifikation vorangetriebene Politisierung den Bereich „legitimer" Politik verlassen würde, auch dort nicht, wo das Bewusstsein gemeinsam erlittener Missachtung eindeutig vorhanden war. Duale Identifikation hing ausschließlich mit solchen Formen der Politisierung und tatsächlichen politischen Engagements zusammen, die sich im Rahmen normativer Akzeptabilität bewegten, zumindest solange man dies vom Standpunkt des liberalen und demokratischen Rechtsstaats aus betrachtet. Auch zeigten weitere Analysen, dass duale Identifikation *nicht* mit der Unterstützung von Eigengruppenorganisationen mit radikaler (religiöser oder nationalistischer) Agenda oder mit der Akzeptanz von gewalttätigen Protestformen einherging (Simon und Ruhs 2008). Vielmehr konnten wir einen positiven Zusammenhang zwischen dualer Identifikation und der expliziten Selbst-Beschränkung auf gewaltfreie Protestformen nachweisen (Simon und Grabow 2010). Vieles spricht also dafür, dass duale Identifikation den Kampf von Migranten für eine respektierte kollektive Identität in die Bahnen konstruktiver Politisierung im Sinne von zivilgesellschaftlichem Engagement lenkt und somit als Ausdruck von sowie Beitrag zu sozialer Integration zu würdigen ist. Duale Identifikation wäre demnach ein Angebot der Migranten an die Mehrheitsgesellschaft, das diese nicht ablehnen sollte. In der Tat weisen die Ergebnisse einer weiteren von uns durchgeführten Studie darauf hin, dass die Zurückweisung dieses Angebotes mit hohen Kosten für die Gesamtgesellschaft verbunden sein könnte. Die Folge könnte nämlich eine sozial desintegrative oder gar destruktive Radikalisierung der Auseinandersetzung sein.

4.2 Duale Identität und Radikalisierung

Radikalisierung kann als eine Form der Politisierung im weiteren Sinne verstanden werden. Zur näheren Charakterisierung kann die in Abbildung 3 dargestellte Typologie herangezogen werden. Diese ergibt sich aus der Unterscheidung zwischen politischen Zielen und politischen Mitteln einerseits und deren weiteren Unterteilung in normativ akzeptable *versus* normativ inakzeptable Ziele bzw. Mittel andererseits. Die Kombination „normativ akzeptable Ziele, normativ akzeptable Mittel" kann als Idealtyp der Politisierung im engeren Sinne aufgefasst werden, also im Sinne einer Partizipation an legitimer Politik, wie sie auch im Zentrum unserer bisher berichteten Untersuchungen stand. Die verbleibenden drei Kombinationen stellen hingegen unterschiedliche Radikalisierungstypen dar, wobei die beiden außerhalb der Hauptdiagonale liegenden Typen auch als Misch- oder Übergangsformen zwischen den innerhalb der Hauptdiagonale liegenden Idealtypen oder „Reinformen" der Politisierung und Radikalisierung aufgefasst werden können.

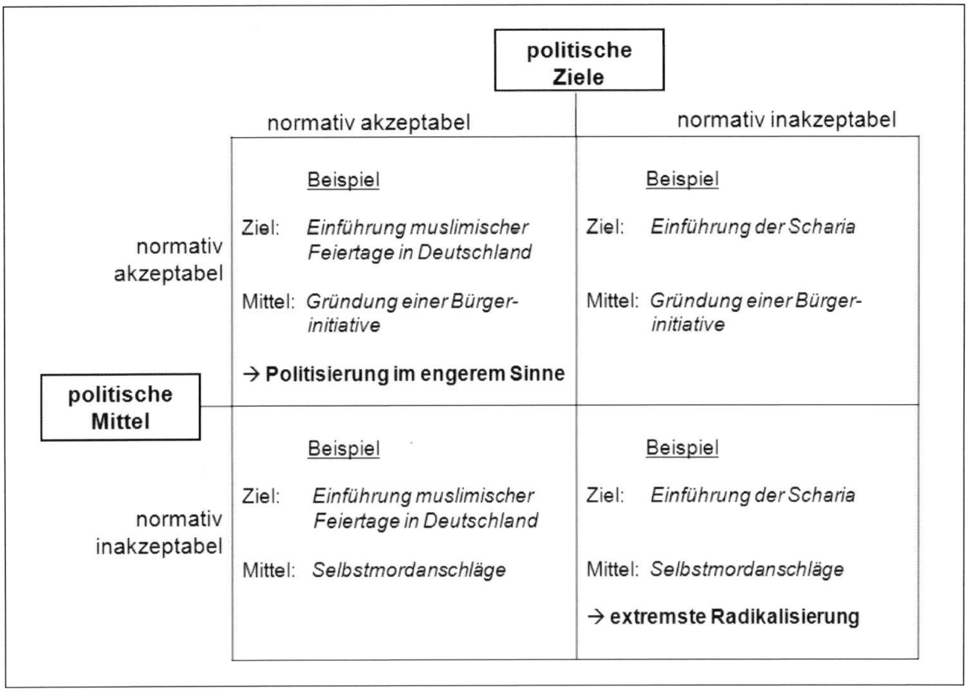

Abb. 3 Typologie von Politisierungs- und Radikalisierungsformen (modifiziert übernommen aus Simon 2011)

Im Rahmen unseres Forschungsprojekts zu sozialpsychologischen Determinanten der Politisierung von Migranten in Deutschland untersuchten wir in einer weiteren Befragungsstudie gezielt den Einfluss dualer Identifikation auf die Neigung zu politischer Radikalisierung (Simon et al., im Druck). Die Befragung richtete sich speziell an Studierende mit Migrationshintergrund, da sich im Kontext des universitären bzw. studentischen Lebens üblicherweise zahlreiche Gelegenheiten zur Beteiligung an einem breiten Spektrum auch unkonventioneller politischer Aktionsformen bieten. In einem ersten Schritt erhoben wir wie in unseren früheren Befragungen verschiedene Formen kollektiver Identifikation, einschließlich dualer Identifikation, sowie eine Reihe soziodemografischer Variablen und das Ausmaß der Beteiligung an radikalen politischen Aktivitäten in der Vergangenheit. Viereinhalb Monate später erhoben wir von 341 Studierenden (davon 180 mit türkischem und 161 mit russischem Migrationshintergrund), die bereits an der ersten Erhebung teilgenommen hatten, Angaben zu ihrer zwischenzeitlichen Beteiligung an radikalen politischen Aktivitäten sowie ihrer generellen Sympathie für solche Aktivitäten (z. B. Teilnahme an ungenehmigten oder gewalttätigen Demonstrationen, Straßenblockaden oder Hausbesetzungen). Da die mit diesen Aktivitäten verfolgten Ziele nicht näher spezifiziert bzw. erfragt wurden, erfassten wir mit diesen Angaben im Sinne der oben eingeführten Typologie (siehe Abb. 3) in erster Linie die Neigung zur Radikalisierung der politischen Mittel.

Im Hinblick auf die tatsächliche Beteiligung an radikalen politischen Aktivitäten konnte bei gleichzeitiger statistischer Kontrolle des Einflusses der anderen ebenfalls zum ersten Messzeitpunkt erhobenen Variablen kein Einfluss dualer Identifikation nachgewiesen werden. Dies änderte sich aber im Falle der geäußerten Sympathie für diese Aktivitäten. Unabhängig vom speziellen Migrationshintergrund der Studierenden galt nämlich: Duale Identifikation erhöhte die Sympathie für radikale politische Aktivitäten, und zwar dann, wenn die Befragten vermuteten, ihre Identität als Türke bzw. Russe aufgeben zu müssen, um „deutsch" werden zu können, wenn sie also befürchteten, dass ihnen der Respekt als *andersartige* Gleiche vorenthalten wird. Diese Situation ähnelt der von STONEQUIST (1961)[15] beschriebenen Situation des *marginal man*. Allerdings sieht STONEQUIST dessen Problematik vornehmlich in dem durch duale Identität induzierten innerpsychischen Konflikt (als Spiegelung des externen Intergruppenkonflikts) liegen, während in unserem Fall vielmehr die mangelnde soziale Anerkennung der dualen Identität als andersartiger Gleicher das eigentliche Problem darstellt. In beiden Fällen scheint jedoch eine *zerrissene duale Identität* den Weg zur Radikalisierung zu ebnen,[16] möglicherweise vermittelt durch einen Zustand innerer Anomie oder „anomia" (MERTON 1964).

Das bisher Gesagte darf jedoch nicht dahin gehend (fehl)interpretiert werden, dass das Radikalisierungsrisiko in der kulturell pluralistischen Gesellschaft allein oder vorrangig Angehörigen kultureller Minderheiten anzulasten sei. Auch Angehörige kultureller Mehrheiten radikalisieren sich. Nationalistische, rechtsradikale Personen und Gruppierungen, die sich als Sachwalter einer bedrohten kulturellen Mehrheit verstehen, sind hierfür ein prominentes Beispiel (KLANDERMANS und MAYER 2006). Auch diese Radikalisierungen verweisen auf einen Kampf, der zumindest aus der Binnensicht für eine respektierte kollektive Identität mit Mitteln kollektiver Identität geführt wird.[17] Neben der (mehr oder weniger) direkten Konfrontation von kultureller Minderheit und kultureller Mehrheit birgt aber auch das Aufeinandertreffen unterschiedlicher kultureller Minderheiten ein eigenes Radikalisierungspotenzial, dem ich mich nun abschließend zuwende.

4.3 Radikalisierungen im Aufeinandertreffen unterschiedlicher kultureller Minderheiten

In der kulturell pluralistischen Gesellschaft treffen Angehörige kultureller Minderheiten nicht nur auf Angehörige der kulturellen Mehrheit, sondern auch auf Angehörige anderer kultureller Minderheiten. Somit ist zu erwarten, dass sie ihren Kampf um gesellschaftliche Anerkennung nicht ausschließlich parallel zueinander, sondern immer wieder auch gegeneinander führen und dabei um die Anerkennung durch die Mehrheitsgesellschaft konkurrieren. Ein solcher Antagonismus ist besonders wahrscheinlich, wenn die aufeinandertreffenden Minderheiten den gegensätzlichen Polen des Traditionalismus-(Post-)Modernitäts-Spektrums zugeordnet werden können, wie etwa im Falle des Aufeinandertreffens von Angehörigen einer traditionalistisch und/oder religiös orientierten Migranten-*Community* und Angehörigen der schwul-lesbischen *Community* (SIMON 2010). Auf den ersten Blick mag man vermuten, dass dabei die schwul-lesbische *Community* mit ihrer Verortung nahe dem Modernitätspol insbesondere in kulturell pluralistischen Gesellschaften westlicher Prägung, die u. a. durch die Betonung sexueller Freizügigkeit charakterisiert sind (INGLEHART und NORRIS 2003), einen Heimvorteil genießt. Andererseits haben Angehörige von Minderheiten generell ein gutes Gespür für gesellschaftlich vorherrschende Macht- und Statushierarchien. Angehörigen traditionalistisch bzw. religiös ori-

15 Den Hinweis auf diese Arbeit verdanke ich John BERRY.
16 STONEQUIST 1961, S. 155.
17 SIMON 2004, S. 146ff.

entierter Migranten-*Communitys* bleiben daher die auch in vielen westlich geprägten Mehrheitsgesellschaften weiterhin vorhandenen Ressentiments gegenüber Lesben und Schwulen sowie deren vielerorts immer noch unvollständige rechtliche Gleichstellung sicherlich nicht lange verborgen (Zick et al. 2011). Unter solchen Umständen können sich dann beide Seiten durchaus Hoffnung machen, in der Mehrheitsgesellschaft Unterstützung für ihren Anerkennungskampf „gegen die andere Seite" zu finden.

Auch in Deutschland ist die Beziehung zwischen der schwul-lesbischen *Community* und verschiedenen Migranten-*Communitys* nicht frei von antagonistischen Elementen. So erhärten Befragungen von Angehörigen der beiden größten Migranten-*Communitys* in Deutschland (Personen mit türkischem oder russischem Hintergrund) die Vermutung, dass diese Personen Homosexualität bzw. eine schwul-lesbische Lebensweise in stärkerem Maße ablehnen als Personen ohne Migrationshintergrund. In eigenen vergleichenden Untersuchungen zeigte sich dieses Muster bei Schülerinnen und Schülern (Simon 2008) sowie bei Studierenden, die im Rahmen des weiter oben bereits erwähnten Forschungsprojekts auch zu ihrer Einstellung gegenüber Homosexualität befragt wurden. Die Ergebnisse einer von uns kürzlich durchgeführten Befragung von Schwulen und Lesben legen nahe, dass sich diese Ablehnung dann aufseiten der schwul-lesbischen *Community* in der Wahrnehmung von vorenthaltenem Respekt sowie in Gefühlen der Bedrohung durch Migranten niederschlägt (Simon und Grabow 2011[18]). Ähnliche Wahrnehmungen und Bedrohungsgefühle fanden sich bei den befragten Schwulen und Lesben auch in Bezug auf Muslime, was angesichts der in der öffentlichen Diskussion immer wieder anzutreffenden Gleichsetzung von Muslimen und Migranten wenig überrascht. Die Einstellung gegenüber Muslimen ist in diesem Zusammenhang besonders interessant, da Schwule und Lesben versucht sein könnten, die relativ hohe Islamfeindlichkeit in Deutschland (Zick et al. 2011) für ihren eigenen Anerkennungskampf zu instrumentalisieren. Denn es ist nicht auszuschließen, dass die deutsche Mehrheitsgesellschaft im Zuge einer verstärkten kulturellen Abgrenzung gegenüber dem Islam (weiter) in Richtung auf Respekt für Schwule und Lesben zu bewegen wäre. Dennoch zeigten die befragten Schwulen und Lesben insgesamt ein ausgesprochen geringes Ausmaß an Ablehnung von Muslimen oder an Islamfeindlichkeit (gemessen an der Zustimmung zu Aussagen wie „Muslimen sollte die Zuwanderung nach Deutschland untersagt werden.").[19] Zusätzliche Analysen trübten dieses (erfreuliche) Bild jedoch. Schwule und Lesben zeigten nämlich dann eine verstärkte Ablehnung von Muslimen, wenn sie glaubten, dass die Bevölkerung in Deutschland mehrheitlich *nicht* bereit sei, Homosexualität und andere Formen sexueller Vielfalt zu respektieren, wobei Respekt für die befragten Schwulen und Lesben insbesondere die Anerkennung ihrer Gleichheit bzw. Gleichwertigkeit bedeutete. Dieser Befund könnte auf eine Bereitschaft innerhalb der schwul-lesbischen *Community* deuten, den eigenen Anerkennungskampf auf dem Rücken und auf Kosten einer anderen Minderheit auszutragen und/oder diese als Sündenbock für vorenthaltenen Respekt stellvertretend abzustrafen. Positiv gewendet könnte dies aber auch bedeuten, dass gesellschaftlicher Respekt

---

18 Das Forschungsprojekt wurde vom Land Berlin (Senatsverwaltung für Integration, Arbeit und Soziales, Landesstelle für Gleichbehandlung – gegen Diskriminierung) finanziell gefördert.

19 Die Werte lagen deutlich unter dem Niveau, das im Rahmen einer Repräsentativerhebung mit denselben Fragen durch das Institut für interdisziplinäre Konflikt- und Gewaltforschung der Universität Bielefeld für die deutsche Gesamtbevölkerung beobachtet wurde (*GMF Survey* 2010, persönliche Mitteilung von Beate Küpper und Daniela Krause, August 2011).

für Schwule und Lesben dazu beiträgt, dass diese nun ihrerseits anderen Minderheiten respektvoll begegnen.

Auf eine ähnliche Dynamik stießen wir auch im Rahmen unserer Befragung von Studierenden mit türkischem oder russischem Migrationshintergrund. Ihre Ablehnung von Homosexualität war umso stärker, je weniger sie glaubten, dass „die Deutschen" ihnen in einer Notlage helfen würden. Oder wieder positiv gewendet: Mit der Aussicht, in einer Notlage auf die Solidarität der Deutschen hoffen zu dürfen, stieg ihre Akzeptanz von Homosexualität. Obwohl hier anders als im Fall der schwul-lesbischen *Community* nicht das Gleichheitsprinzip, sondern das Solidaritätsprinzip den Ausschlag zu geben scheint,[20] deutet auch dieser Befund wiederum darauf hin, dass der Kampf einer kulturellen Minderheit um gesellschaftliche Anerkennung zurückwirkt auf den Kampf um Anerkennung und Respekt zwischen unterschiedlichen kulturellen Minderheiten.[21] Insgesamt verweist die Befundlage damit auch auf die (Mit)Verantwortung der kulturellen Mehrheit bzw. Mehrheitsgesellschaft für Polarisierungen zwischen Minderheiten, die einer wechselseitigen Radikalisierung im Sinne der Verfolgung normativ inakzeptabler politischer Ziele als Teil einer rassistischen („islamophoben" oder „homophoben") Agenda Vorschub leisten können.

5. Ausblick

Kultureller Pluralismus bedeutet immer auch Zumutungen, da er den Angehörigen unterschiedlicher kultureller Gruppen wechselseitig Respekt als Gleiche und damit auch Respekt für fremde kollektive Identitäten abverlangt. Bleibt dieser Respekt aus, sind Anerkennungskämpfe, die für eine respektierte kollektive Identität mit Mitteln kollektiver Identität ausgetragen werden, unvermeidlich. In diesem Beitrag habe ich neuere empirische Befunde aus der sozialpsychologischen Forschung diskutiert, die darauf hindeuten, dass diese Anerkennungskämpfe in konstruktive politische Bahnen gelenkt werden, wenn sie auf der Grundlage eines kollektiven Selbst-Verständnisses als *andersartige Gleiche* geführt werden. Ist der Zugang zu einem solchen Selbst-Verständnis blockiert, droht jedoch eine Radikalisierung der politischen Mittel und Ziele zulasten sowohl der Gesamtgesellschaft als auch gesellschaftlicher Teilgruppen. Ausgehend von dieser Befundlage, die allerdings nicht immer kausale Schlussfolgerungen erlaubt und daher als vorläufig einzustufen ist, wage ich abschließend einen kurzen Ausblick auf mögliche Routen gesellschaftlichen Fortschritts unter den Bedingungen des kulturellen Pluralismus.

In der kulturell pluralistischen Gesellschaft treffen Fremde aufeinander, und davon dürfen wir zunächst bestenfalls bzw. „vernünftigerweise nichts anderes als einen für die Beteiligten einsichtigen Dissens erwarten".[22] Wenngleich aus sozialpsychologischer Perspektive betrachtet solche Begegnungen sicherlich als irritierende Konfrontation, also als

20 Zur Unterscheidung dieser Prinzipien siehe Honneth 2000, S. 133ff.

21 Interessanterweise war außerdem die Ablehnung von Homosexualität umso stärker, je mehr die Befragten glaubten, auf eine Anerkennung ihrer kulturellen Eigengruppe im Sinne des Leistungsprinzips hoffen zu dürfen (zur Spezifikation des Leistungsprinzips siehe Honneth in Fraser und Honneth 2003, S. 138ff.). Hierin deutet sich möglicherweise als „dunkle Seite" des Leistungsprinzips ein Leistungschauvinismus zulasten vermeintlich unterlegener Gruppen an.

22 Habermas 1999, S. 124.

Zumutung, erlebt werden dürften, stellen sie doch auch eine wichtige Voraussetzung dar für die Entwicklung von Selbst-Reflexion und zumindest auf längere Sicht auch für die Entwicklung einer reflexiven Einstellung zu den jeweils eigenen kulturellen Überlieferungen und zur eigenen kollektiven Identität (PETTIGREW 1998). Darüber hinaus enthält jede Zumutung Elemente einer doppelten „Mutprobe". Nicht nur der Zumutende beweist Mut, auch seinem Gegenüber wird der Mut unterstellt, mit der Zumutung umgehen zu können. Somit könnten sich irritierende Konfrontationen mit Alterität langfristig nicht nur als unvermeidlich und zumutbar, sondern auch als *produktive* Zumutungen erweisen. Überrascht vom eigenen Mut, den Anderen zulassen zu können, fassen beide Seiten möglicherweise den weiterführenden Mut, das Andere im Anderen auch als Ressource für sich selbst anzuerkennen und zu explorieren.

Zusätzlich zu diesen eher geräuscharmen, aber dennoch nicht immer schmerzlosen Entwicklungen verlangt der Fortschritt auch in der kulturell pluralistischen Gesellschaft nach aktiven, lautstarken Schrittmachern und findet sie in den Anerkennungskämpfen benachteiligter und missachteter Gruppen und den von ihnen getragenen sozialen Bewegungen. Diese Bewegungen speisen Respektforderungen als kontrovers diskutierte Themen in die politische Sphäre ein, die zumindest in demokratisch verfassten Gesellschaften eine „institutionalisierte Reflexivität"[23] gewährleistet, wodurch die Gesellschaft sich selbst kritisieren und schließlich korrigieren kann.[24] Dieser Prozess beinhaltet schonungslose Diskurse, die geprägt sind vom Austausch guter und schlechter Argumente sowie harscher Kritik und Gegenkritik, und mündet meist in für viele Beteiligte schmerzhafte gesellschaftliche Anpassungsprozesse, die nicht immer von allen sofort als Fortschritt erlebt werden. In diesem Sinne muss kultureller Pluralismus möglicherweise wehtun, wenn er mehr sein soll als zur Unterhaltung dargebotene folkloristische Vielfalt – aber auch die verursacht ja manche Qual!

Literatur

ALLPORT, G. W.: The Nature of Prejudice. Reading: Addison-Wesley 1954/1979

BERRY, J. W.: Immigrant acculturation: Psychological and social adaptations. In: AZZI, A., CHRYSSOCHOOU, X., KLANDERMANS, B., and SIMON, B. (Eds.): Identity and Participation in Culturally Diverse Societies: A Multidisciplinary Perspective; pp. 279–295. Oxford: Wiley-Blackwell 2011

BIELEFELDT, H.: Muslime im säkularen Rechtsstaat: Integrationschancen durch Religionsfreiheit. Bielefeld: transcript 2003

BREWER, M. B., and GAERTNER, S. L.: Toward reduction of prejudice: Intergroup contact and social categorization. In: BROWN, R., and GAERTNER, S. L. (Eds.): Blackwell Handbook of Social Psychology: Intergroup Processes; pp. 451–472. Oxford: Blackwell 2001

DARWALL, S.: Two kinds of respect. Ethics *88*, 36–49 (1977)

FEINBERG, J.: Some conjectures on the concept of respect. Journal of Social Philosophy *4*, 1–3 (1975)

FRASER, N., and HONNETH, A.: Redistribution or Recognition? A Political-philosophical Exchange. Saffron Walden: SetSystems 2003

GAERTNER, S. L., and DOVIDIO, J. F.: Reducing Intergroup Bias: The Common Ingroup Identity Model. Philadelphia: Psychology Press 2000

---

23 HONNETH 2011, S. 617.
24 HABERMAS 1999, S. 122.

HABERMAS, J.: Faktizität und Geltung: Beiträge zur Diskurstheorie des Rechts und des demokratischen Rechtsstaats. Frankfurt (Main): Suhrkamp 1998

HABERMAS, J.: Die Einbeziehung des Anderen: Studien zur politischen Theorie. Frankfurt (Main): Suhrkamp 1999

HEWSTONE, M., and BROWN, R. (Eds.): Contact and Conflict in Intergroup Encounters. Oxford: Blackwell 1986

HONNETH, A.: Kampf um Anerkennung. Frankfurt (Main): Suhrkamp 1994

HONNETH, A.: Das Andere der Gerechtigkeit: Aufsätze zur praktischen Philosophie. Frankfurt (Main): Suhrkamp 2000

HONNETH, A.: Das Recht der Freiheit: Grundriss einer demokratischen Sittlichkeit. Frankfurt (Main): Suhrkamp 2011

INGLEHART, R., and NORRIS, P.: The true clash of civilizations. Foreign Policy *135*, 62–70 (2003)

KANT, I.: Grundlegung zur Metaphysik der Sitten. Frankfurt (Main): Suhrkamp 1974

KANT, I.: Die Metaphysik der Sitten – zweiter Teil: Metaphysische Anfangsgründe der Tugendlehre. Stuttgart: Reclam 1990

KLANDERMANS, B., and MAYER, N. (Eds.): Extreme Right Activists in Europe. Abingdon: Routledge 2006

MERTON, R. K.: Anomie, anomia, and social interaction: Contexts of deviant behavior. In: CLINARD, M. B. (Ed.): Anomie and Deviant Behavior; pp. 213–242. New York: Free Press 1964

PATON, H. J.: The Categorical Imperative: A Study in Kant's Moral Philosophy. Philadelphia: University of Pennsylvania Press 1971

PETTIGREW, T. F.: Intergroup contact theory. Annual Review of Psychology *49*, 65–85 (1998)

PETTIGREW, T. F., and TROPP, L. R.: When Groups Meet: The Dynamics of Intergroup Contact. New York: Psychology Press 2011

RAWLS, J.: Justice as Fairness: A Restatement. Cambridge: Harvard University Press 2001

RENGER, D., and SIMON, B.: Social recognition as an equal: The role of equality-based respect in group life. European Journal of Social Psychology *41*, 501–507 (2011)

SIMON, B.: Identity in Modern Society. Malden: Blackwell 2004

SIMON, B.: Einstellungen zur Homosexualität: Ausprägungen und psychologische Korrelate bei Jugendlichen mit und ohne Migrationshintergrund (ehemalige UdSSR und Türkei). Zeitschrift für Entwicklungspsychologie und Pädagogische Psychologie *40*, 87–99 (2008)

SIMON, B.: Respekt und Zumutung bei der Begegnung von Schwulen/Lesben und Muslimen. Aus Politik und Zeitgeschichte *15–16*, 27–32 (2010)

SIMON, B.: Collective identity and political engagement. In: AZZI, A., CHRYSSOCHOOU, X., KLANDERMANS, B., and SIMON, B. (Eds.): Identity and Participation in Culturally Diverse Societies: A Multidisciplinary Perspective; pp. 137–157. Oxford: Wiley-Blackwell 2011

SIMON, B., and GRABOW, O.: The politicization of migrants: Further evidence that politicized collective identity is a dual identity. Political Psychology *31*, 717–738 (2010)

SIMON, B., und GRABOW, H.: Konflikte zwischen der Lesben- und Schwulen-Community und anderen gesellschaftlichen Teilgruppen. Projektbericht (2011)

SIMON, B., and KLANDERMANS, B.: Politicized collective identity: A social psychological analysis. American Psychologist *56*, 319–331 (2001)

SIMON, B., REICHERT, F., and GRABOW, O.: When dual identity becomes a liability: Identity and radicalism among migrants. Psycological Science (in press)

SIMON, B., and RUHS, D.: Identity and politicization among Turkish immigrants in Germany: The role of dual identification. Journal of Personality and Social Psychology *95*, 1354–1366 (2008)

SIMON, B., und TRÖTSCHEL, R.: Soziale Identität. In: BIERHOFF, H.-W., und FREY, D. (Hrsg.): Handbuch der Sozialpsychologie und Kommunikationspsychologie. S. 684–693. Göttingen: Hogrefe 2006

STONEQUIST, E. V.: The Marginal Man: A Study in Personality and Culture Conflict. New York: Russel & Russel 1961

TAJFEL, H., and TURNER, J. C.: An integrative theory of intergroup conflict. In: AUSTIN, W. G., and WORCHEL, S. (Eds.): The Social Psychology of Intergroup Relations; pp. 33–47. Monterey: Brooks/Cole 1979

TAJFEL, H., and TURNER, J. C.: The social identity theory of intergroup behavior. In: WORCHEL, S., and AUSTIN, W. G. (Eds.): Psychology of Intergroup Relations; pp. 7–24. Chicago: Nelson-Hall 1986

TAYLOR, C.: Multiculturalism and "The politics of recognition". Princeton: Princeton University Press 1992

TURNER, J. C., HOGG, M. A., OAKES, P. J., REICHER, S. D., and WETHERELL, M. S.: Rediscovering the Social Group: A Self-categorization Theory. Oxford: Blackwell 1987

VERKUYTEN, M., and BRUG, P.: Multiculturalism and group status: The role of ethnic identification, group essentialism and protest ethic. European Journal of Social Psychology *34*, 647–661 (2004)

ZICK, A., KÜPPER, B., und HÖVERMANN, A.: Die Abwertung der Anderen: Eine europäische Zustandsbeschreibung zu Intoleranz, Vorurteilen und Diskriminierung. Berlin: Friedrich-Ebert-Stiftung 2011

Prof. Dr. Bernd SIMON
Sozialpsychologie und Politische Psychologie
Institut für Psychologie
Christian-Albrechts-Universität zu Kiel
Olshausenstraße 40
24098 Kiel
Bundesrepublik Deutschland
Tel.: +49 431 8802976
Fax: +49 431 8803971
E-Mail: simon@psychologie.uni-kiel.de

Beeinflussung des Lebens

Nova Acta Leopoldina NF *116*, Nr. 394, 185–200 (2012)

Tier-Biotechnologie – Perspektiven für die Landwirtschaft und für die biomedizinische Forschung

Eckhard Wolf ML, Simone Renner, Nikolai Klymiuk
und Bernhard Aigner (München)

Mit 5 Abbildungen

Zusammenfassung

Tierbiotechniken, wie die künstliche Besamung, die Kryokonservierung von Gameten und Embryonen, der Embryotransfer, die *In-vitro*-Produktion von Embryonen und der Kerntransfer aus Blastomeren oder somatischen Zellen, ermöglichen es in der Landwirtschaft, von den besten Zuchttieren mehr Nachkommen zu erhalten, als dies auf natürliche Weise möglich wäre. Darüber hinaus existiert heute insbesondere für das Schwein ein ähnliches Spektrum an Möglichkeiten für die genetische Modifikation wie für das klassische Modelltier Maus. Damit können neue maßgeschneiderte Großtiermodelle für die translationale biomedizinische Forschung generiert werden. Das Spektrum an Einsatzmöglichkeiten wird am Beispiel unserer eigenen Schweinemodelle für die Diabetesforschung, für die Xenotransplantation sowie für monogenetische Erkrankungen wie die Duchenne-Muskeldystrophie und die Mukoviszidose erläutert.

Abstract

Animal biotechnologies, such as artificial insemination, cryopreservation of gametes or embryos, embryo transfer, *in vitro* production of embryos and nuclear transfer using blastomeres or somatic nuclear donor cells, are important to increase the reproductive efficiency of the best breeding animals and to generate more offspring than would be possible by natural reproduction. In addition there is now a broad spectrum of methods for genetic engineering especially of pigs, facilitating similar genetic modifications as in the laboratory mouse. Thus, tailored large animal models for translational biomedical research can be generated. Potential applications are exemplified by our own models for diabetes research, for xenotransplantation as well as for monogenetic diseases like Duchenne muscular dystrophy and cystic fibrosis.

 Nova Acta Leopoldina NF *116*, Nr. 394, 185–200 (2012)

1. Einleitung

Biotechniken in der Tierzucht, wie die künstliche Besamung, die Kryokonservierung von Gameten und Embryonen, der Embryotransfer, die *In-vitro*-Produktion von Embryonen und der Kerntransfer aus Blastomeren oder somatischen Zellen unterstützen die Realisierung von Zuchtzielen, indem man damit von den am besten geeigneten Tieren eine größere Zahl von Nachkommen erzeugen kann, als dies über die natürliche Fortpflanzung möglich wäre. Darüber hinaus ist dieses Methodenspektrum auch Grundlage für Programme zur Erhaltung vom Aussterben bedrohter Haustierrassen (Andrabi und Maxwell 2007). Einen besonderen Stellenwert haben Biotechniken der Reproduktion in Kombination mit genomweiten Genotypisierungsansätzen und genomischer Zuchtwertschätzung, da in diesem Fall die Selektion der nächsten Generation von Zuchttieren bereits auf der Ebene von Embryonen erfolgen kann (Humblot et al. 2010, Seidel 2010).

Neben dem Einsatz von Tier-Biotechniken für die landwirtschaftliche Tierzucht werden diese auch zur Generierung von Großtiermodellen für die biomedizinische Forschung genutzt (Aigner et al. 2010). Die klassische Technik zur Erzeugung transgener Nutztiere, die DNA-Mikroinjektion in die Vorkerne befruchteter Eizellen (Brem et al. 1985, Hammer et al. 1985), hat eine sehr niedrige Effizienz, verursacht dadurch hohe Kosten und erlaubt keine gezielten genetischen Modifikationen, wie das Ausschalten bestimmter Gene. Durch die Verwendung lentiviraler Vektoren kann die Effizienz erheblich gesteigert werden (Hofmann et al. 2003, 2004), allerdings erfolgt auch in diesem Fall der Einbau der übertragenen Sequenzen zufällig. Daher werden mittlerweile transgene Großtiere vor allem über den Kerntransfer (Klonen) mit genetisch modifizierten Spenderzellen erzeugt (Aigner et al. 2010). Der Vorteil dabei ist, dass die eigentliche genetische Modifikation in kultivierten Zellen eingeführt wird. Dadurch werden auch gezielte Modifikationen durch homologe Rekombination möglich. Diese erfolgt bei Verwendung großer Genkonstrukte, wie z. B. modifizierter künstlicher Bakterienchromosomen (BACs), auch in somatischen Zellen relativ effizient (Klymiuk et al. 2012b). Alternativ können Zinkfingernukleasen verwendet werden, die einen gezielten Doppelstrangbruch im Genom verursachen und über die nachfolgende Aktivierung von Reparaturmechanismen entweder zu inaktivierenden Mutationen führen (Hauschild et al. 2011) oder die Frequenz von homologer Rekombination steigern. Mittlerweile gelang es auch induzierbare Transgen-Expressionssysteme im Schwein zu etablieren (Klymiuk et al. 2012a). Damit ist heute bei Großtieren, insbesondere beim Schwein, ein ähnliches Spektrum an Möglichkeiten der genetischen Modifikation verfügbar wie für das etablierte Modelltier Maus.

Schweinemodelle eignen sich in besonderem Maße für die translationale biomedizinische Forschung, da sie dem Menschen in vielen anatomischen und physiologischen Charakteristika ähnlich sind. Darüber hinaus können von Schweinen longitudinal mit hoher Frequenz Proben gewonnen werden, ohne die Tiere zu belasten, was für systembiologische Ansätze in der experimentellen Medizin von Vorteil ist. Durch die oben genannten Methoden der genetischen Modifikation ist es möglich, die Ursachen menschlicher Erkrankungen im Modelltier Schwein auf molekularer Ebene zu reproduzieren. Solche gezielt für bestimmte Fragestellungen konzipierten Modelle lassen im Vergleich zu konventionellen Tiermodellen Ergebnisse höherer Aussagekraft erwarten und entsprechen in hohem Maße dem dritten ‚R‘ der ‚3R‘-Maxime tierexperimenteller Forschung (*Replace*, *Reduce*, *Refine*) (Russel und Burch 1959). Dies wird am Beispiel unserer eigenen Schweinemodelle für die Diabetesforschung, für die Xenotransplantation, die Duchenne-Muskeldystrophie sowie für die Mukoviszidose erläutert.

2. Genetisch maßgeschneiderte Schweinemodelle für die Diabetesforschung

Schweine eignen sich aufgrund von zahlreichen Ähnlichkeiten in Aufbau und Funktion des Gastrointestinaltrakts und dessen Anhangsdrüsen Pankreas und Leber insbesondere als Modelltiere für metabolische Erkrankungen des Menschen (Larsen und Rolin 2004). Für die translationale Diabetesforschung haben wir verschiedene genetisch modifizierte Schweinemodelle generiert. Transgene Schweine, die in den Insulin-produzierenden Betazellen des Pankreas einen dominant-negativen Rezeptor ($GIPR^{dn}$) für das Inkretinhormon GIP (*Glucose-dependent Insulinotropic Polypeptide*) exprimieren, spiegeln wichtige Aspekte des Typ-2-Diabetes mellitus des Menschen wider: eine reduzierte insulinotrope Wirkung von GIP, eine gestörte Glukosetoleranz aufgrund verzögerter bzw. in einem späteren Stadium verminderter Insulinfreisetzung sowie eine progressive Reduktion der Betazellmasse (Renner et al. 2010). Aufgrund der sehr reproduzierbaren Entwicklung pathophysiologischer und morphologischer Veränderungen ist dieses Modell ideal für die Suche nach Biomarkern geeignet, die mit der prädiabetischen Phase assoziiert sind (Renner et al. 2012). Biomarker, die verlässlich eine frühe diabetische Phase anzeigen sowie mit der Progression zum diabetischen Status assoziiert sind, wären von großer Wichtigkeit, da bis heute die Diagnose Diabetes meist erst in einem weit fortgeschrittenen Stadium, wenn bereits ausgeprägte pathologische Veränderungen der Betazellen vorhanden sind, gestellt wird. Generell sind Tiermodelle für die Identifizierung von Biomarkerkandidaten aufgrund der besseren Standardisierbarkeit von Ernährung und körperlicher Aktivität sowie der Abwesenheit von Komorbiditäten von Vorteil.

Im Alter von 2,5 Monaten zeigen $GIPR^{dn}$-transgene Schweine im Vergleich zu Kontrolltieren eine Reduktion der oralen Glukosetoleranz, eine verzögerte Insulinfreisetzung sowie einen verminderten insulinogenen Index (Abb. 1*A*). Die intravenöse Glukosetoleranz ist jedoch ungestört, und die Masse der Betazellen ist unverändert. Im Alter von 5 Monaten zeigen $GIPR^{dn}$-transgene Schweine eine noch ausgeprägtere Störung der oralen Glukosetoleranz, die Insulinfreisetzung ist nicht nur verzögert, sondern quantitativ reduziert, woraus sich ein deutlich stärker reduzierter insulinogener Index im Vergleich zu 2,5 Monate alten $GIPR^{dn}$-transgenen Schweinen ergibt. Bei 5 Monate alten $GIPR^{dn}$-transgenen Schweinen besteht bereits eine tendenziell verringerte intravenöse Glukosetoleranz sowie eine signifikante Reduktion der Betazellmasse (–35 %). $GIPR^{dn}$-transgene Schweine beider Altersgruppen zeigen jedoch weder Anzeichen einer Insulinresistenz (unveränderter HOMA-IR-Index), noch sind sie adipös. Aus diesem Grund sind sie ein interessantes Modell zur Untersuchung der Progression von Betazelldysfunktion sowie Reduktion der Betazellmasse in der prädiabetischen Phase ohne störende Effekte komplizierender Faktoren wie Adipositas oder Insulinresistenz.

In Kollaboration mit dem Helmholtz-Zentrum München haben wir daher mit einem gezielten Massenspektrometrie-basierten Ansatz im Blutplasma von $GIPR^{dn}$-transgenen Schweinen und altersentsprechenden Kontrolltieren zweier Altersstufen (2,5 Monate und 5 Monate) nach Metaboliten (Aminosäuren, Lipide) gesucht, die sich im Zuge der Progression in der prädiabetischen Phase in ihrer Konzentration verändern. Dabei wurden verschiedene Aminosäuren und Lipide gefunden, deren Konzentrationen sich altersabhängig und in Relation zu den jeweiligen Kontrolltieren im Plasma von $GIPR^{dn}$-transgenen Schweinen verändern. Interessanterweise waren die gleichen verzweigtkettigen Aminosäuren auch in einer prospektiven Studie humaner Patienten zur Identifizierung von Biomarkern, die mit dem späteren Risiko, an Diabetes zu erkranken, assoziiert sind, verändert (Wang et al. 2011). Da für die $GIPR^{dn}$-transgenen Schweine und Kontrolltiere

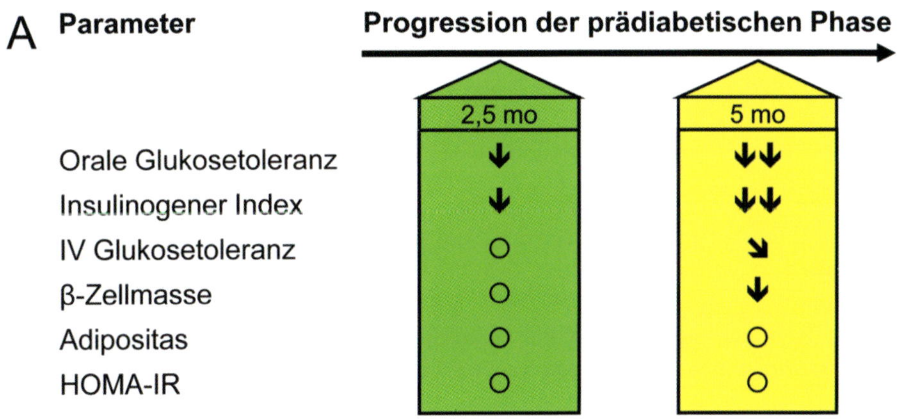

B

	SM C24:1	SM C24:0	SM (OH) C22:2	SM (OH) C22:1	lysoPC a C18:0	PC ae C44:5	PC ae C42:5	PC ae C40:3	PC aa C42:5	PC aa C42:4	PC aa C42:0	xLeu	Val	Phe	His	Arg
AUC Glukose	-0.36	-0.44	-0.24	-0.46	-0.84	-0.32	-0.31	-0.60	-0.49	-0.50	-0.35	-0.43	-0.56	-0.34	-0.28	-0.40
AUC Insulin	0.56	0.71	0.43	0.79	0.62	0.64	0.65	0.86	0.27	0.58	0.73	0.39	0.32	0.28	0.42	0.53
AUC Glukose (1-10)	0.46	0.38	0.62	0.33	0.16	0.03	0.21	-0.02	0.60	0.38	0.12	0.16	-0.01	-0.02	0.43	0.50
AUC Glukose (10-60)	-0.36	-0.41	-0.27	-0.45	-0.83	-0.25	-0.25	-0.55	-0.49	-0.46	-0.29	-0.36	-0.49	-0.27	-0.27	-0.41
AUC Insulin (1-10)	0.46	0.58	0.36	0.67	0.84	0.42	0.44	0.77	0.43	0.56	0.51	0.36	0.43	0.21	0.33	0.54
AUC Insulin (10-60)	0.51	0.66	0.38	0.71	0.41	0.65	0.66	0.77	0.16	0.51	0.72	0.35	0.22	0.25	0.39	0.45
AIR	0.43	0.58	0.34	0.64	0.80	0.40	0.47	0.73	0.45	0.59	0.51	0.37	0.44	0.18	0.29	0.53
Betazellvolumen	0.83	0.90	0.62	0.88	0.87	0.84	0.78	0.94	0.61	0.82	0.86	0.72	0.63	0.64	0.76	0.75
Arg	0.81	0.81	0.69	0.77	0.76	0.74	0.71	0.69	0.69	0.79	0.79	0.61	0.57	0.41	0.79	•
His	0.89	0.82	0.73	0.72	0.66	0.73	0.62	0.69	0.61	0.72	0.75	0.79	0.61	0.79	•	
Phe	0.63	0.64	0.35	0.43	0.51	0.64	0.52	0.61	0.40	0.60	0.64	0.89	0.77	•		
Val	0.44	0.57	0.12	0.32	0.58	0.61	0.59	0.62	0.44	0.71	0.71	0.92	•			
xLeu	0.65	0.75	0.36	0.50	0.58	0.74	0.74	0.65	0.60	0.82	0.79	•				
PC aa C42:0	0.77	0.88	0.52	0.78	0.66	0.94	0.91	0.84	0.55	0.86	•					
PC aa C42:4	0.80	0.92	0.65	0.76	0.72	0.81	0.92	0.67	0.83	•						
PC aa C42:5	0.74	0.77	0.75	0.67	0.66	0.59	0.71	0.37	•							
PC ae C40:3	0.72	0.79	0.46	0.80	0.83	0.80	0.66	•								
PC ae C42:5	0.74	0.89	0.59	0.77	0.58	0.90	•									
PC ae C44:5	0.80	0.87	0.58	0.79	0.67	•										
lysoPC a C18:0	0.76	0.77	0.62	0.81	•											
SM (OH) C22:1	0.91	0.92	0.87	•												
SM (OH) C22:2	0.91	0.81	•													
SM C24:0	0.94	•														
SM C24:1	•															

P<0.001
P<0.01
P<0.05
P<0.05
P<0.001

Abb. 1 Screening nach Biomarkern, die im GIPR^{dn}-transgenen Schweinemodell mit der Progression in der prädiabetischen Phase assoziiert sind (Renner et al. 2012 [im Druck]). (*A*) Altersabhängige metabolische Veränderungen im GIPR^{dn}-transgenen Schweinemodell. (*B*) Korrelationen zwischen Plasma-Metaboliten, Parametern der Glukosetoleranz und Insulinsekretion sowie der Gesamtbetazellmasse in 5 Monate alten GIPR^{dn}-transgenen Schweinen und Kontrolltieren.

auch quantitative Daten zur Betazellmasse vorlagen, wurden Plasmametaboliten gefunden, deren Konzentrationen mit der Betazellmasse sowie mit Parametern des Glukosestoffwechsels und der Insulinsekretion korrelieren (Abb. 1*B*). Die gefundenen metabolischen Veränderungen bei GIPR^{dn} transgenen Schweinen stellen Biomarker-Kandidaten dar, die in entsprechenden Patientenkollektiven validiert werden müssen. Sollte sich eine Konkordanz der Befunde ergeben, wäre dies ein wichtiger Schritt, um die Früherkennung prädiabetischer Phasen zu verbessern.

3. Genetisch veränderte Schweine als Donoren von Pankreasinseln für die Xenotransplantation

Neben ihrer Bedeutung als Modelle für die translationale Diabetesforschung kommen gentechnisch veränderte Schweine insbesondere auch als Donoren von Zellen, Geweben und Organen für die Xenotransplantation in Betracht (Übersicht in Klymiuk et al. 2010). Dabei erscheint die Transplantation von Pankreasinseln in insulinabhängige Diabetespatienten besonders aussichtsreich, da (*a*) die Abstoßungsreaktion nach der Xenotransplantation weniger dramatisch verläuft als bei vaskularisierten Organen, (*b*) porcines Insulin im Menschen funktioniert und (*c*) ein Versagen des Transplantats nicht unmittelbar lebensbedrohliche Konsequenzen hat.

Für die Xenotransplantation von Schweineinseln werden derzeit verschiedene Strategien diskutiert. Um die in erster Linie T-Zell-vermittelte Abstoßung der xenogenen Pankreasinseln

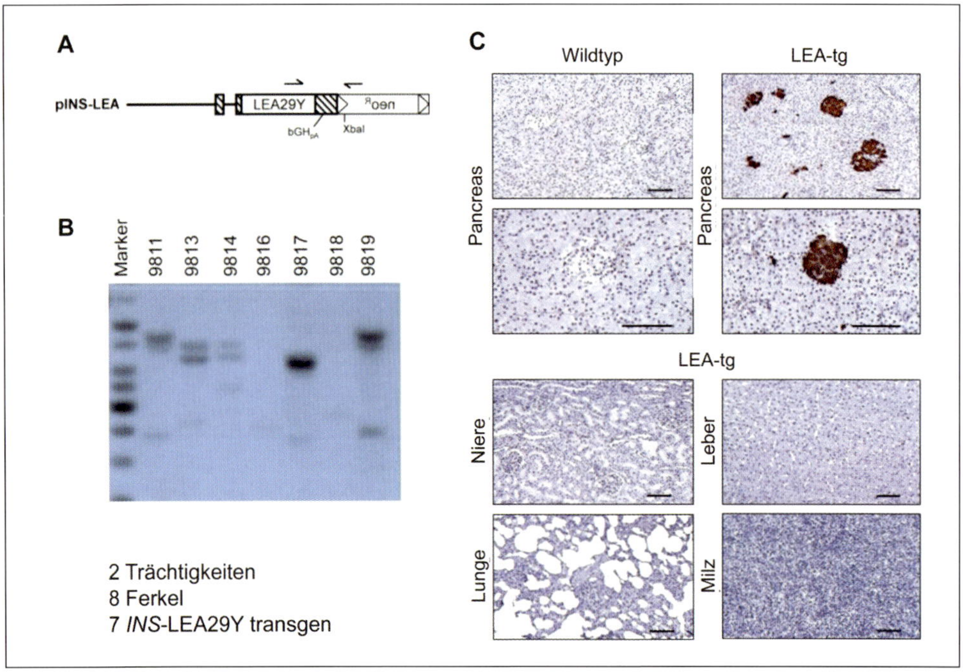

Abb. 2 Erstellung und Charakterisierung von INS-LEA29Y transgenen Schweinen (Klymiuk et al. 2012d). (*A*) Expressionsvektor. (*B*) Southern-Blot-Analyse verschiedener transgener Foundertiere. (*C*) Analyse der LEA29Y-Expression in verschiedenen Geweben mittels Immunhistochemie. Die gewebespezifische Expression von LEA29Y ist an der braunen Färbung der Pankreasinseln bei den INS-LEA29Y-transgenen Schweinen erkennbar.

zu verhindern, wird eine Mikroverkapselung in immunologisch inertes Material (z. B. Alginat) durchgeführt. Mit solchen verkapselten Inseln wurden bereits klinische Studien durchgeführt, in denen als positiver Effekt bei den behandelten Patienten ein Rückgang schwerer hypoglykämischer Krisen beobachtet wurde (ELLIOTT 2011). Allerdings ist das langfristige Überleben von verkapselten Pankreasinseln unklar, da die Versorgung aufgrund der fehlenden Vaskularisation nur über Diffusion erfolgen kann. Andere Ansätze verfolgen eine Makroverkapselung in speziellen Containern, die eine Verbesserung der Sauerstoffversorgung der Pankreasinseln ermöglichen (LUDWIG et al. 2010, 2012). Die dritte Möglichkeit besteht in der genetischen Modifikation der Spenderschweine, die darauf abzielt, die Abstoßungsreaktion der Inseln nach Xenotransplantation zu reduzieren und deren Überleben zu fördern. Da aktivierte T-Zellen für die Abstoßung der xenotransplantierten Pankreasinseln eine wichtige Rolle spielen, haben wir eine Strategie zur Hemmung der T-Zellaktivierung getestet. Dafür wurden transgene Schweine generiert, die unter der Kontrolle des porcinen Insulingenpromotors LEA29Y, ein optimiertes CTLA-4Ig, in den Pankreasinseln exprimieren (KLYMIUK et al. 2012d; Abb. 2). LEA29Y bindet mit hoher Affinität CD80/CD86 auf humanen Antigen-präsentierenden Zellen und verhindert somit die Bindung an CD28 auf T-Zellen und deren Kostimulation.

Um dieses System *in vivo* zu testen, haben wir in Kooperation mit dem Diabeteszentrum der Ludwig-Maximilians-Universität München ein immundefizientes diabetisches Mausmodell verwendet, in das humane Immunzellen transplantiert wurden. Der Ablauf des Versuchs ist in Abbildung 3*A* gezeigt. Als Basis dienten NOD.Cg-*Prkdc*^{scid} *Il2rg*^{tm1Wjl}/SzJ-Mäuse, in denen durch Behandlung mit dem Betazelltoxin Streptozotocin ein Diabetes mellitus induziert wurde. Anschließend wurden den diabetischen Mäusen neonatale Inselcluster, die entweder aus LEA29Y-transgenen oder aus Wildtyp-Ferkeln gewonnen wurden, unter die Nierenkapsel transplantiert. Nach einem mehrere Wochen dauernden Reifungs- und Wachstumsprozess der Inselcluster war in beiden Transplantationsgruppen ein Abfall des Blutzuckerspiegels zu beobachten, so dass 6–7 Wochen nach der Transplantation der Zustand der Normoglykämie erreicht wurde. Zu diesem Zeitpunkt erfolgte die Transplantation von humanen mononukleären Zellen aus dem Blut. Während bei den mit Wildtyp-Schweineinseln transplantierten Mäusen 4 von 5 Tieren wieder diabetisch wurden, blieben alle mit LEA29Y-transgenen Schweineinseln über den in diesem Modell maximalen Beobachtungszeitraum von 30 Tagen normoglykämisch (Abb. 3*B*). Nach Entfernung des Transplantats wurden die Tiere allerdings nach kürzester Zeit wieder diabetisch, wodurch eine Regeneration der eigenen Pankreasinseln als Ursache der Normoglykämie ausgeschlossen werden kann. Die histologische Analyse der Transplantationsorte bestätigte den klinischen Befund: Während Wildtyp-Inseln durch T-Zell-Infiltration weitgehend zerstört waren, zeigten die Transplantationsorte der LEA29Y-transgenen Inseln zwar ebenfalls eine starke Infiltration von T-Zellen, das Transplantat war jedoch weitgehend intakt, und die nähere Umgebung war frei von T-Zellen, was auf eine lokal begrenzte Immunsuppression hinweist.

Diese Ergebnisse zeigen, dass eine lokale Expression von LEA29Y in transgenen porcinen Pankreasinseln deren Abstoßung im humanisierten Mausmodell wirkungsvoll inhibiert. Der große Vorteil der lokalen Expression liegt darin, dass die dabei auftretenden systemischen Konzentrationen von LEA29Y erheblich niedriger sind, als dies bei einer effektiven systemischen Behandlung zu erwarten wäre. Diese erfolgversprechenden Ergebnisse stellen eine solide Grundlage für weitere Transplantationsexperimente in humanisierten Mausmodellen mit längerfristigem Beobachtungszeitraum bzw. in diabetischen nichthumanen Primaten dar. Darüber hinaus sind weitere genetische Modifikationen der Spenderschweine geplant, die auf eine

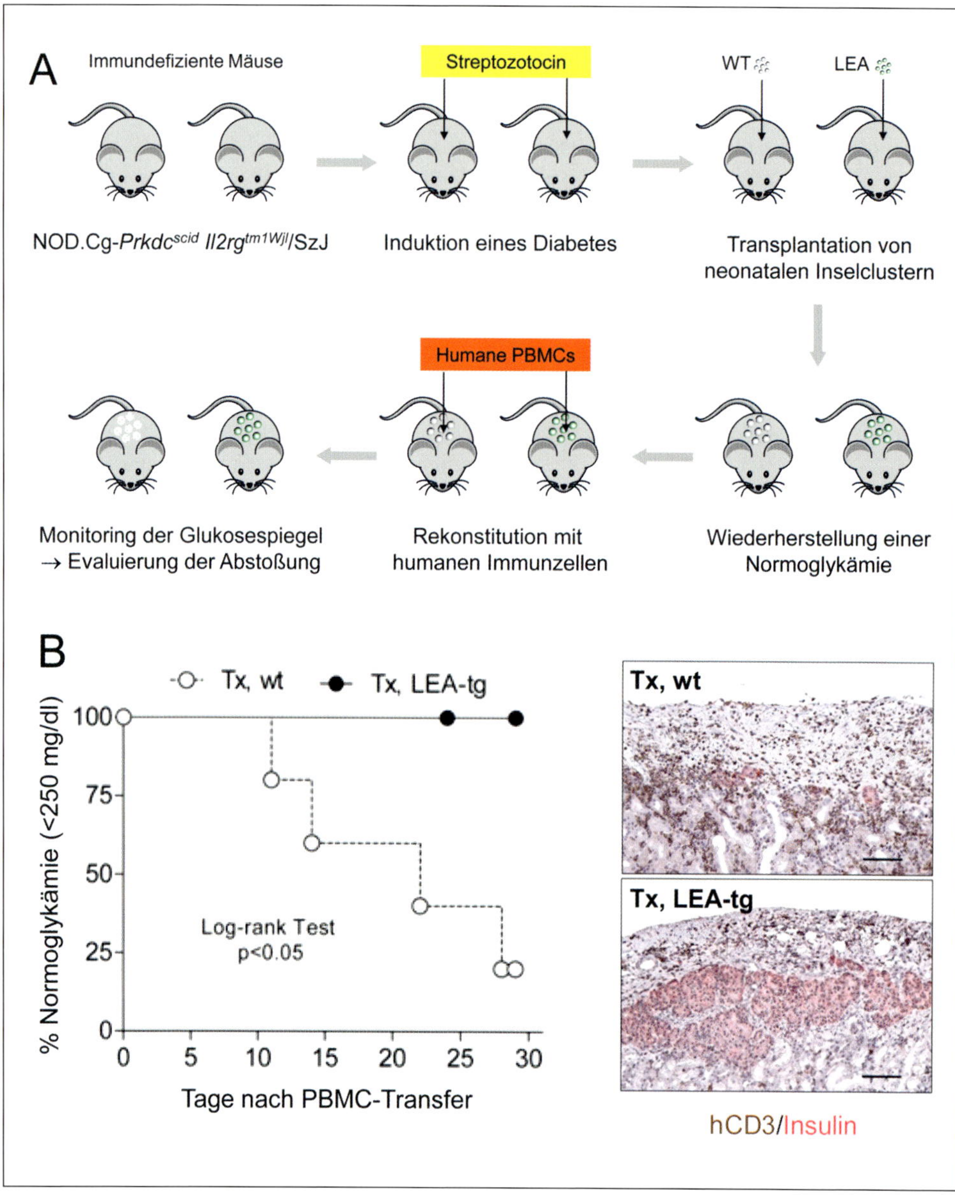

Abb. 3 Test der Schutzfunktion von LEA29Y auf transgenen Schweineinseln im humanisierten Mausmodell. (*A*) Experimenteller Aufbau. (*B*) Nachweis der Aktivität von LEA29Y durch Schutz vor der Abstoßung LEA29Y-transgener Inseln (*links*) und Freiheit des Transplantats von humanen T-Zellen (*rechts*).

Verbesserung der Revaskularisierung der Inseln nach Transplantation, eine Reduktion der Apoptoserate der Inselzellen während der Isolierung, Kultivierung und Transplantation sowie auf eine Verbesserung der strukturellen Eigenschaften der Inseln für die Optimierung des Isolationsprozesses abzielen.

4. Schweinemodell für die Duchenne-Muskeldystrophie

Die Duchenne-Muskeldystrophie (DMD) ist eine schwere X-chromosomal vererbte Erkrankung, von der etwa einer von 3500 Buben betroffen ist. DMD entsteht durch Mutationen im *DMD*-Gen, das mit einer Gesamtlänge von ~2,5 Mega-Basenpaaren und 79 Exons das größte bekannte Gen des Menschen ist. Die meisten Mutationen treten im Bereich der Exons 3–7 und der Exons 45–55 auf (Koenig et al. 1989). Charakteristisch sind Mutationen, die zu einer Verschiebung des Leserahmens und zum Verlust des essentiellen Muskelproteins Dystrophin führen (Hoffman et al. 1987). Dystrophin verbindet über einen Komplex Dystrophin-assoziierter Proteine das Aktin-Zytoskelett mit der extrazellulären Matrix. Wenn Dystrophin fehlt, kommt es zur Degeneration der Muskelzellen, zu einer progressiven Muskelschwäche und einem Verlust von Muskelgewebe. Die Patienten zeigen die ersten Symptome, bevor sie 5 Jahre werden; sie verlieren die Fähigkeit zu gehen etwa im Alter von 12 Jahren und sterben aufgrund von Atem- und/oder Herzversagen in der Regel in der zweiten bis vierten Lebensdekade (Übersicht in Spurney 2011).

Obwohl es derzeit keinen Ansatz zur Heilung der Krankheit gibt, werden genetische und pharmakologische Therapieansätze getestet, inklusive früher klinischer Studien. Tiermodelle in verschiedenen Spezies haben entscheidend zum Verständnis der Pathogenese der Duchenne-Muskeldystrophie und zur Entwicklung von Therapieansätzen beigetragen, die verfügbaren Tiermodelle haben aber auch Limitationen (Nakamura und Takeda 2011, Willmann et al. 2009).

Das ursprüngliche Mausmodell für die X-chromosomale Muskeldystrophie (*mdx*) entstand spontan im Inzuchtstamm C57BL/10 und hat eine Nonsense-Mutation im Exon 23 des *Dmd*-Gens (Bulfield et al. 1984). Inzwischen wurden vier weitere *mdx*-Mausmutanten identifiziert (Im et al. 1996). Zudem wurde eine *Dmd*-Exon 52-defiziente Mausmutante über gezielte Mutagenese (*gene targeting*) generiert (Araki et al. 1997). Die verschiedenen *mdx*-Mausmodelle wurden eingesetzt, um therapeutische Strategien, wie Exon-Skipping, Gentherapie und Zelltherapie, zu evaluieren. Die *mdx*-Mausmodelle entwickeln jedoch nur einen moderaten klinischen Phänotyp und haben eine annähernd normale Lebenserwartung (Nakamura und Takeda 2011).

Mutationen im *DMD*-Gen wurden auch in einigen Hunderassen, wie dem Golden Retriever, dem Rottweiler, dem Deutsch Kurzhaar und dem Cavalier King Charles Spaniel, identifiziert, wobei die Muskeldystrophie des Golden Retriever (GRMD) am besten untersucht und charakterisiert ist (Übersicht in Nakamura und Takeda 2011). Die GRMD wird durch eine Punktmutation in der Spleißakzeptorstelle von Intron 6 des *DMD*-Gens verursacht, was zum Skipping von Exon 7 und zu einem vorzeitigen Stop-Kodon in Exon 8 führt (Sharp et al. 1992). Dystrophin-defiziente GRMD-Hunde sind klinisch und pathologisch massiver betroffen als die *mdx*-Mausmutanten, sie zeigen jedoch einen variablen Phänotyp und sind schwierig zu züchten. Zudem unterscheidet sich die *DMD*-Mutation bei der GRMD von der Mehrheit der *DMD*-Mutationen bei humanen Patienten, bei denen es einen Hotspot für Deletionen im Bereich der Exons 45 bis 55 gibt (Den Dunnen et al. 1989, Koenig et al. 1989). Eine Dystrophin-defiziente Katzenmutante, bei der aufgrund einer großen Deletion essentielle Promotorelemente des *DMD*-Gens fehlen (Vos et al. 1986, Winand et al. 1994), hat bislang keine Bedeutung als Modell für die DMD des Menschen erlangt.

Um ein Großtiermodell für die Duchenne-Muskeldystrophie gezielt zu entwickeln, haben wir in Kollaboration mit dem Friedrich-Baur-Institut der Ludwig-Maximilians-Universität

München Schweine generiert, in denen Exon 52 des *DMD*-Gens deletiert ist. Dieses Modell spiegelt eine häufige Mutation humaner DMD-Patienten wider und sollte zur Testung zielgerichteter Therapien, wie Skipping von Exon 51 oder 53, geeignet sein. Zur Erzeugung dieses Modells wurde ein künstliches Bakterienchromosom (BAC) mit dem relevanten Abschnitt des *DMD*-Gens durch homologe Rekombination in *Escherichia coli* (*Recombineering*; COPELAND et al. 2001) so modifiziert, dass Exon 52 durch eine Neomycin-Resistenzkassette ersetzt wurde. Das modifizierte BAC wurde durch Nukleofektion in männliche porcine Primärzellen eingeschleust (Abb. 4).

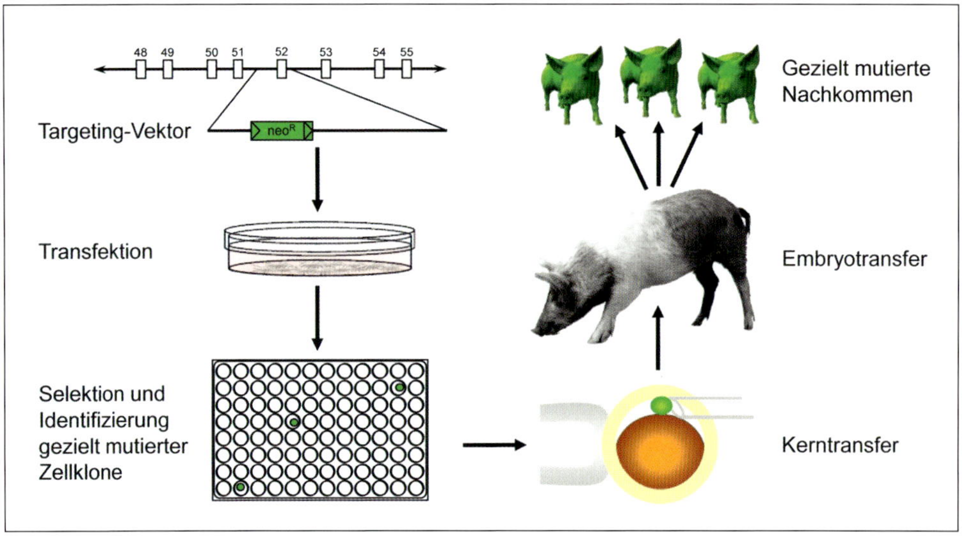

Abb. 4 Strategie zur Erzeugung von Schweinemodellen mit gezielten genetischen Modifikationen

Nach der Selektion von Einzelzellklonen wurden diese mittels quantitativer Polymerasekettenreaktion auf den Verlust von *DMD*-Exon 52 gescreent. Zellklone mit der gezielten Mutation wurden für den somatischen Kerntransfer eingesetzt, um *DMD*-mutante Ferkel zu erzeugen. Die Analyse dieser Tiere zeigte wichtige biochemische, klinische und pathologische Übereinstimmungen mit der humanen DMD (KLYMIUK et al. 2012c). Es ist somit gelungen, ein vielversprechendes neues Tiermodell für die Entwicklung und Evaluierung zielgerichteter Therapien der Duchenne-Muskeldystrophie zu etablieren.

5. Schweinemodell für die Mukoviszidose

Die Mukoviszidose/Zystische Fibrose (ZF) ist eine häufige autosomal rezessive Erbkrankheit mit einer Carrierfrequenz von ca. 5 % in der kaukasischen Bevölkerung. Im Jahr 1989 wurde das bei der ZF mutierte Gen identifiziert und sein Produkt *Cystic Fibrosis Transmembrane Conductance Regulator* (CFTR) benannt (RIORDAN et al. 1989). Zur Erforschung von Krankheitsmechanismen und Testung von Therapieansätzen wurden verschiedene *Cftr*-mutante Mäuselinien etabliert, die jedoch Limitationen in der Ausprägung des krankheitsrelevanten Phänotyps haben (Wilke et al. 2011). Während die Veränderungen im Darm der *Cftr*-mutanten Mäuse die Darmpathologie bei Mukoviszidose-Patienten weitgehend widerspiegeln, bestehen in anderen Organsystemen, wie Pankreas, Leber, Geschlechtsorganen und vor allem im Bereich des Respirationstrakts, große Unterschiede zwischen den im Mausmodell beobachteten Veränderungen und der Mukoviszidose des Menschen. Als Ursache für die abweichende Lungenpathologie werden Unterschiede in der Architektur des Lungengewebes (z. B. die relativ geringe Zahl der submukösen Drüsen im murinen Respirationstrakt) (Rogers et al. 2008a), die Spezies-spezifischen Anteile von CFTR-exprimierenden und nicht exprimierenden Epithelzellen in der Trachea (Grubb und Boucher 1999), die Anwesenheit alternativer Chloridkanäle (Clarke et al. 1994, Gray et al. 1994), die kürzere Lebensspanne der Maus sowie die Spezies-spezifische Funktion von Modifier-Genen (Norkina und De Lisle 2005) diskutiert. Als alternativer Ansatz, um die pathophysiologischen Veränderungen des Ionentransports bei der Mukoviszidose zu imitieren, wurden transgene Mäuse generiert, die den epithelialen Na^+-Ionenkanal ENaC spezifisch in den Luftwegen überexprimieren. Die gesteigerte Absorption von Na^+-Ionen in diesem Modell führt zu Depletion des Flüssigkeitsfilms auf den Epithelien, zu reduziertem Schleimtransport und einer spontanen ZF-ähnlichen Erkrankung mit chronischer Entzündung der Luftwege (Übersicht in Zhou et al. 2011). Nachdem aber die Ursache für den ZF-ähnlichen Lungenphänotyp nicht geklärt ist, bleibt auch die Relevanz des ENaC-Modells unklar. Daher wurde die Entwicklung alternativer *CFTR*-mutanter Tiermodelle in anderen Spezies mit Nachdruck verfolgt. So resultierte die gezielte Inaktivierung des *CFTR*-Gens im Frettchen (Sun et al. 2008) und im Schwein (Rogers et al. 2008b) in Tiermodellen, welche die Veränderungen der humanen Mukoviszidose sehr viel besser widerspiegeln als die verfügbaren Mausmodelle (Rogers et al. 2008c, Sun et al. 2010). Insbesondere das *CFTR*-mutante Schweinemodell brachte neue Einblicke in die Pathologie verschiedener ZF-assoziierter Organveränderungen, vor allem im Bereich des Respirationstrakts (Meyerholz et al. 2010a, Stoltz et al. 2010), des Gastrointestinaltrakts (Meyerholz et al. 2010b) und des männlichen Reproduktionstrakts (Pierucci-Alves et al. 2011). Die beobachteten Veränderungen haben große Ähnlichkeit mit den bei der humanen ZF erhobenen Befunden und qualifizieren das *CFTR*-mutante Schwein als interessantes Modell für die translationale Mukoviszidoseforschung.

Da das in den USA generierte Schweinemodell nicht in Europa verfügbar war, haben wir ein eigenes *CFTR*-mutantes Schweinemodell mit einer alternativen Technik für das *Gene Targeting* auf einem unabhängigen genetischen Hintergrund etabliert (Klymiuk et al. 2012b). Die beobachteten Veränderungen entsprechen dem in den USA generieren ZF-Schweinemodell. Wie bei diesem ist ein längerfristiges Überleben der Tiere nur möglich, wenn der regelmäßig auftretende Mekoniumileus kurz nach der Geburt operativ behoben wird. Um diesen Eingriff zu umgehen, arbeiten wir derzeit an einer Verbesserung des Modells, wobei durch die Darm-spezifische Expression eines *CFTR*-Transgens der Mekoniumileus vermieden werden soll. Diese Strategie war im ZF-Mausmodell bereits erfolgreich (Ostedgaard et al. 2011).

6. Perspektiven genetisch maßgeschneiderter Schweinemodelle für die Pharmaforschung

Die oben genannten Beispiele zeigen das Potenzial genetisch maßgeschneiderter Schweinemodelle für die biomedizinische Forschung (Abb. 5). Durch das Spektrum an Techniken für die genetische Modifikation können die molekularen Ursachen menschlicher Erkrankungen detailgetreu im Schwein rekonstruiert werden, wodurch Modelle mit hoher Relevanz und Aussagekraft entstehen. Neben *In-vivo*-Studien bieten solche gezielt erstellten Großtiermodelle aber auch die Möglichkeit, krankheitsspezifische Primärzellkulturen im großen Maßstab zu gewinnen und für das Hochdurchsatz-Screening von Substanzbibliotheken zu verwenden. Dafür können die Schweine neben der krankheitsverursachenden genetischen Modifikation zusätzlich mit Reportergenen ausgestattet werden, welche die Detektion wichtiger zellbiologischer Reaktionen, wie Proliferation, Differenzierung oder Apoptose, vereinfachen. Da diese Zellkulturen direkt aus dem biologischen Kontext des jeweiligen Organs bzw. Gewebes gewonnen und in niedrigen Passagezahlen für Tests eingesetzt werden können, sollten sie als Screening-System permanenten Zelllinien oder induzierten pluripotenten Stammzellen, deren Etablierung vergleichsweise artifiziell erfolgt, überlegen sein.

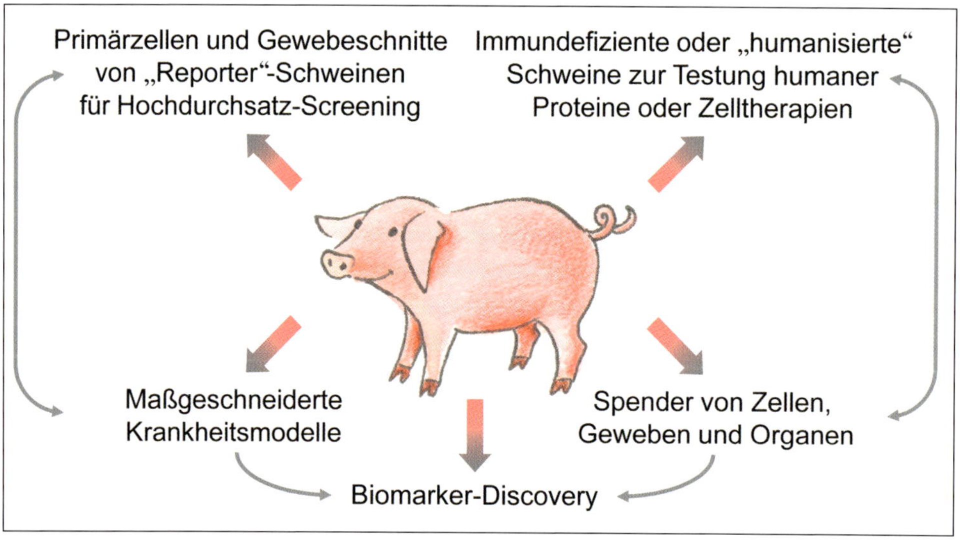

Abb. 5 Potenzielle Anwendungen von genetisch modifizierten Schweinemodellen in der biomedizinischen Forschung.

Genetisch modifizierte Schweinemodelle haben darüber hinaus für die Evaluierung von Zelltherapien Bedeutung. So empfiehlt die *International Society for Stem Cell Research* in ihren *Guidelines for the Clinical Translation of Stem Cells*, dass entsprechende Therapieansätze nicht nur in Nager-, sondern auch in Großtiermodellen getestet werden sollen. In diesem Zusammenhang wären genetisch immunsupprimierte oder immundefiziente Schweinemodelle besonders interessant, da sie die Testung humaner Stammzellen ohne immunologische Komplikationen ermöglichen sollten. Umgekehrt können genetisch modifizierte Schweine auch als Spender von Zellen, Geweben und Organen für die Xenotransplantation fungieren. Aus den oben genannten Gründen erscheint dies insbesondere für Pankreasinseln aussichtsreich.

Last but not least eignen sich genetisch maßgeschneiderte porcine Krankheitsmodelle auch für das Screenen nach Biomarkern, die mit bestimmten Stadien einer Erkrankung assoziiert sind oder einen Behandlungserfolg anzeigen. So konnten wir in einem Schweinemodell, das wichtige Aspekte des Typ-2-Diabetes mellitus widerspiegelt, Metaboliten im Plasma finden, deren Konzentrationen mit der Progression in der prädiabetischen Phase assoziiert sind bzw. mit der Betazellmasse und Parametern der Glukosetoleranz und Insulinsekretion korrelieren (Renner et al. 2012). Aufgrund der herausragenden Bedeutung von Biomarkern für die personalisierte Medizin können genetisch modifizierte Schweinemodelle auch für dieses zukunftsträchtige Forschungsfeld eine wichtige Rolle spielen.

Dank

Unsere Projekte zur Generierung und Charakterisierung genetisch modifizierter Großtiermodelle werden durch die Deutsche Forschungsgemeinschaft (FOR 535 „Xenotransplantation", FOR 793 „Mechanismen der Frakturheilung bei Osteoporose", Transregio-SFB 127 „Biology of xenogeneic cell, tissue and organ transplantation – from bench to bedside"), durch das Bundesministerium für Bildung und Forschung (Spitzencluster „m^4 – Personalisierte Medizin und zielgerichtete Therapien"), durch die Bayerische Forschungsstiftung (FORZebRA, Az. 802-08) und durch das Mukoviszidose Institut gemeinnützige Gesellschaft für Forschung und Therapieentwicklung mbH sowie den Diabetes Hilfs und Forschungsfonds (DHFD) unterstützt.

Literatur

Aigner, B., Renner, S., Kessler, B., Klymiuk, N., Kurome, M., Wunsch, A., and Wolf, E.: Transgenic pigs as models for translational biomedical research. J. Mol. Med. (Berl.) *88*, 653–664 (2010)

Andrabi, S. M. H., and Maxwell, W. M. C.: A review on reproductive biotechnologies for conservation of endangered mammalian species. Anim. Reprod. Sci. *99*, 223–243 (2007)

Araki, E., Nakamura, K., Nakao, K., Kameya, S., Kobayashi, O., Nonaka, I., Kobayashi, T., and Katsuki, M.: Targeted disruption of exon 52 in the mouse dystrophin gene induced muscle degeneration similar to that observed in Duchenne muscular dystrophy. Biochem. Bioph. Res. Co. *238*, 492–497 (1997)

Brem, G., Brenig, B., Goodman, H. M., Selden, R. C., Graf, F., Kruff, B., Springman, K., Hondele, J., Meyer, J., Winnacker, E. L., and Kräusslich, H.: Production of transgenic mice, rabbits and pigs by microinjection into pronuclei. Zuchthygiene *20*, 251–252 (1985)

Bulfield, G., Siller, W. G., Wight, P. A., and Moore, K. J.: X chromosome-linked muscular dystrophy (mdx) in the mouse. Proc. Natl. Acad. Sci. USA *81*, 1189–1192 (1984)

Clarke, L. L., Grubb, B. R., Yankaskas, J. R., Cotton, C. U., McKenzie, A., and Boucher, R. C.: Relationship of a non-cystic fibrosis transmembrane conductance regulator-mediated chloride conductance to organ-level disease in Cftr(-/-) mice. Proc. Natl. Acad. Sci. USA *91*, 479–483 (1994)

Copeland, N. G., Jenkins, N. A., and Court, D. L.: Recombineering: a powerful new tool for mouse functional genomics. Nature Rev. Genet. *2*, 769–779 (2001)

Den Dunnen, J. T., Grootscholten, P. M., Bakker, E., Blonden, L. A., Ginjaar, H. B., Wapenaar, M. C., van Paassen, H. M., van Broeckhoven, C., Pearson, P. L., and van Ommen, G. J.: Topography of the Duchenne muscular dystrophy (DMD) gene: FIGE and cDNA analysis of 194 cases reveals 115 deletions and 13 duplications. Amer. J. Hum. Genet. *45*, 835–847 (1989)

Elliott, R. B.: Towards xenotransplantation of pig islets in the clinic. Curr. Opin. Organ Transplant. *16*, 195–200 (2011)

Gray, M. A., Winpenny, J. P., Porteous, D. J., Dorin, J. R., and Argent, B. E.: CFTR and calcium-activated chloride currents in pancreatic duct cells of a transgenic CF mouse. Amer. J. Physiol. *266*, C213–221 (1994)

Grubb, B. R., and Boucher, R. C.: Pathophysiology of gene-targeted mouse models for cystic fibrosis. Physiol. Rev. *79*, S193–214 (1999)

Hammer, R. E., Pursel, V. G., Rexroad, C. E. Jr., Wall, R. J., Bolt, D. J., Ebert, K. M., Palmiter, R. D., and Brinster, R. L.: Production of transgenic rabbits, sheep and pigs by microinjection. Nature *315*, 680–683 (1985)

Hauschild, J., Petersen, B., Santiago, Y., Queisser, A. L., Carnwath, J. W., Lucas-Hahn, A., Zhang, L., Meng, X., Gregory, P. D., Schwinzer, R., Cost, G. J., and Niemann, H.: Efficient generation of a biallelic knockout in pigs using zinc-finger nucleases. Proc. Natl. Acad. Sci. USA *108*, 12013–12017 (2011)

Hoffman, E. P., Brown, R. H. Jr., and Kunkel, L. M.: Dystrophin: the protein product of the Duchenne muscular dystrophy locus. Cell *51*, 919–928 (1987)

Hofmann, A., Kessler, B., Ewerling, S., Weppert, M., Vogg, B., Ludwig, H., Stojkovic, M., Boelhauve, M., Brem, G., Wolf, E., and Pfeifer, A.: Efficient transgenesis in farm animals by lentiviral vectors. EMBO Rep. *4*, 1054–1060 (2003)

Hofmann, A., Zakhartchenko, V., Weppert, M., Sebald, H., Wenigerkind, H., Brem, G., Wolf, E., and Pfeifer, A.: Generation of transgenic cattle by lentiviral gene transfer into oocytes. Biol. Reprod. *71*, 405–409 (2004)

Humblot, P., Le Bourhis, D., Fritz, S., Colleau, J. J., Gonzalez, C., Guyader Joly, C., Malafosse, A., Heyman, Y., Amigues, Y., Tissier, M., and Ponsart, C.: Reproductive technologies and genomic selection in cattle. Vet. Med. Internat. *2010*, 192787 (2010)

Im, W. B., Phelps, S. F., Copen, E. H., Adams, E. G., Slightom, J. L., and Chamberlain, J. S.: Differential expression of dystrophin isoforms in strains of mdx mice with different mutations. Hum. Mol. Genet. *5*, 1149–1153 (1996)

Klymiuk, N., Aigner, B., Brem, G., and Wolf, E.: Genetic modification of pigs as organ donors for xenotransplantation. Mol. Reprod. Dev. *77*, 209–221 (2010)

Klymiuk, N., Bocker, W., Schonitzer, V., Bahr, A., Radic, T., Frohlich, T., Wunsch, A., Kessler, B., Kurome, M., Schilling, E., Herbach, N., Wanke, R., Ngashima, H., Mutschler, W., Arnold, G. J., Schwinzer, R., Schieker, M., and Wolf, E.: First inducible transgene expression in porcine large animal models. FASEB J. *26*, 1086–1099 (2012a)

Klymiuk, N., Mundhenk, L., Kraehe, K., Wuensch, A., Plog, S., Emrich, D., Langenmayer, M. C., Stehr, M., Holzinger, A., Kröner, C., Richter, A., Kessler, B., Kurome, M., Eddicks, M., Nagashima, H., Heinritzi, K., Gruber, A. D., and Wolf, E.: Sequential targeting of CFTR by BAC vectors generates a novel pig model of cystic fibrosis. J. Mol. Med. (Berl.) *90*, 597–608 (2012b)

Klymiuk, N., Thirion, C., Burkhardt, K., Wuensch, A., Krause, S., Richter, A., Kessler, B., Zakhartchenko, V., Kurome, M., Nagashima, H., Schoser, B., Lochmüller, H., Walter, M. C., and Wolf, E.: Tailored pig model of Duchenne muscular dystrophy. Reprod. Fert. Develop. *24*, 231 (2012c)

Klymiuk, N., van Buerck, L., Bähr, A., Offers, M., Kessler, B., Wuensch, A., Kurome, M., Thormann, M., Lochner, K., Nagashima, H., Herbach, N., Wanke, R., Seissler, J., and Wolf, E.: Xenografted islet cell clusters from INSLEA29Y transgenic pigs rescue diabetes and prevent immune rejection in humanized mice. Diabetes *61*, 1527–1532 (2012d)

Koenig, M., Beggs, A. H., Moyer, M., Scherpf, S., Heindrich, K., Bettecken, T., Meng, G., Muller, C. R., Lindlof, M., Kaariainen, H., et al.: The molecular basis for Duchenne versus Becker muscular dystrophy: correlation of severity with type of deletion. Amer. J. Hum. Genet. *45*, 498–506 (1989)

Larsen, M. O., and Rolin, B.: Use of the Gottingen minipig as a model of diabetes, with special focus on type 1 diabetes research. ILAR Journal / National Research Council, Institute of Laboratory Animal Resources *45*, 303–313 (2004)

Ludwig, B., Rotem, A., Schmid, J., Weir, G. C., Colton, C. K., Brendel, M. D., Neufeld, T., Block, N. L., Yavriyants, K., Steffen, A., Ludwig, S., Chavakis, T., Reichel, A., Azarov, D., Zimermann, B., Maimon, S., Balyura, M., Rozenshtein, T., Shabtay, N., Vardi, P., Bloch, K., Vos, P. de, Schally, A. V., Bornstein, S. R., and Barkai, U.: Improvement of islet function in a bioartificial pancreas by enhanced oxygen supply and growth hormone releasing hormone agonist. Proc. Natl. Acad. Sci. USA *109*, 5022–5027 (2012)

Ludwig, B., Zimerman, B., Steffen, A., Yavriants, K., Azarov, D., Reichel, A., Vardi, P., German, T., Shabtay, N., Rotem, A., Evron, Y., Neufeld, T., Mimon, S., Ludwig, S., Brendel, M. D., Bornstein, S. R., and Barkai, U.: A novel device for islet transplantation providing immune protection and oxygen supply. Horm. Metab. Res. *42*, 918–922 (2010)

Meyerholz, D. K., Stoltz, D. A., Namati, E., Ramachandran, S., Pezzulo, A. A., Smith, A. R., Rector, M. V., Suter, M. J., Kao, S., McLennan, G., Tearney, G. J., Zabner, J., McCray, P. B. Jr., and Welsh, M.: Loss of cystic fibrosis transmembrane conductance regulator function produces abnormalities in tracheal development in neonatal pigs and young children. Amer. J. Resp. Crit. Care Med. *182*, 1251–1261 (2010a)

Meyerholz, D. K., Stoltz, D. A., Pezzulo, A. A., and Welsh, M. J.: Pathology of gastrointestinal organs in a porcine model of cystic fibrosis. Amer. J. Pathol. *176*, 1377–1389 (2010b)

Nakamura, A., and Takeda, S.: Mammalian models of Duchenne Muscular Dystrophy: pathological characteristics and therapeutic applications. J. Biomed. Biotechnol. *2011*, 184393 (2011)

Norkina, O., and De Lisle, R. C.: Potential genetic modifiers of the cystic fibrosis intestinal inflammatory phenotype on mouse chromosomes 1, 9, and 10. BMC Genetics *6*, 29 (2005)

Ostedgaard, L. S., Meyerholz, D. K., Vermeer, D. W., Karp, P. H., Schneider, L., Sigmund, C. D., and Welsh, M. J.: Cystic fibrosis transmembrane conductance regulator with a shortened R domain rescues the intestinal phenotype of CFTR$^{-/-}$ mice. Proc. Natl. Acad. Sci. USA *108*, 2921–2926 (2011)

Pierucci-Alves, F., Akoyev, V., Stewart, J. C. 3rd, Wang, L. H., Janardhan, K. S., and Schultz, B. D.: Swine models of cystic fibrosis reveal male reproductive tract phenotype at birth. Biol. Reprod. *85*, 442–451 (2011)

Renner, S., Fehlings, C., Herbach, N., Hofmann, A., Waldthausen, D. C. von, Kessler, B., Ulrichs, K., Chodnevskaja, I., Moskalenko, V., Amselgruber, W., Göke, B., Pfeifer, A., Wanke, R., and Wolf, E.: Glucose intolerance and reduced proliferation of pancreatic beta-cells in transgenic pigs with impaired glucose-dependent insulinotropic polypeptide function. Diabetes *59*, 1228–1238 (2010)

Renner, S., Römisch-Margl, W., Prehn, C., Krebs, S., Adamski, J., Göke, B., Blum, H., Suhre, K., Roscher, A. A., and Wolf, E.: Changing metabolic signatures of amino acids and lipids during the pre-diabetic period in a pig model with impaired incretin function and reduced β-cell mass. Diabetes (2012, im Druck)

Riordan, J. R., Rommens, J. M., Kerem, B., Alon, N., Rozmahel, R., Grzelczak, Z., Zielenski, J., Lok, S., Plavsic, N., and Chou, J. L.: Identification of the cystic fibrosis gene: cloning and characterization of complementary DNA. Science *245*, 1066–1073 (1989)

Rogers, C. S., Abraham, W. M., Brogden, K. A., Engelhardt, J. F., Fisher, J. T., McCray, P. B. Jr., McLennan, G., Meyerholz, D. K., Namati, E., Ostedgaard, L. S., Prather, R. S., Sabater, J. R., Stoltz, D. A., Zabner, J., and Welsh, M. J.: The porcine lung as a potential model for cystic fibrosis. Amer. J. Physiol. Lung Cell. Mol. Physiol. *295*, L240–263 (2008a)

Rogers, C. S., Hao, Y., Rokhlina, T., Samuel, M., Stoltz, D. A., Li, Y., Petroff, E., Vermeer, D. W., Kabel, A. C., Yan, Z., Spate, L., Wax, D., Murphy, C. N., Rieke, A., Whitworth, K., Linville, M. L., Korte, S. W., Engelhardt, J. F., Welsh, M. J., and Prather, R. S.: Production of CFTR-null and CFTR-DeltaF508 heterozygous pigs by adeno-associated virus-mediated gene targeting and somatic cell nuclear transfer. J. Clin. Invest. *118*, 1571–1577 (2008b)

Rogers, C. S., Stoltz, D. A., Meyerholz, D. K., Ostedgaard, L. S., Rokhlina, T., Taft, P. J., Rogan, M. P., Pezzulo, A. A., Karp, P. H., Itani, O. A., Kabel, A. C., Wohlford-Lenane, C. L., Davis, G. J., Hanfland, R. A., Smith, T. L., Samuel, M., Wax, D., Murphy, C. N., Rieke, A., Whitworth, K., Uc, A., Starner, T. D., Brogden, K. A., Shilyansky, J., McCray, P. B. Jr., Zabner, J., Prather, R. S., and Welsh, M. J.: Disruption of the CFTR gene produces a model of cystic fibrosis in newborn pigs. Science *321*, 1837–1841 (2008c)

Russel, W. M. S., and Burch, R. L.: The Principles of Humane Experimental Technique. London: Methuen 1959

Seidel, G. E.: Brief introduction to whole-genome selection in cattle using single nucleotide polymorphisms. Reprod. Fertil. Dev. *22*, 138–144 (2010)

Sharp, N. J., Kornegay, J. N., Van Camp, S. D., Herbstreith, M. H., Secore, S. L., Kettle, S., Hung, W. Y., Constantinou, C. D., Dykstra, M. J., Roses, A. D., et al.: An error in dystrophin mRNA processing in golden retriever muscular dystrophy, an animal homologue of Duchenne muscular dystrophy. Genomics *13*, 115–121 (1992)

Spurney, C. F.: Cardiomyopathy of Duchenne muscular dystrophy: current understanding and future directions. Muscle Nerve *44*, 8–19 (2011)

Stoltz, D. A., Meyerholz, D. K., Pezzulo, A. A., Ramachandran, S., Rogan, M. P., Davis, G. J., Hanfland, R. A., Wohlford-Lenane, C., Dohrn, C. L., Bartlett, J. A., Nelson, G. A. 4th, Chang, E. H., Taft, P. J., Ludwig, P. S., Estin, M., Hornick, E. E., Launspach, J. L., Samuel, M., Rokhlina, T., Karp, P. H., Ostedgaard, L. S., Uc, A., Starner, T. D., Horswill, A. R., Brogden, K. A., Prather, R. S., Richter, S. S., Shilyansky, J., McCray, P. B. Jr., Zabner, J., and Welsh, M. J.: Cystic fibrosis pigs develop lung disease and exhibit defective bacterial eradication at birth. Sci. Transl. Med. *2*, 29–31 (2010)

Sun, X., Sui, H., Fisher, J. T., Yan, Z., Liu, X., Cho, H. J., Joo, N. S., Zhang, Y., Zhou, W., Yi, Y., Kinyon, J. M., Lei-Butters, D. C., Griffin, M. A., Naumann, P., Luo, M., Ascher, J., Wang, K., Frana, T., Wine, J. J., Meyerholz, D. K., and Engelhardt, J. F.: Disease phenotype of a ferret CFTR-knockout model of cystic fibrosis. J. Clin. Invest. *120*, 3149–3160 (2010)

Sun, X., Yan, Z., Yi, Y., Li, Z., Lei, D., Rogers, C. S., Chen, J., Zhang, Y., Welsh, M. J., Leno, G. H., and Engelhardt, J. F.: Adeno-associated virus-targeted disruption of the CFTR gene in cloned ferrets. J. Clin. Invest. *118*, 1578–1583 (2008)

Vos, J. H., Vanderlindesipman, J. S., and Goedegebuure, S. A.: Dystrophy-like myopathy in the cat. J. Comp. Pathol. *96*, 335–341 (1986)

Wang, T. J., Larson, M. G., Vasan, R. S., Cheng, S., Rhee, E. P., McCabe, E., Lewis, G. D., Fox, C. S., Jacques, P. F., Fernandez, C., O'Donnell, C. J., Carr, S. A., Mootha, V. K., Florez, J. C., Souza, A., Melander, O., Clish, C. B., and Gerszten, R. E.: Metabolite profiles and the risk of developing diabetes. Nature Med. *17*, 448–453 (2011)

Wilke, M., Buijs-Offerman, R. M., Aarbiou, J., Colledge, W. H., Sheppard, D. N., Touqui, L., Bot, A., Jorna, H., de Jonge, H. R., and Scholte, B. J.: Mouse models of cystic fibrosis: phenotypic analysis and research applications. J. Cyst. Fibros. *10*, Suppl. 2, S152–171 (2011)

Willmann, R., Possekel, S., Dubach-Powell, J., Meier, T., and Ruegg, M. A.: Mammalian animal models for Duchenne muscular dystrophy. Neuromuscular Disorders NMD *19*, 241–249 (2009)

Winand, N. J., Edwards, M., Pradhan, D., Berian, C. A., and Cooper, B. J.: Deletion of the dystrophin muscle promoter in feline muscular dystrophy. Neuromuscular Disorders NMD *4*, 433–445 (1994)

Zhou, Z., Duerr, J., Johannesson, B., Schubert, S. C., Treis, D., Harm, M., Graeber, S. Y., Dalpke, A., Schultz, C., and Mall, M. A.: The ENaC-overexpressing mouse as a model of cystic fibrosis lung disease. J. Cyst. Fibros. *10*, Suppl. 2, S172–182 (2011)

Prof. Dr. Eckhard Wolf
Lehrstuhl für Molekulare Tierzucht und Biotechnologie
Genzentrum der Ludwig-Maximilians-Universität München
Feodor-Lynen-Straße 25
81377 München
Bundesrepublik Deutschland
Tel.: +49 89 218076800
Fax: +49 89 218076849
E-Mail: ewolf@lmb.uni-muenchen.de

Nova Acta Leopoldina NF *116*, Nr. 394, 201–215 (2012)

Biologische Revolutionen im Pflanzenbau – Mutationen verändern die Welt

Heinz Saedler ML und Wolfgang Schuchert (Köln)

Mit 10 Abbildungen

Heinz Saedler und Wolfgang Schuchert

Zusammenfassung

Vor ca. 12000 Jahren leitete die sogenannte Neolithische Revolution in Süd-Ostanatolien den gezielten Anbau von Nutzpflanzen ein. Die Menschen hatten eine Mutante eines Wildgrases Einkorn ausgelesen, bei der die Samen fest an der Spindel saßen (*bruchfeste Spindel*). Dies veränderte die Welt nachhaltig. Ertragreiche Nahrungspflanzen konnten nun angebaut und brauchten nicht mehr als Wildpflanzen aufwendig gesammelt werden. Eine Grundlage für die Entwicklung von Kulturen war damit geschaffen.

Erst in heutiger Zeit, um 1960, fand die Grüne Revolution statt. Mineraldünger und chemische Pflanzenschutzmittel waren inzwischen erfunden. Wiederum war es eine Mutante, die die Welt verändern sollte: *Kurzstroh*. Um 1960 war die Bevölkerung auf etwa 3 Milliarden angewachsen, ein Drittel hungerte. Die Halmlängen der Weizensorten waren so hoch, dass sie leicht abknickten und das Getreide bei bestimmten Wetterlagen nicht geerntet werden konnte. Nahrungsmangel war die Folge. Norman Borlaug gelang die Entwicklung ertragreicher Kurzstrohsorten bei Weizen. Später kamen entsprechende Reiskurzstrohsorten hinzu. Die Grüne Revolution trat ihren Siegeszug an: um 1999 hungerte nur noch ca. ein Sechstel der inzwischen auf 6 Milliarden Menschen angewachsenen Bevölkerung.

Heute leben etwa 7 Milliarden Menschen auf unserem Planeten, die alle ausreichend ernährt sein wollen. Eine 3. biologische Revolution im Pflanzenbau, die Gentechnische Revolution, könnte vielleicht helfen, z. B. die Ernteverluste durch Pflanzenkrankheiten, Insektenfraß, Verunkrautung und Dürren umweltschonend zu vermindern. Methodik und Zielsetzung werden an ausgewählten Beispielen erörtert. Neben der Herausforderung, ausreichende Mengen und Qualitäten an Nahrungsmitteln zu produzieren, werden neue Entwicklungen sichtbar, die hier kontraproduktiv wirken können: nachwachsende Rohstoffe.

Abstract

About 12,000 years ago cereals were domesticated in Southeastern Anatolia. During the Neolithic Revolution people had selected a mutant of *Triticum boeoticum* (Einkorn), which no longer lost the seeds from its spike. This feature of a non-brittle rachis changed the world sustainably and paved the road for development of numerous civilizations.

Around 1960 the global population had risen to 3 billion people, of which one third were starving. At that time, while mineral fertilizer and chemicals for plant protection were already in use, the stalks of cereals had grown such that they no longer could bear the heavy spikes (ears). Under unfavourable weather conditions (storm and heavy rain) they collapsed by lodging. Again it was a mutant saving the world. “Dwarfing genes” reduced stalk height. With his “short straw” wheat varieties, which later were followed by short straw rice, Norman Borlaug had initiated the Green Revolution. The success became apparent once the population had doubled, in 1999: of the then 6 billion people only 1 billion was suffering from hunger, still to many.

Today there are 7 billion of us, which want to be fed adequately. Can another revolution, i.e. gene technology, help out for example by reducing yield losses due to diseases, weeds, insects and drought. Selected examples will be given and developments will be discussed, which might compete with food production: renewable resources.

1. Überblick

Drei agrarische Revolutionen bestimmen die Entwicklung der Menschheit seit etwa 12 000 Jahren: die neolithische, die grüne und die gentechnische Revolution (Abb. 1). Worauf diese beruhen und was sie bewirkten, wird nachstehend beschrieben.

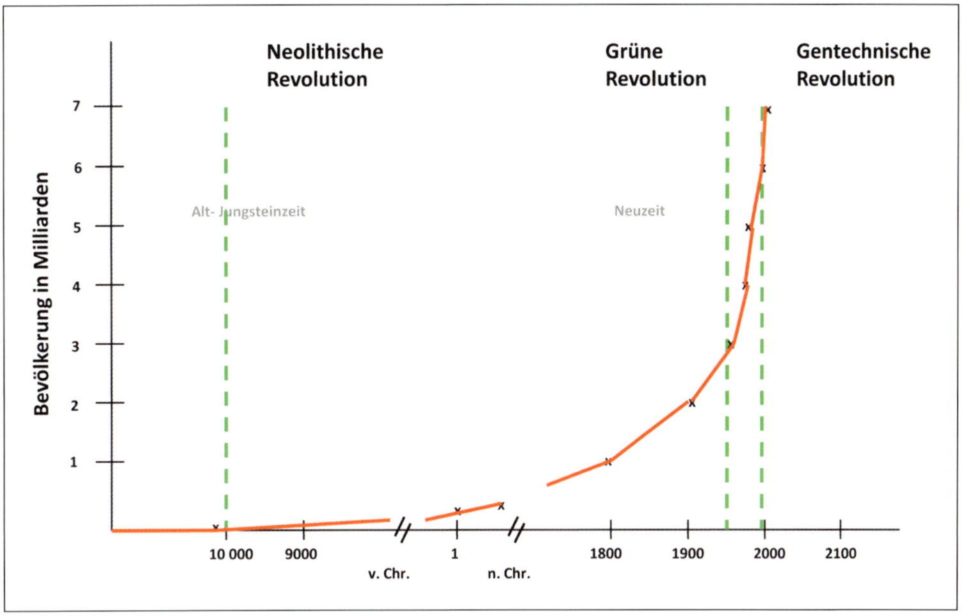

Abb. 1 Zeitliche Einordnung der agrarischen Revolutionen und Weltbevölkerung

2. Neolithische Revolution

Mit der Domestikation von Einkorn (*Triticum boeticum*), einem Verwandten des Weizens, wurde die „Neolithische Revolution" eingeläutet, in deren Folge sich die Welt veränderte. Dies geschah im „Fruchtbaren Halbmond" zwischen Euphrat und Tigris im heutigen Süd-Ostanatolien rund um das Karaca-Dag-Gebirge vor annähernd 12 000 Jahren.

Was war passiert? Erläutern wir etwas den Hintergrund: Wildgräser zeichnen sich durch eine sehr brüchige Ährenspindel aus (Abb. 2), die nach der Reife bei Berührung auseinanderfällt, so dass ihre Samen beim leichtesten Windhauch optimal verteilt werden. Nur so können die Wildgräser in Konkurrenz mit anderen Pflanzen überleben und sich verbreiten (Saedler 2011a). Die brüchige Ährenspindel erschwert aber die Nutzung des wilden Einkorns (*Triticum boeoticum*) als Nahrungsquelle für den Menschen, weil die Samen vorzeitig ausfallen.

In den Trockenwäldern der Region rund um den Karaca Dag standen Pistazien und Mandelbäume, deren Früchte von den Menschen ebenso gesammelt wurden wie die unreifen Ähren des Einkorns und die am Boden liegenden Samen. So vergingen die Tage mit Sammeln, und es blieb kaum Zeit für andere Aktivitäten.

Abb. 2 *Links* Wildform von *Triticum boeoticum* und *rechts* domestiziertes Einkorn (*T. monococcum*)

2.1 Eine Mutation veränderte die Welt

Dann traten zufällig Mutanten des Einkorns mit bruchfesten Ähren auf (Abb. 2). Bei diesen veränderten Pflanzen bleiben die Samen an der Spindel haften und fallen bei Reife nicht mehr aus. Das ermöglicht das Einsammeln der Ähren auch im reifen Zustand. Der Mensch hatte nun leichteren Zugang zu Nahrung. Da aber die Pflanzen mit den bruchfesten Ähren sich nicht mehr so effektiv ausbreiten können, sind sie ganz von der menschlichen Fürsorge abhängig. Sie müssen ausgesät und gepflegt werden. Der Mensch hatte nun leichteren Zugang zu Nahrung. Er wurde sesshaft und vom Sammler und Jäger zum Bauern und Kulturschaffenden. Die Grundlage für die Entwicklung von Kulturen war damit geschaffen.

All das geschah vor ca. 12 000 Jahren rund um das Karaca-Dag-Gebirge in Südostanatolien (Abb. 3) in der Nähe von Göbekli Tepe, einem der ältesten bekannten Heiligtümer der Menschheit, das erst vor ca. 50 Jahren als archäologischer Ort bekannt wurde (*Katalog zur Ausstellung „Vor 12.000 Jahren in Anatolien“*).

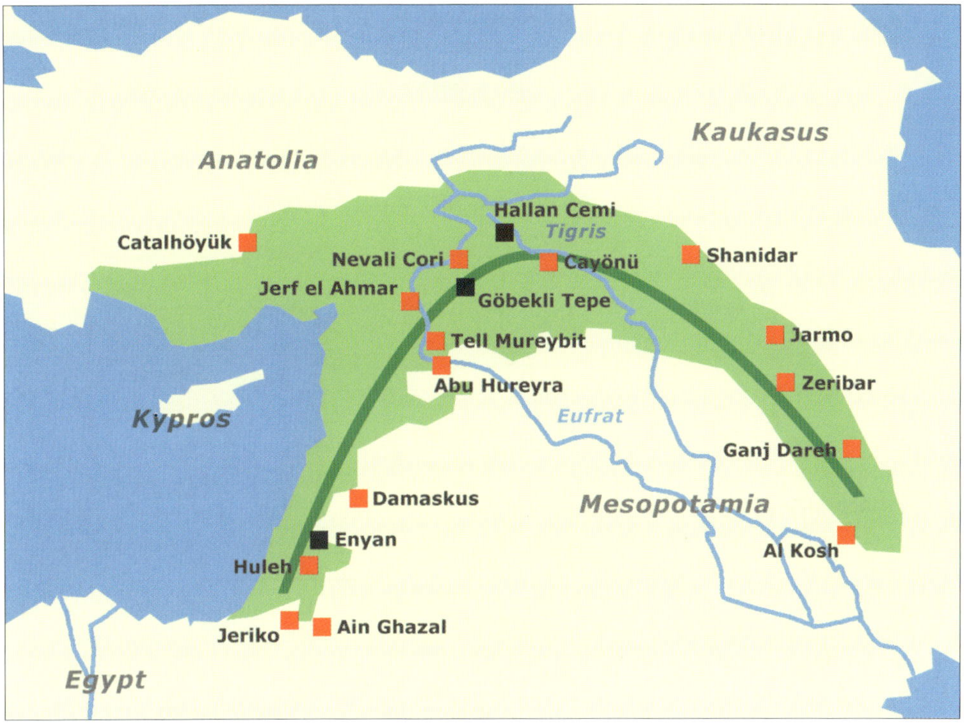

Abb. 3 Der Fruchtbare Halbmond

Die gewaltigen Steinkreise aus monolithischen T-förmigen bis 5 m hohen Pfeilern sind charakteristisch für Göbekli Tepe und nehmen das südenglische Stonehenge um ca. 6 Jahrtausende vorweg. Die in Relief auf den Pfeilern dargestellte Tierwelt ist mit Schlangen, Füchsen, Wildschweinen, Auerochsen, Gazellen, Wildeseln, aber auch Kröten und Spinnen bereits umfangreich, weist aber keine Haustiere auf. Unter den botanischen Resten wurden zwar Einkorn, Mandeln und Pistazien gefunden, aber noch keine Kulturpflanzen. Göbekli Tepe scheint also noch nicht wirklich „neolithisch" gewesen zu sein.

Dennoch wurde in dieser Region Einkorn mehrfach unabhängig voneinander domestiziert – ausgehend von einer ganz bestimmten Einkorn-Variante, der β-Linie von *Triticum boeoticum* – wie DNA-Analysen einer Vielzahl von Einkorn-Proben, sowohl wilder als auch domestizierter Einkorn-Herkünfte aus unterschiedlichen Regionen zeigen (Heun et al. 1997, Kilian et al. 2007).

2.2 Polyploide Weizenarten sind unentbehrlich

Seit Jahrtausenden stellt Weizen eine wichtige Nahrungsquelle für Mensch und Tier dar. Seine Evolution ist etwas ganz Besonderes, da er die Genome verschiedener Arten trägt (Saedler 2011a). Die wilden Einkorn-Arten sind diploid, haben also jeweils einen Chromosomensatz von der Mutter und einen vom Vater. Ihr Genom wird mit AA bezeichnet. Hexaploider Weizen hat ein AA BB DD-Genom, enthält also 3 unterschiedliche Genome von verschiedenen Arten (Abb. 4).

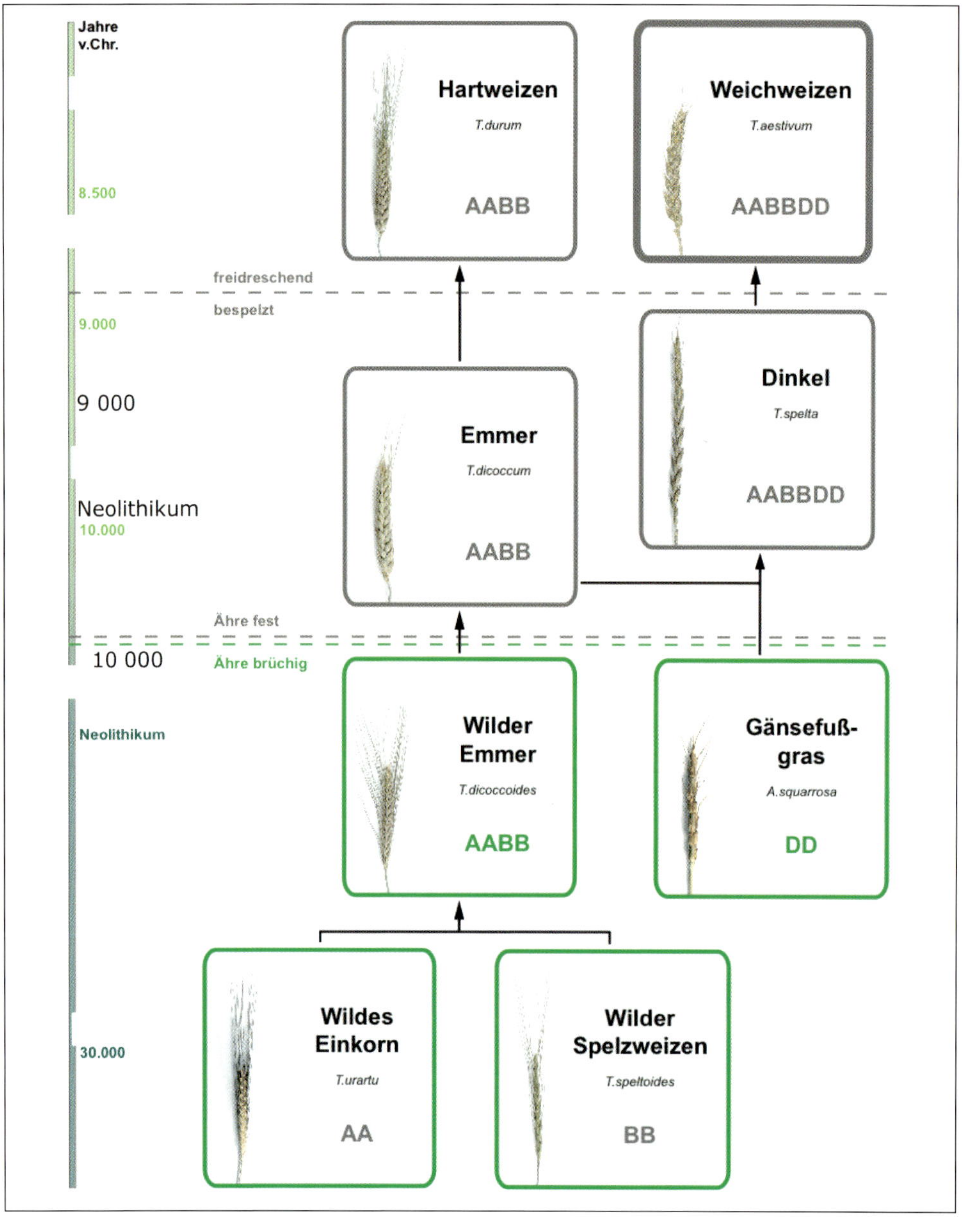

Abb. 4 Begehbarer Evolutionsbaum des Weizens

Wie der Weizen entstanden ist, kann man in der WissenschaftsScheune (WiS) des Max-Planck-Instituts für Pflanzenzüchtungsforschung in Köln in einem begehbaren Evolutionsbaum erleben. Zunächst hybridisierte eine wilde Einkorn-Art (*Triticum urartu*, AA) mit wildem Spelzweizen (*T. speltoides*, BB) zum tetraploiden wilden Emmer (*T. dicoccoides*, AA BB). Dieses wilde tetraploide Zweikorn wurde zu Emmer (*T. dicoccum*, AA BB) domestiziert, aus dem anschließend Hartweizen gezüchtet wurde (*T. durum*), der Lieferant italienischer Pasta. Der domestizierte Emmer kreuzte sich mit einem weiteren Wildgras, dem Gänsefußgras (*Aegilops squarrosa*, DD), zum hexaploiden Dinkel (*T. spelta*, AA BB DD), der dann weiter zum heutigen Brotweizen (*T. aestivum*) gezüchtet wurde. Ein langer komplexer Weg, der im Schema noch einmal zusammengefasst ist (Abb. 4). Zur Erinnerung: Wildformen haben brüchige und Kulturformen bruchfeste Ähren.

Mit der Evolution der Weizenarten war die neolithische Revolution in Vorderasien abgeschlossen. Die Entwicklung der Hochkulturen an Euphrat und Tigris wie auch am Nil nahm ihren Lauf. Eine entsprechende Entwicklung gab es auch in Mittelamerika.

2.3 Das Beispiel Mais

Eng verknüpft mit dem Anfang der amerikanischen Hochkulturen ist die Domestikation von Mais. Mais ist heute noch vor Weizen und Reis hinsichtlich der Produktion die weltweit bedeutendste Kulturpflanze. Mais entstand vor ca. 9000 Jahren aus der Teosinte (*Zea mays ssp. parviglumis*) im Tal des Rio Balsas in Mexiko durch Auslese der dort lebenden Indianerstämme. „Mais – Pflanze der Götter" aus der Publikationsreihe „WiS Begierig" des Max-Planck-Instituts für Pflanzenzüchtungsforschung beschreibt die Domestikation von Mais und dessen Bedeutung für die Entwicklung indianischer Hochkulturen (Saedler 2011b).

Abb. 5 Fruchtstand von Mais und Teosinte

Als Wildpflanze hat die stark verzweigte Teosinte brüchige Ähren und verholzte Samen, die zusätzlich noch Silikat-Einlagerungen enthalten, so dass diese weder von Menschen noch von Vögeln genutzt werden können. Mehrere Mutationen waren auf dem Weg von der Teosinte zu Mais notwendig. Wesentlich sind die Merkmale *bruchfeste Ähre*, nur *schwach bespelzte* und *mehrzeilig angeordnete Samen*. Molekularbiologisch ist über die Brüchigkeit der Spindel wenig bekannt. Mehr weiß man über die fundamentale Veränderung der Kornstruktur. Aus Samen, die ursprünglich bei der Teosinte mit stark verholzten Spelzen verwachsen sind, entstanden bei Mais nackte, mit zarten Spelzen nur lose umgebene Samen. Diese Veränderung beruht lediglich auf einem Basen-Austausch am N-Terminus des Gens *Teosinte-glume-architecture* (Tga 1), das einen Transkriptionsfaktor kodiert (Wang et al. 2005).

Im Unterschied zur Teosinte sind die Samen bei Mais statt in zwei in meist 8–16 Längszeilen angeordnet (Abb. 5). Diese Vielzeiligkeit hat einen massiven Ertragsanstieg zur Folge. Auch dieses Merkmal beruht auf einem Transkriptionsfaktor (Zfl 2) (Bomblies et al. 2005). Allerdings sind an diesem Merkmal noch weitere Gene beteiligt. Gerade wegen der höheren Erträge hat der Mensch solche vielzeiligen Pflanzen bevorzugt ausgelesen. Die ständige Selektion auf mehr Ertrag hat schließlich zu dem mächtigen Maiskolben geführt, wie wir ihn heute kennen.

3. Grüne Revolution

Mehrere tausend Jahre später, Mitte des 20. Jahrhunderts fand die nächste Revolution statt. Die Weltbevölkerung wuchs exponentiell und hatte inzwischen 3 Milliarden erreicht, von denen ein Drittel hungerte (Abb. 6). Eine Erhöhung der Nahrungsmittelproduktion war unumgänglich. Wiederum stand zunächst Weizen im Vordergrund.

Inzwischen wurden Mineraldünger sowie Pflanzenschutzmittel eingesetzt, und die Erträge stiegen an, bis die langhalmigen Pflanzen die schweren Ähren nicht mehr tragen konnten. Bei Regen und Wind fielen die Pflanzen buchstäblich um, so dass die Ernte erschwert wurde und geringer ausfiel. Hierdurch konnten die Erträge nicht mehr mit der steigenden Weltbevölkerung Schritt halten, und die Hungersituation verschärfte sich.

Kurzstroh war angesagt. Pflanzen mit kürzeren und kräftigeren Halmen, die optimal gedüngt werden konnten und die somit die schwere Last der immer größer werdenden Ähren tragen konnten.

Norman Borlaug gelang es in der Mitte des 20. Jahrhunderts, solche Weizensorten in Mexiko zu entwickeln. Mit diesen Kurzstroh-Weizensorten (Hedden 2005), die später durch entsprechende Kurzstroh-Reissorten ergänzt wurden, läutete er die Grüne Revolution ein. Hierfür erhielt er 1970 den Friedensnobelpreis.

Was war geschehen? Das Pflanzenhormon Gibberellinsäure wird für viele Wachstumsprozesse benötigt, wie z. B. für die Blütenentwicklung, die Samenkeimung und das Wachstum des Halms. DELLA-Proteine kontrollieren diese Prozesse. Die Rht-Gene (*reduced height*) des Weizens kodieren DELLA-Proteine. Mutationen in den Genen Rht-B1b und Rht-D1b führen daher zur Verkürzung des Halms. Wiederum veränderten Mutationen die Welt.

Gegenüber der Mitte des vergangenen Jahrhunderts hatte sich im Jahre 1999 die Weltbevölkerung verdoppelt. Nunmehr lebten 6 Milliarden Menschen auf unserem Planeten, von denen aber immer noch ein Sechstel hungerte (Abb. 6).

Die Grüne Revolution hatte zur Halbierung des Anteils der Hungernden geführt. Zweifellos ein überwältigender Erfolg, dennoch hungern immer noch zu viele Erdenbürger.

2009 lag die globale Produktion pflanzlicher Nahrungsmittel (Mais, Weizen, Reis, Gerste, Sorghum, Kartoffel, Maniok, Süßkartoffel und Soja) bei 3292 Millionen t. Das entspricht pro

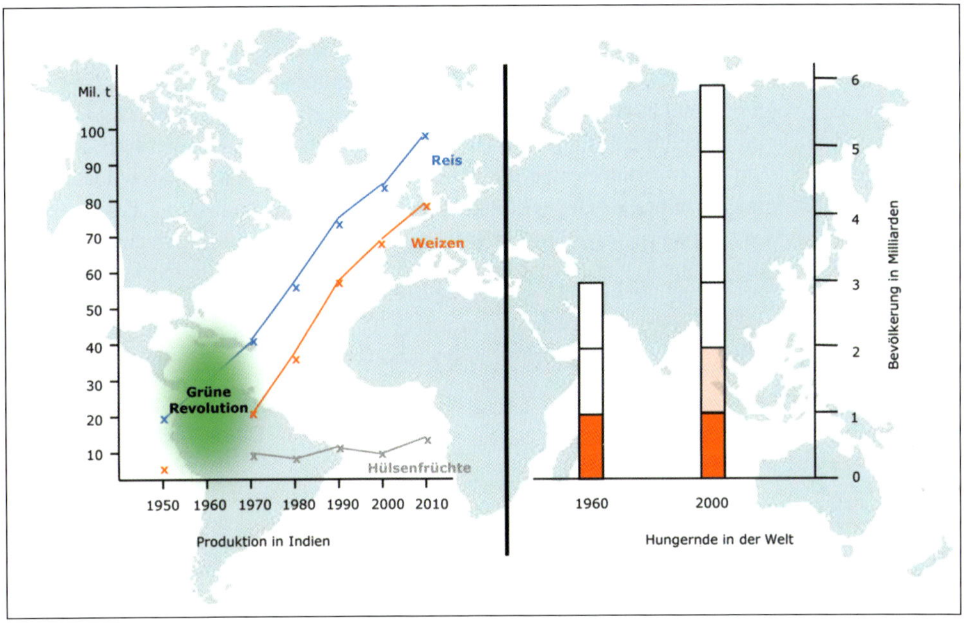

Abb. 6 Konsequenzen der Grünen Revolution

Kopf der Weltbevölkerung (6,8 Milliarden Menschen) etwa 0,5 t. Basierend auf diesem Wert ist die durchschnittliche Produktivität der Bewohner der einzelnen Kontinente sehr unterschiedlich. Besonders niedrig sind die Werte in Afrika, aber auch Asien liegt unter dem Weltdurchschnitt, lediglich Südamerika, Europa und insbesondere Nordamerika sind deutlich überdurchschnittlich (Abb. 7).

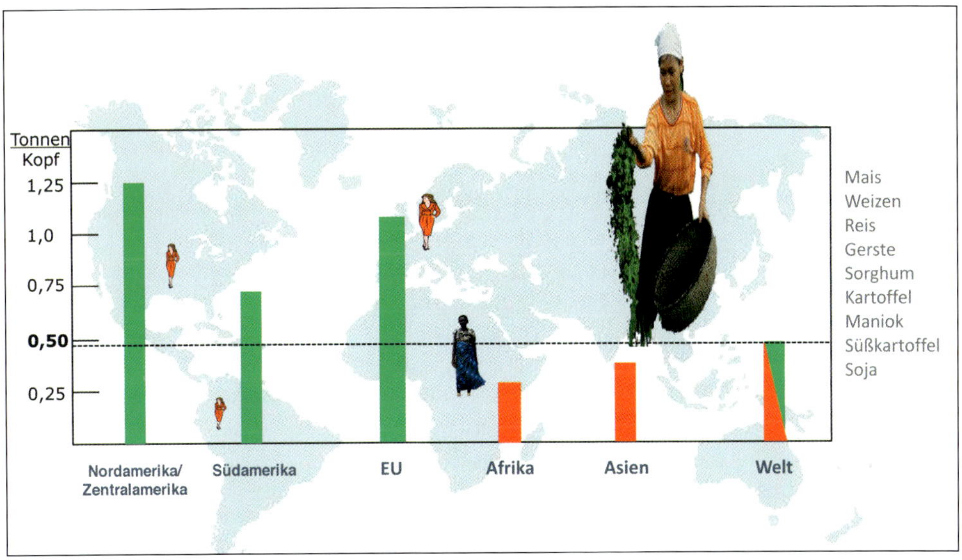

Abb. 7 Pro-Kopf-Produktivität der einzelnen Kontinente. Quelle: FAOSTAT 2009

Die Gründe für die niedrige Produktivität einzelner Regionen sind sehr vielfältig. Immer noch geht ein Drittel der Welternte verloren, obwohl Pflanzenschutzmittel eingesetzt werden. Pflanzenkrankheiten, Unkräuter und Insektenfraß sind hier die Hauptursachen.

Um mehr Nahrungsmittel zu erwirtschaften, müssen daher die Erträge erhöht und die Verluste minimiert werden. Dazu bedarf es eines Bündels von Maßnahmen, wobei auch gentechnische Veränderungen unserer domestizierten Pflanzen nicht ausgeschlossen werden sollten. Durch die Übertragung artfremder Gene könnte das Reaktionsspektrum der Kulturpflanzen in vorhersehbarer Weise erweitert werden. Eine derartige Revolution findet gegenwärtig statt.

4. Gentechnische Revolution

Gene werden normalerweise nur zwischen Individuen ausgetauscht, die zu einer Art gehören. Darauf lässt sich die Definition einer Art begründen. Bei Pflanzen ist allerdings der Austausch von Genen zwischen Arten, ja selbst zwischen Gattungen nichts Ungewöhnliches, etwa bei der Entstehung des Weizens (*Triticum urartu* (wildes Einkorn) × *Triticum speltoides* (Spelzweizen), beziehungsweise *Triticum dicoccum* (Emmer) × *Aegilops squarrosa* (Gänsefußgras)). Die Übertragung artfremder Gene ist demnach nichts Unnatürliches.

Selbst die Übertragung eines einzelnen artfremden Gens findet in der Natur bei Pflanzen statt. Die Auslösung von Wurzelhalsgallen ist ein Beispiel hierfür und soll nachstehend kurz beschrieben werden, denn sie ist die Grundlage für eine der Methoden zur Herstellung gentechnisch veränderter (transgener) Pflanzen. Die Gallen werden im Wurzelhalsbereich einer Pflanze als Antwort auf Infektion durch *Agrobacterium tumefaciens* gebildet (Abb. 8 *oben*).

Was passiert dabei? Das Bakterium enthält neben seinem Chromosom, das die normalen Gene für das Leben des Bakteriums trägt, ein kleines Extrachromosom, ein Plasmid, das sogenannte Ti-Plasmid (Tumor-induzierend). Dieses Plasmid kodiert alle Funktionen, die die Übertragung eines kleinen Teils, der T-DNA (blau markiert), ermöglicht. Diese T-DNA dringt in die Pflanzenzelle ein, wird in deren Genom eingelagert (integriert) und reprogrammiert die Zelle so, dass sie nunmehr zu wuchern beginnt und einen Tumor bildet. Für das Bakterium ist das sehr vorteilhaft, denn gleichzeitig produziert die Pflanze in diesen Zellen auch einen Nährstoff, den nur dieses Bakterium verwenden kann. Derartige Wurzelhalsgallen treten häufig in der Natur auf.

4.1 Eine Methode des Gentransfers

Der beschriebene Vorgang kann nun für die Herstellung transgener Pflanzen genutzt werden, wenn es gelingt, die Tumorbildung zu verhindern (Herrera-Estrella 1983). Dies erwies sich als relativ einfach. Die Entfernung des größten Teils der T-DNA war entscheidend und konnte durch beliebige Fremd-DNA ersetzt werden (rot markiert). Wichtig für den Transfer der DNA waren lediglich die beiden Grenzen (Enden) rechts und links des T-DNA Bereichs.

An einem fiktiven Beispiel soll das erläutert werden (Abb. 8, *unten*). Eine weißblühende soll durch Gentransfer in eine rotblühende transgene Pflanze verwandelt werden. Spender des „Rot"-Gens sei die einkeimblättrige Maispflanze mit roten Maiskörnern. Wie das Gen isoliert werden kann, soll hier nicht vertieft werden. Wir ersetzen die T-DNA des Ti-Plasmids durch das „Rot"-Gen, bringen das so veränderte Plasmid wieder in *A. tumefaciens* ein und infizieren eine weißblühende zweikeimblättrige Wirtspflanze. In diesem Prozess transformiert *Agro-*

bacterium eine oder wenige Zellen der Pflanze, was wir nicht einmal bemerken würden, wenn nicht noch ein weiteres Gen mit eingebracht worden wäre; ein Gen, dessen Produkt sich für eine Selektion eignet. Die transformierte Zelle muss ausgewählt werden können, so dass nur sie sich weiter teilt und damit schlussendlich eine ganze Pflanze mit den gewünschten neuen Eigenschaften bildet. Antibiotikaresistenzgene eignen sich vorzüglich zur Selektion. Wird ein derartiges Gen zusammen mit dem „Rot"-Gen in die T-DNA eingebracht, dann wachsen nur die transgenen Zellen in Gegenwart des Antibiotikums. Die entstehenden Zellhaufen können anschließend mit Hilfe der Zell- und Gewebekulturtechnik zu einer ganzen transgenen Pflanze mit dann roten Blüten regeneriert werden. Diese neuen Merkmale werden wie alle anderen Gene auch an die nächste Generation weiter vererbt. Wurden Farbgen und Antibiotikaresistenzgen auf getrennten Molekülen übertragen, dann sind sie wahrscheinlich an verschiedenen Orten im Chromosom integriert und können somit leicht in den folgenden Generationen wieder getrennt werden.

Mit Hilfe von *Agrobacterium tumefaciens* können viele Pflanzen transformiert werden. Nutzpflanzen wie Soja, Mais, Baumwolle oder Canola (Raps) hat man inzwischen in einer Weise gentechnisch verändert, um den Anbau rentabler zu gestalten oder die Pflanzen widerstandsfähiger gegen Schädlinge zu machen. Der großflächige Anbau begann 1996. Im Jahre

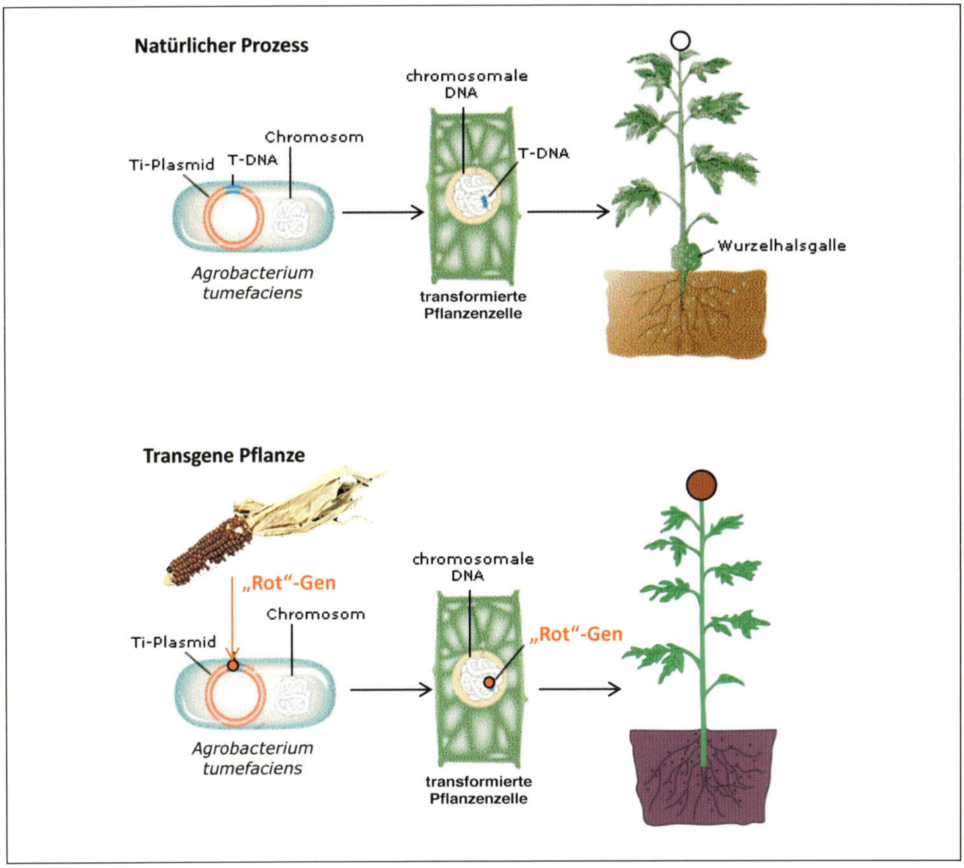

Abb. 8 Gentransfer durch *Agrobacterium tumefaciens*

2010 wurden gentechnisch veränderte Pflanzen weltweit auf einer Fläche von 148 Millionen ha angebaut. Dies entspricht etwa dem 12-Fachen der gesamten Ackerfläche Deutschlands. Vor der Zulassung stehen transgener Mais mit erhöhter Dürretoleranz und Reis mit erhöhtem Gehalt an β-Carotin, das im menschlichen Körper in Vitamin A umgewandelt wird und der Erblindung insbesondere von Kindern in asiatischen Ländern vorbeugen kann.

Am Beispiel Mais wollen wir komplexe Zusammenhänge detaillierter betrachten.

4.2 Der Maiszünsler und seine Bekämpfung

Wie weiter oben bereits erwähnt, geht ein großer Anteil der Ernte durch Insektenfraß und Krankheiten verloren. Der Maiszünsler *Ostrinia nubilalis* ist ein derartiger Schädling. Dieser kleine Schmetterling legt seine Eier auf den Blattunterseiten der Maispflanzen ab, und die sich entwickelnden Raupen vernichten etwa 4 % der globalen Maisernte.

Abb. 9 Maiszünslerlarve in einem aufgeschnittenen Maistängel

Die Raupen bohren sich ins Innere der Pflanze, so dass die Stängel brechen. Die Standfestigkeit der Maispflanze verringert sich. Die Maispflanze wird in ihrer Entwicklung geschwächt, da das Stängelmark im Herbst für die Energieeinlagerung in den Kolben nicht mehr oder nur eingeschränkt zur Verfügung steht. Auf stark befallenen Parzellen können die Ertragsverluste bis zu 50 % betragen. Ein weiterer Aspekt sei hier hervorgehoben: In Folge des Maiszünslerbefalls entsteht oft eine erhöhte Anfälligkeit gegenüber Schimmelpilzen der Gattung *Fusarium*. Die Pilze dringen über die Fraßwunden ins Pflanzengewebe ein und sondern Giftstoffe (Mykotoxine) ab. Diese Mykotoxine, insbesondere Fumonisin, sind hoch toxisch für Mensch und

Tier und machen den Mais für die weitere Verwendung als Nahrungs- oder Futtermittel unbrauchbar (KERSHEN et al. 2006).

Fig. 10 Maiskolben mit Fraßspuren des Maiszünslers und Schimmelpilzbefall

Wie kann der Schädling bekämpft werden? Im Wesentlichen können folgende Maßnahmen ergriffen werden:

(*1.*) ackerbauliche Maßnahmen,
(*2.*) chemische Pflanzenschutzmittel,
(*3.*) biologische Verfahren,
(*4.*) Bekämpfung durch *Bacillus thuringiensis*-Toxin,
(*5.*) Anbau von Bt-Mais.

(*1.*) Da die Zünslerlarven in den unteren Halmbereichen in Wurzelnähe überwintern, kann durch tiefes Abschneiden und Häckseln der Stoppeln und anschließendes Pflügen die Überlebensrate deutlich reduziert werden. Diese Maßnahme steht allerdings häufig im Zielkonflikt mit Verfahren zum Boden- und Erosionsschutz.

(*2.*) Es gibt nur wenige zugelassene Insektizide zur Zünslerbekämpfung. Das Insektizid muss in einem sehr engen Zeitfenster von wenigen Tagen zwischen dem Zünslerflug und Schlupf der Larven aus dem Gelege ausgebracht werden, was in der Praxis nicht einfach festzustellen ist. Mit einem Insektizideinsatz sind häufig unerwünschte Nebenwirkungen auf sogenannte Nichtzielorganismen (Nützlinge) verbunden. Aufgrund des späten Ausbringungstermins – der Mais hat eine Höhe von ca. 1,50 m erreicht – sind spezielle Maschinen und Spritzgeräte erforderlich.

(*3.*) Als natürlicher Gegenspieler des Maiszünslers eignet sich die Schlupfwespenart *Trichogramma*. *Trichogramma*-Eier/-Puppen werden im Feld ausgelegt. Die schlüpfenden weiblichen Wespen parasitieren die Eigelege und halten die Zünslerpopulation niedrig, da sich weniger Zünslerlarven entwickeln können. Entscheidend für den Bekämpfungserfolg, der zu einer Reduktion der Zünslerpopulation von 70 – 80 % führen kann, ist hier der richtige Ausbringungszeitpunkt der Schlupfwespen.

(*4.*) Das Bakterium *Bacillus thuringiensis* produziert Sporen, die ein kristallines Protein (130 kDa) enthalten. Bei der Verdauung lösen sich die Kristalle im alkalischen Milieu des Magen-Darm-Traktes auf. Darmproteasen spalten das frei gewordene Bt-Protein, so dass ein kürzeres aktives Toxin (65–70 kDa) entsteht. Dieses aktive Toxin bindet an spezifische Rezeptoren der Plasmamembranen der Darmepithelzellen. Dort bilden sich Poren aus. Die Darmfunktion ist gestört, und die Insektenlarven sterben ab. Etwa 170 natürlich vorkommende *Bt*-Proteine mit unterschiedlicher Wirkungsbreite sind bekannt. Auf Grund ihrer Spezifität und Gefahrlosigkeit für Warmblüter werden Spritzpräparate des Bodenbakteriums *Bacillus thuringiensis* seit mehreren Jahrzehnten im ökologischen Landbau gegen bestimmte Fraßinsekten eingesetzt. Die Wirkung von *Bt*-Präparaten ist allerdings oft unzureichend, da das wirksame Protein rasch abgebaut wird. *Bt*-Präparate haben sich im Maisanbau zur Bekämpfung des Zünslers als wenig praktikabel erwiesen.

(*5.*) Es gelang, das Gen aus dem *Bacillus thuringiensis*-Bakterium zu isolieren und durch gentechnische Verfahren in Zellen von Maisgewebe zu übertragen. Die mit Hilfe der Zell- und Gewebekulturtechnik entwickelten Pflanzen bilden in Stängel und Blättern das Toxin (cry1 Ab-Protein) und schützen sich selbst vor dem Fraß der Zünslerraupe. Durch spezielle Genschalter (Promotoren) kann die Toxinbildung auf Pflanzenteile begrenzt werden, die besonders dem Fraß ausgesetzt sind. Um einer Resistenzentwicklung bei dem Schädling vorzubeugen, werden u. a. verschiedene Bt-Gene in Kombination eingesetzt.

Da Bt-Mais weniger mit Fusarium-Pilzen befallen wird, zeichnet er sich durch eine geringere Mykotoxinbelastung aus. Er wird heute weltweit vor allem in den USA, Kanada, Brasilien, Argentinien, Südafrika und den Philippinen kommerziell angebaut. In Deutschland und weiteren europäischen Ländern ist der Anbau von Bt-Mais aufgrund politischer Entscheidungen zur Zeit verboten.

5. Ausblick

Angesichts der weiter steigenden Weltbevölkerung, veränderter Konsumgewohnheiten, des Klimawandels und nur begrenzt vorhandener landwirtschaftlicher Nutzfläche besteht global gesehen die vielleicht größte Herausforderung darin, zukünftig ausreichend qualitativ hochwertige Nahrungsmittel zu erzeugen. Dazu muss der Flächenverlust durch Versiegelung und Wüstenbildung, soweit hier möglich, minimiert werden. Weitere Ertragsteigerungen im Kontext einer nachhaltigen, umweltverträglichen Produktionsweise sind unumgänglich. Dies lässt sich nur durch die verantwortungsvolle Nutzung moderner Technologien realisieren, zu denen aber auch die Kleinbauern in Entwicklungsländern Zugang haben müssen z. B. durch den Bezug entsprechenden Saatgutes. Die Auswirkungen der zuvor beschriebenen Revolutionen im Pflanzenbau sollten uns hier hoffnungsvoll stimmen.

Konkurrierende Nutzungen wie die Verwendung von Nahrungs- und Futterpflanzen für technische Zwecke und zur Energiegewinnung tragen allerdings zu einer Verschärfung des Versorgungsproblems bei. So geht ein Großteil der Mais- und Weizenernte weltweit wichtiger Nahrungsmittelexporteure wie USA, Kanada und Brasilien bereits als nachwachsende Rohstoffe in die Energiegewinnung mit der Folge drastisch gestiegener Lebensmittelpreise. Auch hier ist ein Umdenken erforderlich.

Literatur

Bomblies, K., Lukens, L., and Doebley, J. F.: The origin of the naked grains of maize. Nature *436*, 714 (2005)

Hedden, P.: Green revolution genes. Plant Physiol. Essay *20*, 2 (2005)

Herrera-Estrella, L., Depicker, A., van Montagu, M., and Schell, J.: Expression of chimaeric genes transferred into plant cells using a Ti-plasmid-derived vector. Nature *303*, 209 (1983)

Heun, M., Schaefer-Pregl, R., Klawan, D., Castagna, R., Acerbi, M., Borghi, B., and Salamini, F.: Site of Einkorn wheat domestication identification by DNA fingerprinting. Science *278*, 1312 (1997)

Katalog zur Ausstellung: Vor 12 000 Jahren in Anatolien „Die ältesten Monumente der Menschheit". Karlsruhe (2007)

Kershen, D. L.: Health and food safety: The benefits of Bt-corn. Food and Drug Law Journal *61*/2, 197 (2006)

Kilian, B., Özkan, H., Walther, A., Kohl, J., Dagan, T., Salamini, F., and Martin, W.: Molecular diversity at 18 loci in 321 wild and 92 domesticate lines reveal no reduction of nucleotide diversity during Triticum monococcum (Einkorn) domestication: Implications for the origin of agriculture. Mol. Biol. Evol. *24*, 2657 (2007)

Saedler, H.: Budo und die Revolutionen. WiS Begierig Heft 1 (Mai 2011). Köln: WissenschaftsScheune, Max-Planck-Institut für Pflanzenzüchtungsforschung 2011a

Saedler, H.: Mais – Pflanze der Götter. WiS Begierig Heft 2 (Juli 2011). Köln: Max-Planck-Institut für Pflanzenzüchtungsforschung 2011b (verändert nach www.facebook.com/pages/Fruchtbarer-Halbmond/107640965925381)

Wang, H., Nussbaum-Wagler, T., Li, B., Zhao, Q., Vigouroux, Y., Faller, M. Bomblies, K., Lukens, L., and Doebley, J. F.: The origin of the naked grains of maize. Nature *436*, 714 (2005)

Prof. Dr. Heinz Saedler
Dr. Wolfgang Schuchert
Max-Planck-Institut für Pflanzenzüchtungsforschung
WissenschaftsScheune
Carl-von Linné-Weg 10
50829 Köln
Bundesrepublik Deutschland
Tel: +49 221 5062101
Fax: +49 221 5062113
E-Mail: heinz.saedler@wissenschaftsscheune.de

Grenzen des Lebens

Nova Acta Leopoldina NF *116*, Nr. 394, 219–240 (2012)

Leben an der obersten Temperaturgrenze

Karl Otto STETTER ML (Regensburg)

Mit 20 Abbildungen und 1 Tabelle

Zusammenfassung

Flüssiges Wasser enthaltende heiße Gebiete der Erde beinhalten Gemeinschaften extrem Hitze liebender (hyperthermophiler) Archaeen und Bakterien, die sich bei Temperaturen von 80–106 °C optimal vermehren. Vertreter der Gattungen *Pyrodictium*, *Methanopyrus* und *Pyrolobus* zeigen eine oberste Wachstumstemperatur von 110 bzw. 113 °C und repräsentieren damit die oberste Temperaturgrenze von Leben. Einige Arten überleben sogar stundenlanges Autoklavieren bei 121 °C. In den Ansprüchen ihres meist anaeroben Energiestoffwechsels erweisen sich Hyperthermophile als äußerst flexibel, wobei Wasserstoffgas, Schwefel-, Eisen- und Stickstoffverbindungen sowie organisches Material als Energiequellen dienen können. Entwicklungsgeschichtlich handelt es sich um die Vertreter aller kurzen, tief abzweigenden Äste der Bakterien und Archaeen im molekularen (16S rRNA-)Stammbaum des Lebens nahe des letzten gemeinsamen Vorfahren, so dass es sehr wahrscheinlich ist, dass auch dieser hyperthermophil war. Die tiefsten phylogenetischen Äste im Stammbaum innerhalb der Archaeen sind von den (hyperthermophilen) Vertretern der Nanoarchaeota und Korarchaeota besetzt. Erstere bestehen aus Minikokken mit einem Durchmesser von nur 0,4 μm, die zur Vermehrung einen Wirt benötigen. Mit lediglich 490 885 bp besitzt *Nanoarchaeum equitans* eines der kleinsten Genome lebender Zellen. *Korarchaeum cryptofilum*, der erste kultivierte Vertreter des zweiten Astes, besteht aus ultra-dünnen, fadenförmigen Zellen mit einem Durchmesser von nur 0,16 μm. Die einzigartige Zusammensetzung ihres Genoms lässt vermuten, dass diese Gruppe schon sehr früh von den beiden Hauptlinien der Archaeen abgezweigt ist.

Abstract

On Earth, liquid water-containing hot environments harbour communities of extreme heat-loving (hyperthermophilic) Archaea and Bacteria, which grow optimally at temperatures of 80–106 °C. Members of the genera *Pyrodictium*, *Methanopyrus* and *Pyrolobus* exhibit an upper temperature border of growth of 110 and 113 °C respectively. Therefore, they represent the upper temperature border of life. Several species survive even autoclaving at 121 °C for hours. In their energy metabolism hyperthermophiles are extremely flexible. Hydrogen gas and sulphur-, nitrogen- and iron-compounds and organic matter may serve as energy sources in their mostly anaerobic metabolism. Within the molecular (16S rRNA-based) phylogenetic tree of life, hyperthermophilicArchaea and Bacteria cover all the deep and short branches close to the last common ancestor. Therefore, most likely this may have been a hyperthermophile, too. The deepest archaeal phylogenetic branches in the tree of life are occupied by the (hyperthermophilic) members of the Nanoarchaeota and Korarchaeota. The first ones consist of mini-cocci, only 0.4 μm in diameter. For propagation, the Nanoarchaeota require a host. With only 490,885 bp, *Nanoarchaeum equitans* harbours one of the smallest genomes of a living cell. *Korarchaeum cryptofilum*, the first cultivated member of the second branch, consists of ultra-thin, thread-like cells, only 0.16 μm in diameter. The unique composition of its genome suggests a very early branching point from the two major lineages of Archaea.

1. Einführung

Auf der heutigen Erde kennt man hauptsächlich Lebensformen, die an gemäßigte Umgebungstemperaturen von etwa 15 bis 45 °C angepasst sind. Dies gilt auch für die kleinsten Lebensformen, die Bakterien inklusive der Endosporenbildner (z. B. *Clostridium tetani*, der Tetanus-Erreger), deren Dauerformen widrige Umstände wie Trockenheit und Hitze im Ruhezustand überstehen können. Hitzeliebende (thermophile) Mikroorganismen sind schon lange bekannt, beispielsweise Bakterien aus Kompost und heißen Quellen. So berichtete der Breslauer Naturforscher Ferdinand Cohn bereits 1862 von Cyanobakterien, die in Karlsbader Sprudelsintern bei 55 °C grüne Überzüge bildeten. Louis Pasteur konnte zeigen, dass wachsende Bakterien des menschlichen Lebensraumes durch Erhitzen auf 80 °C und darüber (z. B.: 5 s, 100 °C) sicher abgetötet werden. Die Pasteurisierung beruht auf dieser Erkenntnis und ist heute ein Standardverfahren der Lebensmittelkonservierung. In den letzten Jahrzehnten wurden jedoch bei Mikroben immer höhere Wachstumstemperaturen beobachtet. Erstmals wurden Organismen kultiviert, die sich optimal, d. h. am schnellsten, bei 80 °C und höher vermehren, manche sogar bei über 100 °C, dem regulären Siedepunkt von Wasser, und die nunmehr als hyperthermophil bezeichnet werden (Stetter 1982, 1989, 2011). Hyperthermophile sind in ihrer heißen Umgebung sehr häufig. Vergleicht man die Wachstumsbedingungen dieser heutigen Hyperthermophilen mit den Bedingungen auf der Urerde vor 3,9 Milliarden Jahren (Abb. 1), so könnten ähnliche Organismen bereits damals existiert haben. In dieser Phase war es auf der Erde viel heißer als heute, da ihre Kruste noch viel dünner war. Der Mond war noch sehr nahe, so dass es in den Urozeanen gewaltige Gezeitenunterschiede gab. Häufige Meteoriteneinschläge heizten die Oberfläche zusätzlich auf und wirkten als Katapulte, die einen Stoffaustausch mit anderen Planeten und Monden des heißen frühen Sonnensystems ermöglichten. Die Atmosphäre enthielt praktisch noch keinen Sauerstoff, war dafür aber reich an Gasen wie Stickstoff, Kohlendioxid, Schwefeldioxid, Schwefelwasserstoff und Wasserstoff.

Abb. 1 Rekonstruktion der Urerde vor 3,9 Milliarden Jahren. – Mit freundlicher Genehmigung von Dr. C. P. McKay, Space Science Division, NASA Ames Research Center, Moffett Field, CA, USA

2. Erste Spuren von Leben

Die ersten Lebensspuren auf der Erde reichen zurück ins frühe Archaikum. Mikroschliffe von 3,46 Milliarden Jahren alten Gesteinsschichten des Apex-Cherts der Warrawoona-Gruppe (Chinaman Creek, West-Australien) zeigen Mikrostrukturen mit einer gewissen Ähnlichkeit zu heutigen filamentösen Cyanobakterien, die als Indiz für eine bereits damals stattgefundene Photosynthese gewertet wurden (Schopf et al. 1987). In letzter Zeit wurde der biologische Ursprung dieser Mikrostrukturen jedoch sehr stark angezweifelt. Neuere Untersuchungen zeigen dagegen, dass es sich bei den entsprechenden Gesteinsschichten um die Überreste eines der ältesten bekannten submarinen Hydrothermalsysteme unserer Erde handelt. Darin enthaltener (nunmehr graphitischer) Kohlenstoff weist eine deutliche Diskriminierung des Isotops ^{13}C auf, die auf einen biologischen Beitrag, wahrscheinlich durch frühe hyperthermophile Prokaryoten, deren Gestalt nicht erhalten blieb, hindeutet (Brasier et al. 2002). Noch ältere Kohlenstoffisotopen-Fraktionierungen wurden in den 3,8 Milliarden Jahre alten, hydrothermal beeinflussten, stark metamorphisierten Gesteinen der Isua-Stufe, West-Grönland, gefunden (Schidlowski 1988). Graphitpartikel aus angereichertem leichten Kohlenstoff, deren $\delta^{13}C$-Wert mit –18 ‰ bestimmt wurde, könnten somit möglicherweise bereits Lebensspuren aus der Zeit gegen des Endes des großen Meteoritenbombardements darstellen, so dass es denkbar ist, dass damals mikrobenhaltiges Material zwischen den Planeten des Sonnensystems ausgetauscht wurde.

3. Biotope der Hyperthermophilen

Hyperthermophile leben heute hauptsächlich in terrestrischen und submarinen heißen Vulkangebieten, aber nicht ausschließlich dort. Auf dem Festland gibt es, auf der ganzen Erde verteilt, die Solfatarengebiete, in denen aus unterirdischen Magmakammern Wasserdampf und heiße Gase wie Kohlendioxid, Kohlenmonoxid, Wasserstoff, Schwefelwasserstoff und Schwefeldioxid, die potenzielle Nährstoffe darstellen, entweichen und die Oberfläche oft bis zum Siedepunkt von Wasser erhitzen. Solfatarenfelder sind in der Regel sauer (pH 0,5 bis pH 6). Die Gesteine werden ausgelaugt und zersetzen sich, so dass kochende Schlammlöcher entstehen, wie es beispielsweise im Krafla-Gebiet in Nordisland der Fall ist. Als Wolfram Zillig und ich am Beginn unserer Hochtemperatur-Mikrobenforschung vor etwa 30 Jahren dort Proben nahmen, stand unmittelbar ein vulkanischer Ausbruch bevor (Abb. 2). Acht Jahre zuvor hatte der amerikanische Mikrobiologe Thomas Brock im Yellowstone-Nationalpark mit *Sulfolobus* bereits eine aerobe Mikrobe beschrieben, die sich erstmals bei Temperaturen von bis zu 75 °C vermehrte (Brock et al. 1972). Damals galt die feste Meinung, dass ein derartig extrem thermophiler Organismus nur aufgrund der Sauerstoffatmung mit ihrer sehr hohen Energieausbeute existieren konnte, um damit erfolgreich gegen die Hitzedenaturierung anzukämpfen. Aufgrund seiner sehr hohen Wachstumstemperatur galt *Sulfolobus* damals als Kuriosität und große Ausnahme unter den Mikroorganismen. Die Anwendung des Sauerstoffindikators Resazurin in heißen Quellen Islands ergab jedoch, dass diese oft anaerob waren. Mit Hilfe eines Feldmikroskops konnten wir feststellen, dass sie in sehr hohen Konzentrationen (bis zu 10^7 Zellen/Gramm Schlamm) eine Vielzahl von unbekannten Organismen, beispielsweise große, bis 200 μm lange, geweihartig verzweigte Zellen (Abb. 3), enthielten, die sich offensichtlich im anaeroben kochenden Schlamm vermehrt hatten. Wie sich später bei Kulturversuchen im Labor herausstellte, hatten diese eine strikt anaerobe Lebensweise und zeigten dazu eine um 20 °C höhere obere Temperaturgrenze ihres Wachstums als der aerobe *Sulfolobus*! Aufgrund ihrer vielfältigen Formen haben wir später diese neue Ordnung von Organismen als *Thermoproteales* beschrieben (ZILLIG et al. 1981). In Nordalaska gibt es Hyperthermophile in 4000 m Gesteinstiefe in den Öllagerstätten an der Prudhoe Bay (Abb. 4). Unter einer 400 m dicken Permafrostschicht, die an den heutigen Mars erinnert, ergibt sich, hauptsächlich durch den natürlichen radioaktiven Zerfall, aber auch durch Wärmeleitung aus der Tiefe, ein Hitzestau, so dass die Temperaturen der Lagerstätten in 3000 bis 4000 m Tiefe 80 bis 100 °C betragen. Wir konnten Proben an den dortigen Ölbrunnen nehmen, in denen sich erstaunlicher Weise eine Vielzahl verschiedener Hochtemperaturmikroben befanden, die die heißen Tiefengesteine besiedeln und unfähig sind, sich bei den gemäßigten Oberflächentemperaturen zu vermehren (STETTER et al. 1993). Ähnliche Resultate erhielten wir von auf der Thistle-α-Ölplattform gezogenen Proben von Nordseeöl, die bis zu 10 Millionen kultivierbare Zellen hyperthermophiler Mikroorganismen pro Liter enthielten.

Abb. 2 Riesige Fumarole im Krafla-Solfatarengebiet, Nordisland. Drei Tage später erfolgte hier eine vulkanische Spalteneruption.

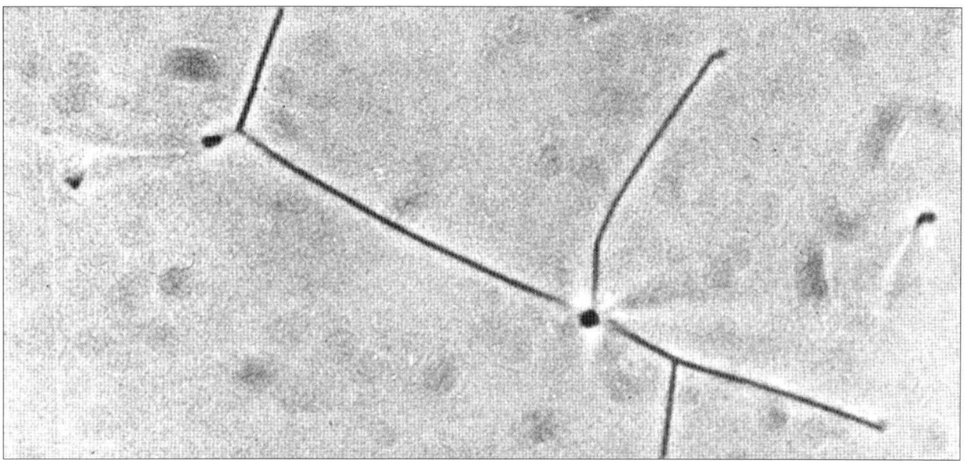

Abb. 3 Verzweigte Zelle der Gattung *Thermoproteus*. Phasenkontrast-lichtmikroskopische Aufnahme

Abb. 4 Bohrturm und Ölbrunnen auf Permafrostboden. North Slope, Prudhoe Bay, Beaufort Meer (Nordalaska)

Auch in untermeerischen Vulkangebieten gibt es aktiven Vulkanismus, wobei man in seichten, küstennahen Zonen submarine Solfatarenfelder und heiße Gasausbrüche (Fumarolen) findet, beispielsweise die leicht zugänglichen Stellen bei Porto di Levante vor der Insel Vulcano, Äolische Inseln, Italien (Abb. 5). Vor 30 Jahren begann ich während eines Urlaubs mit meiner Familie, in den dortigen heißen Unterwasserfumarolen nach Hyperthermophilen zu suchen, die möglicherweise unter dem erhöhten Druck am Meeresboden bei über 100 °C leben (10 m Wassersäule erhöhen den Siedepunkt von Wasser von 100 auf 121 °C). Die entnommenen Proben enthielten tatsächlich Leben. Bei Inkubierung im Labor bei 100 °C in Gegenwart von H_2, S^0 und CO_2 entwickelte sich H_2S, und spinnwebartige Gebilde bedeckten den Schwefel. Wie sich später herausstellte, hatte dieser neuartige Organismus in seiner Energie bildenden Stoffwechselreaktion S^0 zu H_2S reduziert. Im Elektronenmikroskop zeigten sich scheibenförmige Zellen (Abb. 6), die mit einem Netzwerk von hohlen Röhrchen mit 17 nm Durchmesser verbunden waren, aus Glykoprotein bestehen und unter Laborbedingungen bis 140 °C hitzestabil waren. Die Organismen waren Vertreter der neuen Gattung *Pyrodictium* und vermehrten sich im Labor bei Temperaturen von 85–110 °C (Optimum bei 105 °C; unter erhöhtem Druck) (Stetter 1982, Stetter et al. 1983).

Abb. 5 Probenahme mit Injektionsspritze am Flachwasser-Hydrothermalsystem bei Porto di Levante (Vulcano). Heißwasser und Gase dringen aus einer Öffnung im vulkanischen Gestein.

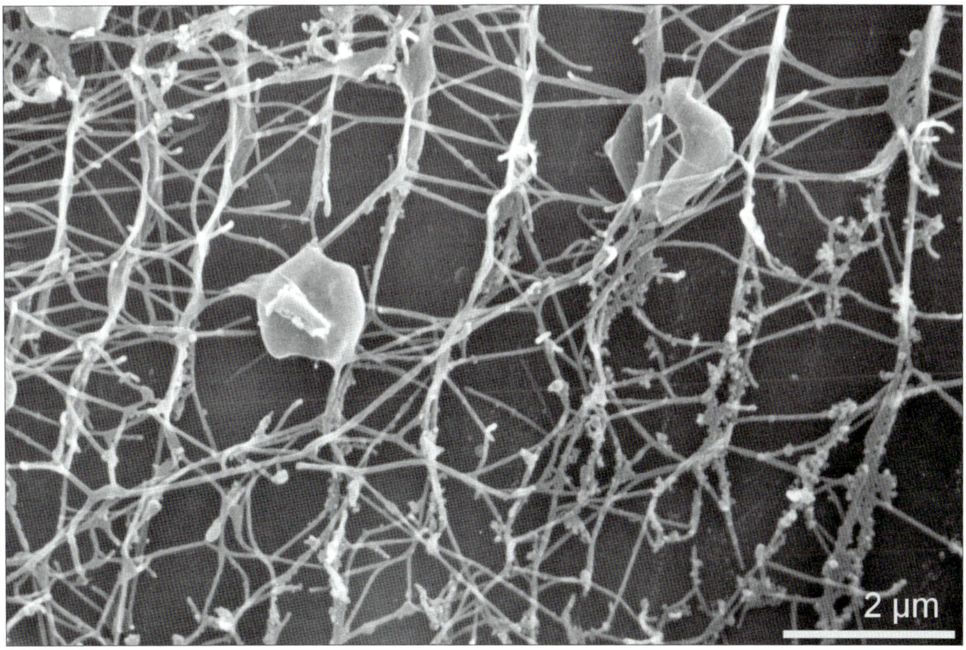

Abb. 6 *Pyrodictium abyssi*, scheibenförmige Zellen mit Netzwerk aus hohlen Röhrchen. Das Netzwerk bildet makroskopisch sichtbare Flocken bis zu etwa 5 cm Durchmesser. Rasterelektronenmikroskopische Aufnahme.

Am eindrucksvollsten sind die heißen Tiefseebiotope. Wir konnten feststellen, dass das heiße, wasserhaltige Gestein von aktiven Tiefseevulkanen (Abb. 7) hyperthermophile Mikroorganismen beherbergt, die bei Ausbrüchen in hoher Konzentration ins kalte Meerwasser freigesetzt (HUBER et al. 1990) und von Strömungen verbreitet werden. An den tektonischen Bruchzonen der Tiefsee treten bis 400 °C heiße Fluide aus. Sie werden im 3 °C kalten Tiefseemeerwasser abgekühlt, wobei ihre hohe Mineralienfracht zum größten Teil augenblicklich präzipitiert, was ein rauchartiges Erscheinungsbild ergibt und zum Aufbau knorriger Kaminstrukturen führt (Abb. 8), die als „Schwarze Raucher" bezeichnet werden. Neben den häufigen kaminförmigen „Rauchern" fanden wir auch bienenkorbförmige „Raucher" am Mittelatlantischen Rücken in 4000 m Tiefe, denen Fluide mit Temperaturen von 300 bis 400 °C entströmen (Abb. 9).

Abb. 7 Gipfel des aktiven Unterwasservulkans Teahicya in 1500 m Tiefe mit stark eisenhaltigem Hydrothermalsystem, kurz nach einem Ausbruch (Franz. Polynesien). Aufnahme aus dem französischen Tieftauchboot *Cyana*.

Abb. 8 „Schwarze Raucher" (*black smoker*) am Ostpazifischen Rücken (21 °N) in ca. 2800 m Tiefe. Aufnahme aus dem amerikanischen Tieftauchboot *Alvin*.

Abb. 9 Probenahme an einem „Bienenkorb"-Raucher (*„beehive" smoker*) in 4200 m Tiefe, „TAG-Site", 26 °N, Mittelatlantischer Rücken. Im Vordergrund der Titangreifer zur Entnahme von Gesteinsproben. Im Hintergrund ein Schwarm des (mesophilen) augenlosen Krebses *Rimicaris exoculata*. Aufnahme aus dem amerikanischen Tieftauchboot *Alvin*.

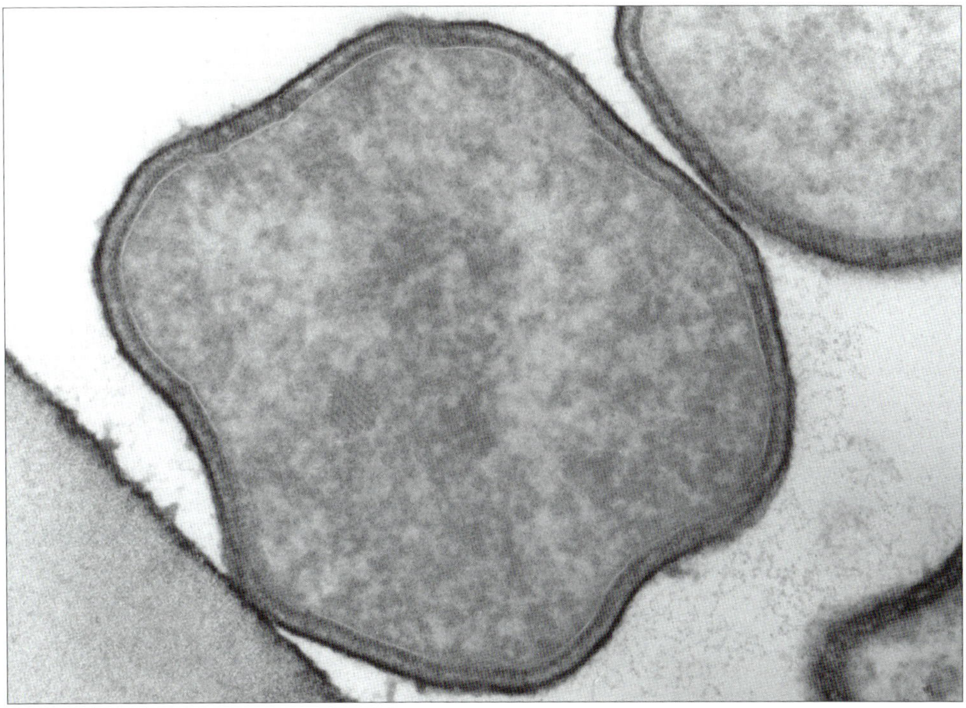

Abb. 10 *Pyrolobus fumarii*, „lappige" Zelle. Zellwand aus Glykoproteinuntereinheiten. Ultradünnschnitt nach Gefriersubstitution; elektronenmikroskopische Aufnahme.

Die aufsteigenden Fluide sind natürlich viel zu heiß, als dass in ihnen Mikroben wachsen könnten. In den porösen Wänden der Kamine finden wir jedoch sehr steile Temperaturgradienten und dadurch auch geeignete Zonen für Hyperthermophile. In Proben von einem „Bienenkorb-Raucher" haben wir mit *Pyrolobus fumarii* einen der extremsten hyperthermophilen Organismen gefunden. Seine Zellwand ist von einer Hülle aus Glykoprotein-Untereinheiten umgeben (Abb. 10), und er vermehrt sich bei Temperaturen von 90 bis 113 °C (Blöchl et al. 1997).

4. Phylogenie hyperthermophiler Mikroorganismen

Angesichts ihrer schon seit Urzeiten existierenden Biotope erscheint die Frage nach der Abstammung, also den phylogenetischen Beziehungen der Hyperthermophilen, besonders interessant. In neuerer Zeit wurde von dem amerikanischen Molekulargenetiker Carl Woese eine molekulare Technik entwickelt, um die Abstammungsgeschichte der Lebewesen, insbesondere der Mikroorganismen, zu erforschen (Woese und Fox 1977, Woese et al. 1990). Das Ribosom, die universelle Proteinsynthesemaschine, besteht aus einer großen und einer kleinen Untereinheit. Letztere enthält die 16S rRNA, die bei Prokaryoten aus ca. 1500 Basen besteht. Als für die Proteinsynthese am Ribosom essentielles Element ist dieses Molekül sehr konservativ, sodass lediglich ca. 300 Basen variabel sind. Eukaryoten besitzen die etwas größere 18S rRNA, deren größter Teil zur 16S rRNA homolog ist. Basierend auf diesen universell vorkommenden Sequenzen entwickelte Woese den ersten umfassenden Stammbaum des Lebens (Abb. 11; Woese et al. 1990). Woese konnte zeigen, dass es neben den Bakterien und den Eukaryoten eine dritte Domäne gibt, nämlich die Archaeen, die molekular sogar näher zu den Eukaryoten (also mit unseren Vorfahren) als zu den Bakterien verwandt sind. Dies ist eine zwar grundsätzliche, aber noch sehr grobe Einteilungsmethode, die beispielsweise der Sonderstellung des Menschen innerhalb der Eukaryoten nicht gerecht wird. Tiefe Verzweigungspunkte im Baum deuten auf eine entwicklungsgeschichtlich sehr frühe Abtrennung der entsprechenden Linie hin. Die Astlänge, die sich aus vielfältigen Sequenzvergleichen ergibt, liefert einen Hinweis auf die Evolutionsgeschwindigkeit in der Geschichte der entsprechenden Entwicklungslinie: Lange Äste weisen auf eine rasche Evolution, kurze Äste auf eine langsame Evolution hin. Die Wurzel stellt den letzten gemeinsamen Vorfahren alles heutigen Lebens, nicht jedoch den Ursprung des Lebens, dar. Die Hyperthermophilen sind in einem Block um die Wurzel des Stammbaums herum angeordnet (rote dicke Linien), sodass man vermuten kann, dass der letzte gemeinsame Vorfahr hyperthermophil war, was sehr gut zu den Gegebenheiten auf der Urerde passt.

Die Archaeen bestehen aus mindestens zwei Reichen, den Crenarchaeota (früher: „Schwefelstoffwechsler-Ast") und den Euryarchaeota (früher: „Methanogenen-Halophilen-Ast"). Möglicherweise existieren noch weitere Reiche, wie die Nanoarchaeota und die Korarchaeota. Sie repräsentieren jedoch so tiefe Abzweigungen im Stammbaum, dass die Information aus dem relativ kleinen Anteil variabler Basen der 16S rRNA nicht ausreicht, um den Abzweigungspunkt exakt zu ermitteln.

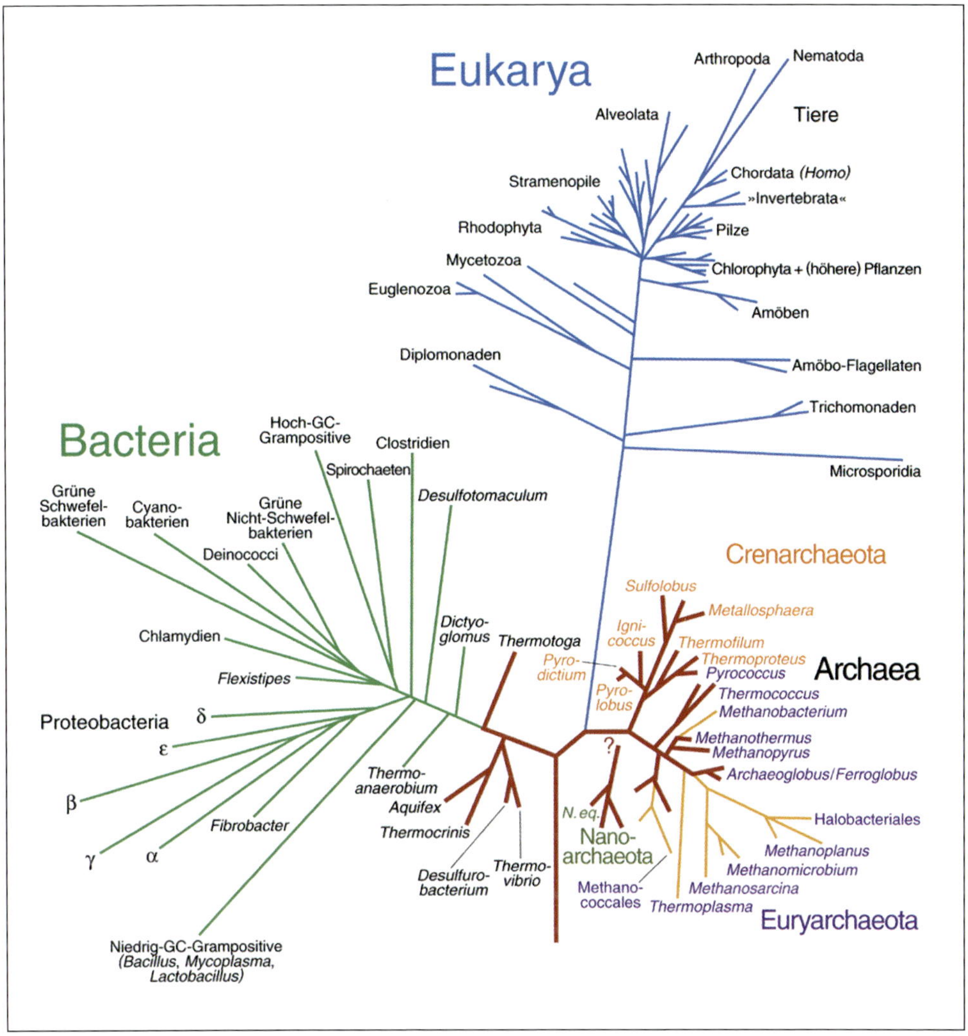

Abb. 11 Universeller Stammbaum des Lebens, basierend auf Sequenzvergleichen der 16(18)S rRNA. Die dicken, rot hervorgehobenen Äste sind von hyperthermophilen Archaeen und Bakterien besetzt (Woese et al. 1990).

5. Probenahme und Kultivierung im Laboratorium

Zur Erforschung ihrer Wachstumsansprüche und ihres Stoffwechsels ist es notwendig, die Hyperthermophilen im Labor in Reinkultur zu züchten. Zunächst werden hierzu aus den Biotopen Proben von heißen Schlämmen, Böden, Erzkaminen und Wässern genommen und in Fläschchen fest verschlossen. Der bei der Probenahme unweigerlich aus der Umgebung eindringende Sauerstoff wird sofort durch Zusatz von Chemikalien (z. B. Natriumsulfid) reduziert. Der Transport der Proben ins Labor erfolgt möglichst schnell und bei den relativ niedrigen Umgebungstemperaturen, wobei Hyperthermophile in eine Art „Kältestarre" verfallen und überleben. Dagegen überleben Hyperthermophile in aufgeheizten Proben nur wenige Stunden, da die im Biotop vorhandenen Nährstoffe, beispielsweise vulkanische Gase, rasch verbraucht werden und dann fehlen. Im Labor werden die O_2-freien Proben unter Schutzgas geöffnet, und es werden Nährmedien hergestellt, die die ursprüngliche natürliche Umgebung der Probe bestmöglich simulieren (z. B. Meerwasser, Mineralwasser). Da die „Menükarte" der anzureichernden Organismen unbekannt ist, werden verschiedenste mögliche anorganische und organische Energiequellen in die Nährmedien gegeben. Anschließend werden die Fläschchen jeweils mit etwa einem Gramm Probe, die die unbekannten Organismen enthält, versetzt. Nach Verschließen werden die Fläschchen auf hohe Temperaturen (z. B. 80 bis 110 °C) aufgeheizt und für mehrere Tage inkubiert, um eine Zellvermehrung zu ermöglichen. Positive Anreicherungskulturen enthalten meist Gemische von verschiedenen Organismen, die erst vereinzelt werden müssen. Reinkulturen erhalten wir neuerdings direkt aus Einzelzellen, die wir unter dem Mikroskop mit der Infrarotlaser-„Pinzette" selektieren (Huber et al. 1995). Für chemische Untersuchungen in größerem Stil werden meist mehrere Gramm Zellmasse benötigt. Ein Gramm Zellmasse entspricht etwa tausend Milliarden Zellen (10^{12}) und ist in einem Liter gut gewachsener Kultur enthalten. Zur Gewinnung von größeren Zellmassen besitzen wir in Regensburg die modernste Fermentationsanlage zur Anzucht von Hyperthermophilen. Dieses Biotechnikum besteht derzeit aus neun Kulturgefäßen (Fermentern) aus Titan und emailliertem Stahl mit einer Gesamtkapazität von mehr als 1200 l, in denen die natürlichen vulkanischen Lebensräume der Hyperthermophilen simuliert werden (Abb. 12).

Abb. 12 Biotechnikum an der Universität Regensburg. Teilansicht mit vier Spezialfermentern zur Züchtung von Hyperthermophilen

6. Lebensweise der Hyperthermophilen

Viele Hyperthermophile sind chemolithoautotroph, d. h., sie benutzen CO_2 als alleinige Kohlenstoffquelle, um ihre Zellsubstanz aufzubauen und aus Paaren anorganischer Redoxreaktionen Energie zu gewinnen. Wasserstoff stellt hierbei in der Regel die zentrale Energiequelle (d. h. den zentralen Elektronendonator) dar (Abb. 13). Vulkangase enthalten bis zu 25 % Wasserstoff. Daneben können auch beispielsweise reduzierte Schwefelverbindungen oxidiert werden. Auf der anderen Seite stehen verschiedene Elektronenakzeptoren zur Verfügung. Meist finden derartige Redoxreaktionen im Anaeroben statt, Sauerstoff als Partner bei der gewöhnlichen Atmung stellt nur einen Spezialfall möglicher weiterer Elektronenakzeptoren dar: CO_2 bei der Methanogenese, dreiwertige Eisenionen bei der Magnetitbildung, Schwefel, Thiosulfat oder Sulfat bei der H_2S-Bildung und Nitrat und Nitrit bei der Stickstoff- bzw. Ammoniakbildung (Huber et al. 2000). Wenn überhaupt, wird Sauerstoff nur in Spuren verwendet. Außer CO_2 und chemischen Redoxpaaren benötigen Hyperthermophile meist lediglich Hitze, Spurenelemente und flüssiges Wasser für das Wachstum. Sie könnten somit selbst noch heute beispielsweise in der Tiefe des Mars oder von anderen Planeten und Monden mit lebensfeindlicher Oberfläche leben, falls es dort flüssiges Wasser und entsprechende Redoxpaare gibt.

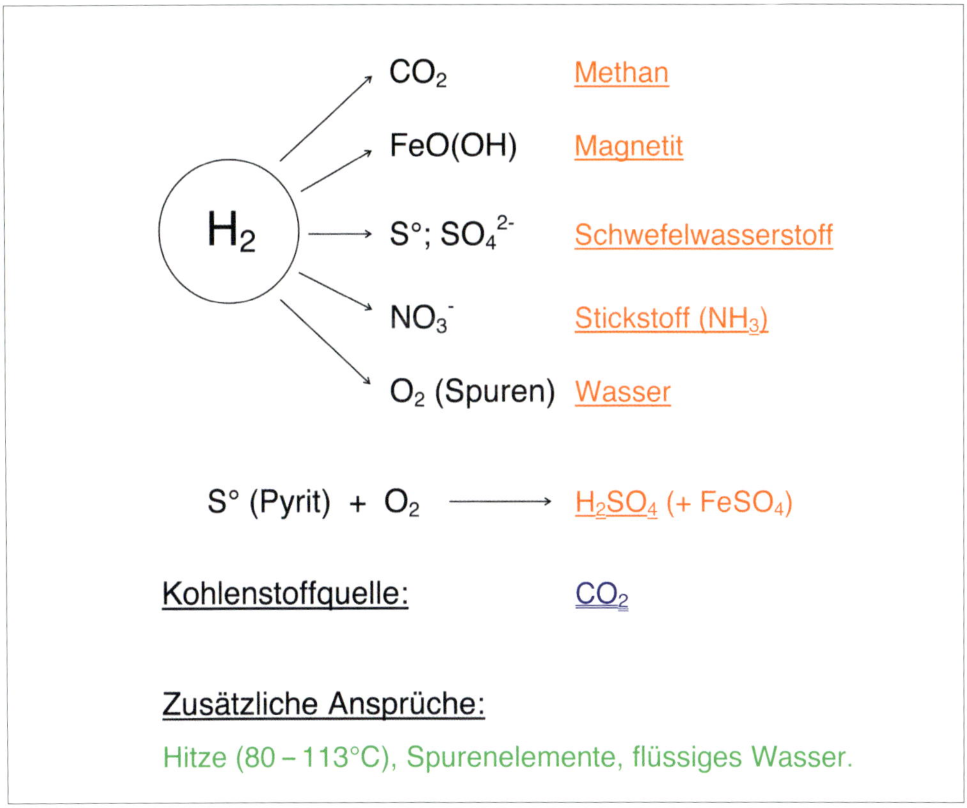

Abb. 13 Energiebildende Stoffwechselreaktionen chemolithoautotropher Hyperthermophiler, schematisch. Endprodukte rot hervorgehoben.

Ein Organismus verfolgt aber meist nicht nur einen Stoffwechselweg zur Energiebildung, sondern die Hyperthermophilen sind oft sehr flexibel und können vieles, wenn auch vielleicht nicht so gut wie spezialisierte Bakterien. Der in Solfatarenfeldern vorkommende *Acidianus* beispielsweise ist in der Lage, Pyrit zu Schwefelsäure zu oxidieren, wobei das Eisen in Lösung geht, ein Prozess, der bei industrieller Erzlaugung ausgenutzt wird. Der gleiche Organismus kann aber auch Schwefel oder Thiosulfat oxidieren und mit Wasserstoff die Knallgasreaktion durchführen. Wenn in der Tiefe der vulkanischen Solfatarenfelder überhaupt kein Sauerstoff mehr verfügbar ist, kann *Acidianus* sogar Schwefel oder Thiosulfat mit Hilfe von Wasserstoff zu H_2S reduzieren. In den heißen wasserhaltigen Gebieten unserer Erde laufen geschlossene biologische Stoffkreisläufe ab, die auf der Existenz komplexer hyperthermophiler Lebensgemeinschaften beruhen (STETTER 1997). So wird beispielsweise beim Schwefelkreislauf von verschiedenen hyperthermophilen Organismen Sulfid zu Sulfat oxidiert und umgekehrt Sulfat zu Sulfid wieder reduziert.

Die physiologischen Ansprüche der Hyperthermophilen sind den heißen Lebensräumen angepasst. So verschieden die Organismen auch sind, der Unterschied zwischen Temperaturunter- und -obergrenze des Wachstums beträgt in der Regel ca. 25 bis 30 °C, ähnlich wie bei *E. coli* und anderen mesophilen Bakterien. *Acidianus infernus* z. B. wächst zwischen 60 und 95 °C, bei einem Optimum von 88 °C. Das mag verschiedene Ursachen haben, insbesondere die Konformation und Stabilität von Zellkomponenten. Vertreter der Gattungen *Acidianus* und *Sulfolobus* sind thermoacidophil, d. h., sie wachsen am besten im sauren Heißen. Wie alle Archaeen besitzen diese anstatt der bei Bakterien und Eukaryoten üblichen Membranen aus Fettsäureestern solche aus Phytanylätherlipiden in verschiedenen Variationen (KATES 1993). Das Phytol ist veräthert mit Glycerin, und diese Ätherbindung ist wesentlich stabiler gegen Hydrolyse als die Esterbindung. Mehrere hyperthermophile Archaeen sind buchstäblich „kochfest" oder sogar gegen noch höhere Temperaturen resistent, so dass sie bei maximalen Temperaturen von bis zu 113 °C wachsen. Da keine „Wärmeisolierung" möglich ist, müssen alle Zellkomponenten der Hyperthermophilen entsprechend hitzestabil sein. Die α-Amylase von *Pyrococcus woesei* wurde *in vitro* in Pufferlösung inkubiert und erwies sich bei 100 °C über 6 Stunden als völlig stabil; selbst bei 120 °C sind nach 6 Stunden immer noch über 20 % der Ausgangsaktivität vorhanden (KOCH et al. 1991). Hieraus ergeben sich vielfältige Anwendungsmöglichkeiten, selbst als technische Katalysatoren. Der hyperthermophile archaeelle Methangasbildner *Methanopyrus kandleri*, den wir aus einem „Schwarzen Raucher" isolieren konnten, ist dermaßen an hohe Temperaturen angepasst, dass seine stäbchenförmigen Zellen unter 85 °C nicht vermehrungsfähig sind (Abb. 14, KURR et al. 1991). Seine schnellste Wachstumsgeschwindigkeit liegt zwischen 95 und 100 °C, die oberste Temperaturgrenze des Wachstums bei 110 °C (Abb. 15). *Methanopyrus kandleri* zeigt, dass biogenes Methan sogar bei über 100 °C entstehen kann.

Bei der Energie bildenden Reaktion $4\ H_2 + CO_2 \rightarrow CH_4 + 2\ H_2O$ werden 5 Mol Gas zu 1 Mol Methan umgewandelt (+ 36 ml Wasser), d. h., diese Reaktion zeigt ein stark negatives Reaktionsvolumen. Sie läuft deshalb bei Überdruck, beispielsweise in der Tiefsee, stark beschleunigt ab. Kürzlich wurde ein weiteres Tiefseeisolat von *Methanopyrus kandleri* isoliert, das unter Hochdruckbedingungen im Labor bei 200 bar (entspricht 2000 m Tiefe) am schnellsten sogar bei 116 °C wachsen und eine Temperaturobergrenze des Wachstums bei 122 °C zeigen soll (TAKAI et al. 2008), was allerdings bis jetzt noch nicht von anderen Labors bestätigt wurde.

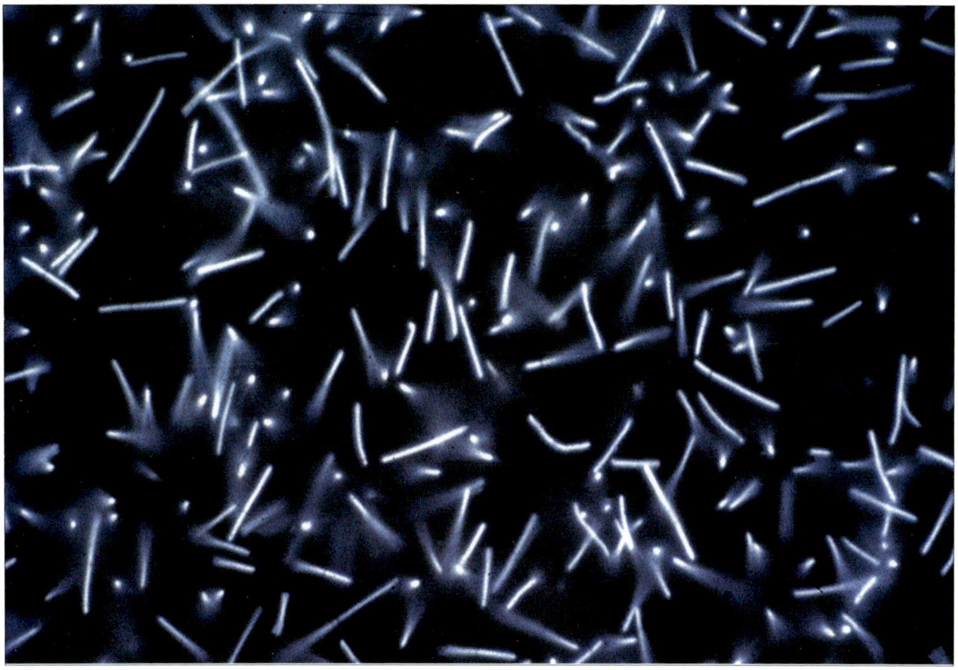

Abb. 14 *Methanopyrus kandleri*, fluoreszierende Stäbchen. UV-Mikroskop, 420 nm

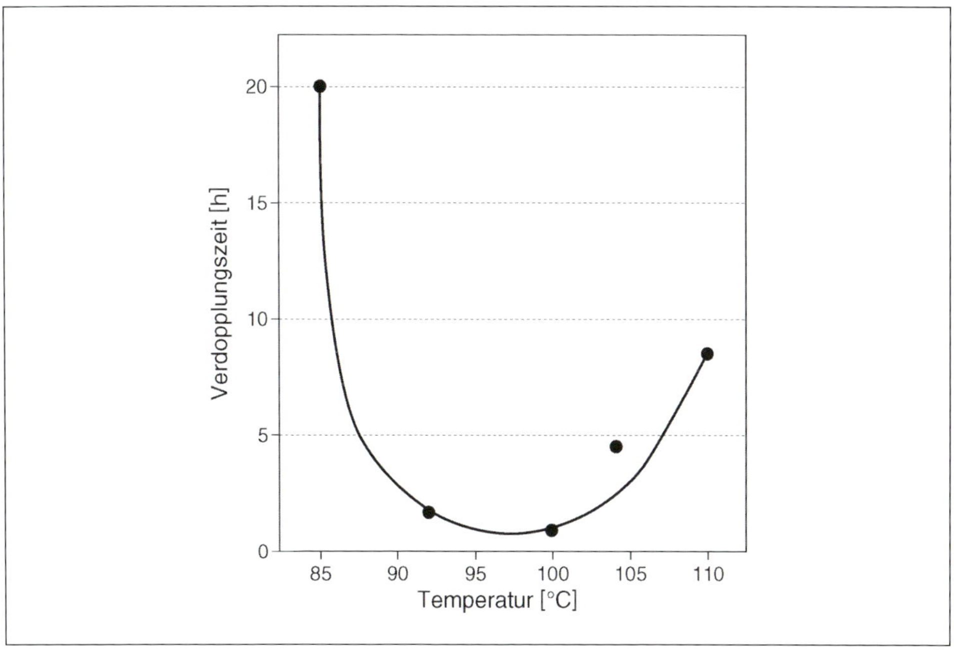

Abb. 15 Vermehrung von *Methanopyrus kandleri* bei unterschiedlichen Temperaturen. Verdopplungszeit (in Stunden) in Abhängigkeit von der Wachstumstemperatur (in °C)

7. Nanoarchaeota

Aus einem submarinen Hydrothermalsystem des Kolbeinsey-Rückens nördlich von Island konnten wir kokkenförmige chemolithoautotrophe, schwefelreduzierende Archaeen isolieren, die hyperthermophil sind und die neue Gattung *Ignicoccus* („Feuerbeere") repräsentieren. Phylogenetisch sind sie in die Crenarchaeota einzuordnen. Bei *Ignicoccus hospitalis* konnten, erstmals bei Archaeen, zwei Membranen nachgewiesen werden (Abb. 16). Außen befindet sich die Zellmembran, an der ATP-Synthese stattfindet. Die zusätzliche innere Membran umschließt die DNA, Ribosomen etc. Damit wurde erstmals eine Trennung von Energiebildung und dem genetischen Material bei Prokaryoten nachgewiesen (Paper et al. 2007, Küper et al. 2010). Eine Anreicherungskultur zeigte Zellen von *Ignicoccus hospitalis* (Durchmesser 1–2 μm), die an ihrer Oberfläche ungewöhnlicherweise Minikokken-ähnliche winzige Kokken tragen (Abb. 17), welche DNA enthalten und sich als Vertreter einer neuartigen Gruppe von Archaeen herausstellten, die wir *Nanoarchaeum equitans*, den „reitenden Urzwerg", genannt haben (Huber et al. 2002). Das Volumen von *Nanoarchaeum equitans* beträgt nur etwa $^{1}/_{160}$ des Volumens von *Escherichia coli*, seine Größe entspricht mit 0,4 μm Durchmesser etwa der von Pockenviren. Es handelt sich damit um eine der kleinsten bisher bekannten Zellen, die von einer Membran umgeben sind (Abb. 18). Im Stammbaum stellt *Nanoarchaeum* die tiefste Abzweigung innerhalb der Archaeen dar, vielleicht sogar einen Repräsentanten eines neuen Reiches, das es nun zu erforschen gilt.

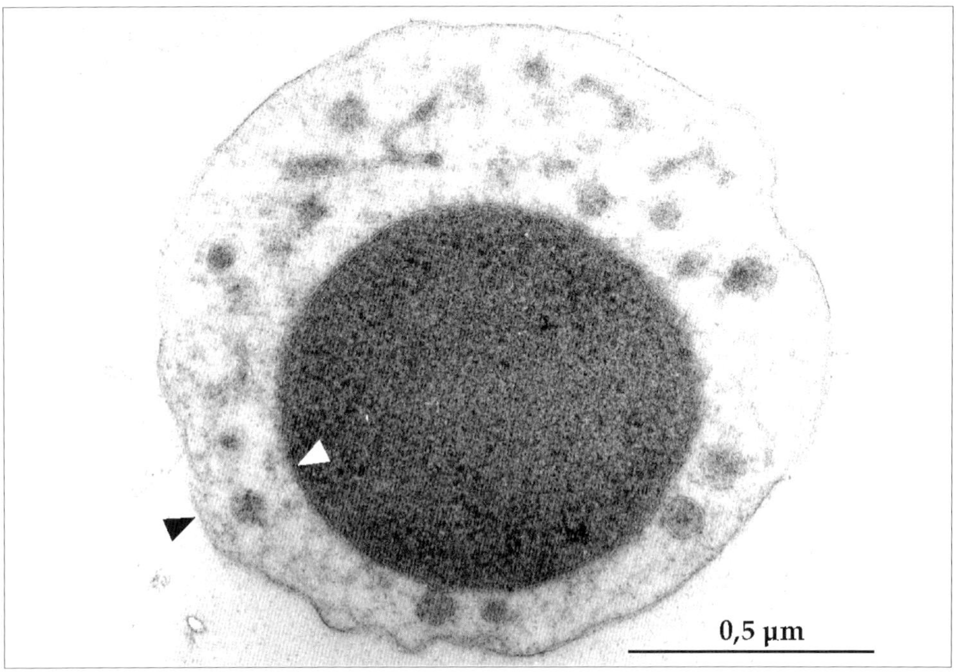

Abb. 16 *Ignicoccus hospitalis*, Zelle mit den beiden Membranen (Pfeile). Ultradünnschnitt; elektronenmikroskopische Aufnahme

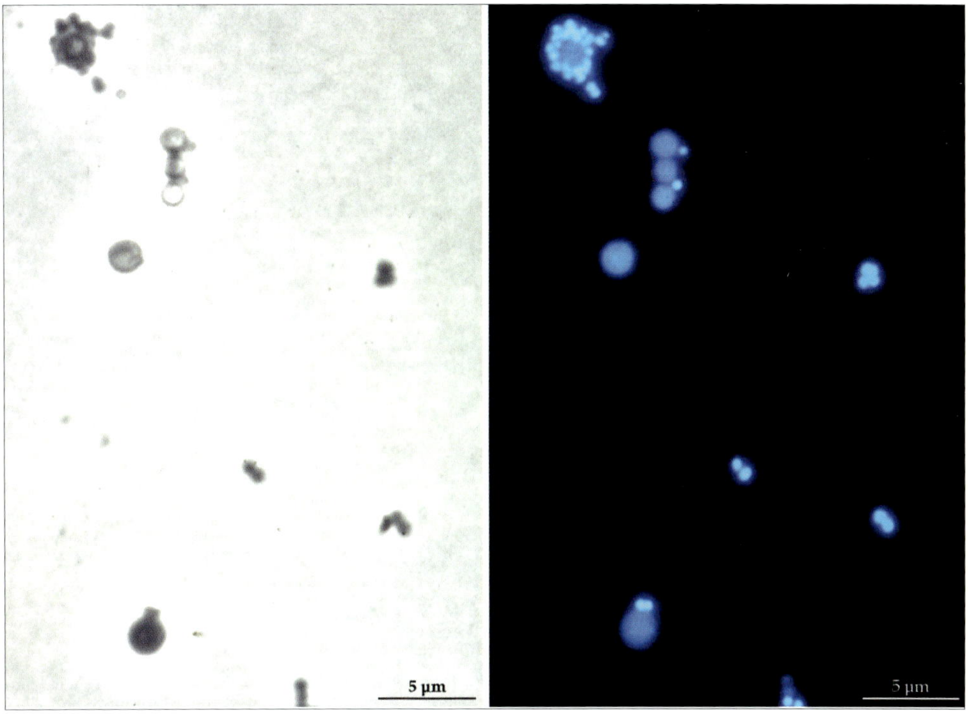

Abb. 17 *Ignicoccus hospitalis* (große Kugeln) mit *Nanoarchaeum equitans* (kleine Kügelchen) auf der Zelloberfläche. *Links*: Phasenkontrast- mikroskopische Aufnahme; *rechts*: DNA-spezifische Färbung mit DAPI, UV-mikroskopische Aufnahme

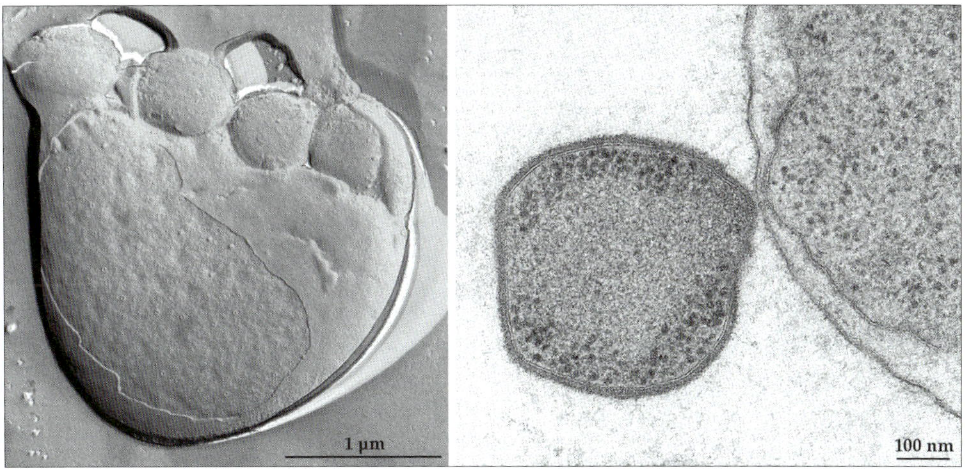

Abb. 18 Elektronenmikroskopie des *Ignicoccus hospitalis-Nanoarchaeum equitans*-Zellverbandes. *Links*: Zelle von *Ignicoccus hospitalis* mit aufsitzenden Zellen von *Nanoarchaeum equitans*. Gefrierbruch, rasterelektronenmikroskopische Aufnahme; *rechts*: Anheftungsstelle von *Nanoarchaeum eqitans* an die äußere Membran von *Ignicoccus hospitalis*. Ultradünnschnitt, elektronenmikroskopische Aufnahme

Das Genom von *N. equitans* ist mit lediglich 490 885 bp eine der kleinsten DNAs für Lebewesen (etwa $^1/_{10}$ der DNA von *E. coli*; WATERS et al. 2003). Obwohl wir noch weit davon entfernt sind, die Lebensweise der Nanoarchaeota zu verstehen, lässt dieses Genom bereits jetzt mehrere interessante Schlüsse zu. Im Vergleich zu anderen hyperthermophilen Archaeen enthält es zwar ähnlich viele Informationsgene, aber kaum Stoffwechselgene (Abb. 19). Die einfachste Erklärung hierfür wäre, dass es sich um einen Parasiten mit typischer Genreduktion handelt. *N. equitans* besitzt jedoch nicht die dafür charakteristischen Pseudogene und ist noch dazu außerhalb seines Wirts lokalisiert (JUNGLAS et al. 2008). Immer wieder geben uns die Forschungsresultate mit *N. equitans* neue Rätsel auf. In der Regel sterben die Zellen von *N. equitans* mit ihrem Wirt, was für einen Parasiten keinen Sinn macht. Wahrscheinlich handelt es sich um eine Symbiose mit einem noch unbekannten Nutzen für den Wirt unter Umweltbedingungen. Die Art des Zusammenlebens von *Ignicoccus hospitalis* und *N. equitans* könnte vielleicht sogar ein Überbleibsel sehr früher progenotischer Lebensgemeinschaften sein.

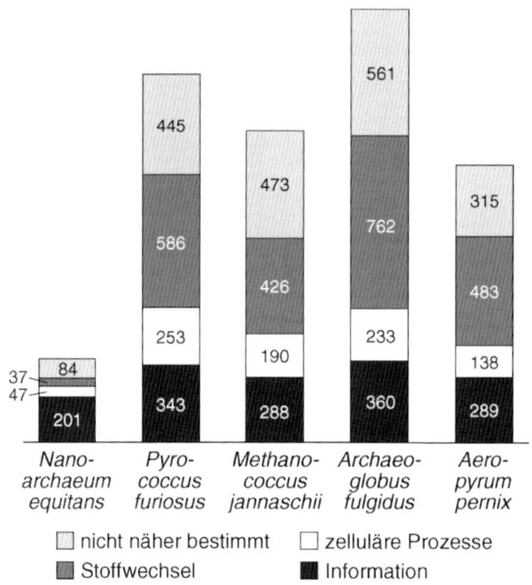

Abb. 19 Vergleich funktioneller Genblöcke (Zahlenangaben: Anzahl der Gene) von *Nanoarchaeum equitans* mit anderen hyperthermophilen Archaeen

Obwohl Nanoarchaeota weltweit in Vulkangebieten verbreitet sind, sind sie bisher völlig übersehen worden, da alle bekannten Gensonden nicht zu ihrem 16S rRNA-Gen passten.

8. Korarchaeota

Von Umweltproben des heißen Obsidian-Pools im Yellowstone-Nationalpark war eine 16S-rRNA-Gensequenz bekannt, die im Stammbaum innerhalb der Archaeen ebenfalls eine sehr tief abzweigende Linie vertritt (in Abb. 10 nicht eingezeichnet). Die zugehörigen Mikroorganismen waren unbekannt und wurden vorläufig als „Korarchaeota" („die frühen Archaeen") bezeichnet (Barns et al. 1996). Es gelang uns, im Labor bei 85 °C eine Korarchaeota-haltige stabile Mischkultur mit kontinuierlichem Durchfluss zu etablieren, die wir nach Beimpfung mit heißen Schlammproben aus dem Obsidian-Pool erhalten hatten. In mehreren Schritten konnten wir daraus eine Zellsuspension erhalten, die zu 99,4 % Korarchaeota-Zellen enthielt, die aus ultradünnen, fadenförmigen Stäbchen mit nur 0,16 μm Durchmesser und einer Länge von 10–100 μm bestanden (Abb. 20). Da die Zellen aufgrund ihres geringen Durchmessers im Lichtmikroskop nahezu unsichtbar waren, nannten wir diese Art *Korarchaeum cryptofilum*. Sie besitzt eine Zellwand aus ungewöhnlich kleinen Glykoproteinuntereinheiten („S-Layer"), die resistent gegen das Detergens SDS sind.

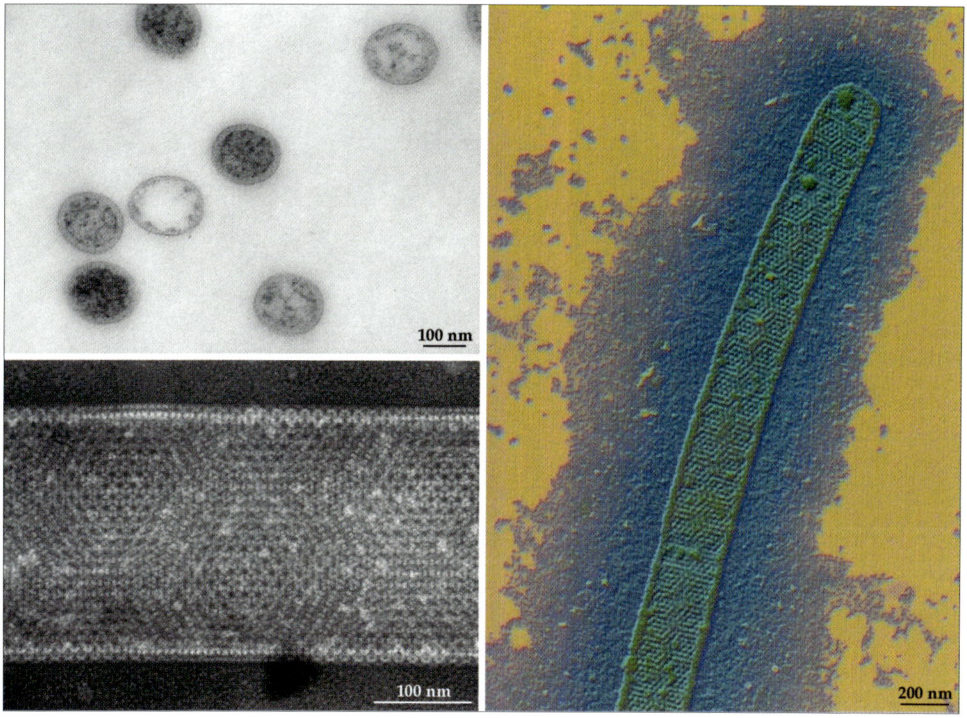

Abb. 20 *Korarchaeum cryptofilum*. Elektronenmikroskopische Aufnahmen (G. Wanner)

In Zusammenarbeit mit dem *Joint Genome Institute* wurde das Genom von *Korarchaeum cryptofilum* sequenziert und annotiert (Elkins et al. 2008). Es handelt sich um ein kleines Genom mit 1,59 MB (49 % GC), dessen Auswertung einen sehr aufregenden Befund ergab: Dieses *Korarchaeum* besitzt eine Kombination von Gentypen, die entweder für Vertreter des einen oder des anderen der beiden Reiche der Archaeen als charakteristisch gesehen wurden (Abb. 21). Die derzeit plausibelste Erklärung dafür ist, dass die Korarchaeota sehr früh von den beiden Hauptlinien der Archaeen, den Euryarchaeota und den Crenarchaeota, abgezweigt sind. Weitere Vergleiche und Studien dieser einzigartigen Organismen könnten Licht in die frühe Evolution der Archaeen und die Natur ihres gemeinsamen Vorfahren mit den Eukaryoten bringen.

Tab. 1 Crenarchaeelle und euryarchaeelle Proteingruppen (arCOGs) in *Korarchaeum cryptofilum*

arCOG	Kat.[1]	Funktion	Eur[2]	Cr[3]
04447	L	DNA-Polymerase II, große Untereinheit	27	0
04455	L	DNA-Polymerase II, kleine Untereinheit	26	0
00872	L	ERCC4-ähnliche Helicase	26	0
02610	L	Rec8/ScpA/Scc1-ähnliches Protein	24	0
02258	L	Untereinheit des RPA-Komplexes	20	0
00371	D	Chromosomentrennungs-ATPase, SMC	24	0
02201	D	Zellteilungs-GTPase FtsZ	26	0
01013	R	Protein mit L13E-ähnlicher Domäne	0	11
04327	R	Ribosomales Protein S25	0	13
04293	R	Ribosomales Protein S30	0	13
04305	R	Ribosomales Protein S26	0	13
04271	T	RNA-Polymerase, Untereinheit RPB8	0	12
00393	T	Membran-assoziierter Transkriptionsregulator	0	9

[1] COG funktionelle Kategorien: L, Replikation, Rekombination und DNA-Reparatur; D, Zellzykluskontrolle, Zellteilung, Chromosomen-Verteilung; R, Translation, Ribosomenstruktur und -Biogenese; T, Transkription. [2] Euryarchaeelle (Eur) Genome, die diesen arCOG enthalten (von 27 insgesamt). [3] Crenarchaeelle (Cr) Genome, die diesen arCOG enthalten (von 13 insgesamt).

Die Welt der Hyperthermophilen steckt noch voller Rätsel, deren Lösung vielleicht neben neuartigen Erkenntnissen zur Anpassungsfähigkeit von Leben zu einem besseren Verständnis des frühen Lebens auf der Erde und damit auch von unseren eigenen Wurzeln beitragen könnte.

Dank

Herrn Prof. Dr. Gerhard Wanner danke ich für die hervorragende Zusammenarbeit und die freundliche Überlassung noch unveröffentlichter elektronenmikroskopischer Aufnahmen. Der Deutschen Forschungsgemeinschaft, dem Fonds der Chemischen Industrie und der Diversa (jetzt: Verenium) Corporation, San Diego, USA, danke ich für die finanzielle Unterstützung der aus meinem Arbeitskreis vorgestellten Arbeiten.

Literatur

Barns, S. M., Delwiche, C. F., Palmer, D. J., and Pace, N. R.: Perspectives on archaeal diversity, thermophily and monophyly from environmental rRNA sequences. Proc. Natl. Acad. Sci. USA *93*, 9188–9193 (1996)

Blöchl, E., Rachel, R., Burggraf, S., Hafenbradl, D., Jannasch, H. W., and Stetter, K. O.: *Pyrolobus fumarii*, gen. and sp. nov., represents a novel group of archaea, extending the upper temperature limit for life to 113 °C. Extremophiles *1*, 14–21 (1997)

Brasier, M. D., Green, O. R., Jephcoat, A. P., Kleppe, A. K., Van Kranendonk, M. J., Lindsay, J. F., Steele, A., and Grassineau, N. V.: Questioning the evidence for Earth's oldest fossils. Nature *416*, 76–81 (2002)

Brock, T. D., Brock, K. M., Belly, R. T., and Weiss, R. L.: *Sulfolobus*: A new genus of sulfur-oxidizing bacteria living at low pH and high temperature. Arch. Microbiol. *84*, 56–68 (1972)

Elkins J. G., Podar, M., Graham, D. E., Makarova, K. S., Wolf, Y., Randau, L., Hedlund, B. P., Brochier-Armanet, C., Kunin, V., Anderson, I., Lapidus, A., Goltsman, E., Barry, K., Koonin, E. V., Hugenholtz, P., Kyrpides, N., Wanner, G., Richardson, P., Keller, M., and Stetter, K. O.: A korarchaeal genome reveals insights into the evolution of the Archaea. Proc. Natl. Acad. Sci. USA *105*, 8102–8107 (2008)

Huber, R., Stoffers, P., Cheminee, J. L., Richnow, H. H., and Stetter, K. O.: Hyperthermophilic archaebacteria within the crater and open-sea plume of erupting Macdonald Seamount. Nature *345*, 179–181 (1990)

Huber, R., Burggraf, S., Mayer, T., Barns, S. M., Rossnagel, P., and Stetter, K. O.: Isolation of a hyperthermophilic archaeum predicted by *in situ* RNA analysis. Nature *376*, 57–58 (1995)

Huber, H., Hohn, M. J., Rachel, R., Fuchs, T., Wimmer, V. C., and Stetter, K. O.: A new phylum of archaea represented by a nanosized hyperthermophilic symbiont. Nature *417*, 63–67 (2002)

Huber, R., Huber, H., and Stetter, K. O.: Towards the ecology of hyperthermophiles: biotopes, new isolation strategies and novel metabolic properties. FEMS Microbiol. Rev. *24*, 615–623 (2000)

Junglas, B., Briegel, A., Burghardt, T., Walther, P., Wirth, R., Huber, H., and Rachel, R.: *Ignicoccus hospitalis* and *Nanoarchaeum equitans*: ultrastructure, cell-cell interaction, and 3D reconstruction from serial sections of freeze-substituted cells and by electron cryotomography. Archives of Microbiology *190*, 395–408 (2008)

Kates, M.: Membrane lipids of archaea. In: Kates, M., Kushner, D. J., and Matheson, A. T. (Eds.): The Biochemistry of Archaea (Archaebacteria); pp. 261–295. Amsterdam, London, New York, Tokyo: Elsevier Science Publishers B. V. 1993

Koch, R., Spreinat, A., Lemke, K., and Antranikian, G.: Purification and properties of a hyperthermoactive α-amylase from the archaeobacterium *Pyrococcus woesei*. Arch. Microbiol. *155*, 572–578 (1991)

Küper, U., Meyer, C., Müller, V., Rachel, R., and Huber, H.: Energized outer membrane and spatial separation of metabolic processes in the hyperthermophilic Archaeon *Ignicoccus hospitalis*. Proc. Natl. Acad. Sci. USA *107*, 3152–3156 (2010)

Kurr, M., Huber, R., König, H., Jannasch, H. W., Fricke, H., Trincone, A., Kristjansson, J. K., and Stetter, K. O.: *Methanopyrus kandleri*, gen. and sp. nov., represents a novel group of hyperthermophilic methanogens, growing at 110 °C. Arch. Microbiol. *156*, 239–247 (1991)

Paper, W., Jahn, U., Hohn, M. J., Kronner, M., Näther, D. J., Burghardt, T., Rachel, R., Stetter, K. O., and Huber, H.: *Ignicoccus hospitalis* sp. nov., the host of *Nanoarchaeum equitans*. Int. J. System. Evol. Microbiol. *57*, 803–808 (2007)

Schidlowski, M.: A 3,800-million-year isotopic record in life from carbon in sedimentary rocks. Nature *333*, 313–318 (1988)

Schopf, J. W., and Packer, B. M.: Early Archaean (3.3 billion to 3.5 billion year-old) microfossils from Warrawoona Group, Australia. Science *237*, 70–73 (1987)

Stetter, K. O.: Ultrathin mycelia-forming organisms from submarine volcanic areas having an optimum growth temperature of 105 °C. Nature *300*, 258–260 (1982)

Stetter, K. O.: Extremely thermophilic chemolithoautotrophic archaebacteria. In: Schlegel, H. G., and Bowien, B. (Eds.): Autotrophic Bacteria; pp. 167–176. Berlin: Springer 1989

Stetter, K. O.: Primitive Archaea and Bacteria in the cycles of sulfur and nitrogen near the temperature limit of life. In: Martins, M. T. (Ed.): Progress in Microbial Ecology. Proceedings of Seventh International Symposium on Microbial Ecology, Santos, Sao Paulo, Brazil; pp. 55–61. Sao Paulo, Brazil: SBM/ICOME 1997

Stetter, K. O.: Leben nahe dem Siedepunkt von Wasser. Bayerische Akademie der Wissenschaften (Hrsg.): Leben unter extremen Bedingungen. Rundgespräche der Kommission für Ökologie *39*, 17–28. München: Pfeil 2011

Stetter, K. O., Huber, R., Blöchl, E., Kurr, M., Eden, R. D. Fielder, M., Cash, H., and Vance, I.: Hyperthermophilic archaea are thriving in deep North Sea and Alaskan oil reservoirs. Nature *365*, 743–745 (1993)

Stetter, K. O., König, H., and Stackebrandt, E.: *Pyrodictium* gen. nov., a new genus of submarine disc-shaped sulphur reducing archaebacteria growing optimally at 105 °C. System. Appl. Microbiol. *4*, 535–551 (1983)

TAKAI, K., NAKAMURA, K., TOKI, T., TSUNOGAI, U., MIYAZAKI, M., MIYAZAKI, J., HIRAYAMA, H., NAKAGAWA, S., NUNOURA, T., and HORIKOSHI, K.: Cell proliferation at 122 °C and isotopically heavy CH_4 production by a hyperthermophilic methanogen under high-pressure cultivation. Proc. Natl. Acad. Sci. USA *105*, 10949–10954 (2008)
WATERS, E., HOHN, M. J., AHEL, I., GRAHAM, D. E., ADAMS, M. D., BARNSTEAD, M., BEESON, K. Y., BIBBS, L., BOLANOS, R., KELLER, M., KRETZ, K., LIN, X., MATHUR, E., NI, J., PODAR, M., RICHARDSON, T., SUTTON, G. G., SIMON, M., SÖLL, D., STETTER, K. O., SHORT, J. M., and NOORDEWIER, M.: The genome of *Nanoarchaeum equitans*: Insights into early archaeal evolution and derived parasitism. Proc. Natl. Acad. Sci. USA *100*, 12984–12988 (2003)
WOESE, C. R., and FOX, G. E.: Phylogenetic structure of the prokaryotic domain: the primary kingdoms. Proc. Natl. Acad. Sci. USA *74*, 5088–5090 (1977)
WOESE, C. R., KANDLER, O., and WHEELIS, M. L.: Towards a natural system of organisms: proposal for the domains Archaea, Bacteria, and Eucarya. Proc. Natl. Acad. Sciences USA *87*, 4576–4579 (1990)
ZILLIG, W., STETTER, K. O., SCHÄFER, W., JANEKOVIC, D., WUNDERL, S., HOLZ, I., and PALM, P.: Thermoproteales: a novel type of extremely thermoacidophilic anaerobic archaebacteria isolated from Icelandic solfataras. Zent.bl. Bakteriol. Parasitenk. Infektionskrankh. Hygiene, Abt. 1 Orig. C2, 205–227 (1981)

Prof. Dr. Karl O. STETTER
Lehrstuhl Mikrobiologie
Universitätsstraße 31
93053 Regensburg
Bundesrepublik Deutschland
Tel.: +49 9419431821
Fax: +49 9419433243
E-Mail: karl.stetter@biologie.uni-regensburg.de

Nova Acta Leopoldina NF *116*, Nr. 394, 241–254 (2012)

Lässt sich eine Hierarchie des Lebendigen rechtfertigen?

Otfried HÖFFE ML (Tübingen)

Otfried Höffe

Zusammenfassung

Mit der Leitfrage unserer Jahresversammlung „Was ist Leben?" befasst sich die Philosophie seit den Griechen – dabei auf so grundlegende Weise, dass ihre Fragen, ihre Argumentationsmuster und die daraus fließenden Antworten überdauern. Selbst systematische Philosophen lassen sich deshalb von ihren historischen Vorgängern inspirieren.

Obwohl bei Naturforschern schlecht beleumdet, möchte ich aus diesem Grund drei Philosophen im Kontext dieser Debatte ins Gespräch bringen: ARISTOTELES (immerhin von DARWIN hoch geschätzt), DESCARTES und KANT. Ich werde zeigen, dass jeder der drei eine bis heute aktuelle Frage aufwirft und sie plausibel beantwortet.

Auf dieser Grundlage werde ich schließlich eine Hierarchie des Lebendigen entwerfen, in der der Mensch in dreierlei Hinsicht als deren exklusive Spitze verstanden werden kann: Erstens als nützlicher Naturforscher, als Forscher zum Zweck von Technik und Medizin; zweitens als nutzenfreier Naturforscher, als jemand, der das Wissen bloß als Wissen sucht; und schließlich drittens als Moralwesen, das für sich und die Welt Verantwortung übernimmt.

Abstract

With the leading question of our annual meeting „What is life?" has been dealt with by philosophy ever since the times of the Greeks – and that in such a profound way that its questions, its argumentation patterns and the resulting answers have lasted. Therefore, even systematic philosophers have let themselves be inspired by their historic predecessors.

Although badly reputed by scientists, I would like to introduce three philosophers into our debate for this very reason. Namely: ARISTOTLE (who was highly esteemed by DARWIN) DESCARTES and KANT. I will show that up until today each of the three gives rise to an actual question and answers it in feasible way.

Using this as a basis I will finally construct a hierarchy of the living in which the human can be understood as the exclusive top in three aspects. Firstly as a utility-oriented scientist, as a researcher for the purpose of Technology and Medicine; secondly as a non-utility-oriented scientist, in effect someone who seeks for knowledge as such; and finally as a moral being which accepts responsibility for itself and the world.

Mit einem Dank beginne ich, dem Dank, dass eine Akademie der Naturforscher einem Philosophen das Wort gibt. Ich sage bewusst, „einem Philosophen", nicht „Geisteswissenschaftler". Denn in der Einteilung der Wissenschaften in zwei Hemisphären gehört die Philosophie beiden, den Naturwissenschaften und den Geisteswissenschaften, an und zugleich keiner von beiden speziell. Sie stellt nämlich andere Fragen und bedient sich anderer Methoden. Diese Methoden der Philosophie konzentrieren sich auf Faktoren, für die die heute dominante Vortragsdidaktik, Power-Point und bildgebende Verfahren, sachfremd ist. Ich bitte daher um Nachsicht, Ihnen nur das nackte Wort zu bieten, den puren Logos.

Mit der Leitfrage unserer Jahresversammlung „Was ist Leben?" befasst sich die Philosophie seit den Griechen, dabei auf so grundlegende Weise, dass schon ihre Fragen, dann ihre Argumentationsmuster und die daraus fließenden Antworten überdauern.[1] Eine Folge ist vielen Wissenschaftlern fremd, sogar ein Ärgernis: Die neuesten Beiträge sind nicht notwendigerweise die fortschrittlichsten. Deshalb lassen sich selbst systematische Denker von ihren Vorgängern inspirieren. In diesem Sinn bringe ich an geeigneter Stelle drei Philosophen ins Gespräch. Sie erregen freilich ein zweites Ärgernis: In ihrem Metier hochanerkannt, sind sie bei Naturforschern schlecht beleumdet, nämlich ARISTOTELES, der die frühneuzeitliche Forschung behindert habe, DESCARTES, der Lieblingsgegner vieler Hirnforscher, und KANT, dessen angebliche Zweiweltenlehre auf Unverständnis stößt. Ich versuche zu zeigen, dass die angedeuteten Vorbehalte schon deshalb gegenstandslos sind, weil jeder der drei eine bis heute aktuelle Frage aufwirft und sie auf eine nichtabwegige Weise beantwortet. Aus der Aktualität, wenn sie denn zutrifft, lässt sich zweierlei einsehen, zum einen, dass man die drei Philosophen nicht voreilig zu Grabe tragen soll, zum anderen, dass eine Diagnose unserer Zeit, hier aus biophilosophischer Perspektive vorgenommen, mindestens dreidimensional ist.

Nach diesen Vorbemerkungen komme ich endlich zur Sache, vorgetragen in neun Schritten. Ich beginne mit der Mehrdeutigkeit des Ausdrucks „Leben", schließe die Differenz zu Artefakten an, worauf sieben Argumente für entsprechend sieben Arten von Hierarchien folgen. Die erste Hierarchie, zugleich der dritte Schritt, ist anthropozentrisch, die nächste Hierarchie biozentrisch, dabei pluralistisch. Der dritten Hierarchie kommt es auf die Überlebensfähigkeit, der vierten auf die Leistungsfähigkeit an. Die nächste orientiert sich an einer auf Technik und Medizin verpflichteten Forschung, die übernächste an einer stattdessen nutzenfreien Forschung und die letzte an der Fähigkeit, Natur zu distanzieren, an der Fähigkeit zur Moral.

1. Mehrdeutigkeit des Ausdrucks „Leben"

Nach einer typisch philosophischen Methode, der Sprachanalyse, ist der Ausdruck „Leben" in zweierlei Hinsicht mehrdeutig. Seit dem Lateinischen kennt Europa für das Leben einen einheitlichen Ausdruck, nämlich „vita", was das Englische, Französische und Deutsche in ihren Bezeichnungen „life", „vie" und „Leben" übernehmen. Die erste Sprache der abendländischen Naturforschung und Philosophie verwendet dagegen mehrere Ausdrücke. Zwei von ihnen, *zōē* und *bios*, bezeichnen zwei verschiedene Gesichtspunkte: *zōē*, als Fremdwort in die Zoologie eingegangen, bedeutet das Am-Leben-sein, die Lebendigkeit, was nicht bloß auf den

1 In anderer Hinsicht, auf die neueren Forderungen und die dazu gehörenden theoretischen Debatten ist eine Philosophie der Biologie relativ neu; für einen ersten Einblick siehe KROHS und TOEPFER 2005.

Gegenstand der Tierkunde, eben der Zoologie, zutrifft, vielmehr auf etwas, was Pflanzen, Tiere und Menschen eint, mithin auf den Gegenstand der gesamten Biologie, einschließlich einer Biologie des Menschen. Deren Grundwort, *bios*, bedeutet dagegen das Leben in spezieller Form, etwa die artspezifische Lebensform, also beim Fisch das Wasser, beim Vogel die Luft, während der Mensch nicht auf eine einzige Lebensweise festgelegt ist; ARISTOTELES führt in der *Nikomachischen Ethik* (Buch I, Kap. 2) fünf Lebensformen (*bioi*) an, von denen aber nur zwei, das (moralisch-)politische und das theoretische Leben eine gelungene, nämlich Eudaimonia (Glück) versprechende Existenz erlauben.

Hinzu kommt noch ein dritter Ausdruck, *psychē*, dessen Bedeutung aber erneut nicht der von heute entspricht, daher mit „Seele" irreführend übersetzt wird. *Psychē*, wörtlich Hauch, Atem oder Lebensodem, ist nämlich das Prinzip des lebendigen Körpers, seine Lebendigkeit im Unterschied zur körperlichen Materialität. Daher kommt es allen Lebewesen, folglich auch Pflanzen, zu. Dahinter verbirgt sich aber kein mysteriöser Panpsychismus, der selbst Algen seelische Vermögen wie Affekte zuschreibt. Wenn der erste große Biophilosoph, erlauben Sie mir diese Wortprägung, wenn ARISTOTELES, in seiner einschlägigen Abhandlung[2] auch Tieren, sogar Pflanzen eine *psychē* zuspricht, lehnt er zweierlei ab. Er wendet sich sowohl gegen einen Dualismus von physikalischem Körper und biologischer Lebendigkeit als auch gegen einen Physikalismus, der das Biologische als etwas rein Körperliches bestimmt. Nach ARISTOTELES' nichtdualistischer Konzeption verlaufen die Lebensprozesse (von der Nahrungsaufnahme einer Pflanze bis zu menschlichen Wahrnehmungen, selbst zu Phänomenen der Unbeherrschtheit: Willensschwäche) nicht beiläufig, sondern an ihnen selbst in einer Einheit ab, die man nur missverständlich „körperlich-seelische" Einheit nennt.

2. Differenz zu Artefakten

ARISTOTELES' erste aktuelle Frage ist bis heute, zumal bei den immer raffinierteren Computern und Robotern, dringlich: Was unterscheidet ein Lebewesen (*zōē*) von einem Artefakt?[3] Auch seine Antwort dürfte zumindest noch diskutabel sein: Lebewesen sind Naturdinge, die das Prinzip der Bewegung und des Stillstandes, eben die *psychē*, in sich tragen. Diese Bestimmung erscheint übrigens den Philosophen als so treffend, dass sie noch mehr als zwei Jahrtausende später von einem Vertreter meines Metiers übernommen wird, der keineswegs im Verdacht steht, ein (dogmatischer) Aristoteliker zu sein, von KANT in der *Kritik der reinen Vernunft* (B 403: „das Principium des Lebens in der Materie, d. i. [...] [die] Seele (animal)"). Und ich kann mir vorstellen, dass die heute üblichen Kriterien unter ARISTOTELES' Bestimmung fallen: der Stoffwechsel, die Fortpflanzung und der Austausch genetischer Informationen.

Erläutern kann man ARISTOTELES' Bestimmung mit seinem Gegenbeispiel, einem Beil. Wäre das Beil kein Artefakt, sondern ein Lebewesen, so würde es seine charakteristische Fähigkeit, Holz zu spalten, nicht erst beim Gebrauch durch einen Menschen, mithin als Werkzeug haben, sondern in sich selbst, und diese Fähigkeit würde *psychē* heißen, sagen wir „Seele" in Anführungszeichen. Sinngemäß gilt es für Rechner und Roboter: Bringen sie ihre Bewegungsabläufe aus sich heraus in Gang oder steht an deren allererstem Beginn ein Mensch?

2 *Peri psychēs / De anima*; zu deren Interpretation vgl. HÖFFE [3]2006, Kap. 8.3, dort nähere Literatur.

3 *De anima* II 1, 412b10ff. Zu den drei Begriffen *bios*, *psychē und zōē* siehe die Artikel in HÖFFE 2005.

3. Hierarchie 1: anthropozentrisch

Beim dritten Ausdruck für Leben, *psychē*, drängt sich eine zweite meines Erachtens bis heute aktuelle Frage auf: Gibt es bei der faszinierenden Vielfalt der Lebendigkeit qualitative Unterschiede, derentwegen die Lebewesen nicht nur einander neben-, sondern auch einander unter- und übergeordnet werden können, womit es eine Hierarchie des Lebendigen gäbe? Wichtig ist der Passiv: geordnet „werden". Denn ob Neben- oder Überordnung: der Urheber der Ordnung ist nicht die Natur selbst, sondern der Mensch, auch wenn er sich nach der Natur zu richten hat, damit sein Ordnungsvorschlag nicht als frei erdichtet erscheint.

Zur Beantwortung der genannten Frage, der etwaigen Hierarchie, scheint es zwei grundverschiedene Standpunkte zu geben: Entweder geht man von uns, den Menschen, aus oder aber vom Lebendigen selbst. Dort, sagt man heute, denkt man anthropozentrisch, hier biozentrisch.

In der normativen Biophilosophie, der philosophischen Naturethik, ist das anthropozentrische Denken verpönt. Im täglichen Leben handeln wir aber, ob wir wollen oder nicht, anthropozentrisch. Ohne Zweifel lassen Tier- und Pflanzenliebhaber möglichst vielen Lebewesen ihr Eigenrecht. Trotzdem werden sie, sobald sie ein Blumenbeet pflegen, Blattläuse als Schädlinge ansehen. Weiterhin heißt niemand in der eigenen Vorratskammer Mäuse oder Ratten willkommen, Hunde und Katzen werden dagegen geliebt. Wieder andere Lebewesen sind uns dagegen ziemlich gleichgültig.

Insofern praktizieren wir eine erste, fraglos anthropozentrische Hierarchie des Lebendigen. Sie besteht aus vier Hauptstufen. Am Boden der Hierarchie befinden sich die für den Menschen schädlichen, in der Mitte die nutzenneutralen, darüber die nützlichen Lebewesen und an der Spitze die Menschen.

Über die Grenzen lässt sich streiten, über diesen Grundsatz aber kaum: ohne ein Minimum an Anthropozentrik ist der Mensch nicht überlebensfähig. Selbst der Vegetarier lebt auf Kosten anderer, direkt auf Kosten der betreffenden Pflanzen, indirekt, indem er sie anderen Lebewesen wegnimmt.

4. Hierarchie 2: biozentrisch

Für die anderen Spezies gibt es allerdings ebenfalls schädliche, nutzenneutrale und nützliche Lebewesen. Damit tritt an die Stelle der einen Hierarchie eine fast unendliche Fülle von Hierarchien. Der Singular weicht einem fast unbegrenzten Plural, was den Gedanken der Hierarchie verflüssigt, zugleich aber so gut wie aufhebt. Verliert also die Rede von einer Hierarchie des Lebendigen Sinn und Recht?

Klammern wir den Umstand ein, dass der Mensch selber ein Lebewesen ist, so steht bei der anthropozentrischen Betrachtung die Welt der Menschen im Gegensatz zur Welt des Lebendigen; die anthropozentrische Hierarchie ist also der Bioperspektive extern. Die Alternative liegt auf der Hand; sie lässt sich auf eine interne Perspektive ein, für die ich mindestens drei Optionen sehe.

Bei der ersten Option, der Anpassung einer Tier-, aber auch Pflanzenart an ihren Lebensraum, findet sich erneut der fast unbegrenzte Plural. Alle Lebewesen haben die gleiche Aufgabe: in der Welt zu bestehen, ohne bei nächster Gelegenheit ihr Leben zu riskieren. Und alle lösen diese Aufgabe zwar auf je arteigene Weise, jedoch gleichermaßen perfekt. Dank entsprechender Evolution ist jede biologische Art wie ein hochartifizieller Seiltänzer, der, auf je anderen Seilen, seinen eigentümlichen Tanz beherrscht. So kommt die Wüstenmaus in ihrer Welt ebenso bestens zu recht wie der Polarfuchs in der Antarktis und das Faultier Aï im Amazonas-Urwald. Ähnliches trifft auf die anderen Arten zu, so dass sie erneut allesamt als Spitze gelten können.

5. Hierarchie 3: Überlebensfähigkeit

Gehen wir daher, bevor wir den Gedanken einer Hierarchie aufgeben, zur zweiten Option, zum Blick auf das Maß an Überlebensfähigkeit. Hier bitte ich die Biologen um Nachsicht, dass ich, obwohl Laie, die Vermutung wage, dass an der Spitze an Überlebensfähigkeit kaum der Mensch steht. Auch wenn er mittels Technik, verbunden mit kurzsichtigen Gewinninteressen, eine Fülle von Arten auszurotten vermag, dürfte ihn die Klasse der Kerbtiere an Überlebensfähigkeit übertreffen, womit die Insekten den Menschen weit überlegen sind.

6. Hierarchie 4: Leistungsfähigkeit

Diese Aussage bleibt aber eine Vermutung. Anders verhält es sich, wenn man die Welt des Lebendigen auf das hin untersucht, was sich von ARISTOTELES' Ausdruck der *psychē* nahelegt, nämlich auf das Maß an Differenziertheit der Organe und an Reichtum der Leistungsfähigkeit. Niemand Geringerer als Charles DARWIN hält ARISTOTELES für „einen der großen, wenn nicht den größten Beobachter, der je gelebt hat".[4]

ARISTOTELES ist aber nicht nur der über mehr als zwei Jahrtausende bewunderte Naturbeobachter. Er verbindet seine Naturbeobachtung auch mit präziser Sprachbeobachtung. Er stellt fest, dass der Ausdruck *zēn*, Leben, in vielfältiger Weise (*pleonachōs*) ausgesagt wird,[5] und sieht, dass sich die Vielfalt in einen systematischen Zusammenhang, dieser wiederum sich in eine Rangfolge, mithin hierarchische Ordnung bringen lässt. Es ist die sogenannte Stufenleiter der Natur (*scala naturae*)[6], die ARISTOTELES aber nicht etwa in seiner spekulativen Naturphilosophie, der *Physik*, sondern in seinen zoologischen Schriften entfaltet.[7]

Die Rangfolge – vom Unvollkommeneren zum Vollkommeneren – beginnt bei den leblosen Dingen und führt über die Pflanzen und die Tiere zum Menschen. Dabei bestehe zwischen Pflanzen und Tieren wie schon zwischen dem Anorganischen und dem Organischen ein kontinuierlicher Übergang, und manchmal sei es zweifelhaft, ob etwas zur höheren oder niederen Stufe gehöre.

Obwohl wir gegen derartige „ontologische" Hierarchien skeptisch geworden sind, zumal gegen die Rede von zunehmender Vollkommenheit, erscheint ARISTOTELES' Stufenleiter nicht als grundsätzlich abwegig. Denn als Maß verwendet sie, wie gesagt, die Differenziertheit der Organe und den Reichtum der Leistungsfähigkeit. Die Stufenleiter der Natur besteht also in einem Aufstieg zu immer reicheren und komplexeren Lebensvollzügen, was uns seit DARWIN

---

4 Brief an CRAWLEY, 12. 2. 1879.

5 *De anima* II 2, 413a 22.

6 Der Ausdruck „scala naturae" bzw. ihr griechisches Äquivalent taucht zwar bei ARISTOTELES noch nicht auf, die Sache ist aber bei ihm präsent.

7 Vgl. *Historia animalium* VIII 1, 588b–589a; *De partibus animalium* IV 5, 681a; *De generatione animalium* II 1, 733a32–b16.

 Nova Acta Leopoldina NF *116*, Nr. 394, 241–254 (2012)

vertraut ist. ARISTOTELES ist in dieser Hinsicht, aber nicht in bezug auf die Evolution, Darwinist *avant la lettre* oder genauer, wegen der historischen Priorität, ist DARWIN ein Aristoteliker.

Vor ARISTOTELES sprechen einige Philosophen den Pflanzen Wahrnehmung, Gefühl und Begierde, sogar Schmerz- und Lustempfindungen, zu. Gemäß ARISTOTELES hingegen besteht das vegetative Leben (die „Pflanzenseele") nur in Ernährung, Wachstum und Fortpflanzung. Erst das animalische Leben (die „Tierseele") versteht sich auf Wahrnehmung.[8] Dabei besitzen die niederen Tiere nur Spuren des Tastsinnes, höhere Tiere dagegen noch Geruch und Geschmack. Wieder höhere Tiere verfügen über alle fünf Sinne, überdies verbindet ihre Wahrnehmung sich mit Schmerz oder Lust und Begierde. Außerdem ist ihnen ein Gedächtnis und Lernen, sogar Klugheit im Sinne von Voraussicht zueigen. Die Fähigkeit endlich, sich etwas bewusst ins Gedächtnis zurückzurufen, besitzt nur der Mensch. Vor allem aber zeichnet sich das dritte, spezifisch menschliche Leben (die humane Seele) durch Logos, durch Sprache und Vernunft, aus.[9]

ARISTOTELES' erfahrungsgesättigte Stufenleiter ist noch facettenreicher. Hinsichtlich der Lebensweise, heißt es beispielsweise, kennen die niederen Tiere nur Selbsterhaltung und Fortpflanzung, höhere Tiere auch Lust bei der Fortpflanzung, ferner eine Fürsorge für ihre Jungen, die bei den niederen unter den höheren Tieren als bloße Brutpflege bei der Geburt endet, bei wieder höheren Tieren die Aufzucht mit einschließt und bei den höchsten Tieren noch die Zeit überdauert, die die Jungen bis zur Selbstständigkeit brauchen. Noch höher als bloße Fürsorge steht das Leben in sozialen Verbänden.[10] Aber bloß der Mensch ist zu jenem guten Leben (*eu zên*) fähig,[11] das die Fortsetzung der Biologie zur Ethik und Politik erfordert. Bei ihr wird der zweite der einleitend genannten Lebensbegriffe, der *bios* im Sinne von Lebensform und Lebensweise, wichtig.

Gemäß dem Brauch, große Innovationen nach ihren Entdeckern zu benennen, darf die skizzierte Hierarchie des Lebendigen „aristotelisch" heißen. Sie zeichnet sich durch vier Vorzüge aus. Erstens handelt es sich um eine normative, insofern genuin philosophische Betrachtung. Diese wird aber zweitens nicht in einer sachfremden Spekulation, etwa theologisch oder metaphysisch, vielmehr säkular und erfahrungsgesättigt aus dem Gegenstand in seiner empirischen Fülle entwickelt. Beispielsweise ist der biblische Gedanke vom Menschen als Krone der Schöpfung ARISTOTELES völlig fremd.[12] Das normative Kriterium ist drittens nicht dem Menschen entnommen, sondern der Welt des Lebendigen selbst, weshalb man es biozentrisch nennen darf im Gegensatz zu einer als imperialistisch verdächtigten Anthropozentrik. Allerdings erweist sich der Mensch seinen Leistungsfähigkeiten nach als herausragend, womit er im Kontinuum des Lebendigen und zugleich an dessen Spitze steht. Das Herausragen ist aber nicht Vorgabe; es ist keine Prämisse der Argumentation, sondern deren Ergebnis, das gegebe-

---

8 *De anima* II 2–5, II 12–13.

9 *De anima* III 3–8.

10 *Historia animalium* VIII 1.

11 *De partibus animalium* II 10, 656a5ff.

12 ARISTOTELES hält den Bereich der Gestirne für ranghöher als den der Menschen und Tiere. Der deshalb drohenden Gefahr, die Biologie zu vernachlässigen, tritt er mit einem berühmten Plädoyer zugunsten einer umfassenden Naturforschung entgegen (*De partibus animalium* I 5, 644b22–645a36). Mit drei Argumenten erkennt er die Zoologie als der Kosmologie ebenbürtig an: Nach dem zweiten Argument wird die Erhabenheit der Kosmologie durch die engere Verwandtschaft der Pflanzen und Tiere mit dem Menschen aufgewogen. Das dritte Argument greift der ersten, biologieinternen Perspektive vor; es besagt, dass selbst die niedrigsten Tiere in ihrer Zweckmäßigkeit etwas Bewundernswertes an sich haben. Und das für ihn erste Argument hebt auf den größeren wissenschaftlichen Ertrag ab: Für die Erforschung der Pflanzen und Tiere steht, sofern man nur die nötige Mühe auf sich nimmt, Beobachtungsmaterial in Hülle und Fülle zur Verfügung.

nenfalls, durch empirische Forschung oder Neuentdeckung bislang unbekannter Spezies, korrigierbar ist. Vor allem ist die Hierarchie viertens insofern rein deskriptiver Natur, ein bloßes Ist, als aus ihr keinerlei Privilegien abgeleitet werden. Der Mensch ist der geistige Aristokrat der Natur, gewiss. Dass er deshalb, wegen seiner Logosnatur, seiner Sprach- und Vernunftbegabung, Sonderrechte habe, beansprucht ARISTOTELES aber nicht. Die behauptete Stufenleiter der Natur ist für ihn ein rein wissenschaftliches, ein „theoretisches“ und weder ein technikpolitisches noch ein gesellschaftspolitisches Thema.

7. Hierarchie 5: *maître de la nature*

ARISTOTELES' vierter Vorteil ist außergewöhnlich, wie ein Vergleich mit einem die neuzeitliche Zivilisation prägenden Gedanken zeigt. Vorbereitet wird er vom Propheten der modernen Wissenschaft, Francis BACON. Auf die maßgebende Formel bringt ihn aber erst ein Mathematiker, Physiker und Metaphysiker, René DESCARTES. Für ihn als einem Naturforscher, aber nicht Biologen spielt der Gedanke einer Stufenleiter der Natur keine große Rolle. Ihm kommt es direkt auf die Spitze, den Menschen, an. Wenn er ihn „maître de la nature“ nennt (*Discours de la méthode,* 6. Teil), so versteht er unter „maître“ nicht den Gegensatz zum Knecht oder Sklaven, sondern den *maestro*, nämlich den, der sein Metier souverän beherrscht, den Meister. Und dieses Meistersein gründet für DESCARTES in naturwissenschaftlicher Kompetenz: Dank entsprechender Naturforschung sollen zum einen die Mühsal des Lebens verringert und zum anderen die Gesundheit erhalten sowie das Leben verlängert werden. Halten wir dies als ein erstes Argument und zugleich erste Option für den Menschen als Spitze in der Hierarchie des Lebendigen fest: Dank der Naturforschung ist – nur – der Mensch zu einer fast grenzenlosen Technik und Medizin fähig.

Niemand, der noch bei Sinnen ist, wird diesen Grundzug moderner Zivilisation, dass Forschung primär für den Menschen einen lebenspraktischen Nutzen haben soll, umstoßen wollen. Er ist so selbstverständlich geworden, dass selbst Biologen ihr Plädoyer für die faszinierende Vielfalt ihres Gegenstandes utilitär begründen, wenn auch mit einem langfristigen Nutzen. Sie berufen sich auf das langfristige Überleben der Menschheit und ihrer Lebensqualität, etwa darauf, dass die Pflanzendecke Kohlenstoff bindet, dass Regenwälder ein Reservoir für künftige Pharmaka bieten und dass Monokulturen rascher ermüden.

8. Hierarchie 6: *Theoria*

Naturforschern, die sich wie die Leopoldina auf *curiositas*, Wissbegier, verpflichten, stünde es gut zu Gesicht, die Exklusivität des utilitären Grundzuges zurückzuweisen. Sie sollten zumindest als Kontrapunkt zu BACON und DESCARTES sich ARISTOTELES anschließen, seinem Plädoyer für eine pure, also nutzenfreie Neugier.[13]

Das Plädoyer gründet erstaunlicherweise in einem biologischen Vorrang des Menschen, nämlich in dem, was der komparatistische Zoologe ARISTOTELES exklusiv beim Menschen findet.

13 Glücklicherweise gibt es dafür eine anthropologische Grundlage, vielleicht sogar eine Eigenart nur des Menschen, mit ARISTOTELES gesprochen: „Pantes anthrōpoi tou eidenai oregontai physei“, „Alle Menschen streben von Natur nach Wissen“ (*Metaphysik* I 1, 981a21f.).

Das trifft nicht für zwei andernfalls naheliegende Alternativen zu, weder auf die Technik, denn sie lässt sich rudimentär auch im Tierreich beobachten, etwa als Dammbau beim Biber, und auch nicht auf politische Verhältnisse, die es im subhumanen Bereich etwa als Bienenvolk oder Ameisenstaat gibt oder als Kraniche und andere Tiere, die in Schwärmen leben.

Anders verhält es sich erst bei dem, was die Griechen *Theoria* nennen, der aus bloßer Wissbegier betriebenen Wissenschaft. Sie kennen wir nur vom Menschen. Aus diesem Grund, einer Exklusivkompetenz, räumt ARISTOTELES, selber der Sohn eines königlichen Leibarztes, also einer utilitären Profession, eben dem nichtutilitären, weder technischen noch politischen, sondern rein theoretischen Weltverhältnis den humanen Vorrang ein. Hinzu kommen ein zweites Argument und eine ebenso zweite Option für den Menschen als Hierarchiespitze: Eine von ARISTOTELES inspirierte Lebenswissenschaft und ebenso eine von ihm inspirierte Zivilisation lassen ihren Gegenstand, die Welt des Lebendigen, weitgehend in Ruhe.

DESCARTES nimmt demgegenüber eine Utilisierung der Wissenschaft vor. Philosophen pflegen DESCARTES als Begründer der modernen Subjektivitätsphilosophie zu loben, Hirnforscher ihn wegen seines Leib-Seele-Dualismus zu kritisieren. Ebenso wichtig ist er aber in der skizzierten dritten Hinsicht: als Philosoph einer utilitären, medizinisch-technischen Forschung und einer ebenso utilitären Zivilisation.

9. Hierarchie 7: Moralfähigkeit

Setzen wir unsere Hierarchieüberlegungen mit der hier letzten Frage fort: Gibt es innerhalb dessen, was den Menschen auszeichnet, gibt es innerhalb des Humanen, noch eine weitere Hierarchieoption? Wir erinnern uns: Eine radikale Tierschutzethik wirft der Anthropozentrik Gattungsegoismus vor und verlangt genau deshalb, sie zugunsten einer Biozentrik aufzugeben. Dabei vergisst sie zweierlei. Einerseits übersieht sie, dass der Mensch ein Lebewesen ist, das um seiner Biologie willen einer gewissen Anthropozentrik bedarf. Insofern besteht zwischen den beiden Betrachtungsweisen, der Anthropozentrik und der Biozentrik, nur scheinbar ein purer Gegensatz. In Wahrheit ist ein gewisses Maß an Anthropozentrik aus biozentrischen Gründen unvermeidbar. Andererseits missachtet sie, dass die Biosphäre ein System wechselseitiger Nutzung bildet, bei dem jede Spezies ein Auf-sich-Bezogensein, eine Spezieszentrik, pflegt.

Um dies einzusehen, braucht es kein Studium der Biologie. Wie die Alltagserfahrung zeigt, wird jede Kiesgrube, die nicht vergiftet ist, rasch von Flora und Fauna belebt. Ich erlaube mir, zu verallgemeinern: Ob Pflanzen- oder Tierarten – wo sie auf keine ihnen externe natürlichen Grenzen stoßen, breiten sie sich mehr und mehr aus.[14] Der in der Natur übliche Artenegoismus ist in der Sprache der Politischen Philosophie sowohl imperialistisch als auch despotisch eingefärbt. Die neuere Forschung, die neuere Soziobiologie lehrt dafür drei gute Gründe. Man kann sie auch als Gebote der Klugheit formulieren, diktiert von der Logik des Überlebens in der globalen Konkurrenz um knappe Ressourcen.[15]

Erstes Gebot: Zur Erhaltung seiner Lebensprozesse muss jedes Lebewesen der Natur Ressourcen entziehen und sie zugunsten der eigenen Bedürfnisse verändern. Ich nenne es *Oiko-*

14 Übrigens erklärt schon der große Aristoteliker des Mittelalters, THOMAS VON AQUIN, Naturwesen seien mehr an der Erhaltung der Spezies als am Individuum interessiert: *Summa Theologica*, Teil I, Frage 60, Artikel 5, *ad tertium*.

15 Vgl. HÖFFE ^{4}2000, Kap. 12; dort weitere Literatur.

poiese und verstehe darunter die Aufgabe, die Natur zur eigenen Heimstatt, zu *oikos*, umzuarbeiten (*-poiese*). Was nach der *Genesis* für den Menschen charakteristisch ist, gilt in Wahrheit für die gesamte Biosphäre: In artspezifischer Variation machen Lebewesen sich die Erde untertan.

Angesichts knapper Ressourcen setzt sich nun zweitens diejenige Art gegen die Konkurrenz durch, die mittels wachsender Zahl von Exemplaren auf die anderen Arten einen Druck ausübt. Dieser Umstand führt zum Expansionsgebot der *Genesis* und trifft erneut nicht bloß auf den Menschen zu: „mehret euch und füllet die Erde". Gegen eine Praxis, die in vielen humanen Bereichen dringend nötig wäre, gegen ein Nullwachstum, erhebt die Logik des Überlebens Einspruch. Statt dessen steckt „in *jeder* Organisationsart [...], von der Alge bis zur Blattlaus, von der Feldmaus bis zum Menschen, der Keim einer Populationslawine".[16] Die naturübliche Bevölkerungspolitik ist imperialistisch.

Drittens verbietet der Konkurrenzdruck, das (aufgeklärte) Selbstinteresse einzuschränken und auf die Interessen anderer Arten Rücksicht zu nehmen. Das existentielle Interesse am Überleben kennt keine internen Grenzen; naturüblich ist nicht der limitierte, sondern der unlimitierte, sowohl expansive als auch despotische Egoismus.

Hier drängt sich die Frage auf, wie die Natur, wenn in ihr ein expansiver Artenegoismus vorherrscht, die doch so bewunderte Fähigkeit zur Koexistenz zustande bringen kann. Zuständig sind zwei Leitfaktoren: erstens, man kann nicht; zweitens, man will nicht; dort fehlt die Macht, hier das Interesse. Die Macht fehlt, weil irgendeine zum Leben notwendige Ressource für jede Art nur begrenzt verfügbar ist. Das einfache Exempel: Eine Raubtierart, die ihr Beutetier ausrottet, rottet sich selbst mit aus. Das Interesse wiederum fehlt, weil oft genug die Kooperation einträglicher ist als der rücksichtslose Kampf mit Zähnen und Klauen. Wie im humanen, so bringt auch im subhumanen Bereich die Kooperationsfähigkeit oft einen evolutionären Vorteil. Ein dritter, vermutlich sogar wichtigster Faktor besteht in einem zweiten Machtdefizit: Die Expansionstendenz jeder Spezies stößt auf dieselbe Tendenz der vielen anderen Arten. In der Natur herrscht also statt einer speziesinternen und dann unzuverlässigen Limitation die speziesexterne und hochverlässliche soziale Limitation vor: die Begrenzung durch die Konkurrenten.

Bekanntlich geht beim Menschen diese naturinterne Begrenzung mehr und mehr verloren. Im Laufe der Zivilisationsgeschichte wächst nämlich die Stärke des Menschen, in der Neuzeit aus zwei Gründen sogar exponential: Dank einer wissenschaftsgeprägten Technik wird der Mensch machtmäßig überlegen. Und dank einer kulturellen Veränderung, einer Metamorphose von ehemals moralisch kritisierten Lastern zu moralisch neutralen Interessen, nutzt der Mensch seine Überlegenheit kräftig aus. Beispielsweise wurde aus dem Laster der Habgier eine vielfach bewunderte Geschäftstüchtigkeit. Die Verbindung eines so gut wie unbegrenzten Könnens mit einem ebenso unbegrenzten Wollen führt nun zu einer Zivilisationsform, die das naturübliche „Recht" des Stärkeren in alle Richtungen ausspielt, dabei zunächst fremde Arten, dann sogar das eigene Überleben gefährdet.

Sie werden sich fragen, warum ich diese Überlegungen eingeschoben habe. Sie hängen mit meiner Leitfrage nach einer etwaigen Hierarchie des Lebendigen und dem an sie gerichteten Vorwurf der Anthropozentrik zusammen: Wer wie manch radikaler Naturethiker das „Recht" des Stärkeren aufzugeben verlangt, schreibt dem Menschen einen überlegenen Rang

---

16 Markl 1986, S. 124.

zu. Wer das anthropozentrische Denken ernsthaft verabschieden will, muss sich vorab darüber im Klaren sein, dass dieses Denken nicht nur tatsächlich wirkt, sondern selbst in der Kritik an ihm immer schon gegenwärtig ist. Eine Naturethik, die sich für radikal deshalb hält, weil sie die bislang dominierende Anthropozentrik überwindet, erweist sich hier als inkonsequent. Wenn eine Spezies so mächtig wird, dass sogar die Gesamtheit aller anderen Spezies nicht mehr Paroli bieten kann, wenn die naturübliche, speziesexterne Limitierung entfällt, bleibt nur die speziesinterne Begrenzung übrig. An die Stelle der Kontrolle von außen tritt jene Selbstkontrolle, die wir auch „Moral" nennen, an die Stelle fremder Konkurrenz tritt also die eigene Moral.

Nicht dass der Mensch sich in den Mittelpunkt stellt, auch nicht dass er zur Technik fähig ist, zeichnet ihn exklusiv als Spitze einer Hierarchie des Lebendigen aus. Das erste findet sich vielmehr bei allen Spezies, das zweite zumindest bei einigen. Neuartig ist erst zweierlei: eine nutzenfreie kognitive Aktivität, die *Theoria*, und die Fähigkeit, das naturübliche Sich-in-den-Mittelpunkt-Stellen einzuschränken. Wegen der zweiten Fähigkeit, der Fähigkeit zur Moral, nenne ich den Menschen das *animal morabile*, das Tier, das zwar nicht immer moralisch handelt, das zur Moral fähig und seinem eigenen Wesen nach dazu berufen ist.[17]

Ohne Zweifel findet sich in der Tierwelt moralanaloges Verhalten, insbesondere auch dessen negative Seite.[18] So vermag ein Schimpanse vorzugeben, einen Strauch von Beeren nicht bemerkt zu haben, um ihn, wenn seine Genossen weitergezogen sind, allein abzupflücken. Sogar Vögel, etwa Regenpfeifer, können einen gebrochenen Flügel vortäuschen, um einen Raubfeind von ihrem Nest abzulenken. Ein Schimpanse kann in Anwesenheit eines dominanten Männchens seine Erektion mit der Hand verbergen, und ein Weibchen gegen ein anderes eine versöhnende Geste machen, um darauf sein Opfer umso erfolgreicher zu beißen.

Derartiges Verhalten lässt sich aber nur dann als Verletzung von Moral, nämlich als bewusste Täuschung, als Lug und Betrug, deuten, wenn eine strukturelle Komplikation gegeben ist: dass das Verhalten *als* Täuschung stattfindet. Zum Begriff des Lügens gehört, dass man bei einem anderen absichtlich eine falsche Überzeugung hervorzurufen sucht. Dafür braucht es eine geistige Fähigkeit, die man bei hochentwickelten Tieren – noch? – nicht gefunden hat. Das Tier muss in einem einzigen Denkakt die Vorstellung von etwas Tatsächlichem, in den Beispielen die Geste des Zudeckens oder des Sich-Zurückhaltens, mit der Vorstellung einer nur möglichen oder sogar nur eingebildeten Situation verbinden: Das dominante Männchen ist davon überzeugt, es habe keinen sexuellen Konkurrenten; oder das bedrohte Weibchen hält die Geste der Konkurrentin für ein Versöhnungszeichen und wird dadurch „eingelullt".

Zur Fähigkeit des Lügens gehören geistige Spiegelungsprozesse von der Art „Ich weiß, dass du weißt, dass ich weiß", hier: „Ich glaube, dass du glaubst, dass ich die Geste so (als Geste der Versöhnung [...]) meine". Folglich liegt bei den genannten subhumanen Beispielen kein Täuschen im strengen Sinn eines absichtlichen Hinters-Licht-Führens, folglich auch kein moralwidriges Verhalten vor. Was manche Tierforscher als Ansätze von Moralfähigkeit bezeichnen, ist in Wahrheit zwar bemerkenswert, aber erst eine Vorstufe. Sollten aber künftig Gegenbeispiele

17 Ohne diese Fähigkeit, derentwegen der Mensch denn doch einen höheren Rang einnimmt, ohne die Moralfähigkeit, sind übrigens eine ökologische Naturethik und eine Tierschutzethik undenkbar. Nur eine Spezies, die sich bei der Selbstbehauptung als weit stärker denn alle anderen Spezies erweist, macht diese Ethik nötig. Und nur eine Spezies, die das Prinzip Selbstbehauptung überwindet und sich damit als von Grund auf höherrangig erweist, macht sie möglich.

18 Für einen knappen Einblick siehe Höffe 2007, Kap. 4, dort nähere Literatur.

gefunden werden, so wären die Folgen zu ziehen: Die betreffenden Wesen wären in unsere Welt von Lob und Tadel, von Vertragsrecht, Strafrecht und Völkerrecht zu integrieren.

Bleiben wir dabei, den Entdecker des einschlägigen Argumentationsmusters zu würdigen. Daher wenden wir uns dem dritten angekündigten Denker zu. Er ist einer der bedeutendsten Philosophen des Lebendigen, auch wenn er als solcher kaum wahrgenommen wird: Immanuel KANT. In der *Kritik der Urteilskraft* entwickelt er eine vielgerühmte Theorie des Schönen, definiert als interesseloses Wohlgefallen. Insofern – erlauben Sie mir die Frage zum vorgestrigen Abendvortrag – sind Fische tatsächlich für ihresgleichen schön, oder empfindet das interesselose Wohlgefallen lediglich der Mensch? Der zweite Teil der genannten Schrift entfaltet eine Philosophie des Lebendigen, die selbstverständlich aus Kenntnis der damals führenden Biologen wie LINNÉ, BUFFON, BONNET, HALLER und BLUMENBACH erfolgt.

KANT sieht die einschlägige Besonderheit des Menschen im Verstand. Er hebt aber nicht dessen kognitive, sondern die praktische Seite hervor, das Vermögen, sich selbst willkürlich Zwecke zu setzen. Insofern nur der Mensch dieses Vermögen besitze, liegt darin ein Vor*rang*, an den KANT das Vor*recht* anschließt, legitimer Herr der Natur zu sein.[19]

Bloß als Naturwesen betrachtet steht der Mensch im Kontinuum der Natur; er hat, wie man in Westafrika erzählt, mit den Tieren den gleichen Vater. Und er teilt, wie die Molekularbiologie präzisiert, selbst mit einfachen Tieren einen Großteil der Genausstattung. KANT führt übrigens eine Variante der Stufenordnung an, die nichtidyllische Variante: Das Pflanzenreich, „Gewächsreich“ genannt, bietet dem Tierreich Nahrung, im Tierreich dienen die pflanzenverzehrenden Tiere den Raubtieren zur Nahrung; es herrscht das Gesetz des Fressens und Gefressenwerdens. Dieses Gesetz, entdramatisiert „Nahrungskette“ genannt, findet sich im üppigen Regenwald nicht mehr als in der nur scheinbar lebensfeindlichen Arktis und Antarktis, dort von der kleinsten Kieselalge über Schnecken, Krebse und den Krill bis zu den Bartenwalen.

Die Gesamtheit dieser Naturreiche kann nun der Mensch auf jene vielfache Weise gebrauchen, die ihm sein Verstand lehrt; er ist fähig, die Natur zu beherrschen.[20] Aus der Fähigkeit folgt allerdings noch kein Recht. Dazu braucht es einen Perspektivenwechsel. Solange man sich im Horizont der Natur bewegt, ist der Mensch ein Naturwesen, das dank seiner Intelligenz Naturforschung betreiben und mit ihrer Hilfe die Natur zu beherrschen vermag. Von einem Recht auf Herrschaft wie überhaupt von Rechten kann man aber erst dann sprechen, wenn man den Horizont von Freiheit, Zurechnungsfähigkeit, Recht und Moral betritt. Als Naturwesen kann und darf der Mensch instrumentalisiert werden. Erst und nur wegen seiner Moralfähigkeit sperrt er sich dagegen und verlangt, was wir von KANTS kategorischem Imperativ wissen, nie bloß als Mittel, sondern stets auch als Zweck behandelt zu werden.

Erst als Moralwesen erhält der Mensch ein Recht zur Naturbeherrschung, selbstverständlich aber nur ein Recht, das seinem moralischen Wesen gerecht wird. Infolgedessen darf seine Naturbeherrschung nicht willkürlich, schon gar nicht despotisch und ausbeutend, sondern lediglich im Rahmen der Moral erfolgen. Das dritte Argument und zugleich die dritte Option für den Menschen als Spitze der Hierarchie: Sofern der Mensch nicht in einer nutzenfreien Forschung die Natur in Ruhe lässt, ist er als Moralwesen aufgefordert, die Natur, und zwar

---

19 *Kritik der Urteilskraft*, § 83. Zur näheren Interpretation siehe HÖFFE 2008.

20 Was KANT hier nicht erwähnt, aber zur wechselseitigen Instrumentalisierung bloßer Naturwesen gehört: Wenn sich der Mensch nicht vorsieht, kann auch er zum Opfer von fleischverzehrenden Tieren und können seine Pflanzungen und Beete zum Opfer pflanzenverzehrender Tiere oder expansiver Pflanzen werden.

die doppelte Natur, nicht nur die äußere, materielle Natur, sondern auch die innere, denkende Natur nur nach Maßgabe der Moral und auf die Moral hin zu verändern. Bloß der Mensch ist zu etwas verpflichtet, was keinem anderen Wesen in der Welt aufgebürdet wird, nämlich zu einer Verantwortung für die Welt außerhalb der eigenen Spezies.

Welche Veränderung jedoch ist dem Moralwesen Mensch auferlegt? Man könnte sich überlegen, ob der Mensch die Zweckmäßigkeit in der subhumanen Natur verbessern oder steigern sollte. In dieser Hinsicht kann man die Natur aber schon für wohlgeordnet halten. Denn die Pflanzen dienen den pflanzenfressenden Tieren, diese wiederum den Raubtieren, während man dem Menschen die Aufgabe zusprechen könnte, etwa durch Vermindern der Raubtiere „ein gewisses Gleichgewicht unter den hervorbringenden und den zerstörenden Kräften der Natur" zu stiften.[21] Heute zeigt sich aber mehr und mehr, dass der Mensch durch Raubbau an der Natur, einschließlich Überjagen und Überfischen, das bisherige Gleichgewicht kräftig, sogar gnadenlos stört. Für die Ordnung in der Natur sorgt er daher am besten, indem er sich selbst zur Ordnung ruft.

Ich breche an dieser Stelle ab und ziehe eine vorsichtige Bilanz: Wenn man eine Hierarchie des Lebendigen entwerfen will, so kann der Mensch in dreierlei Hinsicht als deren exklusive Spitze verstanden werden, und dem entsprechen drei Hierarchien von Disziplinen:

(*1.*) als nützlicher Naturforscher, als Forscher zum Zweck von Technik und Medizin;
(*2.*) als nutzenfreier Naturforscher, als jemand, der das Wissen bloß als Wissen sucht; und schließlich
(*3.*) als Moralwesen, das für sich und die Welt Verantwortung übernehme.

Was die Griechen *Athenai* nennen, ist bei den Römern *Minerva*, die Göttin der Weisheit, auch der Moral. Daher darf ich mit diesem Wunsch schließen: Wenn schon die Eule der Minerva nur am Abend fliegt, warum nicht rechtzeitig, also am Abend zuvor?

Literatur

ARISTOTELES: De Anima. Hrsg. von W. D. ROSS. Oxford: Clarendon Press 1961; dt. Über die Seele. Übers. und hsrg. von W. THEILER. Berlin: Akademie-Verlag [8]2006

ARISTOTELES: De Partibus Animalium. Hrsg. von A. L. PECK. Cambridge (MA): Harvard University Press 1968; dt. Über die Teile der Lebewesen. Übers. und hrsg. von W. KULLMANN. Berlin: Akademie-Verlag 2007

ARISTOTELES: De Generatione Animalium. Hrsg. von H. J. DROSSAART LULOFS. Oxford: Clarendon 1965

ARISTOTELES: Ethica Nicomachea. Hrsg. VON I. BYWATER. Oxford: Clarendon 1949; dt. Nikomachische Ethik. Übers. und hrsg. von U. WOLF. Reinbek: Rowohlt-Taschenbuch-Verlag 2006

ARISTOTELES: Historia Animalium. Hrsg. von A. L. PECK. 3 Bde. Cambridge (MA): Harvard University Press 1970

ARISTOTELES: Metaphysica. Hrsg. von W. JAEGER. Oxford: Clarendon 1957; dt. Metaphysik. Übers. von H. BONITZ, neu hrsg. von U. WOLF. Reinbek: Rowohlt-Taschenbuch-Verlag 1994

DESCARTES, R.: Discours de la méthode. Hrsg. von E. GILSON. Paris:Vrin 1954; dt.: Von der Methode. Übers. und hrsg. von L. GRÄBE. Hamburg: Meiner 1964

HÖFFE, O.: Moral als Preis der Moderne. Ein Versuch über Wissenschaft, Technik und Umwelt. Frankfurt (Main): Suhrkamp [4]2000

HÖFFE, O. (Hrsg.): Aristoteles-Lexikon. Stuttgart: Kröner 2005

HÖFFE, O.: Aristoteles. (Beck'sche Reihe Denker) München: Beck [3]2006

HÖFFE, O.: Lebenskunst und Moral. Oder Macht Tugend glücklich. München: Beck 2007

21 Vgl. KANT, *Kritik der Urteilskraft*, V 427.

Höffe, O.: Der Mensch als Endzweck (§§ 82–84). In: Höffe, O. (Hrsg.): Immanuel Kant. Kritik der Urteilskraft. (Klassiker auslegen Bd. *33*) S. 289–308. Berlin: Akademie Verlag 2008
Kant, I.: Kritik der reinen Vernunft (1781). In: Kant, I.: Gesammelte Schriften. Hrsg. von der Preußischen Akademie der Wissenschaften. 1. Aufl. (A) Bd. *IV*, 1–252, 2. Aufl. (B) Bd. *III*, 1–552. Berlin: Reimer 1902ff.
Kant, I.: Kritik der Urteilskraft (1790). In: Kant, I.: Gesammelte Schriften. Bd. *V*, 165–485. Berlin: Reimer 1913
Krohs, U., und Toepfer, G. (Hrsg.): Philosophie der Biologie. Eine Einführung. Frankfurt (Main): Suhrkamp 2005
Markl, H.: Natur als Kulturaufgabe. Stuttgart: Deutsche Verlagsanstalt 1986
Thomas von Aquin: Sancti Thomae de Aquino Summa theologiae (= Summa theologica). Madrid: BAC 1995

Prof. em. Dr. Dr. h. c. mult. Otfried Höffe
Leiter der Forschungsstelle Politische Philosophie
Philosophisches Seminar der Universität Tübingen
Bursagasse 1
72070 Tübingen
Bundesrepublik Deutschland
Tel: +49 7071 2974549
Fax: +49 7071 295052
E-Mail: sekretariat.hoeffe@uni-tuebingen.de

Nova Acta Leopoldina NF *116*, Nr. 394, 255–266 (2012)

Möglichkeiten und Grenzen menschlicher Entwicklungen über die Lebensspanne

Ursula M. STAUDINGER ML (Bremen)

Vizepräsidentin der Akademie

Ursula M. Staudinger

Zusammenfassung

Die Frage „Was ist Leben?" beantwortet sich für die Entwicklungspsychologie diachronisch, d. h. anhand der Erforschung der Möglichkeiten und Grenzen menschlicher Entwicklung von der Konzeption bis zum Tode. Entwicklung und Altern lösen sich im Verlauf des Lebens nicht ab, sondern können aus der Sicht der modernen Entwicklungspsychologie als zwei Begriffe, die einen Prozess beschreiben, konzeptualisiert werden. Weder menschliche Entwicklung noch das Altern sind biologisch determiniert, sondern probabilistisch zu betrachten, als das Ergebnis der kontinuierlichen Wechselwirkung zwischen biologischen und soziokulturellen Einflüssen. Insofern weisen Entwicklungsverläufe in biologisch vorgegebenen Grenzen zu jedem Zeitpunkt in der Lebensspanne Spielräume der Konkretisierung auf, die als Plastizität menschlicher Entwicklung bezeichnet werden. Der konkret zu beobachtende Entwicklungsverlauf einer Person hängt von den verfügbaren internen und externen Ressourcen ab. Empirische Beispiele aus den Bereichen Gesundheit, körperliche Fähigkeiten, Kognition oder Persönlichkeit sind Zeugen dieser postulierten Plastizität sowie ihrer Grenzen. Solche Grenzen wurden bisher hauptsächlich im hohen und sehr hohen Alter identifiziert. Vor dem Hintergrund der Befunde aus der Epigenetik stellt sich hier die Frage, ob diese altersbezogenen Grenzen als biologische Grundkonstanten kulturellen Wandel überdauern oder ob sie sich auch auf der Altersskala nach oben oder unten verschieben. Auf solcher empirischer Basis ist es dann weiterhin interessant, sich Gedanken über die Eigenschaften soziokultureller Kontexte zu machen, die die bestmögliche Erschließung der Möglichkeiten menschlichen Lebens erlauben.

Abstract

In developmental psychology, the question "What is life?" is answered diachronically, that is, by studying the potential and limits of human development from conception to death. Development does not precede aging during one's lifespan, rather, in modern developmental psychology they are conceptualized as two facets of the same process. Neither human development nor aging are biologically or contextually determined. Instead they are probabilistic in nature, as they are the result of continuous interactions between biological and sociocultural forces. This is why developmental trajectories can take many different shapes within biological limits. This variability has been labeled 'plasticity of human development'. An empirically observed developmental trajectory of a person depends on the internal and external resources that are available to her/him. Examples from cognition and personality are introduced to document that postulated plasticity and its limits. The limits of plasticity have been identified mainly in old and very old age. Given recent findings accumulating from the field of epigenetics, the question arises whether these age-related limits are biological constants that outlast even cultural change or whether these limits also underlie historical change. Given the notion of plasticity of human development, it is worthwhile compiling more and more scientific knowledge about which characteristics of sociocultural contexts are optimal for unfolding the potential of human life.

Die Frage „Was ist Leben?" wird von der Entwicklungspsychologie diachronisch beantwortet, d. h. anhand der Erforschung der Möglichkeiten und Grenzen menschlicher Entwicklung von der Konzeption bis zum Tode. Die moderne Entwicklungspsychologie definiert Entwicklung als altersgebundene irreversible Veränderungen in der Fähigkeit, Entwicklungskontexte zu meistern, aber auch diese (mit) zu gestalten (z. B. BALTES et al. 2006). Im Zentrum der Aufmerksamkeit steht das Leben der ganzen Person.

1. Definition menschlicher Entwicklung

Menschliche Entwicklung umfasst zu jedem Zeitpunkt im Leben sowohl Gewinne als auch Verluste, und beide bilden eine Gewinn-Verlust-Dynamik. Zu Beginn des Lebens überwiegen die Zugewinne und im hohen Alter die Verluste, doch es gibt in jedem Alter beides (vgl. BALTES 1987). Schon im Kleinkindalter, wo alles nach Zugewinn aussieht, haben wir auch Verluste wie z. B. im Bereich der Sprachkompetenz. Wir werden mit der Fähigkeit geboren, alle auf dieser Erde vorfindlichen Phoneme zu unterscheiden. Wir verlieren diese Fähigkeit jedoch mit dem zunehmenden Erwerb der Muttersprache. Und umgekehrt gibt es auch im Alter Gewinne, wie z. B. den Zugewinn an Ausgeglichenheit und Verlässlichkeit (z. B. STAUDINGER 2005). Entwicklung ist nur möglich durch Auswahl (Selektion) einer Entwicklungsrichtung im Vergleich zu einer anderen und hat insofern immer auch Kosten (vgl. WADDINGTON 1957). Mit anderen Worten: Entwicklung und Altern lösen sich im Verlauf des Lebens nicht ab, sondern werden aus der Sicht der modernen Entwicklungspsychologie als zwei Facetten eines Prozesses verstanden.

Menschliche Entwicklung ist nicht eindimensional. Sie findet gleichzeitig in verschiedenen Funktionsbereichen statt und kann dort zu einem Zeitpunkt unterschiedlichen Entwicklungsrichtungen folgen (Zugewinn, Verlust, Stabilität). So können zu einem Zeitpunkt in einer Person zugleich Zugewinne als auch Verluste beobachtet werden. Die Entwicklungspsychologie untersucht die Entwicklung des Denkens, Fühlens, Wollens und Handelns. Erforscht werden z. B. die geistige Leistungsfähigkeit, aber auch die Persönlichkeit oder der Bereich der sozialen Beziehungen. Im Folgenden werde ich bespielhaft die Entwicklung der geistigen Leistungsfähigkeit und der Persönlichkeit aufgreifen.

2. Quellen menschlicher Entwicklung

Die Frage „Was ist Leben? wirft auch die Frage nach den Quellen oder Ursachen auf. Entwicklung hat zwei Quellen, zum einen die Biologie und zum anderen die soziokulturelle und physikalische Umgebung. Beide Quellen müssen gleichzeitig berücksichtigt werden, will man menschliche Entwicklung erklären und vielleicht sogar vorhersagen. Es geht heute nicht mehr darum, zu analysieren, welche dieser Quellen die Wichtigere ist, sondern darum die jeweils ablaufenden Wechselwirkungsprozesse zu ergründen (vgl. auch LI 2003). Der gleiche Kontext wirkt auf unterschiedliche Personen unterschiedlich in Abhängigkeit von biologischen, aber auch psychologischen Einflussgrößen. Beispielsweise ist aus der Arbeitspsychologie bekannt, dass sich Schichtarbeit in Abhängigkeit vom chronobiologischen Typus einer Person unterschiedlich auswirkt (z. B. RÖNNEBERG et al. 2007). Umgekehrt verändert der Kontext, in welcher Weise biologische Eigenschaften einer Person deren Entwicklung beeinflussen. So hat die Temperamentsforschung am Anfang des Lebens gezeigt, dass Kinder mit einem sogenannten schwierigen Temperament, das schon intrauterin durch größere Unruhe und Unregelmäßigkeiten gekennzeichnet ist, in Abhängigkeit davon, auf welche Eltern sie treffen (ausgleichend oder verstärkend), sich eher problematisch oder unauffällig entwickeln (Thomas und Chess 1977).

Entsprechend den Quellen von Entwicklung sind drei Entwicklungsprozesse zu unterscheiden: der biologische Prozess der Reifung und Seneszenz, der Prozess des Lernens, der es uns über die gesamte Lebensspanne hinweg erlaubt, die Gegebenheiten der Umgebung, aber auch der eigenen Person aufzunehmen und zu behalten, und schließlich der dritte Prozess, der des individuellen Entscheidens und Handelns, den wir im Laufe unserer Entwicklung durch den Erwerb der Handlungskontrolle hinzugewinnen.

3. Plastizität menschlicher Entwicklung

Menschliche Entwicklung/Alterung ist weder biologisch noch kontextuell determiniert, sondern aufgrund ihrer interaktiven Natur probabilistisch zu betrachten, als das Ergebnis der kontinuierlichen Wechselwirkung zwischen biologischen und sozio-kulturellen Einflüssen (Lerner 1984). Insofern weisen Entwicklungsverläufe in biologisch vorgegebenen Grenzen zu jedem Zeitpunkt in der Lebensspanne Spielräume der Konkretisierung auf, die als Plastizität menschlicher Entwicklung bezeichnet werden (vgl. auch Staudinger et al. 1995, Kessler und Staudinger 2006). Der konkret zu beobachtende Entwicklungsverlauf einer Person hängt von den verfügbaren internen und externen Ressourcen und ihrer Wechselwirkung ab. Mit anderen Worten, die jeweils beobachtbare Ausschöpfung der vorhandenen Entwicklungsreserven hängt ab von der Gestaltung gesellschaftlicher Institutionen und soziokultureller Kontexte, hängt ab von Ernährung und chemisch-physikalischen Umwelteinflüssen, genauso wie von individuellen Verhaltensweisen. Eine Konsequenz aus der probabilistischen Natur menschlicher Entwicklung/Alterung sind die großen Unterschiede zwischen den Menschen und die Tatsache, dass diese Unterschiede mit zunehmendem Alter immer größer werden. Je älter wir werden, umso weniger informativ ist das kalendarische Alter einer Person. Man sollte also nicht meinen, dass man sehr viel über die Leistungsfähigkeit einer Person weiß, wenn man weiß, dass diese Person z. B. 60 Jahre alt ist (vgl. Staudinger 2012). Ganz anders ist dies am Anfang des Lebens, wenn die Information, dass ein Kind etwa 6 Jahre alt ist, noch sehr informativ ist. Dies ist durchaus unpraktisch, denn das kalendarische Alter erlaubt eine einfache Orientierung, ohne dass weitere Diagnostik stattfinden muss. Insofern ist es auch verständlich, dass das kalendarische Alter bisher in sozialen Institutionen eine so wichtige Rolle gespielt hat; dass dadurch aber Menschen auch unter- oder überschätzt in ihrer Leistungsfähigkeit und ihren Eigenschaften werden können, muss noch stärker in das allgemeine Bewusstsein dringen. Es sind aber nicht nur Unterschiede zwischen Personen, die aus der probabilistischen Natur des Menschen resultieren, sondern auch innerhalb einer Person kann sich das Leistungsniveau in kurzen Zeiträumen in Abhängigkeit von biologischen, kontextuellen und psychologischen Einflüssen verändern (vgl. Staudinger et al. 1995).

Plastizität kann negativer oder aber positiver Natur sein und innerhalb der positiven Plastizität, also der Ausschöpfung von Leistungsspielräumen nach oben, lassen sich zwei verschiedene Formen unterscheiden. Die eine Form wird als Resilienz bezeichnet und betrifft die spontane oder von außen unterstützte Aktivierung von Ressourcen, um sich gegen den Verlust von Leistungsfähigkeit bei der Einwirkung von biologischen oder kontextuellen Stressoren zu schützen oder auch nach einem nicht vermeidbaren Einbruch wieder auf das Ausgangsniveau zurückzugelangen (vgl. GREVE und STAUDINGER 2006). Das zweite Phänomen ist die Plastizität im Sinne von Wachstum. Hier geht es darum, das Leistungs- und Funktionsniveau mit Hilfe von internen oder externen Ressourcen über das normalerweise zu beobachtende Niveau hinaus zu steigern. Ein gutes Beispiel ist hier der Effekt von regelmäßigem sportlichem Ausdauertraining auf die kognitive Leistungsentwicklung, aber auch der sogenannte Flynn-Effekt lässt sich hier anführen. Mit dem Flynn-Effekt wird die Beobachtung bezeichnet, dass sich, seit man Intelligenz messen kann, in entwickelten Gesellschaften, das intellektuelle Niveau von Generation zu Generation gesteigert hat (FLYNN 1984). Von der zweiten Art der Plastizität spricht man auch, wenn in seltenen Fällen Wachstum von einem abgesenkten Leistungsniveau aus erfolgt. Hierfür ist die Persönlichkeitsentwicklung nach traumatischen Erlebnissen ein gutes Beispiel (TEDESCHI und CALHOUN 2004).

Im Weiteren werden empirische Beispiele aus den Bereichen der Kognition und der Persönlichkeit herangezogen, um die postulierte Plastizität menschlicher Entwicklung sowie ihrer Grenzen zu belegen.

4. Plastizität kognitiver Entwicklung

Als Ausgangpunkt betrachten wir zunächst den etablierten Befund zum Verlauf der kognitiven Leistungsfähigkeit über die Lebensspanne (vgl. BALTES et al. 2006). Zwei Dimensionen geistiger Leistungsfähigkeit, die eng miteinander verbunden sind, werden jedoch aus heuristischen Gründen unterschieden, die Mechanik und die Pragmatik. Mit der Mechanik bezeichnet man die Grundausstattung des Gehirns im Sinne der Anzahl der Neuronen, deren Verknüpfungen, sowie den Gehirnstoffwechsel, also die biologienahen Anteile der Kognition. Der Entwicklungsverlauf der Mechanik erinnert stark an das klassische Auf und Ab der Lebenstreppenabbildungen. Die Leistungsfähigkeit steigt bis etwas zum 25. Lebensjahr an und fällt danach stetig ab mit großen interindividuellen Unterschieden zu jedem Lebensalter. Allerdings gibt es bisher keinen verlässlichen Hinweis darauf, dass sich die Steigung des Abbaus zwischen Personen unterscheidet, sondern die Unterschiede betreffen das Niveau. Die Gründe für diese Entwicklung sind auf der Verhaltensebene an einer abnehmenden Geschwindigkeit der Informationsverarbeitung und einem eingeschränkten Monitoring der Kognition (d.h. exekutive Kontrolle) festzumachen. Auf der neurophysiologischen Ebene lassen sich strukturelle Veränderungen, wie die Reduktion der Anzahl und der Verknüpfung zwischen den Neuronen, heranziehen (z. B. RAZ 2000), aber ebenso die Verminderung in der Verfügbarkeit von Neurotransmittern wie etwa Dopamin (z. B. BÄCKMAN et al. 2000).

Die zweite Komponente wird als die Pragmatik des Geistes bezeichnet und fasst das Wissen und die Erfahrungen zusammen, die wir im Laufe des Lebens ansammeln. Der Entwicklungsverlauf der Pragmatik sieht ganz anders aus als der der Mechanik. Hier beobachtet man einen Anstieg bis zu 40 – 50 Jahren, und danach bleibt das Niveau stabil, bis dann erst im sehr hohen Alter ein schwach ausgeprägter Abfall zu verzeichnen ist. Die Mechanik und die Pragmatik stehen in enger, auch kompensatorischer Wechselwirkung zueinander. Zunächst ist die Mechanik erforderlich, um Neues zu lernen; je mehr Wissen jedoch in einem Bereich angesammelt wurde, umso unabhängiger wird unser Denken von der Mechanik und kann durch Wissen negative Veränderungen in der Mechanik ausgleichen. Dies ist ein Beispiel für spontane Resilienz, also die Pragmatik wird zur Ressource für die Mechanik und kompensiert auf natürliche Weise den Leistungsabfall. Zum Beispiel konnte SALTHOUSE (1984) in einem klassischen Experiment zeigen, dass ältere Typistinnen die verlangsamte Wahrnehmungs- und Anschlagsgeschwindigkeit durch weiteres Vorauslesen ausgleichen konnten, so dass sich im Produkt (Fehler und Anzahl der Seiten pro Zeiteinheit) kein Unterschied zu den jungen Typistinnen feststellen ließ. Im Alltag ist es deshalb sehr selten, dass wir den negativen Verlauf der Mechanik zu spüren bekommen. Glücklicherweise muss man sagen, denn es ist schwer vorstellbar, wie sonst Gesellschaften oder auch Unternehmen, die ja im Durchschnitt von Personen jenseits von Alter 40–50 gelenkt werden, erfolgreich sein könnten.

Neben der spontanen Resilienz lässt sich die kognitive Resilienz jedoch auch interventiv herbeiführen. Drei Mechanismen lassen sich hier unterscheiden. Der erste Mechanismus betrifft die gesellschaftliche Entwicklung, wie sie sich etwa in verbesserter Bildung und Bildung mit höherer Durchdringung, aber auch besserer Ernährung besonders im Kindesalter niederschlägt. Anhand von Daten der Seattle-Längsschnittstudie konnte gezeigt werden, dass sich die geistige Leistungsfähigkeit von Kohorte zu Kohorte stetig verbessert hat. Der Leistungszuwachs über 50 Jahre betrug etwa 1,5 Standardabweichungen (SCHAIE 1996). Hierdurch erhöht sich also das Niveau, auf dem die Entwicklungskurve angesiedelt ist, aber nicht unbedingt ihr Verlauf (d.h. Neigungswinkel). Ein zweiter Mechanismus ist die historische Verlangsamung des Alterns. Der Gesundheitszustand eines heute 70-Jährigen entspricht etwa dem eines 60-Jährigen vor einer Generation (vgl. VAUPEL 2010). Hierdurch wird der Scheitelpunkt der Entwicklungskurve nach hinten verschoben. Und schließlich der dritte Mechanismus sind gezielte Trainingsmaßnahmen, die sich positiv auf die geistige Leistungsfähigkeit auswirken und geeignet sein könnten, den Neigungswinkel des Entwicklungsverlaufs positiv zu beeinflussen. Diese Trainingsforschung gibt es seit den 1970er Jahren. Man begann zunächst damit, ältere Personen in den Aufgaben der Mechanik zu trainieren, in denen Verluste beobachtet wurden, also z. B. im logischen Schließen oder im Gedächtnis (BALTES und KLIEGL 1992). Das Ergebnis dieser ersten Generation von Trainingsstudien zeigt eindrucksvoll, dass sich die Leistungen signifikant und nachhaltig verbessern lassen. Dies gelingt entweder durch die Vermittlung von Strategien, die es erlauben, den Leistungsverlust zu kompensieren, wie z. B. eine Gedächtnisstrategie, oder aber auch durch schlichtes Üben in Kombination mit Rückmeldung zur Korrektheit der Lösung (z. B. LINDENBERGER und KRAY 2005). Mit der Entwicklung der bildgebenden Verfahren wurde es dann möglich, die mit den Leistungsverbesserungen assoziierten Gehirnaktivitäten zu untersuchen. Es konnte gezeigt werden, dass die Vermittlung einer Gedächtnisstrategie, wie z. B. der klassischen Gedächtnistechnik der Methode der Orte, dazu führt, dass die Älteren sich etwa 12 Worte mehr als vor dem Training merken konnten, wenn sie diese Strategie anwendeten, und dass dies mit Hilfe von bildhaften Vorstellungen gelingt, die Gegenstand der Methode der Orte sind. Im Gehirn der erfolgreichen älteren Trainingsteilnehmer reflektiert sich das durch erhöhte Aktivität im visuellen Cortex, wohingegen im Gehirn erfolgreicher jüngerer Trainierter sich sowohl im visuellen als auch im präfrontalen Cortex veränderte Aktivität zeigt (NYBERG et al. 2003). Diese neurophysiologischen Muster sind konsistent mit einer Interpretation, dass solche Trainingsmaßnahmen kompensatorische Effekte haben. Weiterhin muss man berücksichtigen, dass solches Training nur in genau den Bereichen zu Leistungsverbesserungen führt, die trainiert wurden und nicht auf andere Aufgaben generalisiert.

In der jüngsten Generation von Trainingsstudien wurde nun gezeigt, dass es eine enge Assoziation zwischen körperlicher Ausdauerfitness und kognitiver Leistungsfähigkeit gibt (z. B. COLCOMBE und KRAMER 2003). Unterziehen sich ältere Personen (> 60 J.) drei Mal die Woche für 40 Minuten einem Ausdauertraining (z. B. Nordic Walking, Radfahren, Schwimmen) zeigt sich bereits nach 3 Monaten über verschiedene Bereiche hinweg eine verbesserte kognitive Leistung. Bei einer Kontrollgruppe, die drei Mal die Woche Entspannungstraining machte, zeigte sich keine solche Veränderung. Diese Verbesserung setzte sich auf der Verhaltensebene bis zu einem Jahr fort, allerdings mit abflachender Lernkurve. Hier gibt es also Hinweise auf die Grenzen der Plastizität. Die neurophysiologische Untersuchung der ausdauertrainierten Älteren, während sie kognitive Aufgaben bearbeiteten, zeigte, dass die Leistungsverbesserung in verschiedenen Aufgaben mit einer Reaktivierung von Bereichen des präfrontalen Cortex einhergeht, die besonders starke altersgebundene Verluste zeigen (z. B. VOELCKER-REHAGE et al. 2011). Interessant ist festzuhalten, dass sich bei Erhöhung der Effektivität der Gehirnaktivität über die 12 Monate hinweg im Unterschied zu den Messungen auf der Verhaltensebene keine Abflachung beobachten ließ. Insofern wäre es sinnvoll, Interventionsstudien durchzuführen, die über die Dauer eines Jahres hinausgehen, um zu beobachten, nach welcher Zeit des Trainings diese Kurve abflacht, und um herauszufinden, ob nach einer gewissen Verzögerung auch die Kurve der Verhaltensmaße wieder ansteigt. Es gibt auch Hinweise darauf, welche neurophysiologischen Mechanismen dieser Leistungsverbesserung zugrunde liegen. So erhöht sich etwa die Anzahl der synaptischen Verknüpfungen zwischen den Neuronen, und es wird die Neurogenese angeregt.

Unter Rückgriff auf das Interaktionsmodell menschlicher Entwicklung, das ich am Anfang vorstellte, in dem Kontexte auf unterschiedliche Personen auch aufgrund ihrer biologischen Ausstattung unterschiedlich wirkten, hat uns weiterhin interessiert, ob sich solche Trainingseffekte bei älteren Menschen mit unterschiedlichen genetischen Prädispositionen, von denen bekannt ist, dass sie in Zusammenhang mit dem Alternsverlauf kognitiver Leistungen stehen, unterschiedlich auswirken (VOELCKER-REHAGE et al. 2012). Um diese Hypothese zu untersuchen, haben wir bei den Teilnehmern der Studie auch die genetische Prädisposition des val/val- bzw. met/met-Polymorphismus bestimmt, von der bekannt ist, dass sie mit dem Dopaminstoffwechsel in Zusammenhang steht, der eine wichtige Voraussetzung kognitiver Leistung ist. Wir konnten feststellen, dass besonders ältere Personen mit der val/val-Ausprägung von dem körperlichen Training profitierten. Insofern kann man hier auch von personalisierter Plastizität sprechen, da sich die gleiche Intervention in Abhängigkeit von der in diesem Fall genetischen Prädisposition unterschiedlich auswirkte. Dieser Moderatoreffekt macht deutlich, dass wir hinsichtlich unseres Verständnisses davon, welche Ressourcen für welche Personen am besten geeignet sind, noch viel differenzierter werden müssen, um die vorhandenen Entwicklungspotentiale auszuschöpfen.

Neben dauerhaften Veränderungen der kognitiven Leistungen durch Interventionen gibt es auch Nachweise von kurzfristiger Beeinflussung der kognitiven Leistungen. In einer experimentellen Studie haben wir beispielsweise untersucht, welchen Effekt es auf die kognitiven Leistungen älterer Personen hat, wenn sie vorher mit einer sehr viel jüngeren Person gemeinsam ein bestimmtes Problem zu bearbeiten hatten. Das Problem war entweder ein schwieriges Lebensproblem oder ein modernes Technikproblem. Das Problem wurde entweder von zwei Personen gleichen Alters (älter, jünger) oder einem altersgemischten Paar bearbeitet. Die Befunde zeigten, dass die Älteren von der Bearbeitung eines schwierigen Lebensproblems, wenn dies gemeinsam mit einer jüngeren Person erfolgte, hinsichtlich ihrer kognitiven Leistungen profitierten. Wenn die Problemlösung mit einer älteren Person erfolgte, gab es dagegen sogar fast einen umgekehrten Trend, und bei der Bearbeitung eines modernen Technikproblems mit einer jüngeren Person zeigte sich anschließend eine signifikante Verschlechterung der kognitiven Leistungen (KESSLER und STAUDINGER 2007). Diese kurzfristige kognitive Leistungsverbesserung steht mit hoher Wahrscheinlichkeit nicht mit einer neurophysiologischen Reorganisation in Zusammenhang, sondern ist vielmehr Ausdruck einer motivationalen Beeinflussung. Ältere Personen, die sich durch den Austausch mit einer jüngeren Person über ein Lebensproblem in ihrer Lebenserfahrung geschätzt und anerkannt fühlen, erleben eine Erhöhung ihres Selbstwertes, und dies stellt dann situativ eine Ressource dar, die die kognitive Leistung erhöht. Hingegen nach einer Gesprächssituation mit einer jungen Person, in der es um ein modernes Technikproblem ging, fühlt sich die ältere Person überfordert; es wurden ihr ihre Grenzen aufgezeigt, und dies hat eine Verschlechterung der kognitiven Leistung zur Folge.

Solche positiven, aber vor allem auch negativen situativen Effekte lassen sich auch beobachten, wenn man ältere Personen damit konfrontiert, dass Alter entweder mit Demenz einhergeht oder aber mit einem Zuwachs an Lebenserfahrung und vielleicht sogar Weisheit, so hat das Konsequenzen für die anschließend gemessene kognitive Leistung. Das Demenzpriming führt zu einer signifikanten Verschlechterung der kognitiven Leistung. Aus der Stereotypenforschung wissen wir, dass durch die Konfrontation mit einem negativen Stereotyp, in diesem Fall der Gleichsetzung von Alter mit Demenz, Angst ausgelöst wird, die sich dann wiederum leistungsverschlechternd auswirkt (LEVY 2003). Es scheint also durchaus sinnvoll, sich darüber Gedanken zu machen, welche Altersbilder wir uns in unserer Gesellschaft und auch welche Altersbilder wir uns im Arbeitsleben leisten. Wir konnten beispielsweise in jüngeren Untersuchungen zeigen, dass sich ein wenig positives Altersklima negativ auf die Leistungsbereitschaft älterer Mitarbeiter auswirkt (BOWEN et al. 2011).

5. Plastizität der Persönlichkeitsentwicklung

Wendet man sich der Plastizität der Persönlichkeit zu, ist es auch hier zunächst notwendig, die Dimensionen zu definieren. Zum einen misst man Persönlichkeit anhand struktureller Merkmale, der sogenannten *Big Five*, das sind die Persönlichkeitseigenschaften Neurotizismus, Extraversion, Offenheit, Verlässlichkeit und Umgänglichkeit, aber auch struktureller Eigenschaften des Selbstkonzepts. Zum anderen misst man Persönlichkeitsprozesse wie Emotionsregulation, Handlungskontrollüberzeugungen, motivationale Orientierungen, Vergleichsprozesse oder Bewältigungsverhalten. Ein sehr eindrucksvolles Beispiel für spontane Resilienz, also Resilienz, die ohne äußere Unterstützung zu beobachten ist, ist das sogenannte Wohlbefindensparadox.

6. Natürliche Resilienz der Persönlichkeit: Das Wohlbefindensparadox

Eine sehr umfangreiche Literatur dokumentiert, mit Hilfe welcher struktureller und prozessualer Ressourcen es möglich ist, das subjektive Wohlbefinden nach der Einwirkung von Stressoren zurückzuregulieren (STAUDINGER 2000). Betrachtet man den Altersverlauf des subjektiven Wohlbefindens, so zeigt sich denn auch Stabilität (vgl. DIENER und SUH 1998).

Erst im hohen Alter mehren sich die Hinweise auf eine sinkende Tendenz. Es sind zum einen Persönlichkeitseigenschaften wie Offenheit, Extraversion und wenig Neurotizismus, die bei dieser Regulation hilfreich sind. Aber auch ein Selbstkonzept, das sich über verschiedene Bereiche erstreckt und nicht nur auf ein Feld, wie z. B. die Arbeit, konzentriert ist, erlaubt es, Stressoren besser abzupuffern (FREUND und SMITH 1999). Im Bereich der Regulationsmechanismen sind es vor allem soziale Vergleichsprozesse, die hilfreich sind. Wenn es uns gelingt, uns jeweils mit der passenden Gruppe oder Person zu vergleichen, stehen wir auch trotz eines verschlechterten Zustands wieder gut da, denn es wird immer Personen geben, denen es noch schlechter geht. Ähnlich hilfreich ist die Anpassung der Ziele, die man sich steckt, und des Anspruchsniveaus, das man bei der Verfolgung dieser Ziele dann hat.

7. Plastizität der Selbstregulation

Beispielhaft gehe ich hier auf die Entwicklung des Motivsystems ein. In einer querschnittlichen Untersuchung, die vom Jugendalter bis in sehr hohe Alter reichte, haben wir die Teilnehmer zum Ausmaß ihres Investments (Denken und Tun) in 10 wichtigen Lebensbereichen befragt (SCHINDLER und STAUDINGER 2005). Die Ergebnisse zeigten, dass sich schon in den ersten vier Rangplätzen die jeweiligen Entwicklungsaufgaben der entsprechenden Lebensphasen widerspiegelten: also im Jugendalter sind Freunde ganz oben, im jungen Erwachsenenalter dann Beruf und Partnerschaft, im frühen mittleren Erwachsenenalter Familie und Beruf, doch schon im späten mittleren Erwachsenenalter, also zwischen 55 und 65 Jahren, kam Beruf in den ersten vier Rangplätzen nicht mehr vor. Diese Daten wurden in den späten 1990er Jahren gesammelt. Diese Ausprägungen sind aber nicht ausschließlich Widerspiegelungen naturgesetzlich festgelegter Entwicklungsverläufe, sondern vielmehr auch Ausdruck gesellschaftlicher Regeln, die zu einem gegebenen historischen Zeitpunkt gelten. Dies zeigt sich eindrücklich, wenn man sich ansieht, wie sich die Bejahung der Frage, ob man erwartet, mit 60 Jahren in Rente zu gehen, von 50 % 1996 zu 35 % 2002 verändert hat (Quelle: *Deutscher Alterssurvey*). Indirekt lässt sich an solchen Verschiebungen ablesen, dass auch die Motiventwicklung beträchtliche Plastizität aufweist, wenn sie mit Hilfe entsprechender gesellschaftlicher Anreizsysteme aktiviert wird.

8. Plastizität von Persönlichkeitseigenschaften

Für die fünf wichtigsten Persönlichkeitsmerkmale sind die Entwicklungsverläufe über die Lebensspanne auch über verschiedene Kulturen hinweg aus Längsschnittstudien bekannt (vgl. z. B. STAUDINGER 2005). So werden wir mit dem Alter emotional stabiler, umgänglicher und verlässlicher, also insgesamt erhöht sich unsere soziale Passungsfähigkeit (STAUDINGER und KESSLER 2009). Wir beobachten aber auch eine Abnahme an persönlicher Reife, erlebtem Lebenssinn und dem Streben nach persönlichem Wachstum bei den bisher untersuchten Kohorten sowie einen Verlust in der Offenheit für neue Erfahrungen. Hier stellt sich die Frage ähnlich wie beim Verlauf der kognitiven Mechanik, ob diese negativen Altersverläufe naturgesetzlich zu verstehen oder über die Aktivierung oder Entwicklung von Ressourcen veränderbar sind.

Dieser Frage sind wir in einer quasi-experimentellen Längsschnittstudie nachgegangen und haben untersucht, wie sich bürgerschaftlich aktive ältere Personen (>55 J.) in ihrer Offenheit für neue Erfahrungen entwickeln, nachdem sie an einem 3 × 3 Tage Seminar zur Vermittlung von nützlichen Kompetenzen für das bürgerschaftliche Engagement teilgenommen hatten und danach weiter bürgerschaftlich aktiv waren (MÜHLIG-VERSEN et al. im Druck). Diese Gruppe haben wir verglichen mit bürgerschaftlich Aktiven, die auf der Warteliste für dieses Trainingsprogramm standen. Diese Vergleichsgruppe ist nötig, da bürgerschaftlich Aktive auf vielen psychologischen Dimensionen positiv selegiert sind. Es zeigte sich, dass sich die Offenheit für neue Erfahrungen von vor dem Training über drei Monate danach und nach weiteren 12 Monaten nicht nur nicht negativ, sondern sogar positiv entwickelte, und zwar für solche der Trainierten, die gleichzeitig daran glaubten, das sie für die Ergebnisse ihrer Handlungen verantwortlich sind (internale Kontrollüberzeugung). Dieses Ergebnis legt nahe, dass sich der Mensch auch im Alter die Lust auf Neues bewahrt, wenn er die Erwartung hat, dass er in den neuen Situationen erfolgreich sein kann und sich diesen Erfolg dann auch selbst zuschreibt. Vor dem Hintergrund der Ergebnisse dieser Studie wäre es interessant, Überlegungen anzustellen, wie wir gesellschaftlich, aber auch im Arbeitsleben Anreize schaffen können, sich neuen Herausforderungen zu stellen und gleichzeitig die dafür nötigen Kompetenzen bereitzustellen.

9. Grenzen der Plastizität

Die Grenzen der Plastizität zeigen sich zum einen an den exponentiellen Verlaufskurven, die wir in den klassischen kognitiven Trainingsstudien beobachten, aber noch stärker in sehr alten Stichproben (SINGER et al. 2003) oder gar solchen mit einer Frühdiagnose für Demenz (BALTES et al. 1992, REISCHIES und LINDENBERGER 1996). In den beiden letzteren Fällen sind die Trainingsgewinne entweder sehr reduziert oder gar nicht mehr vorhanden. Ebenso sehen wir Grenzen der Resilienz der Persönlichkeit, wenn es um die Wohlbefindensregulation im sehr hohen Alter geht. Hier scheint das Ausmaß und die Dichte der Stressoren so hoch zu werden, dass die Persönlichkeitsregulation an ihre Grenzen kommt und das Niveau des subjektiven Wohlbefindens nicht mehr auf dem gleichen Niveau gehalten werden kann (SMITH und BALTES 1999). Interessant ist gegenwärtig die Frage, ob sich diese Grenzen der Plastizität, die im Moment zwischen 85 und 90 Jahren zu liegen scheinen, im Zusammenhang mit einer weiteren Verlängerung der gesunden Lebensspanne (vgl. VAUPEL 2010) auch weiter nach hinten verlagern oder nicht.

10. Gesellschaft eines längeren Lebens

Eine Gesellschaft des längeren Lebens kann von solchen Befunden zu Möglichkeiten und Grenzen der Plastizität menschlicher Entwicklung sehr profitieren, wenn es gelingt, diese Befunde in die Gestaltung gesellschaftlicher Institutionen einfließen zu lassen, die dann dem Einzelnen als Ressource dienen können, um die eigenen Entwicklungspotentiale zu nutzen. Wenn es gelingt, Gesellschaften des längeren Lebens in eine solche Richtung zu entwickeln, liegt darin auch die Chance zu einem grundsätzlichen Paradigmenwechsel von der Fokussierung auf quantitatives Wachstum als dem Motor gesellschaftlicher Entwicklung hin zu einer Entwicklung eines Schwerpunkts auf qualitatives Wachstum. Weniger Menschen mit besser genutzten Potentialen könnten in der Lage sein, neue Antworten auf die drängenden Fragen des Lebens auf unserem Planeten zu geben.

Die vorhandenen Gestaltungsspielräume der Entwicklung sollten aber nicht dazu führen, dass wir die letzte Phase des Lebens, das Alter, verdrängen und versuchen, das mittlere Lebensalter immer weiter auszudehen. Dies wäre ein großer Verlust für die Gesellschaft, da die Phase des Alters genauso wie alle vorhergehenden Phasen ganz eigene Stärken und Schwächen besitzt, die das Gemeinwesen bereichern (STAUDINGER 1996). Eine Gesellschaft des längeren Lebens braucht Raum für das *vita contemplativa* und braucht eine ausgearbeitete und akzeptierte Kultur des Lebensendes (vgl. auch EHMER und HÖFFE 2009). Die Relativierung der Bedeutung von Handlungskontrolle und Autonomie, die mit körperlichen Zuständen einhergehen, die im hohen Alter auftreten können, spielen eine wichtige Rolle für den Erhalt der Dialektik zwischen menschlichem Kontrollvermögen und den Grenzen, die diesem nicht nur durch körperliche Prozesse gesetzt sind.

Literatur

BÄCKMAN, L., GINOVART, N., DIXON, R. A., ROBINS WAHLIN, T.-B., WAHLIN, A., WINBLAD, B., and FARDE, L.: Age-related cognitive deficits mediated by changes in the striatal dopamin system. American Journal of Psychiatry *157*, 635–637 (2000)

BALTES, M. M., KÜHL, K.-P., and SOWARKA, D.: Testing the limits of cognitive reserve capacity: A promising strategy for early diagnosis of dementia? Journal of Gerontology: Psychological Sciences *47*, 165–167 (1992)

BALTES, P. B.: Theoretical propositions of life-span developmental psychology: On the dynamics between growth and decline. Developmental Psychology *23*, 611–626 (1987)

BALTES, P. B., and KLIEGL, R.: Further testing of limits of cognitive plasticity: Negative age differences in a mnemonic skill are robust. Developmental Psychology *28*, 121–125 (1992)

BALTES, P. B., LINDENBERGER, U., and STAUDINGER, U. M.: Lifespan theory in developmental psychology. In: LERNER, R. M. (Ed.): Handbook of Child Psychology. 6th ed. Vol. *1*, pp. 569–664. New York: Wiley 2006

BOWEN, C. E., NOACK, C. M. G., and STAUDINGER, U. M.: Aging in the work context. In: SCHAIE, W., and WILLIS, S. (Eds.): Handbook of the Psychology of Aging. 7th ed., pp. 263–277. San Diego, CA: Elsevier Academic Press 2011

COLCOMBE, S., and KRAMER, A. F.: Fitness effects on the cognitive function of older adults: A meta-analytic study. Psychological Science *14*/2, 125–130 (2003)

DIENER, E., and SUH, E.: Subjective well-being and age: An international analysis. Annual Review of Gerontology and Geriatrics *17*, 304–324 (1998)

EHMER, J., und HÖFFE, O. (Hrsg.): Bilder des Alterns im Wandel. Historische, interkulturelle, theoretische und aktuelle Perspektiven. (Altern in Deutschland. Bd. *1*) Nova Acta Leopoldina NF Bd. *99*, Nr. 363 (2009)

FLYNN, J. R.: The mean IQ of Americans: Massive gains 1932 to 1978. Psychological Bulletin *95*, 29–51 (1984)

FREUND, A., and SMITH, J.: Content and function of the self-definition in old and very old age. Journals of Psychology *54*B, P55–P67 (1999)

GREVE, W., and STAUDINGER, U. M.: Resilience in later adulthood and old age: Resources and potentials for successful aging. In: CICCHETTI, D., and COHEN, A. (Eds.): Developmental Psychopathology. 2nd ed., pp. 796–840. New York: Wiley 2006

KESSLER, E.-M., and STAUDINGER, U. M.: Plasticity in old age: Micro and macro perspectives on social contexts. In: WAHL, H. W., TESCH-RÖMER, C., and HOFF, A. (Eds.): Emergence of New Person-Environment Dynamics in Old Age; pp. 263–283. Amtityville, NY: Baywood 2006

KESSLER, E.-M., and STAUDINGER, U. M.: Intergenerational potential: Effects of social interaction between older adults and adolescents. Psychology and Aging *22*/4, 690–704 (2007)

LERNER, R. M.: On the Nature of Human Plasticity. New York: Cambridge University Press 1984

LEVY, B. R.: Mind matters: Cognitive and physical effects of aging self-stereotypes. Journal of Gerontology: Psychological Sciences *58*, 203–211 (2003)

LI, S. C.: Biocultural orchestration of developmental plasticity across levels: The interplay of biology and culture in shaping the mind and behavior across the life span. Psychological Bulletin *129*, 171–194 (2003)

LINDENBERGER, U., und KRAY, J.: Kognitive Entwicklung. In: FILIPP, S. H., und STAUDINGER, U. M. (Eds.): Entwicklungspsychologie des mittleren und höheren Erwachsenenalters. S. 300–341. Göttingen: Hogrefe 2005

MÜHLIG-VERSEN, A., BOWEN, C. E., and STAUDINGER, U. M.: Personality plasiticity in later adulthood: A quasi-experimental longitudinal study of openness to new experiences. Psycology and Aging (in press)

Nyberg, L., Sandblom, J., Jones, S., Neely, A., Petersson, K., and Ingvar, M.: Neural correlates of training-related memory improvement in adulthood and aging. Proc. Natl. Acad. Sci. USA *100*/23, 13728–13733 (2003)

Raz, N.: Aging of the brain and its impact on cognitive performance: Integration of structural and functional findings. In: Craik, F., and Salthouse, T. A. (Eds.): The Handbook of Aging and Cognition. 2nd ed., pp. 1–90. Mahwah, NJ: Erlbaum 2000

Reischies, F. M., und Lindenberger, U.: Grenzen und potentiale kognitiver Leistungsfähigkeit im Alter. In: Mayer, K. U., und Baltes, P. B. (Eds.): Die Berliner Altersstudie. S. 351–377. Berlin: Akademie-Verlag 1996

Rönneberg, T., Kühnle, T., Juda, M., Kantermann, T., Allebrandt, K., Gordijn, M., and Merrow, M.: Epidemiology of the human circadian clock. Sleep Medicine Reviews *1*, 429–438 (2007)

Salthouse, T. A.: Effects of age and skill in typing. Journal of Experimental Psychology: General *11*, 345–371 (1984)

Schaie, K. W.: Adult Intellectual Development: The Seattle Longitudinal Study. New York: Cambridge University Press 1996

Schindler, I., and Staudinger, U. M.: Lifespan perspectives on self and personality: The dynamics between the mechanics and pragmatics of life. In: Greve, W., Rothermund, K., and Wentura, D. (Eds.): The Adaptive Self: Personal Continuity and Intentional Self-development; pp. 3–31. Cambridge, MA: Hogrefe & Huber Publishers 2005

Singer, T., Lindenberger, U., and Baltes, P. B.: Plasticity of memory for new learning in very old age: A story of major loss? Psychology and Aging *18*/2, 306–317 (2003)

Smith, J., and Baltes, P. B.: Trends and profiles of psychological functioning in very old age. In: Baltes, P. B., and Mayer, K. U. (Eds.): The Berlin Aging Study: Aging from 70 to 100; pp. 197–226. New York: Cambridge University Press 1999

Staudinger, U. M.: Psychologische Produktivität und Selbstentfaltung im Alter. In: Baltes, M. M., und Montada, L. (Eds.): Produktivität und Altern. S. 344–373. Hamburg: Campus 1996

Staudinger, U. M.: Viele Gründe sprechen dagegen und trotzdem fühlen viele Menschen sich wohl: Das Paradox des subjektiven Wohlbefindens. Psychologische Rundschau *51*, 185–197 (2000)

Staudinger, U. M.: Personality and aging. In: Johnson, M., Bengtson, V. L., Coleman, P. G., and Kirkwood, T. (Eds.): Cambridge Handbook of Age and Ageing; pp. 237–244. Cambridge, UK: Cambridge University Press 2005

Staudinger, U. M.: Fremd- und Selbstbild im Alter. Innen- und Außensicht und einige der Konsequenzen. In: Graf Kielmansegg, P., und Häfner, H. (Eds.): Alter und Altern. Wirklichkeiten und Deutungen. S. 187–200. Berlin, Heidelberg: Springer 2012

Staudinger, U. M., and Kessler, E.-M.: Adjustment and growth – two trajectories of positive personality development across adulthood. In: Smith, M. C., and DeFrates-Densch, N. (Eds.): Handbook of Research on Adult Learning and Development; pp. 241–268. New York, London: Routledge 2009

Staudinger, U. M., Marsiske, M., and Baltes, P. B.: Resilience and reserve capacity in later adulthood: Potentials and limits of development across the life span. In: Cicchetti, D., and Cohen, D. (Eds.): Developmental Psychopathology. Vol. 2: Risk, Disorder, and Adaptation; pp. 801–847. New York: Wiley 1995

Tedeschi, R. G., and Calhoun, L. G.: Posttraumatic growth: Conceptual foundations and empirical evidence. Psychological Inquiry *15*, 1–18 (2004)

Thomas, A., and Chess, S.: Temperament and Development. New York: Brunner/Mazel 1977

Vaupel, J. W.: Biodemography of human ageing. Nature *464*, 536–542 (2010)

Voelcker-Rehage, C., Godde, B., and Staudinger, U. M.: Cardiovascular and coordination training differentially improve cognitive performance and neural processing in older adults. Frontiers in Human Neuroscience *5*, 1–12 (2011)

Voelcker-Rehage, C., Jeltsch, A., Godde, B., and Staudinger, U. M.: As count gene polymorphisms moderate the realationship between cognitive performance and physical fitness in older adults. (Submitted 2012)

Waddington, C. H.: The Strategy of the Genes. London: Allen & Unwin 1957

Prof. Dr. Ursula M. Staudinger
Founding Dean
Jacobs Center on Lifelong Learning and Institutional Development
Vice President
Jacobs University
Campus Ring 1
28759 Bremen
Bundesrepublik Deutschland
Tel.: +49 421 2004700
Fax: +49 421 2004703
E-Mail: sekstaudinger@jacobs-university.de

Leopoldina-Lecture

Nova Acta Leopoldina NF *116*, Nr. 394, 269–284 (2012)

Ab wann ist der Mensch ein Mensch? Zum Status menschlicher Embryonen vor Beginn der Schwangerschaft

Richard SCHRÖDER (Berlin)

Zusammenfassung

In früheren Jahrhunderten war das eine bloß theoretische Frage ohne praktische Konsequenzen. Beantwortet wurde sie bis ins 19. Jahrhundert auch von der Katholischen Kirche im Sinne der antiken Embryologie: In den ersten vierzehn bis vierzig Tagen nach Empfängnis sei der menschliche Embryo noch „unbeseelt". Erst 1827 wurde die menschliche Eizelle entdeckt und erst 1875 die Verschmelzung von Samen und Eizelle. Seitdem wissen wir, dass es streng genommen zwei Empfängnisse gibt: Die Eizelle empfängt die Samenzelle und der Uterus empfängt die Blastozyste. Erst diese zweite Empfängnis ist der Beginn der Schwangerschaft.

Seitdem künstliche Befruchtung und Präimplantationsdiagnostik (PID) sowie die Forschung an embryonalen Stammzellen möglich sind, ist jene einst akademische Frage nach dem Status des menschlichen Embryos vor Beginn der Schwangerschaft hochbrisant und ethisch wie politisch höchst umstritten.

Die Frage „Wann beginnt menschliches Leben?" ist schlampig gestellt. Wenn „menschlich" dabei artspezifisch heißen soll, dann ist auch die unbefruchtete Eizelle und die Samenzelle – und auch jede Krebszelle – menschliches Leben, und das menschliche Leben hat mit dem ersten *Homo sapiens* begonnen. Wenn aber gemeint ist, ab wann ist der Mensch ein Mensch, wird nach dem Beginn von Personalität gefragt. Im allgemeinen Sprachgebrauch – und auch dem der Bibel übrigens – gebrauchen wir den Ausdruck Mensch für unseresgleichen, dem wir begegnen können – kurz: für geborene Menschen, die „auf die Welt gekommen" sind – dies ein altehrwürdiger und tiefsinniger Ausdruck für die Geburt. Und deshalb auch für Wesen, die (mit sehr hoher Wahrscheinlichkeit) geboren werden können – lateinisch *nascituri*. Aber niemand wird geboren ohne seine Mutter. Es ist deshalb gewagt und hochgradig begründungsbedürftig, auch (artspezifisch) menschliche Wesen vor Beginn der Schwangerschaft *in vitro* dem Fötus und dann gar dem geborenen Menschen gleichzustellen. Da auf natürlichem Wege 70 % der befruchteten Eizellen verloren gehen, müssten diejenigen, die die befruchtete Eizelle dem geborenen Menschen rechtlich gleichstellen, den Satz unterschreiben: Die meisten Menschen werden nie geboren. So hatten wir das Wort Mensch bisher nicht verstanden. Ich möchte vor dieser Neuerung inständig warnen.

Abstract

In earlier centuries it was only a theoretical question without practical consequences. Until the 19th century the response by the Catholic Church still mirrored that of ancient embryology: In the first fourteen to forty days after conception the human embryo remains "soulless". The human egg cell wasn't discovered until 1827, and the merging of the sperm with the egg cell wasn't detected until 1875. Since then we have discovered that there are really two conceptions. The egg cell receives the sperm cell and the uterus receives the blastocyst. The pregnancy actually begins with this second conception.

Ever since artificial insemination, preimplantation genetic diagnostics (PGD) and research on embryonic stem cells became possible, this question about the status of the human embryo before the onset of pregnancy, once only an academic question, is now highly charged and ethically and politically very controversial.

"When does human life begin?" is a slapdash question. If "human" is meant to specify a species, then the unfertilized egg cell and the sperm cell – and even every cancer cell – are human life, and hence human life began with the first *Homo sapiens*. But if what is meant by this is when does a human become human, then it is a question about the onset of personality. In everyday speech – and in the Bible as well – we use the term to define people like us whom we meet – in short: for people who have been born or "have come into this world" – a time-honored and profound expression for birth. And the same is true for beings who can (with a very high probability) be born – in Latin *nascituri*. However, no one is born without a mother. It is therefore daring and profoundly in need of justification to equate (species-specific) humans *in vitro* before the onset of pregnancy with the fetus, much less a human who has been born. Since 70 % of fertilized eggs are lost naturally, those who place the fertilized egg on the same level as a human being after birth need to sign off on this sentence: Most people are never born. In that sense we had not hitherto understood the word human. I would therefore imploringly warn against this denouement.

 Nova Acta Leopoldina NF *116*, Nr. 394, 269–284 (2012)

I

Durch die künstliche Befruchtung in der Petrischale ist ein Prozess, der bisher „natürlich" war, weil er sich im Verborgenen vollzog und menschlichem Zugriff entzogen war, ins Labor verlegt worden. Dadurch eröffnet sich die Möglichkeit, bei erbkranken Paaren Embryonen auszusuchen, die frei sind von der Erbkrankheit (Präimplantationsdiagnostik – PID). Die belasteten würden allerdings verworfen, also vernichtet. Darf man das?

Bei der künstlichen Befruchtung kommt es zu überzähligen Embryonen, die keine Mutter finden. Darf man an diesen überzähligen Embryonen forschen, wenn sie dabei vernichtet werden?

Die seriösen Forschungsinteressen an embryonalen Stammzellen zielen auf grundlegende Erkenntnisse des Differenzierungsprozesses von menschlichen Zellen und auf die Heilung von Krankheiten, die auf dem Verlust oder Mangel bestimmter Zelltypen beruhen.

Wenn wir herausbekommen, auf welche Weise aus den embryonalen Stammzellen Nervenzellen oder Herzmuskelzellen werden, also den Mechanismus der Differenzierung begreifen, ließen sich solche Zellen vielleicht erzeugen, vielleicht ließen sich dann sogar Zellen Erwachsener (adulte Zellen) reprogrammieren und in die fehlenden Zellarten verwandeln. Das würde Therapien für bisher unheilbare schwere Krankheiten eröffnen.

Diese therapeutischen Zielstellungen sind *nicht* umstritten. Umstritten ist, ob dafür Embryonen, und seien es überzählige, vernichtet werden dürfen. Der Streit beruht auf einem Konsens, nämlich dem Instrumentalisierungsverbot: *Kein Mensch darf als bloßes Mittel für die Zwecke anderer Menschen geopfert werden.* Diese abendländische Grundüberzeugung hat sich aus griechischen und jüdisch-christlichen Wurzeln gebildet. Sie darf nicht zur Disposition gestellt werden, weil der Gedanke der Menschenrechte ebenso auf ihr beruht wie der entgrenzte, also auf alle Menschen bezogene Imperativ der Nothilfe und Solidarität. Sie hat ihre Formeln im ursprünglich stoischen Begriff der Menschenwürde und dem jüdisch-christlichen der Gottesebenbildlichkeit des Menschen gefunden. Die beiden Begriffe sind nicht gleichbedeutend, aber inzwischen mit einander verwachsen. Die Menschenwürde haben die Stoiker im Vernunftbesitz als etwas Göttlichem *in uns* gesehen. Gemeint war die Gattungswürde, die Menschen durch unwürdiges Verhalten auch verlieren können – im Gegensatz zu Artikel 1 des Grundgesetzes. Ganz anders die Gottesebenbildlichkeit. Sie ist in der *Beziehung* zu Gott dem Schöpfer begründet. Beide Formeln sprechen den Menschen als Menschen eine Auszeichnung vor den anderen Lebewesen zu.

Wenn diese überzähligen Embryonen Menschen sind, verbietet sich jede Forschung, bei der sie zerstört werden. Kein noch so hohes Forschungsziel rechtfertigt Menschenopfer. Also muss geklärt werden, *ob* diese Embryonen vor Beginn der Schwangerschaft als Menschen anzusprechen und, was ihre Schutzwürdigkeit betrifft, geborenen Menschen gleichzustellen sind. Also: Sind diese Embryonen Menschen oder doch wie Menschen zu schützen?

Lassen Sie mich auf unser Problem in der Geschichte des Christentums kurz eingehen. Die heute von der katholischen Kirche so emphatisch vertretene These, die befruchtete Eizelle sei ein Mensch und Träger der Menschenwürde, ist sehr jung. Sie stammt aus der zweiten Hälfte des 20. Jahrhunderts und wird von der katholischen Kirche als eine naturwissenschaftliche Erkenntnis verstanden, nicht als Glaubenserkenntnis. Im zweiten Punkt hat sie zweifellos recht.

Unser heutiges Wissen vom Fortpflanzungsprozess ist auch verhältnismäßig jung. Die Samenzellen (zunächst „Samentierchen" genannt) wurden 1677 unter dem Mikroskop entdeckt, mit der Folge einer großen Ratlosigkeit, was denn diese vielen Tierchen mit der Entstehung eines Menschen zu tun haben könnten. Die menschliche Eizelle aber wurde erst 1827 entdeckt, die Verschmelzung von Ei- und Samenzelle 1875, die Chromosomen als Träger der Erbanlage 1883.

Die Bibel gibt auf unsere Fragen keine direkten Antworten. Die altkirchlichen Theologen haben sich der Erkenntnisse der antiken Embryologie bedient. Diese wusste von all dem nichts und war der Auffassung, „der Same", als ein (flüssiger!) Singular verstanden, würde sich im Uterus *zum Menschen entwickeln* (epigenetische Theorie; sukzessive Beseelung), wie ein Samenkorn in der Erde zur Pflanze, womit auch die Rolle von Mann und Frau bestimmt war. Vom Vater kommt der Same, die Form, das aktive Prinzip; von der Mutter, lateinisch *mater*, das Gefäß, die *materia*, das passive Prinzip, ein patriarchales Deutungsmuster.

In den ersten 30 bzw. 40 Tagen sei der Embryo noch nicht beseelt, also nicht belebt. Diese These von einem frühen unbeseelten Status des Embryos haben im 20. Jahrhundert noch so namhafte katholische Theologen wie Rahner, Böckle und Kluxen vertreten.

Da im Judentum und Islam diese antike Auffassung konserviert wurde, gilt sie unter den Religionsgelehrten bis heute. Deshalb gibt es in Israel und in islamischen Ländern keine Vorbehalte gegenüber der Forschung an embryonalen Stammzellen, denn sie sind ja noch nicht „beseelt", sprich lebendig. Wer diese Haltung fortschrittlich findet, weil sie forschungsfreundlich ist, sollte doch nicht übersehen, dass sie einen antiken Wissensstand konserviert und all jene Entdeckungen einfach übergeht. Selbstverständlich sind sowohl die Spermien wie die Eizelle, ob nun befruchtet oder nicht, lebendig.

Als Papst Sixtus V. diese Unterscheidung vom unbeseelten und beseelten Status des Embryos 1588 abschaffte, war der innerkirchliche Protest so mächtig, dass sein Nachfolger Gregor XIV. sie drei Jahre später wieder einführte. Erst 1869 hat Pius IX. sie wirksam widerrufen und damit der bereits in der Spätantike vertretenen Auffassung Geltung verschafft, der Embryo *entwickle sich als Mensch* (präformistische Theorie), was nach damaligen Verständnis besagte: die Seele, das Lebensprinzip, finde sich bereits im Samen, was die Rolle der Frau bei der Entstehung eines Menschen nochmals abschwächt. Obwohl jene Annahmen über den Entstehungsprozess eines Menschen falsch waren, bewegen sich die heutigen Diskussionen doch immer noch in dieser Alternative: Entwicklung *zum* Menschen oder Entwicklung *als* Mensch.

Das Bundesverfassungsgericht hat im Zusammenhang mit dem Schwangerschaftsabbruch 1993 einerseits im Sinne der präformistischen Theorie erklärt, der Embryo entwickle sich als Mensch, aber hinzugesetzt: jedenfalls ab der Nidation, und damit Raum gelassen für die epigenetische Theorie vor der Nidation. Bis heute hat sich das Verfassungsgericht zum Status des Embryos vor Beginn der Schwangerschaft noch gar nicht festgelegt.[1]

Ich will damit zweierlei sagen. Die christliche Theologie kann sich an der Diskussion dieser Fragen im Geiste Jesu Christi beteiligen, aber nicht auf einen Schatz jahrhundertealter Antworten zurückgreifen, die man nur zitieren müsste. Ihre bisherigen Stellungnahmen sind jeweils auf den zeitgenössischen Wissensstand bezogen und auf die jeweiligen dogmatischen

1 „Jedenfalls in der so bestimmten Zeit der Schwangerschaft [sc. von der Nidation bis zur Geburt, R. S.] handelt es sich bei dem Ungeborenen um individuelles, in seiner genetischen Identität und damit in seiner Einmaligkeit und Unverwechselbarkeit bereits festgelegtes, nicht mehr teilbares Leben, das im Prozess des Wachsens und Sich-Entfaltens sich nicht erst zum Menschen, sondern als Mensch entwickelt." Urteil vom 28. 5. 1993, BVerfGE 88, 203; mit Verweis auf das Urteil vom 25. 2. 1975 BVerfGE 39,1: „Leben im Sinne der geschichtlichen Existenz eines menschlichen Individuums besteht nach gesicherter biologisch-physiologischer Erkenntnis jedenfalls vom 14. Tage nach der Empfängnis (Nidation, Individuation)." – Dass die genetische Identität für sich noch keine „Einmaligkeit und Unverwechselbarkeit" stiftet, beweisen eineiige Zwillinge.

Kontroversen. Denn diese Statusfragen sind ja früher gar nicht unter dem Gesichtspunkt menschlichen Eingreifens in die Prozesse diskutiert worden, sondern aus anderen Gründen. Ein Beispiel will ich nennen. AUGUSTIN wurde gefragt, ob das ungeborene Kind einer Schwangeren mitgetauft ist, wenn die Schwangere getauft wird, und antwortet: *nemo renascitur, nisi prius nascatur*; niemand wird wiedergeboren (durch die Taufe), wenn er nicht zuvor geboren ist.[2] AUGUSTIN betont damit ganz zu Recht die hohe Bedeutung der Geburt für das christliche Menschenverständnis. Für dieses ist die Geburt als der einmalige Eintritt in die Welt von viel größerer Bedeutung als für Religionen der Reinkarnation, die demselben Wesen eine Sukzession von Geburten zuschreiben. So feiern die Christen denn auch Jesu Christi Geburt (zu Weihnachten) viel ausgiebiger als seine Empfängnis. ...

Bestimmte Grundüberzeugungen des christlichen Glaubens sind übrigens auch unter unseren nichtchristlichen Mitbürgern plausibel geblieben, wie das Aussetzungsverbot Neugeborener, in der vorchristlichen Antike ein legitimes Instrument der Geburtenregelung, wie der Ödipus-Mythos dokumentiert. Aber angesichts neuer biologischer und medizinischer Erkenntnisse und neuer technischer Möglichkeiten müssen wir alle das Menschendienliche neu buchstabieren.

Bisher ist in unserem Kulturkreis die Frage nach dem Status des Embryos fast immer im Zusammenhang mit dem Schwangerschaftsabbruch diskutiert worden, also der Verhinderung einer Geburt. Jetzt geht es um ein neues Problem, nämlich die künstliche Einleitung einer Schwangerschaft und damit um die Statusfrage des Embryos vor Beginn der Schwangerschaft und bevor er im Uterus ankommt. Während ein Fötus im 3. Monat mit einer nahe bei 100 % liegenden Wahrscheinlichkeit bis zur Geburt gelangt, wenn nicht eingegriffen wird, liegt die Wahrscheinlichkeit, dass eine befruchtete Eizelle zu einer Schwangerschaft führt, nur bei ca. 30 %. 70 % gehen auf natürlichem Wege verloren, ohne dass die Frau es bemerkt. Bei etwa der Hälfte dieser 70 % liegt das an genetischen Fehlern der Blastozyste, die eine Einnistung verhindern. Bei der anderen Hälfte der Fälle verhindert die Verfassung der Frau die stabile Einnistung. Sie ist nicht empfangsbereit, etwa durch Stress. Dann stirbt die Blastozyste ab und verlässt unbemerkt den Uterus der Frau. In der Petrischale kann sich die befruchtete Eizelle in einer geeigneten Nährlösung nur bis zur Blastozyste entwickeln, weiter nicht.

Vermehrungsprozesse vollziehen sich verschwenderisch. Wir brauchen nur an die Menge von Eicheln zu denken, die jährlich unter einem Eichenbaum liegen. Bei jedem Geschlechtsverkehr werden ca. eine Million Samenzellen transferiert, von denen eine einzige zur Befruchtung einer Eizelle führt. Alle anderen sterben folgenlos ab. Also: während das Verhältnis zwischen stabiler Schwangerschaft und Geburt etwa 1:1 ist, ist das Verhältnis zwischen den befruchteten Eizellen und der Geburt 7:3. Bis zur stabilen Schwangerschaft findet eine natürliche Selektion statt. Ausgeschieden werden diejenigen Blastozysten, die nicht einnistungsfähig sind. Die künstliche Einleitung einer Schwangerschaft kann dies nicht ändern. Deshalb gibt es unausweichlich überzählige Embryonen, die nicht zu einer Schwangerschaft gelangen, sowohl bei der natürlichen wie bei der künstlichen Befruchtung. In Deutschland hat man sich im Embryonenschutzgesetz besondere Mühe gegeben, überzählige Embryonen zu verhindern. Wenn aber die Frau vor der Implantation stirbt oder auch nur auf die Schwangerschaft verzichtet, entstehen dennoch überzählige Embryonen. Weltweit sind wohl Hunderttausende davon tiefgefroren gelagert. Das Publikum aber denkt weithin, aus jeder befruchteten Eizelle

2 AUGUSTIN, Ep. CLXXXVII ad Dardanum 9, PL 38, 844.

könne ein Mensch werden, wenn wir nur wollten. Der Satz „Jeder Embryo kann geboren werden." ist falsch, wenn er auch für den Embryo vor Beginn der Schwangerschaft gelten soll.

Wenn eine Blastozyste bis zur Einnistung gelangt, dann teilt sie sich. Der größere Teil (Trophoblast) geht in das Versorgungs- und Schutzsystem des Embryos ein, nämlich Plazenta und Eihäute. Der kleinere Teil bildet den zukünftigen Menschen (Embryoblast), der dann sehr bald schon die Menschengestalt ahnen lässt. Gelegentlich bildet sich aus einer Blastozyste bloß ein Trophoblast, der Embryoblast fehlt („Windei"). Damit fehlt diesem Gebilde auch jede Schutzwürdigkeit, da aus ihm kein Mensch hervorgehen kann. Drei sprachliche Beobachtungen möchte ich hier einfügen:

(*a*) Traditionell nannte man den Beginn der Schwangerschaft „Empfängnis", nämlich des Samens, der nun, wie man meinte, wie der einer Pflanze zu wachsen beginnt. Heute wissen wir, dass es streng genommen zwei Empfängnisse gibt: Die Eizelle empfängt die Samenzelle im Eileiter, und der Uterus empfängt die Blastozyste. Da die erstere Empfängnis erst seit 1875 bekannt ist, müssen wir ältere Texte zum Thema Zeugung und Empfängnis wohl eher auf die zweite beziehen, denn was die älteren Autoren nicht gekannt haben, können sie auch nicht gemeint haben. Wenn es also in einem älteren Text heißt, die Menschenrechte gelten ab der Empfängnis, sind wir nicht berechtigt, einfach zu behaupten, das müsse heute heißen: von der Befruchtung an. Es kann auch heißen: von der Nidation an.

(*b*) Und die andere Beobachtung, die ich Frau Professor NÜSSLEIN-VOLHARD verdanke: Der Ausdruck Eizelle kann in die Irre führen, wenn wir die Analogie zum Hühnerei überdehnen. Dieses enthält alles, was zur Entstehung eines Kükens nötig ist, es braucht bloß noch Wärme. Die kann auch eine Infrarotlampe liefern. Bei Schildkröteneiern besorgt das die Sonne. Dafür ist das Hühnerei aber auch 50 Millionen Mal größer als eine menschliche Eizelle. Was dieser fehlt, muss die Mutter während der Schwangerschaft liefern, über die Plazenta, und zwar wohl nicht nur Nährstoffe, sondern auch Botenstoffe, Signale des mütterlichen Organismus, die den Embryo erst in den Stand setzen, seine „Potentialität" zu entfalten. Der Uterus ist kein bloßes Gefäß, wie die Eierschale, die Plazenta dient auch dem Informationsaustausch oder der Kommunikation. Schnittstelle sagt man wohl heute dazu. Umgekehrt löst der Embryo durch seine Einnistung diejenigen hormonellen Prozesse im mütterlichen Organismus aus, die diesen auf die Schwangerschaft einstellen. Das ist auch Kommunikation. Da der Embryo in der Petrischale solche Signale nicht empfängt, stirbt er nach 14 Tagen ab. Aus dem Hühnerei kann auch ohne Glucke ein Küken schlüpfen. Eine befruchtete menschliche Eizelle kann ohne Mutter nur verderben. Man könnte auch sagen: Die befruchtete Eizelle ist ein Wesen mit einer Lebenserwartung von maximal 14 Tagen. Dann geht es zugrunde, wenn es nicht in einen Uterus gelangt und sich dort teilt. Die Potentialität, also die immanente Entwicklungsfähigkeit, ist demnach bei einem Hühnerei sehr hoch und beim Säugetier-Ei sehr niedrig.

(*c*) Und drittens: ob wir gut daran tun, auch für die menschlichen Entwicklungsphasen vor Beginn der Schwangerschaft den Ausdruck Embryo zu verwenden, darf man immerhin fragen. Jedenfalls haben unsere Medien lange Zeit Artikel über das Problem der Stammzellen mit Bildern eines Embryos *in utero* versehen, als sollten kleine menschengestaltige Wesen zu Forschungszwecken vernichtet werden. In England spricht man vom präembryonalen Status und verwendet das Wort Embryo zumeist erst mit Beginn der Schwangerschaft. Wie wir auch die Worte wählen, klar sein muss jedenfalls, worum es geht: um Forschungen an Gebilden vor Beginn der Schwangerschaft von 0,1 mm Größe.

Wie kann man denn nun die Frage beantworten, ab wann ein Mensch ein Mensch ist? Der Weg zu einer Antwort scheint klar: Wir definieren den Menschen und prüfen, ob die befruchtete Eizelle dieser Definition entspricht. So wird ja auch meistens verfahren. Gesucht sind dann die *Eigenschaften*, die einen Menschen zum Menschen machen. *Animal rationale* und *zoon politikon* sind solche geläufigen Definitionen des Menschen. Aber man merkt sofort: die sind für geborene Menschen gemacht, nicht für befruchtete Eizellen.

Zugrunde liegt solchen Definitionen das Deutungsmuster: „das Ding und seine Eigenschaften". Diejenigen, die das Menschsein mit der Befruchtung der Eizelle beginnen lassen, begründen das mit ihrer *Kontinuität* (der Entwicklung bis zur Geburt), *Potentialität* und *Identität*. Und die werden wie Eigenschaften des Embryos verstanden, die ihm „zu eigen" sind. Es gebe von der Verschmelzung von Ei- und Samenzelle bis zum Tode kein Ereignis, an dem eine Statusänderung des werdenden menschlichen Wesens festgemacht werden könnte, heißt es. Wer das behauptet, muss uns erklären, warum er seinen Geburtstag feiert und nicht seine Empfängnis.

In Wahrheit kommen Menschen in drei Schritten zur Welt, und mit jedem Schritt ändert sich auch ihr moralischer und rechtlicher Status, nämlich Befruchtung, Einnistung und Geburt. Das sind drei gewichtige Diskontinuitäten. Zur Nidation: kann es eine härtere Diskontinuität geben als die, dass ein Wesen sich teilt?

Die Potentialität, sagten wir, ist beim Hühnerei groß und beim Säugetierei klein. Aber außerdem könnte die Aussage „mit der Verschmelzung von Ei- und Samenzelle beginnt die Potentialität eines Menschen", was das Beginnen betrifft, problematisch werden, wenn die Reprogrammierung adulter Zellen zu totipotenten Zellen gelingt. Die hätten dann nämlich auch die Potentialität für einen Menschen. Das Potentialitätsargument würde durch Entgrenzung nach hinten untauglich.

Schließlich die Identität. Sie ist bei Menschen jedenfalls nicht nur die genetische, denn eineiige Zwillinge sind bekanntlich genetisch identisch, aber doch unstrittig zwei Personen und nicht eine. Zwillingsbildung ist bis kurz vor der Nidation möglich. Bis dahin ist das menschliche Gebilde also ein Dividuum, Teilbares, kein *In*dividuum, Unteilbares. Menschliche Identität ist aber außerdem ganz etwas anderes als physische Identität – mit der es ja, des Stoffwechsels wegen, auch nicht so weit her ist. Dazu gleich mehr.

Wer der Blastozyste Menschenwürde zuspricht, muss auch diese als eine Eigenschaft verstehen, allerdings eine nichtempirische Eigenschaft, und was das denn sei, weiß ich nicht. Jedenfalls ist die Menschenwürde keine natürliche Eigenschaft wie Augenfarbe oder Intelligenz und kann auch nicht unmittelbar an solche geknüpft werden, sondern – ich zitiere Jürgen HABERMAS – sie markiert „diejenige Unantastbarkeit, die allein in den interpersonalen Beziehungen reziproker Anerkennung, im egalitären Umgang von Personen miteinander Bedeutung haben kann".[3]

Ich bekenne hier, dass ich jedem geborenen, existierenden, begegnungsfähigen Menschen eine unverlierbare Würde zusprechen kann, auch einem Verbrecher, einem Dementen und einem Komatösen, aber nicht einer Kugel von 0,1 mm Größe, die mir im Mikroskop gezeigt wird.

Das Deutungsmuster „das Ding und seine Eigenschaften" ist, auf Menschen angewandt, deshalb irreführend, weil es nur für unsere *Objekte* passt. Naturwissenschaftler und Techniker

3 HABERMAS 2001, S. 62.

neigen dazu, nur diese Objektivierungsperspektive anzuerkennen, und unter den Eigenschaften bevorzugen sie die messbaren, in ihrem Zusammenhang berechtigterweise, denn nur solche Forschungsergebnisse ermöglichen technische Anwendbarkeit. Und auch Juristen sind verständlicherweise an „objektiven" Kriterien interessiert, der Rechtssicherheit wegen. Und trotzdem: mit der objektivierenden Perspektive verfehlt man die Wirklichkeit des Menschen.

Denn Menschen sind, wenn sie nach sich und ihresgleichen fragen, *Personen oder Subjekte*. Personen müssen zuerst als solche *anerkannt* werden, und das heißt gerade nicht, alle ihre Eigenschaften aufzählen, um sie zu durchschauen – wer alles durchschaut, sieht nichts –, sondern sie und ihren Freiheitsraum akzeptieren. Jemanden als Person anerkennen heißt auch: sein Persongeheimnis, seine Privatsphäre respektieren. Inzwischen ist uns das in Gestalt des Datenschutzes durchaus bewusst.

Personsein ist nicht unabhängig von Anerkennung gegeben. Mancher mag einwenden, das sei doch aber eine sehr schwankende, subjektive Angelegenheit. Wir wollen Sicherheit, Objektivität. Wer so argumentiert, übersieht, dass es neben „subjektiv" und „objektiv" ein drittes gibt: die Sphäre intersubjektiver Anerkennung. Sie bestimmt die soziale Welt des Menschen, und in dieser unserer sozialen Welt ist auch das Wort „Mensch" nicht nur der Name einer biologischen Spezies (Unterart der Primaten), sondern der des Mitglieds einer Anerkennungsgemeinschaft. Das Wort „Mensch" hat dann auch normative Implikationen. Das drückt sich in Sätzen aus wie: „So darf man doch nicht mit Menschen umgehen." Man kann in diesem Satz das Wort „Mensch" nicht durch „Unterart der Primaten" ersetzen. Es bedeutet hier: „jemand von uns" oder „unseresgleichen".

Die Logik der intersubjektiven, also reziproken Anerkennung, ist in der Goldenen Regel formuliert: „Was du nicht willst, das man dir tu, das füg auch keinem andern zu".[4] Menschsein und Menschenwürde gibt es nur in solchen Anerkennungsverhältnissen. Das soll nicht heißen, dass die Anerkennung die Menschenwürde schafft, sondern dass Menschsein nach Anerkennung ruft und in diesem Sinne normativ ist.

Menschsein und Personsein im beschriebenen Sinne ist nicht unabhängig von physischen Gegebenheiten, aber mit ihnen auch nicht identisch. Personen haben einen Körper oder Organismus, aber sie sind nicht dieser Körper, denn sie haben ein Verhältnis zu ihm.

Nun komme ich noch einmal zum Thema „Identität", nämlich der spezifisch menschlichen. Auf die Frage: Wer sind Sie? antworten wir entweder mit unserem Namen, durch den wir ansprechbar sind und den wir seit unserer Namensgebung nach der Geburt tragen (und noch nicht als befruchtete Eizelle), oder, wenn ausführlicher, mit unserer Biographie. Und da geschieht etwas Merkwürdiges. Wir identifizieren uns *rücklaufend*, also im Gegensinn zum Zeitstrahl der Entwicklung, mit unserer Vorgeschichte. Ich sage: „Ich wurde am 26. 12. 43 geboren", oder gehe noch weiter zurück: als ich gezeugt oder empfangen wurde – sofern mir davon etwas erzählt worden ist, denn erinnern kann ich mich weder an Empfängnis noch an Geburt. Denn damals war ich noch kein „Ich". Trotzdem sind „meine" Geburt und „meine" Zeugung Teil meiner Biographie, aber nur in zurücklaufender Identifikation eines Ichs mit seiner Vorgeschichte. Weil jeder von uns einmal eine befruchtete Eizelle war, verdient jede befruchtete Eizelle unseren Respekt. Eizellen, auch unbefruchtete, dürfen nicht zur Ware werden und auch nicht gespendet werden, wie man Blut spendet. Aber jener Satz lässt sich nicht umkehren. Jeder von uns war einmal eine befruchtete Eizelle, aber nicht jede befruchtete Ei-

4 Vgl. Matthäus 7,12; Lukas 6,31.

zelle wird jemand von uns. Für diesen Respekt vor jeder Eizelle, auch der, die nicht zu einem geborenen Menschen wird, hat Jürgen HABERMAS den Ausdruck „Würde menschlichen Lebens" eingeführt im Unterschied zur Menschenwürde.[5] Wer also, wie ich, der Blastozyste nicht die Menschenwürde zuerkennt, degradiert sie nicht zur Sache, mit der beliebig verfahren werden dürfte. Auch mit dem menschlichen Leichnam (Pietät), mit Tieren (Tierschutz) und mit hervorgehobenen Denkmälern menschlicher Kultur (Denkmalsschutz) darf nicht beliebig verfahren werden. Sie sind Mitteldinge zwischen „jemand" (Personen) und „etwas" (Sachen).

Wenn in Psalm 139, 14 der Beter zu Gott sagt: „du hast mich gewoben im Mutterleib", so versteht ein geborener Mensch seine Vorgeschichte im Mutterleibe rückblickend als Gottes Werk. Dieser und ähnliche biblische Texte belegen dagegen nicht, dass Embryonen – wohl gar noch vor der Nidation – geborenen Menschen gleichzustellen sind.

Aber die befruchtete Eizelle ist doch ohne Zweifel bereits menschliches Leben! Allerdings. Jetzt müssen wir aber eine terminologische Klärung vornehmen. Als *lebendig* im biologischen Sinne bezeichnen wir alles, was sich durch Stoffwechsel erhält, wachsen und sich fortpflanzen kann. Menschliches Leben sind nach dieser Definition auch die Samenzelle und die unbefruchtete Eizelle. Auch Krebszellen sind höchst lebendig und insofern menschliches Leben, wenn auch unerwünschtes. „Menschlich" heißt dabei bloß: *artspezifisch*. Von der „Heiligkeit des Lebens" zu reden verbietet sich unter dieser Definition. Pestbakterien und Läuse möchte ich nicht heilig sprechen. Im Kontext des christlichen Glaubens übrigens ist diese Formel trotz Albert SCHWEITZERS „Ehrfurcht vor dem Leben" geradezu heidnisch. Stattdessen muss von der Unersetzbarkeit jedes Menschen vor Gott die Rede sein. Die Unersetzbarkeit jedes menschlichen Individuums ist ganz etwas anderes als die Heiligkeit der Qualität, lebendig zu sein. Hier sind zwei Unterscheidungen nötig:

(*a*) Wir müssen unterscheiden zwischen *menschlichem Leben* auf der einen Seite und *Menschen* als Personen, Individuen auf der anderen Seite.
(*b*) Und wir müssen unterscheiden zwischen *existierenden* (geborenen) Menschen und menschlichen Wesen, die die Geburt noch vor sich haben. Darin folge ich Johannes FISCHER (Zürich).[6] Lateinisch lässt sich das sehr einfach formulieren: *natus* und *nasciturus*, *nata* und *nascitura*.

Mit dieser zweiten Unterscheidung verlassen wir das Deutungsmuster „ein Ding und seine Eigenschaften", denn ein werdender Mensch, das ist eine Bestimmung *in Relation*, zuerst zur Schwangeren und damit auf seine Zukunft, in unsere Welt zu treten. Eine Blastozyste, die keine Mutter findet, ist keine *nascitura*, weil sie keine Zukunft hat, denn niemand wird geboren ohne seine Mutter. „Nicht ohne meine Mutter" kam ich zur Welt.

Gegen diesen Satz ist mir entgegnet worden: Es sei bedenklich, für die Statusfragen des Embryos auf die Mutter zu rekurrieren, denn die Mutter könnte ja eines Tages durch einen künstlichen Uterus ersetzt werden. Würde einmal ein künstlicher Uterus geschaffen werden, was ich weder erwarte noch begrüße, würde sich an jenen Entwicklungsstadien nichts ändern. Es gäbe dann weiter eine Einnistung und die Bildung einer Plazenta. Von da an wäre ein zerstörender Eingriff dem Schwangerschaftsabbruch gleichzustellen. Und es gäbe weiterhin die Abnabelung, sprich die Geburt. Die Statusunterschiede blieben erhalten.

5 HABERMAS 2001, S. 67.
6 FISCHER 2003, vgl. FISCHER o. J.

Nun wenden manche ein: Aber nach der Geburt kann ein Säugling doch auch nicht ohne Mutter existieren, also ändert sich mit der Geburt nichts Prinzipielles. Das erste ist richtig, das zweite schlecht beobachtet. Denn der geborene Mensch bedarf der Mutter in anderer Weise als der ungeborene, nämlich als *Gegenüber* in einer gemeinsamen sozialen Welt. Nur deshalb kann an die Stelle einer Mutter, die ihr geborenes Kind nicht annimmt, ein anderer Mensch treten, der sich seiner annimmt oder es sogar an Kindesstatt annimmt, adoptiert. Wer geboren ist, meldet sich in unserer Welt, zuerst durch Geschrei. Im Mutterleib war er stumm und konnte sich nur durch Zappeln bemerkbar machen. Nun aber nimmt ihn die Mutter an die Brust. Sie streichelt ihn. Er lächelt sie an – behauptet die Mutter. Sie kann, was sie bisher „unter ihrem Herzen" trug, nun herzen, an ihr Herz drücken. Zuvor war er zwar körperlich vorhanden, nämlich im Mutterleib. Jetzt dagegen ist er leibhaftig auf der Welt. Er ist abgenabelt vom mütterlichen Organismus und in ihre, unsere Welt eingetreten. Er öffnet die Augen, atmet selbst, trinkt selbst und beginnt auszuscheiden. Die Nabelschnur hatte zuvor beides verhindert, Nähe und Distanz. Jetzt tritt an die Stelle der Abhängigkeit von der Nabelschnur die Bedürftigkeit nach Liebe, Zuwendung und Fürsorge. Er muss jetzt erst „versorgt" werden, wozu mindestens Nahrung und Windeln gehören. Mit dem Eintritt in die Welt ist er begegnungsfähig und begegnungsbedürftig geworden. Er kann noch nicht sprechen, aber die Mutter versteht ihn bereits. Sie gibt ihm, was er braucht. Er bleibt angewiesen, aber nun gemeinschaftsbedürftig, weil nicht mehr physisch verbunden mit einem ernährenden Organismus, sondern sozial auf Beziehungen angewiesen. Er ist *in Freiheit bedürftig*. Und das bleiben wir lebenslang, so oder so.

Nun wird eingewendet, der Geburt könne keine so große Bedeutung zukommen, denn physiologisch sei doch dieses Wesen vor und nach der Geburt dasselbe.

Begeben wir uns einmal kurz ins Feld der *science ficition*. Ein Arzt eröffnet einer Schwangeren: Ich habe für Sie eine schlechte und eine gute Nachricht. Ihr Fötus hat keine Lunge, kann also nach der Geburt nicht leben. Er ist kein *nasciturus*. Das ist die schlechte Nachricht. Die gute: Wir sind heute in der Lage, durch eine Hormonbehandlung das weitere Wachstum des Fötus und die Geburt zu verhindern, so dass Sie sich bis an Ihr Lebensende Ihres Kindes in Ihrem Uterus freuen können. Wie wird die Frau auf diese Eröffnung reagieren? Je nach Temperament mindestens empört. Wer ein Kind erwartet, erwartet, dass es auf die Welt kommt. So war es schon immer und so ist es auch heute und daran wird sich in Zukunft nichts ändern. Keine Mutter kommt je auf die Idee, die Geburt ihres Kindes sei verzichtbar. Nur weltfremde Ideologen kommen auf die Idee, die Geburt sei doch eigentlich unerheblich.

Blastozysten, darauf läuft meine Darlegung hinaus, sind nicht schlicht Menschen, sondern *nascituri*, aber nur, wenn sie sich erstens in einem Uterus einnisten und sich zweitens bis zur Geburt entwickeln können. Das Wort „Mensch" kann primär nur von geborenen Menschen (*de natis*) gebraucht werden, und deshalb dann, in abgeleiteter Weise, auch von entstehenden Menschen (*de nascituris*), nicht aber von menschlichen Wesen, die nie geboren werden können.

Das Konzept eines gestaffelten Lebensschutzes, der sich mit Beginn der Schwangerschaft und mit der Geburt verschärft, ist nun außerdem gar keine Neuerung, sondern sowohl in unserer Rechtsordnung als auch in unserem Ethos verankert. Unter Ethos verstehe ich dabei die gelebten, intuitiv-emotional gestützten Verhaltensorientierungen, im Unterschied zur Ethik, die das Ethos reflektiert und bei gegebenem Anlass korrigiert.

Mein Hinweis auf die Rechtsordnung und das Ethos dient hier nicht als Beweis, sondern lediglich als Beleg, dass die Konzeption des gestaffelten Rechtsschutzes keine Neuerung ist, und schon gar keine skandalöse.

(*a*) Die Rechtsfähigkeit beginnt nach dem Bürgerlichen Gesetzbuch, abgesehen vom Erbfall, mit der Geburt. Die Tötung eines Geborenen wird als Mord, Totschlag oder fahrlässige Tötung bestraft.
(*b*) Im Uterus ist die Leibesfrucht strafrechtlich geschützt. Abtreibung ist, mit definierten Ausnahmen, ein Straftatbestand. Eine illegale Abtreibung wird aber milder bestraft als Mord und Totschlag.
(*c*) Die Blastomere/Blastozyste im Eileiter ist rechtlich überhaupt nicht geschützt. Das liegt daran, dass sie bisher menschlichem Zugriff entzogen war, es also nichts zu regeln gab. Aber die Spirale, die die Einnistung verhindert und zum Absterben der Blastozysten führt, ist nach Paragraph 218 Strafgesetzbuch ausdrücklich nicht verboten.
(*d*) *In vitro* ist die Blastomere/Blastozyste in Deutschland durch das Embryonenschutzgesetz strafrechtlich geschützt, und zwar in höherem Grade als der Embryo oder Fötus *in utero*, so dass erstaunlicherweise bei der Einpflanzung der Schutzgrad sinkt, obwohl das doch ein Schritt hin zur Geburt ist.

Bei der Verankerung des gestaffelten Lebensschutzes in unserem Ethos denke ich an die *Grade der Trauer*. Eltern werden am Tod eines Säuglings schwerer tragen als an einer Fehlgeburt, die allerdings ebenfalls ein schweres Trauma hinterlassen kann. Gar nicht trauern können sie über den Verlust einer befruchteten Eizelle, den sie gar nicht bemerkt haben. Sie können sie deshalb auch gar nicht, wie Geborene, beerdigen.

Um unsere moralische Intuition geht es auch bei folgendem Gedankenexperiment, dessen Urheber ich nicht kenne. In der reproduktionsmedizinischen Abteilung eines Krankenhauses bricht Feuer aus. Dort befinden sich eine gehbehinderte Patientin und ein Behälter mit hundert befruchteten Eizellen. Wem soll die erste Rettungsaktion gelten? Antwort 1: Hundert Menschen zu retten ist wichtiger als einen Menschen. Diese Antwort ist mindestens sehr gewöhnungsbedürftig. Spontan werden wir wohl alle nach Antwort 2 handeln: Einen leibhaftigen Menschen zu retten ist wichtiger als hundert tiefgefrorene Eizellen. Und wir tun recht damit.

Zwischen dem Embryo *in vivo* und dem Embryo *in vitro* besteht, was den Lebensschutz betrifft, ein bemerkenswerter Unterschied. Zum Lebensschutz des Embryos im Mutterleib wird von der Frau nur Unterlassung verlangt: nicht eingreifen, keine Abtreibung. Beim Embryo *in vitro* dagegen muss, wenn er sich bis zur Geburt entwickeln soll, ein aktiver Eingriff erfolgen, die Einpflanzung in den Uterus. Den Eingriff kann eine Frau auch verweigern, denn es darf doch keine Pflicht zur Schwangerschaft geben. Deshalb ist die Forderung des uneingeschränkten Lebensschutzes für *überzählige* Embryonen schlicht absurd, weil unerfüllbar. Hier lautet die Alternative kurz und erschöpfend: vernichten oder unbefristet tiefgefroren lagern oder an einigen von ihnen forschen. Es ist eine Irreführung, wenn von Lebensschutz geredet wird, wo Leben gar nicht geschützt werden kann.

Gegner der Präimplantationsdiagnostik (PID) empfehlen erbkranken Paaren den Verzicht auf den Kinderwunsch. Die Option ist diskutabel. Aber auch sie darf nicht unter „Lebensschutz" auftreten, denn es handelt sich um eine Option für Nichtexistenz. Da wird nichts geschützt, sondern etwas verhindert. Das kann ja vielleicht berechtigt sein, aber jedenfalls nicht unter falschem Namen.

Auch Definitionen sind Handlungen, deren Folgen wir zu bedenken haben. Wer menschliche Embryonen umdefiniert in embryonale Menschen und schon die befruchtete Eizelle einen Menschen nennt, ist zu den absurden Sätzen genötigt: „Die meisten Menschen werden nie geboren." und „Die Kindersterblichkeit liegt unaufhebbar bei 70 %." Demgegenüber fallen dann Differenzen bei der bisherigen Kindersterblichkeit, der nachgeburtlichen nämlich, gar nicht mehr ins Gewicht. So hatten wir das Wort Mensch bisher nicht verstanden und die Bibel auch nicht.

Man kann sich auch *verdefinieren*, d. h. begriffliche Festlegungen treffen, die unbeabsichtigt zu absurden Konsequenzen führen. Dann sollte man die vorigen und vorvorigen Schritte noch einmal ganz genau überdenken wie jemand, der sich verlaufen hat.

Wer die befruchteten Eizellen als Menschen oder als Träger der Menschenwürde definiert, gewöhnt uns daran, dass es überzählige Menschen gibt. Eben dies wollte Artikel 1 des Grundgesetzes ausschließen. Die Eltern des Grundgesetzes dachten bei Artikel 1 und 2 nicht an befruchtete Eizellen, sondern an KZ-Häftlinge, geborene Menschen also, deren Würde mit Füßen getreten und deren Recht auf Leben schlicht ignoriert wurde.

Neben dem Schutz der Träger der Menschenwürde ist es auch unsere Aufgabe, den Sinn des Wortes Menschenwürde zu schützen. Es darf keine überzähligen Menschen geben, die man nur vernichten kann. Es darf auch keine überzähligen Föten geben. Denn jeden Schwangerschaftsabbruch müssen wir als Verhinderung einer Geburt aufgrund eines Konflikts verstehen können und nicht etwa als die Beseitigung von etwas Überzähligem, auch nicht als nachgeholte Empfängnisverhütung. Es gibt aber vor der Einnistung immer auch überzählige Embryonen, bei der natürlichen wie bei der künstlichen Befruchtung. Wenn wir sie als Träger der Menschenwürde definieren, führen wir zwangsläufig *den überzähligen Träger der Menschenwürde* in unsere Sprache ein. Ich bitte inständig, dies nicht zu tun.

II

Bisher ging es um den Status des frühen Embryos. Manche sagen nun: Künstlich befruchtete Embryonen sind aufgrund eines Kinderwunsches entstanden. Werden sie zu Forschungszwecken vernichtet, so werden sie einem anderen, fremdnützigen Zweck zugeführt. Fragt man zurück, warum das auch dann verboten sein muss, wenn diese Embryonen keine Zukunft haben können, antworten sie: weil eine solche Verzweckung gesellschaftliche Folgen haben werde. Es werde zu Weiterungen kommen, die zwischenmenschlichen Beziehungen werden kälter und berechnender werden. Und schließlich sei keiner mehr sicher, als Mensch anerkannt und geschützt zu sein.

Solche Argumentationen gehen zwar vom Status des Embryos aus, nehmen aber eine andere Dimension menschlichen Handelns in den Blick. Handlungen haben ja nicht nur physische Wirkungen, sondern auch *Bedeutungswirkungen*. Das ist *die symbolische Dimension* des Handelns. Symbolische Wirkungen des Handelns, Vorbild und Nachahmung, sind oft wichtiger noch als die physisch verursachende Wirkung. Diese symbolische Dimension des Handelns ist gemeint, wenn vom Dammbruch die Rede ist oder vom schlüpfrigen Hang, auf dem kein Halten mehr ist. Solche Dammbruchargumente sind in unserem Zusammenhang etwa folgende:

(*a*) Was einmal erforscht worden ist, wird auch angewendet werden. Eugenik und Designer-Baby werden unvermeidlich kommen, wenn das Know-how in der Welt ist.

(*b*) Wenn die Präimplantationsdiagnostik (PID) einmal etabliert ist, wird sie massenhaft angewendet werden, wie das bei der pränatalen Diagnostik während der Schwangerschaft (PND) bereits geschehen ist. Die Freiheit, nicht wissen zu wollen, wird durch gesellschaftlichen Druck verloren gehen. PID lasse sich nicht auf schwere Erbkrankheiten (negative

Eugenik) begrenzen, es werde zwangsläufig zum Designer-Baby, dem nach Elternwunsch programmierten Menschen (positive Eugenik) kommen.

(*c*) Wenn erbkranke Embryonen verworfen werden, wird die gesellschaftliche Akzeptanz von Behinderten sinken. Ihren Eltern wird vorgeworfen werden, dass sie ein erbkrankes Kind zur Welt gebracht haben. Die Unterhaltskosten werden ihnen aufgebürdet werden.

Solche Warnungen sind berechtigt, weil jeder Vernünftige verhindert sehen will, was da befürchtet wird. Wie groß sind die Gefahren, vor denen hier gewarnt wird?

(*a*) Dammbruchargumente fordern, man soll A verbieten, damit B nicht geschieht, denn wenn A erlaubt wird, lässt sich B nicht mehr verhindern. Es wird also eine Strategie vorsorglicher Verbote gefordert. Nicht A selbst gilt als gefährlich, sondern B. Warum dann nicht B verbieten? Vorausgesetzt wird entweder, das Verbot von B werde nicht wirken, oder es werde späterhin der Wille fehlen, B zu verbieten. Nach all unseren Erfahrungen ist es durchaus möglich, Forschungen zu erlauben, aber ihre Anwendung zu reglementieren. Häufig werden Menschen sogar erst durch Schaden klug. Die schlimmen Folgen aus den Erkenntnissen der Kernphysik, nämlich Hiroshima und Tschernobyl, werden selten oder nie so kommentiert: Hätte man doch seinerzeit die Forschung verboten! Sondern wir fordern nukleare Abrüstung und Reaktorsicherheit und neuerdings: Ausstieg aus der Kernenergie.

(*b*) Genauer besehen sind Dammbruchargumente Prognosen über unser, unserer Mitmenschen und Nachkommen zukünftiges Verhalten, und zwar pessimistische. Sie haben zumeist freiheitswidrige, paternalistische und etatistische Implikationen. Wenn der Staat nicht jetzt mittels Strafgesetzen einen Riegel vorschiebt, gehen die humanen Maßstäbe in unserer Gesellschaft verloren. Wenn die aber wirklich nur auf Strafgesetzen beruhten, stünde es jetzt schon schlecht um sie. Der Paternalismus zeigt sich in einer latenten Verachtung der nächsten Generation. Wir wissen noch, was richtig und was falsch ist. Nach uns geht's bergab. Wenn das stimmte, dann gehen nach uns auch unsere Verbote bergab. Die nächste Generation wird einmal ohne uns entscheiden. Dann kommt es auf *ihr* Unterscheidungsvermögen an, nicht auf unsere Hinterlassenschaft an Verboten. Sophistische Argumente schädigen das Urteilsvermögen der nächsten Generation.

(*c*) Ein Dammbruch ist dann zu befürchten, wenn es plausibel erscheint, dass, was für A gilt, auch für B gelten soll. Also: wenn überzählige Embryonen vernichtet werden dürfen, dürfen auch geborene Menschen vernichtet werden. Der Analogieschluss von A auf B ist nicht zu befürchten, wenn der Unterschied zwischen A und B auch intuitiv evident ist. Dies ist nun zweifellos bereits der Fall beim Unterschied zwischen den 0,1 mm großen Blastozysten, die man nur im Mikroskop sehen kann, und einer nur wenige Zentimeter großen, aber bereits menschengestaltigen Leibesfrucht, wie sie heute durch Ultraschall sichtbar gemacht werden kann, von einem geborenen Menschen ganz zu schweigen. Bei PID ist der Unterschied zwischen negativer und positiver Eugenik jedenfalls evident, wenn die negative Eugenik auf Paare mit Erbkrankheiten beschränkt ist. Fließend würde die Grenze, wenn die negative Eugenik auf die Norm eines „genetisch gesunden Kindes" bezogen würde. Aber eine solche Norm ist gar nicht definierbar. Da wir nicht befürchten, dass legale Abtreibungen Wegbereiter sind für die Tötung Geborener – sonst müssten wir jeden Schwangerschaftsabbruch schon deshalb verbieten –, ist es geradezu abwegig, diese Gefahr kommen zu sehen, wenn mikroskopisch kleine überzählige Embryonen vor Beginn der Schwangerschaft vernichtet werden. Mir fällt auf, dass diejenigen, die uns auf diesem Feld mit Dammbruchargumenten erschrecken, sich selten die Mühe machen, zu prüfen, ob der befürchtete Wirkungszusammenhang auch nachweisbar ist. Haben in den Ländern, in denen PID schon länger praktiziert wird, die Morde zugenommen? Hat dort schon einmal jemand seinen Mord mit Hinweis auf PID gerechtfertigt? Wohl kaum. Denn im Ernstfall glaubt niemand, mit diesem Argument Richter oder Geschworene überzeugen zu können. Also taugt es nicht einmal zur glaubhaften Ausrede.

(*d*) Besonderes Gewicht kommt den Einwänden Behinderter zu. Wenn sie durch PID ihre Existenzberechtigung in Frage gestellt sehen, ist dies für sich schon eine zu berücksichtigende Tatsache, selbst wenn sie sich zu Unrecht diskriminiert sehen. Das darf aber nicht heißen, dass ihre Einwände unbesehen bleiben, weil sie doch die Betroffenen sind. Auch Betroffene haben nicht immer Recht. Auch sie müssen ihre Argumente kritisch prüfen lassen. Es wäre nicht gut, wenn Behinderte kritische Einwände gegen ihre Argumente schon als diskriminierend empfänden.

- Behinderungen sind nicht erstrebenswert. Die berechtigten Bemühungen, Behinderten den Umgang mit ihrer Behinderung zu erleichtern, dürfen jedoch nicht dazu führen, dass die Behinderung selbst zu einer Art von Vorzug umgedeutet wird. Behinderte können Fähigkeiten entwickeln, die Gesunde in Staunen und Bewunderung versetzen, wie namentlich Blinde oder Gehörlose. Deren Fähigkeit, sich ihres Lebens zu freuen, beschämt manchen, dem alle fünf Sinne gegeben sind. Trotzdem dürfen wir nicht die Bewunderung für solche Behinderte in eine Hochschätzung der Behinderungen verfälschen. Wir werden ja auch ihren Wunsch, gesund zu werden, nach Möglichkeit zu erfüllen trachten und nicht sagen: gib doch nicht den Grund deines Stolzes auf. Wir sollten uns aber außerdem vor einer Romantisierung von Behinderungen und namentlich von Erbkrankheiten hüten. Manche führen unweigerlich zu Siechtum und qualvollem Tod in der Kindheit. Da gibt es viel Leiden, das sich der öffentlichen Wahrnehmung entzieht.
- Dass durch die begrenzte Zulassung von PID die gesellschaftliche Sensibilität für Behinderte sinken werde, ist eine Prognose. Ihre Plausibilität ist überprüfbar. In den letzten Jahrzehnten ist in unserer Gesellschaft die Sensibilität für die Belange Behinderter enorm gewachsen. Das hat offenkundig nichts mit der Zahl der Behinderten zu tun. In meiner Kindheit war die öffentliche Präsenz Behinderter, sowohl geistig Behinderter, die in ihren Familien lebten, als auch körperlich Behinderter, vor allem Kriegsversehrter, viel größer als heute. Das Anwachsen der Sensibilität muss also andere Gründe haben als die Anzahl der Behinderten. In armen Ländern kann man ganz andere Zusammenhänge studieren: Die massenhafte Präsenz von Elenden, Kranken, Sterbenden am Straßenrand motiviert nicht zur Hilfe, sondern stumpft ab. Dagegen hat Mutter Teresa in Indien gekämpft.
- Das Argument, durch PID werde die gesellschaftliche Akzeptanz Behinderter sinken, vollzieht außerdem eine verdeckte Instrumentalisierung Behinderter für den Erhalt einer gesellschaftlichen Norm. Es darf selbstverständlich keine Pflicht zur Behinderung geben. Wenn wir die Querschnittslähmung heilen könnten, würde die Zahl der Rollstuhlfahrer zurückgehen. Die Therapie von Querschnittslähmung, wenn sie denn möglich ist, darf doch nicht deshalb verboten werden, damit die Rücksicht auf Rollstuhlfahrer nicht sinkt.
- Nun sagen manche Behinderte in Deutschland: „Wenn es zum Zeitpunkt meiner Geburt schon PID gegeben hätte, würde es mich nicht geben.“ Dass jemand seine Existenz in Frage gestellt sieht, muss uns beunruhigen. Trotzdem sage ich: der Satz ist sinnlos. Das Ich, das diesen Satz sagt, gibt es ja, es ist ein existierendes Ich und als solches anerkannt. Es gibt kein Ich, das sagen kann: „Es gibt mich nicht.“ Jeder von uns muss fertig werden mit Sätzen von der Art: „... dann gäbe es mich nicht.“ Wenn sich meine Eltern nicht kennen

gelernt hätten oder ein anderes Sperma den Wettlauf zur Eizelle geschafft hätte und so weiter. Das Gegenmittel gegen solche metaphysischen Marotten: sich in den Arm kneifen. Es gibt mich, zweifellos.

Der Kern des Problems ist etwas anderes. Nach unserer Überzeugung dürfen die Entstehungsbedingungen eines Menschen keinerlei Einfluss auf seine Rechte und die ihm gebührende Anerkennung haben. Das gilt für uneheliche Geburt ebenso wie für Kinder, die aus einer Vergewaltigung hervorgehen, wie für ungewollte Kinder. Jeder geborene Mensch ist einer von uns und gleichberechtigt, Punkt. Diesen Grundsatz müssen wir festhalten und durchhalten. Dass Eltern ihr behindertes Kind zum Vorwurf gemacht wird, dass sie es gar sich selbst zum Vorwurf machen – das ist nicht für die Zukunft zu befürchten, das gab es leider schon immer. Dem unmoralischen Vorwurf „So ein Kind hätte doch gar nicht zur Welt kommen dürfen, warum haben Sie es nicht abtreiben lassen?" würde durch ein Verbot der vorgeburtlichen Diagnostik gar nicht die Grundlage entzogen. Die Eltern könnten dann zwar antworten: „Wir mussten es ja zur Welt bringen", würden aber mit dieser Antwort das Unwerturteil über dieses Kind übernehmen, statt sich an die Seite ihres Kindes zu stellen: „Dies Kind ist ein Mensch wie Sie, denn jeder Geborene ist einer von uns." Wir müssen solche Unwerturteile bekämpfen, statt sie mit Hinweis auf PID nun gar halb zu entschuldigen. Im Übrigen: Was die Sorgfalt im Umgang mit Behinderten betrifft, werden wir von anderen Kulturkreisen nicht übertroffen.

Gegen die Befürchtung, durch die Forschung an überzähligen Embryonen und durch PID drohe ein Verfall der öffentlichen Moral, möchte ich behaupten: eher droht uns hier und da eine umsichtslose Übersensibilität. Ich denke da etwa an diejenigen, die aus Liebe zu den Tieren Jäger für Mörder halten und Hochsitze ansägen, obwohl Jäger, wenn sie ihre Aufgabe richtig verstehen, bloß den Wolf ersetzen, der sonst für das ökologische Gleichgewicht im Biotop sorgen würde. Ein Grund für solches gnadenloses Mitleid, das geradezu terroristisch werden kann, sind die Erfahrungsdefizite einer sektorierten Gesellschaft. Dagegen hilft nur eine Partizipation an den Erfahrungen derjenigen, die sich im betreffenden Feld tagtäglich bewegen. Hinsichtlich der bioethischen Fragen gibt es aber bei manchen ein Feindbild vom Forscher, manchmal auch vom Mediziner, die angeblich die Moral längst eigennützigen Zwecken geopfert haben, so dass sie als Kommunikationspartner gar nicht mehr in Frage kommen – mit der Gefahr, dass sich die umsichtslose Übersensibilität in einem sich isolierenden Milieu noch steigert. In Wahrheit ist in Deutschland die genetische Forschung am Menschen hochgradig kontrolliert, weil sie – im Unterschied zu den USA – größtenteils staatlich (mit-) finanziert ist, und da besteht ein kompliziertes Begutachtungsverfahren für jedes einzelne Projekt. Wer hier gegen die ethischen und rechtlichen Standards verstößt, ist als Forscher ruiniert.

Wird nicht, fragen viele, durch die Forschung an embryonalen Stammzellen ein Tor geöffnet? Allerdings. Fragt sich nur, was für eines. Die meisten denken an ein Burgtor. Wenn es auch nur einen Spalt geöffnet wird, stürmt der Feind die Burg – welcher Feind eigentlich?

Ich denke an das Tor zu einem unbekannten Gelände. Wo ist es gangbar, wo drohen Sumpf und Morast, in dem wir versinken könnten? Das müssen wir umsichtig erkunden und gegebenenfalls Warnschilder aufstellen oder Gebiete sperren: Betreten verboten. Es steht jetzt schon fest, dass uns weitere schwierige Fragen ins Haus stehen.

„Das Tor bleibt zu, damit keiner in den Sumpf gerät" – diese Strategie ist genauso kurzsichtig wie die, sein Kind nie auf die Straße zu lassen, damit es nicht überfahren wird. Stattdessen sollten wir unsere Kinder umsichtig in die Regeln und Gefahren des Straßenverkehrs einführen.

Literatur

FISCHER, J.: Die Schutzwürdigkeit menschlichen Lebens in christlicher Sicht. In: ANSELM, R., und KÖRTNER, U.: Streitfall Biomedizin. Urteilsfindung in christlicher Verantwortung. S. 27–45. Göttingen: Vandenhoeck & Ruprecht 2003

FISCHER, J.: Christliches oder biologistisches Menschenbild? Die Kontroverse über die Stichtagsregelung verlangt nach grundsätzlichen Klärungen. www.ethik.uzh.ch/ise/publikationen (o. J.)

HABERMAS, J.: Die Zukunft der menschlichen Natur. Auf dem Wege zu einer liberalen Eugenik? Frankfurt (Main): Suhrkamp 2001

Prof. Dr. Richard SCHRÖDER
Birkenweg 1
15827 Blankenfelde